BASES NEUROLOGIQUES DES COMPORTEMENTS

CHEZ LE MÊME ÉDITEUR

Du même auteur

DÉMENCES ET SYNDROMES DÉMENTIELS. APPROCHE NEUROPSYCHOLOGIQUE sous la direction de Michel HABIB, Yves JOANETTE, Michèle PUEL 1991, 312 pages, 38 figures

L'ÉCRITURE ET LE CERVEAU par Georges SERRATRICE et Michel HABIB. 1993, 208 pages, 77 figures, 26 tableaux.

Autres ouvrages

LE SOMMEIL NORMAL ET PATHOLOGIQUE, par M. BILLIARD. 1994, 588 pages.

ABRÉGÉ DE NEURO-PSYCHO-PHYSIOLOGIE. Tome I. Fonctions sensori-motrices. Par Nicole BOISCAQ-SCHEPENS, Marc CROMMELINCK, (Univ. Louvin). Préface de Michel Meulders. *Collection abrégés de sciences.*
1994, 2e Edition revue et augmentée, 208 pages, 27 figures, (13,5x21).

NEUROLOGIE, par J. CAMBIER, M. MASSON, H. DEHEN et collaborateurs. *Collection Abrégés de Médecine.* 1989, 6e édition revue et corrigée, 600 pages, 131 figures, 30 tableaux.

SCANNER DU CRANE ET DE L'ENCÉPHALE. Méthode de lecture et d'interprétation par Jacques CLARISSE, Jean-Paul FRANCKE, Xavier LECLERC, Jean-Pierre PRUVO. *Collection d'Imagerie Radiologique.* 1993, 176 pages, 345 figures, 8 tableaux.

IRM EN PATHOLOGIE DE L'ENCÉPHALE par Jean-Louis DIETEMANN. *Collection d'Imagerie Radiologique.* 1993, 232 pages, 561 figures

LES NEURONES, LES SYNAPSES ET LES FIBRES MUSCULAIRES par E. GODAUX. 1994, 232 pages.

POTENTIELS ÉVOQUÉS par J. M. GUERIT. 2e édition, 1993. 368 pages.

NEUROPHYSIOLOGIE GÉNÉRALE. RÉGULATIONS ET COMPORTEMENTS par Aimé LIMOGE, Isabelle LIMOGE-LENDAIS. *Collection Abrégés d'Odontologie et de Stomatologie.* 1993, 216 pages, 76 figures.

NEUROTRANSMETTEURS. BASES NEUROBIOLOGIQUES ET PHARMACOLOGIQUES, par J.-M. MEUNIER, A. SHVALOFF. *Collection Abrégés de Médecine.* 1992, 272 pages, 56 figures, 20 tableaux.

ÉLECTROPHYSIOLOGIE CÉRÉBRALE EN PSYCHIATRIE par Pierre MORAULT, Marc BOURGEOIS, Jacques PATY. *Collection Médecine et Psychothérapie.* 1993, 292 pages, 2 illustrations en couleurs

LE MÉDECIN, LE PATIENT ET LA DOULEUR, sous la direction de P. QUENEAU et G. OSTERMANN. Association pédagogique nationale pour l'enseignement de la thérapeutique. 1993, 424 pages.

BIOFEEDBACK. Principes et applications par Anne REMOND, Antoine REMOND, *Collection Médecine et Psychothérapie.* 1994, 248 pages, 33 figures, 1 tableau (135x210)

BASES NEUROLOGIQUES DES COMPORTEMENTS

par

MICHEL HABIB

Médecin des Hôpitaux
Faculté de Médecine de Marseille

Illustrations de J.F. LANDOU et D. ANSIDÉI

2e édition

2e tirage

MASSON

Paris Milan Barcelone
1995

ISBN : 2-225-84049-0

MASSON S.A.	120, bd Saint-Germain, 75280 Paris Cedex 06
MASSON S.p.A.	Via Statuto 2/4, 20121, Milano
MASSON S.A.	Avenida Principe de Asturias 20, 08012 Barcelona

INTRODUCTION

L'objectif de cet ouvrage peut paraître ambitieux : fournir aux étudiants (et aussi aux praticiens) d'horizons aussi divers que la neurologie, la psychologie, les neurosciences, la réadaptation... un outil de base leur permettant d'aborder la neurologie du comportement.

La neurologie du comportement est définie ici comme la science ayant pour but de mettre en relation les comportements humains pathologiques avec une lésion ou une dysfonction de structures cérébrales. Elle occupe donc une place intermédiaire entre la neurologie qui traite des affections du cerveau et la neuropsychologie qui tente de comprendre les mécanismes cérébraux des comportements et des fonctions mentales. Il n'est cependant pas sans intérêt de remarquer que, pour le « Petit Larousse », la neurologie est non seulement « la spécialité médicale qui s'occupe des maladies du système nerveux », mais aussi, et avant cela, « la science qui s'occupe du système nerveux ». Quant au terme « comportement », notons qu'il englobe tout autant les activités humaines telles qu'on peut les évaluer par la simple observation de la façon dont l'individu se comporte extérieurement, que des notions plus abstraites comme la mémoire ou l'intelligence, notions qu'il est coutumier de désigner sous le terme de fonctions cognitives, et d'autres plus subjectives encore que sont les sensations et les émotions. Ainsi comprise, la neurologie du comportement a pour vocation de confronter l'observation clinique des perturbations de ces diverses fonctions mentales aux caractères des lésions cérébrales qui en sont la cause, ce qui implique une bonne connaissance de l'anatomie et des moyens modernes d'imagerie cérébrale, de même que des données provenant du vaste champ de l'expérimentation animale. Cette discipline nouvelle, qui est un des outils les plus prometteurs parmi l'arsenal de la recherche neuroscientifique moderne, devra donc très probablement ses futurs développement à la collaboration et à l'interaction de chercheurs et de cliniciens œuvrant dans les différentes branches citées ci-dessus.

Pour aborder la neurologie du comportement, il est cependant nécessaire d'acquérir un certain nombre de données de base, allant de la neuroanatomie à la psychologie. Certes, il n'est pas question dans un volume de taille aussi réduite de présenter une « somme », ni même un « abrégé », des connaissances acquises par chacune de ces disciplines. Il s'agit plutôt d'extraire de ces connaissances celles qui seront nécessaires à la compréhension du contenu et des méthodes de la neurologie du comportement : plus qu'une synthèse de données différentes, il nous a semblé ici pertinent de dégager les points d'intersection de ces domaines et d'en distiller la substance directement uti-

lisable pour la compréhension des relations cerveau-comportements et de leurs perturbations.

L'ouvrage est divisé en 5 parties : la première présente brièvement les fondements théoriques et historiques des relations cerveau-comportements et les bases neurophysiologiques générales. La seconde consiste en une mise en place anatomique des structures nerveuses les plus directement concernées dans ce débat. La troisième partie concerne les aspects élémentaires des comportements : la motricité et les principaux mécanismes sensoriels. Tout au long de ces trois premières parties, le lecteur pourra être surpris par le style quelque peu dogmatique dont il est fait usage. De fait, il était nécessaire, pour résumer en quelques pages l'abondance des données qui constituent la neurophysiologie moderne, de ne présenter que les faits les mieux établis, laissant peu de place aux discussions. En revanche, dans la quatrième partie, consacrée à des aspects plus proprement neuropsychologiques du fonctionnement nerveux, les données, bien que restant élémentaires, sont présentées de manière plus exhaustive : émotions, vigilance, mémoire, langage, et les bases biologiques de la dominance cérébrale sont ainsi successivement envisagés. Enfin, une dernière partie, en guise d'appendice, aborde brièvement les techniques de neuro-imagerie actuellement à la disposition du clinicien, de même que les principaux types d'affections du cerveau et les méthodes permettant leur investigation clinique et paraclinique.

Tout au long de ces chapitres, un effort tout particulier sera porté (et c'est là que nous avons souhaité que réside la spécificité de l'ouvrage) sur les aspects structuraux des fonctions étudiées, tentant aussi souvent que possible, à côté de la description des phénomènes, de les rapporter à leur support biologique, voire morphologique. Ce parti pris systématique ne devra pas choquer l'étudiant ou le chercheur mieux accoutumés aux discours plus théorique des cognitivistes ou à celui plus expérimental des biologistes. Au contraire, il nous semble possible d'y voir un lieu de convergence d'approches différentes trop souvent considérées comme incompatibles et le point de départ d'une démarche unificatrice qui, outre son intérêt didactique, est à notre avis une des conditions des progrès futurs en Neurosciences.

En tout état de cause, et plus modestement, si cet ouvrage pouvait aider l'étudiant, le scientifique ou le curieux dans leur quête vers la connaissance du cerveau et leur donner le goût d'en connaître plus sur la neurologie du comportement, l'objectif de son auteur serait largement atteint.

Remerciements :

L'auteur souhaite remercier tous ceux qui l'ont aidé ou encouragé dans la préparation et l'élaboration de cet ouvrage : le professeur R. Khalil, qui en est l'instigateur, les Docteurs M. Poncet, A. Ali-Chérif et F. Viallet, qui ont accepté de relire certains chapitres, le professeur G. Salamon qui a mis à disposition son Laboratoire de l'INSERM pour la réalisation de certaines illustrations, le Dr H. Régis, Mme *M. Morel qui a réalisé les photographies.*

TABLE DES MATIÈRES

QUATRIÈME PARTIE

CERVEAU ET FONCTIONS MENTALES

PREMIÈRE PARTIE

ASPECTS GÉNÉRAUX INTRODUCTIFS

Les trois premiers chapitres sont une courte introduction destinée à présenter les bases historiques et fondamentales nécessaires pour aborder les chapitres suivants. Le système nerveux central humain est un ensemble cohérent de cellules vivantes dont la complexité de la structure et des règles d'organisation en font le système biologique de loin le plus élaboré et le plus sophistiqué de toutes les structures vivantes. Pour l'étude des comportements, c'est évidemment le cerveau qui représente la partie la plus directement concernée et celle sur laquelle nous insisterons le plus longuement tout au long de cet ouvrage. Toutefois, et c'est le but de cette première section, il est nécessaire de procéder en premier lieu à une mise en place des structures et des concepts.

Après un bref exposé historique de l'évolution des idées sur les rapports entre système nerveux et comportements, une esquisse de neurophysiologie générale rappellera très schématiquement le fonctionnement du neurone et de la synapse ; enfin, les principes neurobiologiques généraux du développement du système nerveux seront exposés, résumant les données acquises récemment en cette matière.

CHAPITRE I

SYSTÈME NERVEUX ET COMPORTEMENT : GÉNÉRALITÉS ET HISTORIQUE

La connaissance des rapports entre le corps et l'esprit a toujours fasciné et attiré les penseurs, philosophes et scientifiques, depuis les temps les plus reculés et dans toutes les civilisations. Ce n'est toutefois qu'à la fin du siècle dernier qu'il est habituel de placer les débuts historiques d'une approche à proprement parler scientifique de la question, approche qui aboutira, dans la seconde moitié de notre siècle, à l'établissement d'une discipline encore balbutiante et aux frontières incertaines, la neurologie des comportements. Ce premier chapitre est essentiellement consacré à un bref aperçu de ces bases historiques.

Origines

Les conceptions actuelles sur les rapports cerveau – comportement proviennent de la fusion, à la fin du siècle dernier, de 4 traditions expérimentales : la neuroanatomie, la neurophysiologie, la neurochimie et la psychologie.

Neuroanatomie

Alors que les premières observations macroscopiques du cerveau humain furent réalisées dès le XVIe siècle, ce n'est qu'au XIXe qu'apparurent les premiers travaux d'anatomie microscopique, et ce grâce à l'introduction des techniques chimiques de fixation et de coloration. En effet, l'étude microscopique des constituants cellulaires du tissu nerveux n'est possible que si le tissu est d'une part fixé, c'est-à-dire rendu imputrescible par un séjour dans le formol ou l'alcool et d'autre part traité par des colorants permettant de différencier ses divers constituants. Deux noms sont attachés à cette période de pionniers : celui de l'Espagnol Cajal et celui de l'Italien Golgi. Golgi, le premier, invente une méthode de coloration par fixation aux sels d'argent, rendant possible pour la première fois la visualisation des neurones. Cajal, ensuite, utilisant la méthode de Golgi, montre que le système nerveux n'est pas, comme on le croyait jusqu'alors, une masse de cellules fusionnées ayant un cytoplasme commun, mais bien un réseau de cellules séparées (les neurones) se connectant entre elles par des milliers de prolongements, axone et dendrites (voir chapitre 2).

Neurophysiologie

Ses origines remontent au XVIIIe siècle, quand l'Italien Galvani découvrit que les cellules nerveuses de divers animaux étaient capables de produire de l'électricité.

Au cours du XIXe siècle, s'est développée l'électrophysiologie, basée sur le principe que les cellules nerveuses utilisent leurs capacités électriques pour véhiculer l'information de l'une à l'autre, sous la forme d'un message codé selon des règles précises (voir chapitres suivants).

Neurochimie

Elle a, pour sa part, débuté à la fin du XIXe siècle avec Claude-Bernard, le fameux physiologiste français, dont une des découvertes primordiales fut de montrer que certaines substances chimiques (en particulier celles que l'on appelle hormones) étaient capables d'agir sur certaines portions du système nerveux provoquant ainsi un effet spécifique. De là sont issues toutes les conceptions modernes de la transmission chimique de l'influx nerveux (et en particulier la notion de synapse, dont nous verrons l'importance) de même que toutes leurs implications pharmacologiques.

Psychologie et neuropsychologie

Il s'agit en fait probablement de la plus ancienne de ces 4 disciplines, en particulier la neuropsychologie dont la définition fait appel à la question des rapports entre la matière et l'esprit, question qui se retrouve dans toutes les philosophies jusqu'à la plus haute Antiquité. Cependant, la notion que le cerveau est le siège des facultés de l'esprit n'est apparue qu'assez tard, au début du XIXe siècle. Certes certains penseurs, comme par exemple Descartes, avaient déjà proposé de localiser « le siège de l'âme » à diverses structures du cerveau : l'épiphyse pour Descartes, les ventricules cérébraux, pour d'autres.... Mais ce type d'intuition ne résista pas aux prémices même grossiers d'une méthode « scientifique ».

Deux conceptions opposées

Gall et les prémices du localisationnisme

Il est coutumier de faire remonter les origines de la neuropsychologie à un médecin autrichien du nom de Gall, fondateur d'une « science » qui nous semble aujourd'hui pour le moins contestable, sinon farfelue, la **phrénologie** (fig. 1). Gall pensait qu'à chaque partie du cerveau correspondait une faculté intellectuelle ou psychique et ne distinguait ainsi pas moins de 27 qualités ou fonctions qu'il localisait chacune en une part précise du cerveau. Ainsi, le langage, le calcul, la vision, étaient placés de façon apparemment arbitraire sur la surface cérébrale. Mais aussi des « qualités » aussi diverses que l'idéalisme, la combativité, et même l'amour des parents (sic) avaient chacune leur localisation propre ! Le mérite de Gall fut toutefois de suggérer pour la première fois une correspondance fonction/localisation (et en cela il peut être considéré comme le premier « localisationniste »). En outre, il eut l'intuition de choisir le cortex cérébral comme siège de ces fonctions intellectuelles, ce qui, nous le verrons, n'est vrai qu'en partie, mais représente une singulière avancée par rapport aux croyances de l'époque.

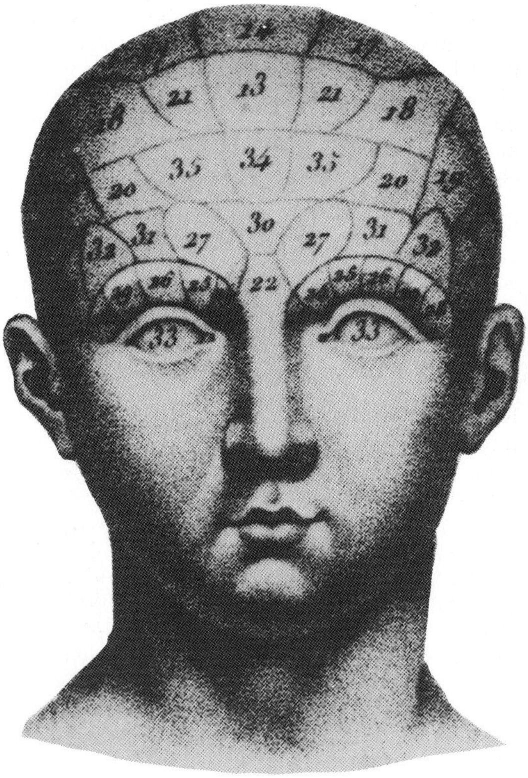

Fig. 1. – *La théorie des localisations cérébrales au début du XIXe siècle.* La phrénologie, créée par l'autrichien F.J. Gall, distinguait un certain nombre de « fonctions », chacune étant localisée précisément à une partie du cerveau. Le développement particulier d'une de ces fonctions pouvait être suspecté par une voussure plus importante du crâne en regard de la région cérébrale concernée. (In : F. Broussais « Cours de phrénologie ». Baillère, 1836).

Théories globalistes

Les vues de Gall restaient bien évidemment éminemment critiquables et ont donné lieu à des contestations violentes de certains de ses contemporains, en particulier le Français Flourens qui, prenant le contrepied de Gall, affirmait que les fonctions mentales n'étaient pas localisées mais que le cerveau était impliqué tout entier dans chaque fonction mentale, que chaque partie du cerveau était capable d'accomplir chacune des fonctions cérébrales. Cette théorie globaliste, également appelée équipotentielle, eut par la suite un grand succès, en particulier chez certains théoriciens allemands et Freud en fut un fervent défenseur.

Au milieu du XIXe siècle, H. Jackson apporta une contribution fondamentale à ce débat en adoptant une situation quelque peu en marge des 2 courants précédents. La conception de Jackson, basée sur une vision évolutionniste du cerveau humain, introduisant une notion de hiérarchie entre les centres nerveux, du plus simple au plus complexe, stipule que les centres les plus « élevés » sont la résultante de la combinaison de plusieurs fonctions élémentaires, ce qui implique de toujours concevoir le cerveau dans son ensemble lorsque l'on considère une fonction.

Spécialisations du système nerveux central

Le système nerveux central (SNC) est un ensemble continu de formations nerveuses au sein duquel on distingue 4 parties ayant chacune un certain nombre de fonctions ou spécialisations (fig. 2) :

La **moelle épinière** est la structure la plus rudimentaire, et également la plus proche du milieu environnant. Par l'intermédiaire du système nerveux périphérique qui lui fait suite, elle reçoit les informations provenant de l'environnement et envoie la commande du mouvement jusqu'aux muscles.

Le **tronc cérébral**, interposé entre la moelle et le cerveau, possède un triple rôle :

– un rôle de passage des voies ascendantes et descendantes ;

– un rôle identique à celui de la moelle mais pour le segment céphalique (tête et cou), par l'intermédiaire des nerfs crâniens (cf infra) ;

– un rôle spécifique de contrôle de certaines fonctions vitales (sommeil, température corporelle, respiration, rythme cardiaque, etc.).

Le **cervelet**, situé en dérivation par rapport aux 3 autres structures, possède des fonctions relativement moins importantes, concernant surtout l'équilibration et le contrôle des mouvements du corps.

Le **cerveau** enfin, comportant deux hémisphères bien distincts, est responsable des fonctions les plus élaborées, perceptives, motrices et cognitives, essentiellement dévolues au cortex cérébral. Ainsi, le lobe frontal est impliqué dans la programmation des actes et du mouvement, le lobe pariétal dans les sensations somatiques, le lobe occipital dans la vision, le lobe temporal dans l'audition, l'apprentissage, la mémoire, les émotions. Deux caractéristiques générales du cerveau peuvent dès à présent être soulignées :

– la notion de **croisement** : chaque hémisphère commande des fonctions concernant la moitié opposée du corps (hémicorps controlatéral) ;

– la notion d'**asymétrie** (anatomique mais surtout fonctionnelle), qui apparaît comme une des principales différences du cerveau humain par rapport à celui des animaux, et donc comme un « aboutissement » du processus évolutif.

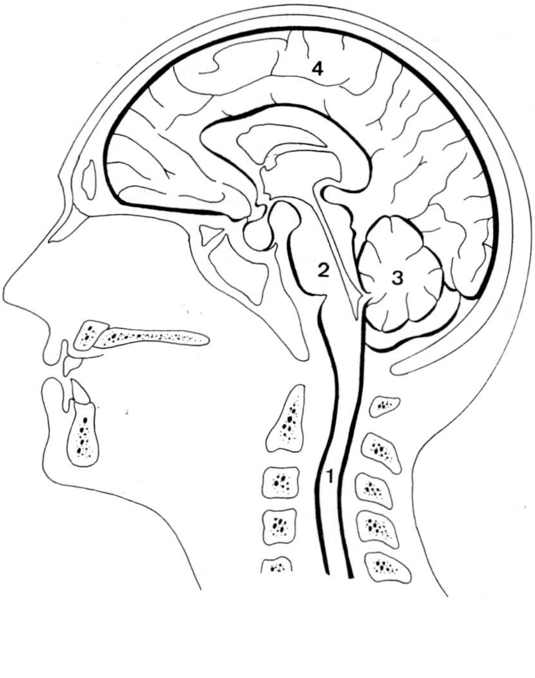

Fig. 2. – *Les principales parties constitutives du système nerveux central.* 1 : moëlle épinière. 2 : tronc cérébral. 3 : cervelet. 4 : hémisphère cérébral.

Langage : modèle de la spécialisation du cerveau

La question des rapports entre cerveau et langage est apparue depuis les débuts de la neuropsychologie comme un exemple privilégié et, en cela, a toujours constitué un enjeu important pour les théoriciens des divers bords. Nos connaissances du substrat neuro-anatomique du langage (envisagées dans leurs détails au chapitre 14) débutent avec la découverte par le chirurgien parisien Paul Broca en 1861 du fait que l'aphasie, ou « perte de la faculté du langage articulé », était liée à des lésions d'une région bien particulière du cortex de l'hémisphère gauche du cerveau, région appelée plus tard : « aire de Broca ». En fait, la découverte de Broca n'avait porté que sur une des formes de troubles du langage, et en 1876, l'Allemand K. Wernicke, à peine âgé de 26 ans, publiait un travail célèbre où il présentait l'aphasie comme un « complexe symptomatique », différenciant :

– les aphasies expressives, liées à une lésion de l'aire de Broca,

– les aphasies réceptives, où le trouble prédomine sur la compréhension du langage, et qui sont liées à des lésions d'une région plus postérieure du cortex de l'hémisphère gauche, région qui sera dénommée aire de Wernicke. Au-delà du seul domaine du langage, Wernicke proposait une théorie des fonctions mentales selon laquelle seules les fonctions les plus élémentaires (sensorielles et motrices) sont strictement localisées sur le cortex, alors que les plus complexes sont sous la dépendance de structures qui connectent entre elles les structures sensorielles et motrices (les aires associatives et les faisceaux de substance blanche). Cette théorie est connue sous le terme d'« **associationnisme** ».

Méthode anatomo-clinique

Ainsi, la fin du XIXe siècle et le début du XXe connurent une grande vogue de l'associationnisme et de nombreuses fonctions mentales furent étudiées sous cet angle grâce à ce que l'on appelle encore la méthode anatomo-clinique, qui consiste à observer cliniquement un sujet porteur d'une perturbation fonctionnelle liée à une lésion cérébrale, et si le sujet décède, à analyser son cerveau et déterminer les limites de sa lésion. Cette méthode a permis aux auteurs du début du siècle de décrire un certain nombre de syndromes neuropsychologiques, et la qualité de leurs observations, tant comportementale qu'anatomique, fait que ces descriptions font foi encore aujourd'hui. Pourtant, on assista rapidement à un abandon presque complet de cette approche localisationniste au point que l'approche globaliste fut, durant toute la première moitié du siècle, la plus communément admise.

Période moderne : état actuel de la question

Stimulations corticales

Il a fallu attendre la fin des années 50 pour voir resurgir un intérêt vis-à-vis des localisations cérébrales avec les travaux de W. Penfield. Penfield était un neurochirurgien, qui se consacra spécialement à l'étude et au traitement chirurgical des épileptiques. En effet, chez certains épileptiques pour qui le traitement médicamenteux s'avère incapable de supprimer l'apparition des crises, il est parfois indiqué une intervention chirurgicale consistant à supprimer la partie de cortex à l'origine des crises. Dans ces cas (du reste exceptionnels), il est utile de pratiquer, avant l'acte chirurgical, une stimulation électrique des zones corticales suspectées et d'observer les modifications comportementales engendrées par la stimulation. Par cette méthode, et s'aidant de l'apport d'une technique d'exploration apparue quelques années auparavant, l'électroencéphalographie, Penfield est parvenu à établir une véritable carte fonctionnelle du cortex cérébral humain : il confirma ainsi la localisation des différentes fonctions élémentaires (motrice, sensitive et sensorielles). Il montra surtout que la stimulation sur l'hémisphère gauche des aires dont la lésion entraîne de l'aphasie était susceptible de provoquer des modifications du langage (fig. 3); en outre il prouva l'importance dans la motricité et dans le langage d'une aire jusqu'alors méconnue (l'aire motrice supplémentaire).

Révolution de l'image

A la même époque commençait à se développer en neurologie un phénomène qui ne devait plus cesser d'évoluer jusqu'à aujourd'hui, la possibilité, grâce à des moyens techniques de plus en plus perfectionnés, de visualiser des structures cérébrales du vivant du malade : d'abord l'artériographie et l'encéphalographie gazeuse, puis, plus récemment, le scanner et l'imagerie par résonance magnétique (IRM). Toutes ces méthodes ont permis et permettent de localiser de façon de plus en plus précise les lésions du cerveau et permettent donc une corrélation anatomo-clinique du vivant du malade. Enfin, tout récemment, est apparue une nouvelle technique d'imagerie cérébrale, la tomographie à émission de positons (T.E.P.), capable de fournir des images non plus seulement morphologiques, mais également métaboliques, en d'autres termes de montrer le cerveau « en fonction ». Cette méthode, qui connaît seulement encore ses toutes premières applications, devrait, avant la fin du siècle, venir accroître considérablement nos connaissances sur les fonctions des diverses régions cérébrales et sur le substrat cérébral de diverses fonctions mentales.

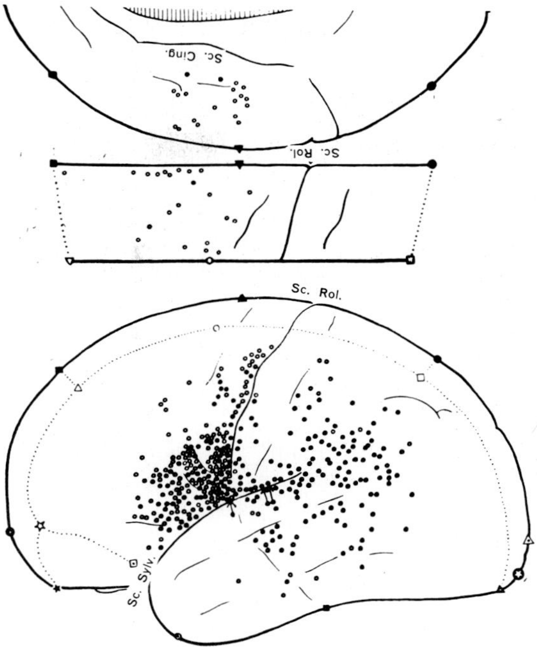

FIG. 3. – *Schéma, d'après Penfield, des différents points du cortex humain* dont la stimulation provoque des phénomènes linguistiques. (In : Penfield & Roberts, 1963.)

Quelques exemples de données récentes sur les rapports cerveau – comportement

Un des faits les plus troublants illustrant la réalité d'une approche localisationniste des fonctions cérébrales est l'exemple du rôle du cerveau dans les processus émotionnels. Il a ainsi été démontré récemment (voir chapitre 14) que, de même que l'hémisphère gauche est chargé d'élaborer les aspects instrumentaux du langage, l'hémisphère droit est quant à lui spécialisé dans le traitement et la production de toute une composante, en particulier émotionnelle, du langage, que l'on appelle la prosodie. Il est bien connu que les modulations du langage sont aussi nécessaires à la communication que le contenu linguistique lui-même : de même que des lésions de l'hémisphère gauche seront responsables d'aphasies, les lésions de l'hémisphère droit perturberont régulièrement les aspects mélodiques du langage, entraînant des difficultés à exprimer ou à ressentir la composante émotionnelle du langage.

De même, on sait que des patients porteurs d'épilepsie temporale, c'est-à-dire présentant une hyperexcitabilité neuronale localisée au lobe temporal, auront en particulier des manifestations touchant électivement la sphère affective (voir chapitre 11) : lors de ses crises d'épilepsie, qui représentent une hyperactivation anormale d'un groupe de neurones du lobe temporal, le sujet décrira des impressions incontrôlables de déjà vu, déjà vécu, des angoisses ou des réactions de panique immotivées, ou au contraire des sensations de bien-être inexplicables, des sensations sexuelles, voire même des sensations d'extase mystique. Ici encore, on a la preuve formelle qu'une zone bien délimitée du cerveau est spécifiquement impliquée dans une fonction cérébrale aussi complexe soit elle. On a également prouvé qu'il existe dans l'hémisphère droit une région dont la lésion entraîne isolément l'impossibilité de reconnaître des visages antérieurement familiers (voir chapitre 9), et une région responsable de l'orientation dans l'espace ; dans l'hémisphère gauche une région dont la lésion perturbe spécifiquement la lecture et l'écriture, une autre spécialisée dans le calcul et le schéma corporel, etc.

Ainsi, les thèses localisationnistes semblent prévaloir à nouveau. Il faut toutefois se garder de considérer le cerveau, comme le faisait la phrénologie de Gall, sous la forme d'une mosaïque de structures juxtaposées ayant chacune leur propre rôle. La réalité est beaucoup plus complexe : de nombreuses fonctions sont divisées en sous-fonctions, elles-mêmes représentées par des assemblages de neurones disposés non seulement en série, mais aussi en parallèle, et non seulement dans des régions cérébrales voisines, mais également dans des régions plus éloignées. Par exemple, nous avons vu qu'il existe plusieurs zones cérébrales distinctes impliquées dans le langage de sorte que le système cérébral du langage fonctionne sous la forme d'un réseau complexe de neurones activés selon des séquences spatiales et temporelles bien définies pour chaque type d'activité liguistique. On ne doit ainsi aucunement considérer les localisations cérébrales comme une succession de liens fonctionnels organisés en une seule chaîne, « en série » mais comme plusieurs chaînes organisées en parallèle de sorte que lorsqu'un chaînon est rompu, le système sera dans un premier temps perturbé mais pourra éventuellement se réorganiser, permettant à la même fonction de s'accomplir par des réseaux différents (redondance). Les fonctions supérieures du cerveau apparaissent ainsi organisées sous forme de « modules » neuronaux, distincts les uns les autres et ayant chacun un rôle propre, mais en même temps étroitement interconnectés selon des règles fonctionnelles complexes faisant intervenir de manière variable hiérarchie et interaction. Une telle théorie dite « modulaire » du comportement est plus complexe à concevoir mais certainement plus proche de la réalité, et représente du reste une approche de plus en plus volontiers considérée en neuropsychologie.

CHAPITRE II

COMPOSANTS CELLULAIRES DU SYSTÈME NERVEUX CENTRAL

Le système nerveux central (SNC) peut être conçu comme un instrument extrêmement perfectionné permettant à l'organisme d'interagir avec son environnement. L'information qui provient de l'environnement est analysée par le cerveau, ce qui donne lieu aux **perceptions**. Certaines de ces perceptions sont stockées, c'est ce que l'on appelle la **mémoire**. Le cerveau donne également naissance à des **ordres moteurs** qui commandent les mouvements des muscles et du corps.

La perception, la mémoire, et la commande motrice sont toutes trois réalisées par des unités de base, les cellules nerveuses ou **neurones**, qui sont très peu différents les uns des autres et qui peuvent pourtant accomplir des rôles très divers, ce essentiellement grâce à la diversité de leurs types de connexions. On estime que le cerveau contient environ 10^{12} cellules nerveuses.

Les propriétés structurelles et fonctionnelles des neurones dont il sera question dans ce chapitre sont essentiellement des propriétés élémentaires, communes à toutes les cellules nerveuses, et nous ne tiendrons donc ici généralement pas compte des différences de fonctions qu'elles peuvent avoir entre elles.

Les deux types de cellules du système nerveux

On distingue, au sein du système nerveux, deux types de cellules : le neurone et les cellules gliales.

Le neurone (fig. 4)

Il contient 3 régions distinctes :

– le **corps cellulaire ou soma**, mesurant 45 à 100 μ de diamètre, est le centre métabolique du neurone. Il est, comme pour toute cellule de l'organisme, centré par un noyau qui contient le matériel génétique (chromosomes) porteur des instructions contrôlant la production des protéines nécessaires au fonctionnement du neurone.

– le corps cellulaire donne naissance aux **dendrites**, fines arborisations qui constituent l'appareil récepteur du neurone, collectant l'information provenant d'autres neurones.

– le corps cellulaire donne également naissance à l'axone, prolongement unique de taille très variable (de quelques μ jusqu'à environ 1 mètre chez certaines espèces dont l'homme). Il représente l'unité conductrice du neurone. En outre, il fournit le passage aux molécules fabriquées dans le noyau et transportées le long de l'axone jusqu'à sa terminaison (« transport axonal »).

Les axones représentent ce que l'on appelle, au sein de tout tissu nerveux, les **fibres nerveuses**, dont on distingue 2 types, myéliniques et amyéliniques, selon que l'axone est recouvert ou non d'un feuillet de matière grasse : la **myéline**. Celle-ci joue un rôle essentiel dans la rapidité de conduction de l'influx nerveux. La vitesse de conduction nerveuse (VCN) est liée à la présence de rétrécissements périodiques de la gaine de myéline : les nœuds de Ranvier.

On distingue, selon la forme de leurs prolongements, 3 types de neurones (fig. 5) : unipolaires

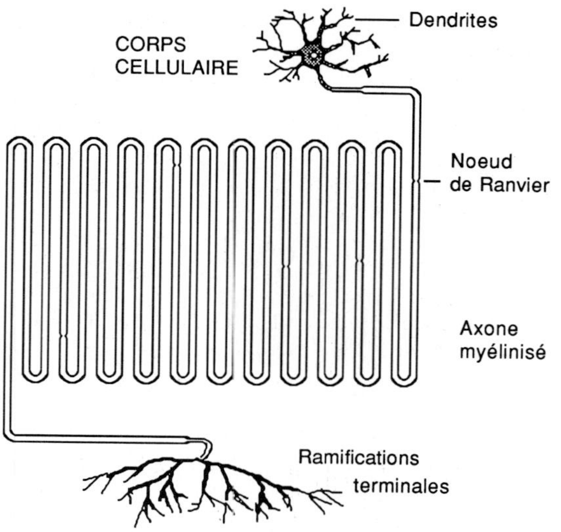

Fig. 4. – *Schéma d'un neurone typique,* destiné à illustrer les dimensions relatives de chacune de ses parties : le corps cellulaire, donnant naissance à de nombreuses dendrites, l'axone, qui mesure ici en réalité autour d'un centimètre de long mais qui peut atteindre parfois des dimensions beaucoup plus importantes, par exemple ceux entrant dans la constitution des nerfs des membres des mammifères supérieurs. L'axone représenté ici est un axone myélinisé, c'est-à-dire qu'il est recouvert d'une gaine lipidique dont la présence assure une meilleure conduction de l'influx nerveux, ce grâce à la présence d'interruptions périodiques, les nœuds de Ranvier. Les branches terminales de l'axone établissent un grand nombre de synapses, parfois plusieurs milliers, avec d'autres neurones.

(dont les neurones en T), surtout présents chez les invertébrés ; bipolaires, et multipolaires, ces derniers (surtout représentés dans le système nerveux central des mammifères) étant caractérisés par le fait que les dendrites émergent de tous les côtés du corps cellulaire.

Les prolongements neuronaux ont une importance capitale car c'est grâce à eux qu'un neurone établit ses contacts avec d'autres neurones : ces contacts portent le nom de **synapses**. Ainsi, un neurone d'importance moyenne reçoit 10 000 contacts.

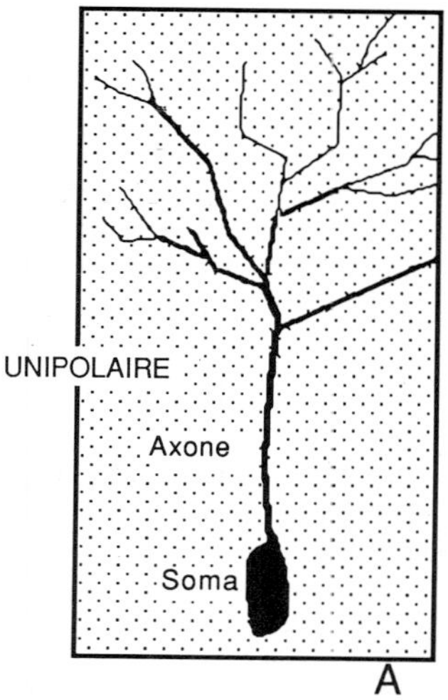

A

Fig. 5. – *On classe les neurones, selon leur morphologie, en unipolaires, bipolaires ou multipolaires.* A : une cellule unipolaire ne possède qu'un seul prolongement quittant le soma ou corps cellulaire. Ce type est caractéristique du système nerveux des invertébrés. Les cellules bipolaires, comme celles de la rétine représentées en C, sont caractérisées par 2 prolongements, l'axone et la dendrite, de part et d'autre du soma. Les cellules en T de la racine dorsale de la moelle (B) sont appelées pseudo-unipolaires, leurs 2 prolongements étant fusionnés sur une courte distance avant de se séparer. D : les cellules pyramidales du cortex cérébral sont un type particulier de cellules multipolaires : elles présentent plusieurs dendrites émergeant de la base et une dendrite émergeant de l'apex (dendrite apicale).

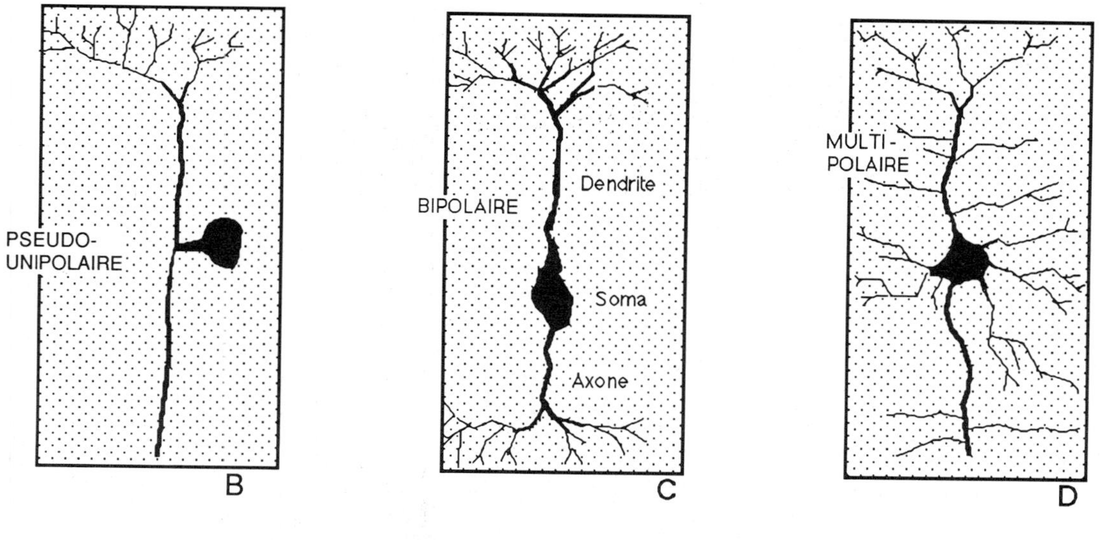

B C D

Certains neurones du cervelet en reçoivent 150000. C'est dire l'incommensurable complexité du réseau ainsi réalisé dans une partie même restreinte du système nerveux, bien plus considérable que les plus perfectionnés des ordinateurs actuels.

Les cellules gliales

Également appelées glie ou névroglie, ce sont de petites cellules arrondies, disséminées dans tout le SNC, 10 à 50 fois plus nombreuses que les neurones, mais n'ayant pas la capacité, comme ces derniers, de générer l'influx nerveux. On en distingue 2 types :

– la macroglie, représentée par les astrocytes et les oligodendrocytes

– la microglie ou phagocytes, proches des macrophages du sang.

Leur rôle, bien que moindre que celui des neurones, est cependant multiple et important : rôle de tissu de soutien, rôle de nettoyage (elles débarrassent le SNC des débris qu'ont pu y laisser des affections ou des blessures qui l'ont affecté) ; rôle de fabrication de la myéline (tout spécialement les oligodendrocytes) ; rôle nutritif et métabolique (elles participent à l'équilibre électro-chimique des neurones) ; rôle de défense immunitaire (microglie).

En fait, seuls les neurones possèdent la propriété caractéristique de la fonction nerveuse, celle de générer un signal nerveux. C'est cette propriété qui est étudiée dans les paragraphes suivants.

Propriétés électriques des neurones

Potentiel transmembranaire de repos

Le neurone, comme n'importe quelle autre cellule de l'organisme, possède au repos une charge électrique opposée de part et d'autre de la membrane cellulaire (positive à l'extérieur, négative à l'intérieur). Ce fait est dû à la différence de concentration en ions positifs (sodium et potassium, en particulier) des liquides intra – et extra-cellulaires, différence entretenue par un mécanisme énergétique appelé « pompe à sodium »(fig. 6).

On dit que le neurone est polarisé. La valeur de cette polarisation, empiriquement évaluée à – 70 millivolts (mV), est appelée potentiel transmembranaire de repos.

Un signal nerveux est la conséquence d'une modification de ce potentiel de repos.

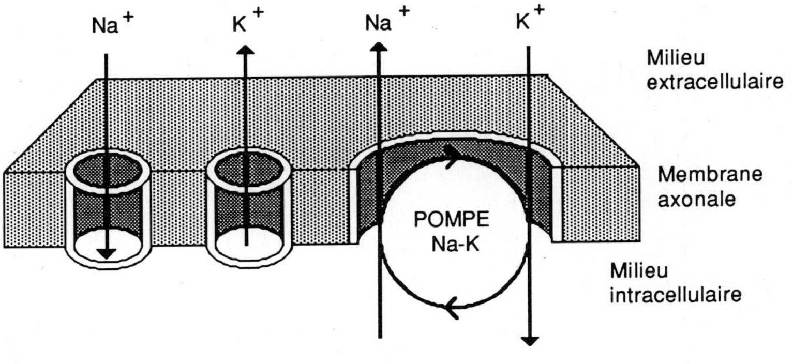

Fig. 6. – *Schéma d'une membrane cellulaire au repos.* La membrane de l'axone sépare le milieu extra-cellulaire, 10 fois plus riche en ions sodium (Na) qu'en ions potassium (K) du milieu intra-cellulaire où ce rapport est inversé. Des protéines ancrées dans l'épaisseur de la membrane agissent comme des canaux sélectifs et assurent le passage préférentiel des ions Na ou des ions K. Au repos, les deux types de canaux sont « fermés » et une pompe à ions, consommant de l'énergie (ATP), maintient le déséquilibre ionique en refoulant vers l'extérieur les ions Na et en aspirant vers l'intérieur les ions K. L'arrivée du potentiel d'action à ce niveau de la membrane ouvrira le canal Na, permettant aux ions Na de pénétrer dans la cellule. Puis le canal Na se referme et le canal K s'ouvre, provoquant la sortie d'ions K.

Potentiel d'action

L'élément de base de la transmission d'information au niveau du neurone est une brève impulsion électrique appelée potentiel d'action, qui traverse l'axone. Il s'agit d'une modification temporaire du potentiel de membrane survenant lorsque la membrane devient brutalement perméable aux ions sodium (Na^+) puis aux ions potassium (K^+). Le processus donnant naissance au potentiel d'action est appelé *dépolarisation* et correspond au passage de l'intérieur du neurone d'une charge négative de – 70 mV à une charge positive, de l'ordre de + 50 mV. Au bout d'environ une milliseconde, l'équilibre ionique se restitue et le potentiel de repos est restauré (fig. 7).

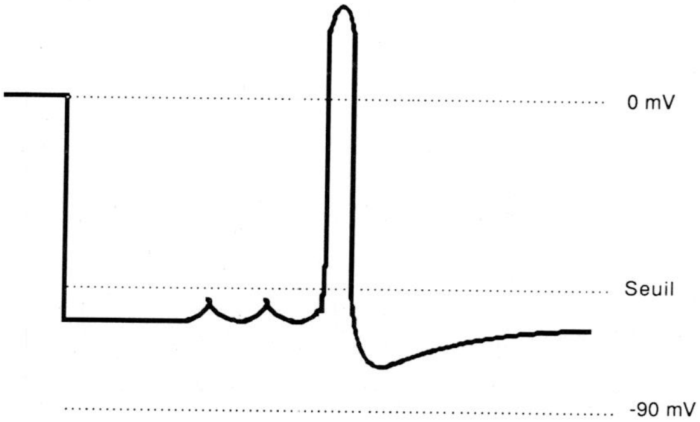

Fig. 7. – *Le potentiel d'action.* Le tracé représente celui obtenu, par exemple sur un oscilloscope, lorsque l'on enregistre l'activité d'une fibre nerveuse grâce à une électrode placée à l'intérieur de la cellule, mesurant la différence de potentiel existant avec une autre électrode (dite de référence) placée en dehors de la cellule. Le potentiel d'action ainsi mesuré peut être spontané ; il peut également être provoqué par la stimulation électrique de la fibre. Il ne survient que si l'influx qui lui donne naissance dépasse une valeur seuil (loi du tout ou rien). Il se caractérise électriquement par une brusque inversion du potentiel de membrane, durant moins d'une milliseconde.

A l'inverse, une augmentation du potentiel de repos (par exemple de – 70 à – 80 mV) réalise une hyperpolarisation. La dépolarisation augmente la capacité d'une cellule à générer un potentiel d'action et est donc excitatrice ; l'hyperpolarisation diminue cette capacité et est donc inhibitrice.

Génération du potentiel d'action

La naissance du potentiel (par exemple lorsqu'un neurone sensitif de la peau est stimulé par une piqûre) donne d'abord lieu à un signal purement local, le potentiel de récepteur ou potentiel générateur, qui se propage passivement sur quelques millimètres et disparaît immédiatement. Ce potentiel générateur répond à un phénomène de gradation, c'est-à-dire que le potentiel est d'autant plus ample que le stimulus est plus intense. La partie du neurone adjacente à l'entrée est appelée zone gâchette. C'est à son niveau que va se décider la propagation ou non de l'influx. Il s'y établit une somme algébrique des influx excitateurs et inhibiteurs auxquels elle est soumise. Si la somme dépasse un certain seuil critique, alors seulement apparaît un potentiel d'action susceptible de se propager activement tout au long de l'axone. Si ce seuil n'est pas atteint, le phénomène électrique reste local et ne se propage pas, aucune information n'est véhiculée par l'axone. On dit que la propagation de l'influx obéit à la loi du tout ou rien.

Propagation du potentiel d'action

A partir du moment où il a été généré, le potentiel d'action va se propager activement le long de l'axone, ce qui se traduit par une inversion de la polarisation membranaire sous son passage (fig. 8). On peut ainsi capter le poteniel d'action successivement en divers points adjacents d'un axone (fig. 9). Cette propagation peut se faire soit dans le sens orthodromique (du corps cellulaire vers le prolongement) soit en sens inverse (propagation antidromique) ; toutefois, l'existence d'une brève période réfractaire suivant le passage du potentiel d'action fait que la propagation se fait toujours dans le même sens.

On notera enfin que la conduction de l'influx se produit de façon relativement lente et continue sur les axones amyéliniques, mais de façon rapide et saltatoire (« sautant » de nœud en nœud) pour les fibres myélinisées.

Le système nerveux possède ainsi à sa disposition un véritable code selon lequel la nature du signal originel est transformée en un potentiel d'action spécifique : la durée et l'intensité de la piqûre, par exemple, caractérisent un potentiel de récepteur qui, au-delà d'un certain seuil donne naissance à un « train » de potentiel d'action dont les éléments seront d'autant plus nombreux que la stimulation est plus longue et d'autant plus rapprochés qu'elle est plus intense (fig. 10). Par la seule variation de ces 2 indices (fréquence et durée des potentiels d'action), le SNC sera capable d'identifier précisément le signal qu'il reçoit selon un code donné. Cette notion de codage est fondamentale et réalise une véritable unité fonctionnelle au sein du système nerveux.

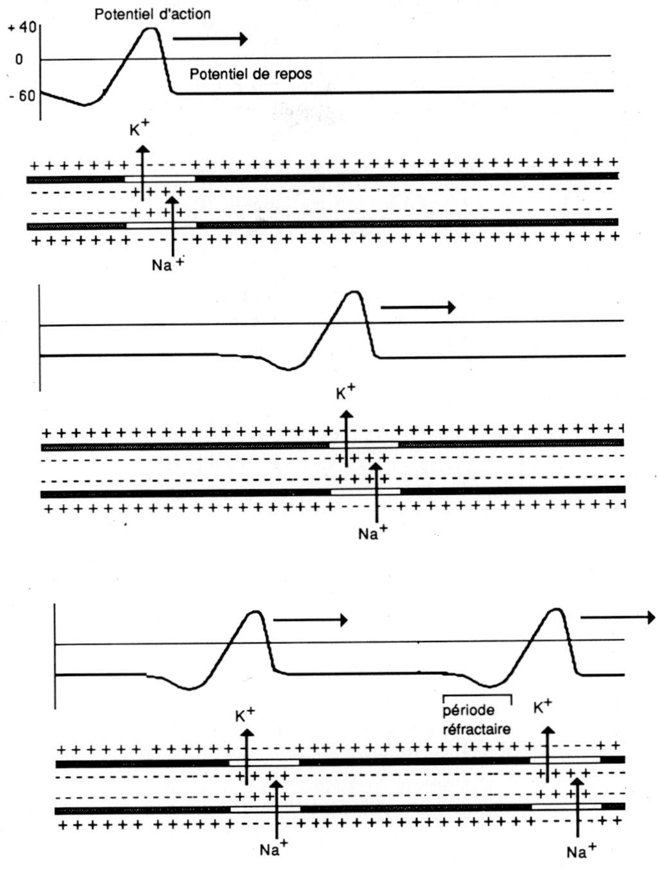

Fig. 8. – *Propagation de l'influx nerveux le long d'un axone.* L'arrivée du potentiel d'action à un endroit donné de l'axone se traduit par une pénétration localisée d'ions Na, jusqu'à ce que la surface interne de la membrane soit positivée. Au bout d'environ 1 milliseconde, le canal Na se referme et le canal K s'ouvre, les ions K sortent de la cellule, ce qui rétablit le potentiel négatif de départ. Le potentiel d'action ainsi créé se propage activement tout au long de l'axone. Une brève période réfractaire suivant le passage de l'influx assure le sens de cette propagation.

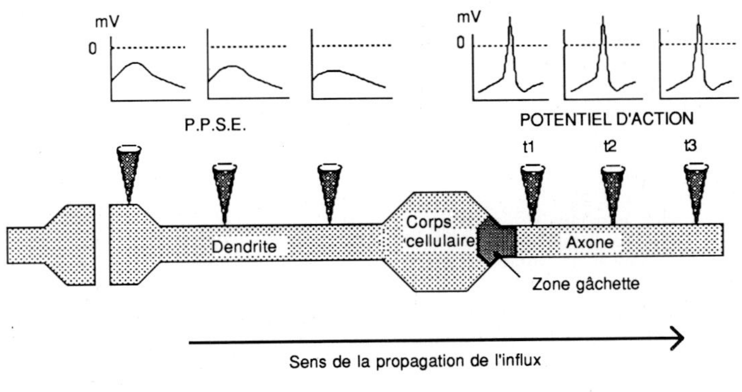

Fig. 9. – *Mesure des phénomènes électriques caractérisant la propagation de l'influx sur une cellule nerveuse.* Le potentiel d'origine (ici un potentiel post-synaptique, mais il pourrait également s'agir d'un potentiel récepteur ou générateur) va décroître progressivement. S'il est assez intense pour atteindre la zone gachette, il donne naissance à un potentiel d'action dont la valeur, stable tout au long de l'axone, peut être enregistrée en divers points successifs (D, E, F). En chacun de ces points, le potentiel a la même forme mais apparaît à des moments successifs (t_1, t_2, t_3).

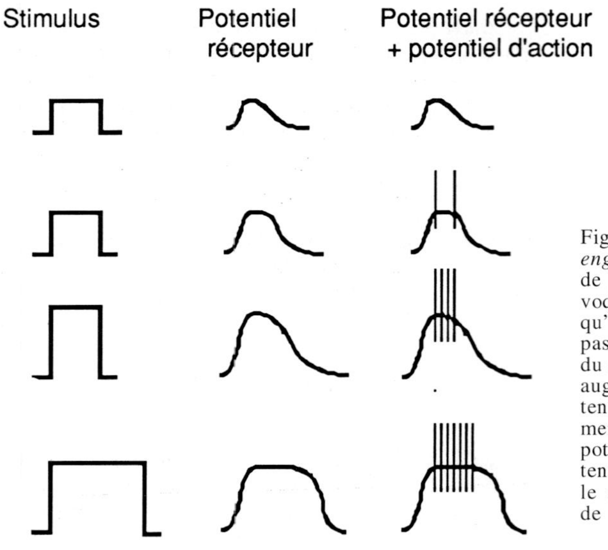

Fig. 10. – *Caractères d'un train de potentiels d'action engendré par un potentiel récepteur.* Le stimulus (colonne de gauche) peut varier en durée et en intensité. Il ne provoque un potentiel d'action que si son intensité est telle qu'il provoque un potentiel récepteur dont l'amplitude dépasse un certain seuil. Au-delà de ce seuil, si l'intensité du stimulus augmente, la fréquence des potentiels d'action augmente, donnant lieu à un plus grand nombre de potentiels par unité de temps. Si la durée du stimulus augmente pour une même intensité, la fréquence des potentiels reste identique mais la durée du train de potentiels augmente. Par ce code binaire (fréquence-durée), le récepteur est capable d'informer le système nerveux de manière précise sur la nature et la durée du stimulus.

Synapse chimique

La synapse est le lieu de connexion entre 2 neurones. C'est donc aussi le lieu où s'effectue la transmission de l'information d'un neurone à un autre.

Il existe en théorie 2 types de synapses : électriques, pour lesquelles la transmission de neurone à neurone implique un processus purement électrique ; chimiques, faisant intervenir la sécrétion et la libération de substances chimiques nécessaires à la transmission de l'information. En pratique, nous ne nous intéresserons qu'à ce dernier type, de loin le plus fréquent.

Anatomie d'une synapse

La synapse est constituée de 2 parties : l'élément pré-synaptique, ou bouton synaptique, qui apparaît comme une dilatation terminale de l'axone du premier neurone : c'est l'élément sécrétoire ; l'élément post-synaptique, qui appartient au deuxième neurone : c'est l'élément récepteur et transducteur. Entre les deux se situe l'espace synaptique ou fente synaptique (fig. 11).

Le bouton synaptique contient de petits sacs sphériques, appelés vésicules synaptiques, conte-

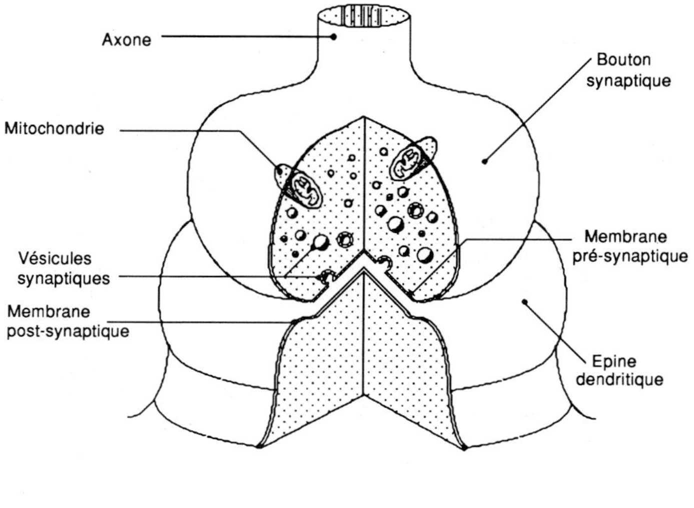

Fig. 11. – *La synapse.* Elle se présente comme une expansion, en forme de bouton, d'un prolongement d'un neurone grâce auquel ce dernier peut communiquer une information à un autre neurone (dit « post-synaptique »). L'élément principal, dans cette transmission d'information, est la région en contact direct avec l'autre neurone : on y décrit une membrane pré-synaptique, appartenant au premier neurone, une membrane post-synaptique, et un espace synaptique de 200 nanomètres de large. Dans le bouton présynaptique est stocké un grand nombre de vésicules arrondies contenant des molécules de médiateur chimique qui seront libérées dans la fente synaptique par l'arrivée de l'influx nerveux.

nant une certaine quantité d'une substance chimique : le *neurotransmetteur* (ou *neuromédiateur*). Chaque terminaison axonale contient un neurotransmetteur qui lui est propre, et en général un seul. Les vésicules se forment à partir de la membrane du bouton synaptique et le neuromédiateur, fabriqué dans le corps cellulaire, migre jusqu'au bouton synaptique où il est inclus dans les vésicules ; de là les vésicules vont migrer vers la région jonctionnelle elle-même. D'un point de vue morphologique, on distingue plusieurs types de synapses selon les structures en contact : synapses axo-somatiques, axo-dendritiques, axo-axonales. Deux cas particuliers sont la synapse neuro-glandulaire (où l'élément nerveux pré-synaptique est en contact avec un organe sécrétoire) et la synapse (ou jonction) neuro-musculaire.

Dans l'exemple de la jonction neuro-musculaire (fig. 12), le transmetteur est l'acétylcholine (ACh). Les vésicules synaptiques sont accumulées autour de zones dites actives de la membrane pré-synaptique. A ce niveau, la paroi de la vésicule va fusionner avec la membrane pré-synaptique et déverser, par un mécanisme dit d'exocytose, la totalité de son contenu dans l'espace synaptique. Le déversement d'ACh se fait sous la forme de « paquets » de vésicules, contenant chacun une quantité fixe ou « quantum » d'ACh. Sur la membrane post-synaptique, organisée dans le cas du muscle en fentes synaptiques primaires et secondaires, il existe des récepteurs post-synaptiques spécifiques à l'ACh. Ceux-ci fonctionnent comme des « serrures » dans lesquelles chaque molécule de transmetteur va pouvoir prendre place telle une clé qui ne pourrait ouvrir que cette serrure. Cette spécificité des récepteurs pour un transmetteur donné et un seul est un point important qui explique, en pharmacologie, que des molécules différentes puissent avoir des effets différents sur le système nerveux.

On estime qu'il y a environ 10 000 molécules de transmetteur dans une vésicule et qu'il faut environ 100 µ sec à 1 000 d'entre elles pour traverser la fente synaptique et se fixer sur leurs récepteurs spécifiques.

Fonctionnement de la synapse

Le principe fondamental du fonctionnement synaptique est la transformation d'un message électrique en un message chimique. Cette transformation se fait selon les étapes illustrées par la fig. 13 :

– le potentiel d'action se propage le long de l'axone, ce qui se traduit par une inversion de polarisation (l'intérieur devient positif). Cette inversion est sous la dépendance d'une modification de la perméabilité au sodium (Na^+) qui va pénétrer dans la cellule de façon massive, suivie d'une sortie de K^+ (a) ;

– lorsque le potentiel d'action atteint l'extrémité de la fibre, on assiste à une entrée massive de calcium (Ca^{++}) qui déclenche la libération du médiateur par un phénomène d'exocytose des vésicules (c) ;

– sur le versant post-synaptique se situent les récepteurs spécifiques sur lesquels le transmetteur,

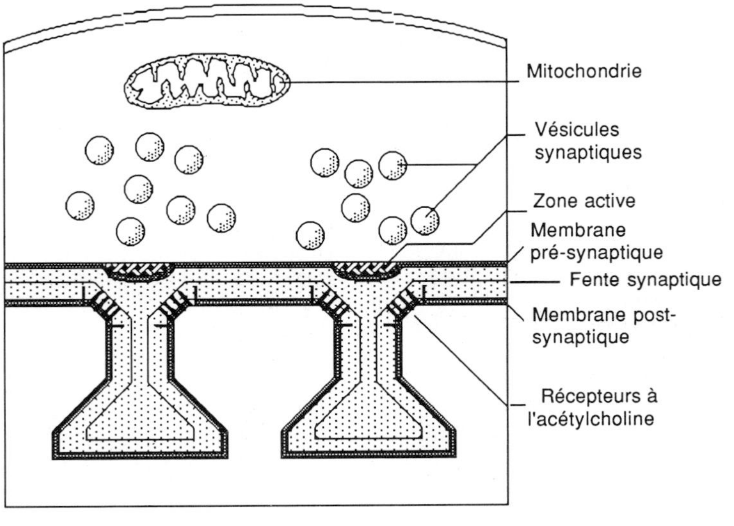

Fig. 12. – *Un cas particulier de synapse :* la jonction neuro-musculaire. Les prolongements terminaux du motoneurone né dans la corne antérieure de la moelle épinière établissent une synapse avec une fibre musculaire, en particulier une région spécialisée contenant un grand nombre de récepteurs à l'acétylcholine (ACh). A ce niveau, la terminaison nerveuse présente des varicosités, ou boutons synaptiques. A l'intérieur de chacun de ces boutons, les vésicules d'ACh viennent se grouper autour de zones dites actives de la membrane présynaptique, faisant face à des fentes ménagées dans la membrane post-synaptique. Sur les bords de cette fente se situent les récepteurs à l'ACh.

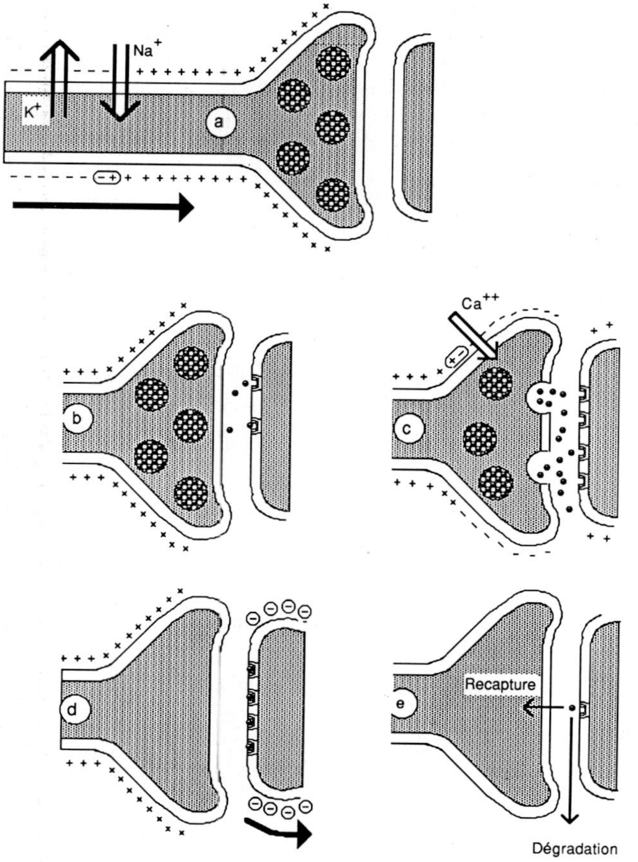

Fig. 13. – *La transmission synaptique.* L'arrivée de l'influx nerveux à la terminaison axonale (a) provoque au niveau de la structure pré-synaptique une inversion de la polarisation membranaire, liée à une entrée de Na suivie d'une sortie de K. Cette dépolarisation est responsable (b) d'une entrée massive de calcium (Ca++) qui déclenche la libération du transmetteur dans l'espace synaptique, par exocytose des vésicules. Au niveau de la membrane post-synaptique, il existe en permanence un certain degré d'activation des récepteurs en raison d'une libération minimale de transmetteur réalisant un « potentiel miniature » (c). Lorsque survient la libération massive de médiateur (d), celui-ci est responsable d'une ouverture des canaux à Na de la membrane post-synaptique qui déclenche la dépolarisation de l'élément post-synaptique : c'est le potentiel post-synaptique excitateur (PPSE) qui, lorsqu'il atteint un certain seuil, déclenche un potentiel d'action (voir fig. 9). Le transmetteur sera ensuite soit détruit grâce à la présence dans l'espace synaptique d'enzymes spécialisées dans sa dégradation, soit recapté par l'élément présynaptique afin d'être réutilisé après intégration à de nouvelles vésicules.

après avoir traversé l'espace synaptique, vient se fixer sélectivement (comme une clé dans une serrure). Il y a en permanence une libération a minima réalisant un « potentiel miniature » (b) ;

– la libération massive du médiateur entraîne une modification de la perméablilité membranaire post-synaptique, une ouverture des canaux sodiques et une entrée massive de Na^+ qui déclenche la dépolarisation de l'élément post-synaptique : c'est le potentiel post-synaptique excitateur (PPSE). Si celui-ci atteint un certain seuil, il déclenche un potentiel d'action qui va ensuite se propager tout au long de l'élément post-synaptique (d). La transmission est dès lors effectuée ;

– enfin, le transmetteur, après s'être séparé du récepteur, sera soit détruit par dégradation enzymatique, soit recapté et intégré dans de nouvelles vésicules (e). La présence de ces mécanismes d'inactivation permet à la synapse de recouvrer son état initial de potentiel de repos en attendant une nouvelle stimulation. Si cette inactivation n'est plus possible (comme après effet de certains médicaments ou toxiques), la dépolarisation se prolonge anormalement et la conduction est bloquée.

En fait, le transmetteur peut également avoir un effet inhibiteur. C'est le cas d'un neuromédiateur, l'acide gamma-amino-butyrique (GABA). L'effet de ce dernier sur la membrane cellulaire est d'entraîner une hyperpolarisation (potentiel post-synaptique inhibiteur, PPSI) qui rend la membrane moins excitable. C'est alors la sommation des effets excitateurs et inhibiteurs qui sera finalement prise en compte pour déclencher ou non le potentiel d'action.

Il convient de noter que la plupart des substances chimiques agissant sur le système nerveux agissent en interférant avec la transmission synaptique. Par exemple, les amphétamines, dont la formule chimique est proche de celle d'un neuromédiateur, la noradrénaline, va, en lieu et place de cette dernière, se fixer sur ses récepteurs post-synaptiques ; certains anti-dépresseurs détruisent les enzymes chargés de la dégradation d'un groupe de médiateurs (les catécholamines, cf infra) ; la prostigmine empêche la dégradation de l'acétylcholine, etc...

Les neurotransmetteurs

On définit habituellement un neurotransmetteur comme une substance chimique répondant aux 4 critères suivants : (1) présence à l'intérieur de la cellule nerveuse (de même que les enzymes nécessaires à sa synthèse); (2) présence au niveau synaptique des enzymes nécessaires à son inactivation; (3) possibilité de reproduire ses effets en plaçant une substance synthétique analogue au niveau synaptique; (4) présence de la substance dans l'espace synaptique lors de l'activation spontanée ou la stimulation électrique de la cellule nerveuse.

Plusieurs substances présentes dans le système nerveux répondent à ces critères :

– L'**acétylcholine** (ACh) fut la première découverte. Elle est présente dans le cerveau, à la jonction neuro-musculaire et au niveau de certaines synapses du système nerveux sympathique et parasympathique.

Il existe 2 types de recepteurs à l'ACh, appelés muscariniques et nicotiniques. L'atropine agit par compétition au niveau des récepteurs muscariniques. La prostigmine inhibe la cholinestérase (une enzyme dont le rôle est de dégrader l'ACh) et augmente donc l'effet de l'ACh.

– Les **catécholamines** sont un groupe de substances dérivées d'un acide aminé, la phénylalanine selon la séquence suivante : Phénylalanine × tyrosine × dopa × dopamine × noradrénaline × adrénaline. Les 4 dernières substances sont des neurotransmetteurs. La noradrénaline (NA) est présente dans le système nerveux végétatif et dans le système limbique (voir chapitres correspondants). Au niveau cérébral, elle semble jouer un rôle important dans les processus de vigilance et de sommeil.

La dopamine (DA) est particulièrement importante dans le contrôle des mouvements et de la posture. Son absence caractérise la maladie de Parkinson (voir chapitre 7) dont le traitement est l'administration du précurseur de la dopamine, la L-dopa.

L'adrénaline n'a pas d'action propre sur le système nerveux central, mais agit en périphérie sur les viscères en véritable hormone du stress.

– La **sérotonine** est impliquée dans le cycle veille-sommeil. Elle est essentiellement présente dans le tronc cérébral et son action est modifiée par un hallucinogène, l'acide lysergique (LSD).

Il existe dans le système nerveux de très nombreux autres transmetteurs dont on ne connaît encore que peu ou pas le rôle, et dont le nombre va croissant d'année en année. Il n'est bien sûr pas possible ni utile de les citer tous ici. Il convient toutefois de faire une place à part à un groupe particulier dont la mise en évidence récente a permis des progrès considérables dans notre connaissance du fonctionnement du SNC : il s'agit des **peptides opiacés**.

Les peptides opiacés ou opioïdes ont été découverts récemment (1975) grâce à la mise en évidence dans le SNC de récepteurs pour la morphine. Le raisonnement qui a mené à leur découverte fut le suivant : « s'il existe dans le cerveau des récepteurs pour la morphine, c'est qu'il doit exister à l'état naturel une ou des substances encore inconnues capables de se fixer sélectivement sur ces récepteurs ». C'est ainsi qu'ont été découvertes dans le cerveau des substances peptidiques naturelles, dont la formule chimique est plus ou moins proche de celle de la morphine, dénommées : les enképhalines et l'endorphine. Bien que dérivant d'un précurseur commun, ces diverses substances sont localisées dans des parties distinctes du cerveau. On a pu prouver qu'elles avaient des propriétés importantes et variées : sur la douleur d'une part (en particulier la β-endorphine qui possède une activité proche de celle de la morphine), mais aussi (et cela est encore très mal connu) dans de nombreux mécanismes psychologiques et comportementaux complexes tels que l'agressivité, la sexualité, les pulsions, le plaisir, l'accoutumance, etc.

On insiste beaucoup, depuis quelques années, sur une famille de neurotransmetteurs particuliers, celle des acides aminés excitateurs, dont le mieux connu est l'*acide glutamique* ou glutamate. Cet intérêt récent des chercheurs pour le glutamate est lié à la découverte que cette substance et certains de ses analogues (acide kaïnique et acide ibotinique) ont, outre leur rôle de neurotransmetteur, un possible effet toxique sur les cellules nerveuses, effet qui pourrait servir d'explication à certains états pathologiques encore inexpliqués. Ainsi a-t-on pu avancer que certaines affections dites dégénératives comme la maladie de Huntington (voir chapitre 7), où on assiste à la perte progressive d'une population spéciale de neurones dans le noyau caudé, seraient dues à la neurotoxicité de substances endogènes du type glutamate ou acide kaïnique. De même, au cours d'anoxie cérébrale, c'est-à-dire de situations pathologiques où le cerveau est privé durablement de l'apport d'oxygène nécessaire à son métabolisme, il a été présumé que la mort des cellules pouvait être liée non à l'absence d'oxygène, mais à la libération en excès de glutamate. Cette hypothèse fait l'objet actuellement de tentatives thérapeutiques cherchant à inhiber l'action du glutamate en bloquant ses récepteurs spécifiques (dits récepteurs NMDA). Enfin, il a été récemment démontré que la neurotoxicité du glutamate était en fait liée à la libération en excès de molécules de monoxyde d'azote (NO). Ce modèle de neurotoxicité synaptique a même permis à certains d'élargir considérablement le concept de neuromédiateurs en suggérant que des molécules aussi simples que le monoxyde d'azote se comportent à certains égard comme l'un d'entre eux.

D'un point de vue anatomique, chaque type de neurotransmetteur possède spécifiquement son propre réseau de neurones (fig. 14), de sorte que l'on peut parler de système cholinergique, système noradrénergique, système dopaminergique, etc... Chacun de ces systèmes a une fonction propre et l'on peut voir se dessiner un modèle théorique de fonctionnement du SNC essentiellement basé sur les propriétés chimiques de certains de ses constituants, selon lequel chaque comportement humain pourrait être lié à la concentration ou au degré de libération d'une substance chimique :

– le sommeil est, nous le reverrons (chapitre 12), sous la dépendance de telles substances (noradrénaline et sérotonine) ;

– la mémoire et la vigilance sont très sensibles aux modifications affectant les systèmes cholinergiques du cerveau ;

– les variations de l'humeur, dépression ou au contraire euphorie pourraient être sous la dépendance de l'élévation ou de la diminution de certaines de ces substances, en particulier les catécholamines (voir paragraphe suivant).

– jusqu'aux diverses sensations de satisfaction ou d'insatisfaction, de plaisir ou de déplaisir, etc. (voir chapitre 11) qui pourraient n'être que des manifestations de variations de telle ou telle substance chimique du cerveau, d'où la notion d'« état central fluctuant » (J.D. Vincent).

Perspectives psycho-pharmacologiques

L'une des principales applications des notions de synapses, de neurotransmetteurs et de récepteurs est sans doute celle liée à la recherche sur les médicaments psychotropes.

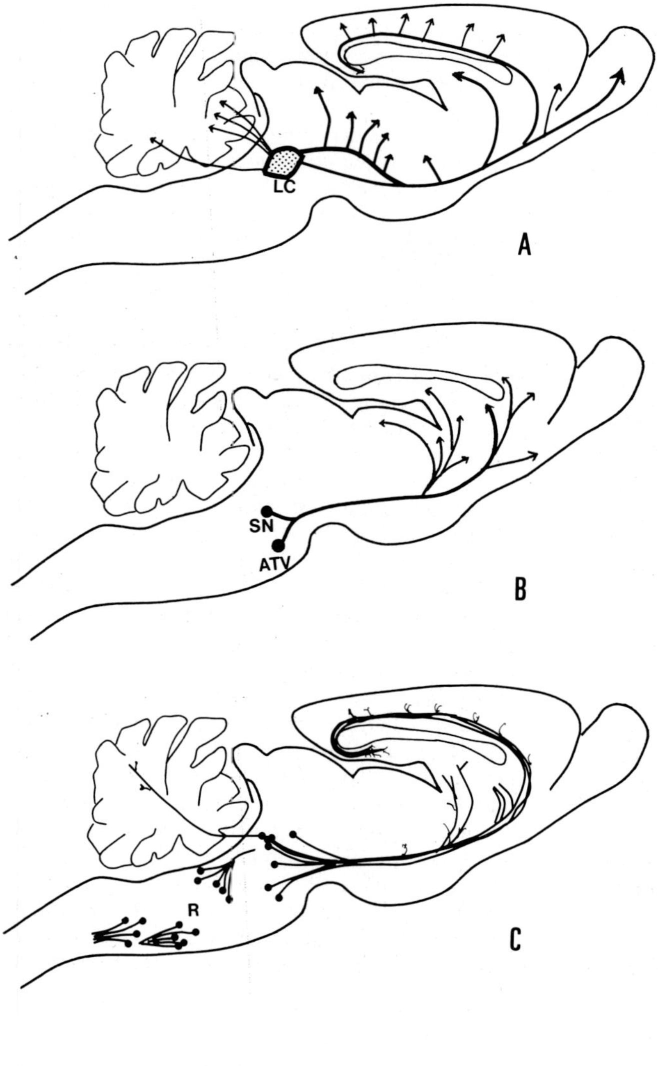

Fig. 14. – *Représentation schématique des 3 principaux systèmes aminergiques du cerveau du rat.* Système noradrénergique (A) ; système dopaminergique (B) ; système sérotoninergique (C). R = noyaux du raphé, LC = locus coeruleus, ATV = aire tegmentale ventrale, SN = substance noire.

Que certaines substances chimiques soient capables de modifier le fonctionnement mental est un fait connu de longue date, dont on retrouve les traces jusqu'à la plus haute Antiquité. C'est du reste souvent en observant l'effet de certains végétaux sur le comportement des animaux que diverses substances ont commencé à être utilisées, soit à des fins de confort ou de mieux-être (comme le tabac, le café ou la coca) soit à des fins médicinales. C'est ainsi que des tribus d'Asie tropicale auraient remarqué que des oiseaux tombaient anormalement souvent après avoir volé autour d'arbustes à *Rauwolfia serpentina*, et auraient alors pensé à utiliser ce végétal pour ses vertus médicinales. En 1931, des médecins indiens montrèrent l'efficacité de l'extrait de cette plante, la *réserpine*, dans la réduction de l'hypertension artérielle. Vingt ans plus tard, on démontrait l'effet de la réserpine sur les symptômes d'une affection psychiatrique, la *schizophrénie*, découverte qui devait constituer le point de départ d'une nouvelle discipline, la psychopharmacologie. Au même moment, un chercheur français, Henri Laborit, recherchant une substance sédative pour prémédiquer des patients devant subir une anesthésie, découvrit une substance qui devait révolutionner la thérapeutique de la schizophrénie, la chlorpromazine. En 1951, deux psychiatres parisiens, Delay et Deniker réalisèrent que cette drogue n'avait pas seulement des effets sédatifs, comme par exemple les barbituriques, utilisés depuis le début du siècle, mais également une véritable action antipsychotique, réduisant les symptômes d'agitation, d'angoisse et hallucinatoires des schizophrènes. D'autre part, cette action antipsychotique était étroitement liée à un autre effet, régulièrement observé après administration de fortes doses de chlorpromazine (de même du reste qu'après administration de réserpine), un ralentissement moteur et une hypertonie des muscles rappelant les symptômes de la maladie de Parkinson. Ainsi était née la première famille de médicaments psychotropes, les *neuroleptiques*, en même temps qu'étaient posées les bases d'un trouble neurochimique à l'origine des états psychotiques. Outre le fait qu'elle révolutionna la pratique de la psychiatrie hospitalière, la découverte des neuroleptiques eut en effet une incidence notable sur la compréhension du mécanisme de la schizophrénie. D'une part, elle permit de conforter les théories selon lesquelles la schizophrénie était bien une affection organique, de déterminisme probablement biologique, comme le laissaient suspecter les données épidémiologiques suggérant son caractère génétique. D'autre part, elle a permis d'avancer une hypothèse physiopathologique actuellement la plus couramment admise, l'hypothèse dopaminergique. En effet, au cours des années 70, les pharmacologistes montrèrent que l'action des neuroleptiques se faisait spécifiquement en bloquant les récepteurs d'un neurotransmetteur : la dopamine, plus spécialement un sous-groupe de récepteurs dit D_2 (fig 15 A). Ces récepteurs sont situés dans deux régions cérébrales distinctes, le striatum, partie des noyaux gris centraux (dont le rôle dans les comportements moteurs sera envisagé au chapitre 7), et la région ventrale et médiane du cortex frontal, représentant la partie la plus archaïque du cortex cérébral (voir chapitre 4). Or ces structures corticales, de même qu'une partie du striatum, font partie du système limbique, système précisément connu pour être impliqué dans la régulation des comportements affectifs (voir chapitre 11). Ainsi se sont ouvertes d'importantes voies de recherches, actuellement très actives tant du point de vue biochimique, neuroanatomique que comportemental, consacrées à cette redoutable et mystérieuse affection psychiatrique qu'est la schizophrénie.

Parmi les autres groupes de substances capables d'exercer leur effet par l'intermédiaire de modifications de la transmission synaptique, deux nous intéresseront plus particulièrement, les antidépresseurs et les psychostimulants (fig 15 B, C, D). C'est, comme pour la chlorpromazine dans la schizophrénie, à la suite d'une observation clinique quelque peu fortuite qu'est née la première utilisation de médicaments contre cette autre affection psychiatrique, la dépression. La substance en question était l'iproniazide, produit utilisé dans le traitement de la tuberculose dans les années 50, dont un effet euphorisant sur les tuberculeux a incité les chercheurs à le proposer comme traitement de la maladie dépressive. De fait, un an après ce premier essai, et grâce au fait que le médicament était déjà sur le marché, plusieurs centaines de milliers de patients souffrant de dépression étaient traités avec succès par cette molécule. Ce n'est que par la suite que les raisons de cette efficacité furent élucidées, aidant du reste, ici encore, à la compréhension des mécanismes cérébraux de la dépression. L'iproniazide est en fait un IMAO, c'est à dire un inhibiteur de la monoamine oxydase, enzyme impliquée dans la dégradation de deux monoamines, la noradrénaline et la sérotonine. Inhibant cette dégradation, les IMAO prolongent au niveau synaptique l'effet de ces neurotransmetteurs, et augmentent ainsi la quantité de médiateur parvenant au niveau des récepteurs post-synaptiques. Cette constatation est à l'origine de la théorie aminergique de la dépression, selon laquelle l'état dépressif serait dû à un effondrement des concentrations cérébrales en monoamines. Malgré leur efficacité, l'usage des IMAO est aujourd'hui pratiquement abandonné, en particulier en raison de leurs nombreux effets indésirables, et de la découverte d'une autre classe de produits tout aussi efficaces et plus maniables, les *antidépresseurs tricycliques*. De structure chimique

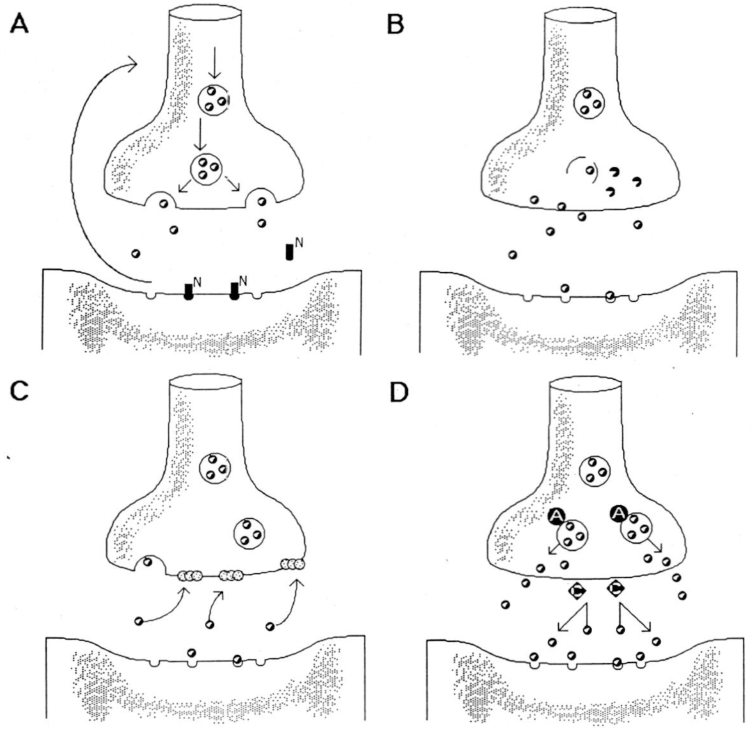

Fig. 15. – Mode d'action au niveau synaptique de diverses substances psychotropes. Les neuroleptiques (A) ont pour effet de bloquer les récepteurs dopaminergiques post-synaptiques, ce qui, par effet de rétroaction, accélère la production de dopamine par le neurone. Les anti-dépresseurs de la classe des IMAO (B) inhibent la monoamine-oxydase dont l'action est de détruire les molécules de transmetteurs (noradrénaline, sérotonine) en excès à leur sortie des vésicules. La quantité de transmetteur libéré dans l'espace synaptique s'en trouve donc accrue. Quant aux antidépresseurs tricycliques (C), ils agissent en bloquant le recaptage du transmetteur, ce qui augmente également la quantité de transmetteur présente dans l'espace synaptique. Toutefois, il y a parallèlement une diminution du nombre de récepteurs post-synaptiques. Les psychostimulants (D) agissent sur le métabolisme cérébral des catécholamines (noradrénaline, dopamine) soit en stimulant la sortie de transmetteur de ses vésicules de stockage (amphétamines), soit en inhibant son recaptage au niveau de la membrane présynaptique (cocaïne).

proche de la chlorpromazine, ces substances, dont le chef de file est l'imipramine, agissent non plus en inhibant la dégradation du médiateur, mais en inhibant son recaptage par l'élément pré-synaptique. En outre, au bout d'une dizaine de jours de traitement par cette substance, on observe un autre phénomène, la réduction du nombre de récepteurs post-synaptiques aux monoamines. Or, ce délai de dix jours correspond au délai nécessaire avant de voir apparaître une amélioration clinique chez les patients traités par tricycliques. Cette coïncidence temporelle incite donc à tempérer la confiance initiale des chercheurs en une théorie aminergique de la dépression, devenue incompatible avec l'observation d'une diminution du nombre des récepteurs, de sorte qu'on ne sait toujours pas si la dépression est due à une trop faible ou une trop forte activité au sein des synapses aminergiques. Des modifications fonctionnelles des récepteurs eux-mêmes pourraient rendre compte de cet apparent paradoxe. L'apparition de nouveaux antidépresseurs agissant exclusivement sur le métabolisme de la noradrénaline ou de la sérotonine, et même de substances d'action encore différente, sont autant de raisons supplémentaires de penser que la dépression est sans doute de mécanisme bien plus complexe qu'on ne le pensait initialement et en tout cas non réductible à l'excès ou la diminution de fonctionnement d'un type de synapse ou de récepteur.

Les deux principaux *psychostimulants*, la cocaïne et les amphétamines, sont deux substances chimiquement très différentes, mais dont l'action neurochimique est similaire, essentiellement liée, semble-t-il, à une augmentation d'activité des synapses dopaminergiques. Les amphétamines, de structure chimique proche des catécholamines (noradrénaline et dopamine), font sortir les molécules de catécholamines de leurs vésicules de stockage, augmentant leur concentration dans l'espace synaptique. La cocaïne, quant à elle, exerce au niveau synaptique un effet similaire mais en s'opposant au recaptage des catécholamines par le neurone présynaptique. Ces deux drogues possèdent ainsi des effets comportementaux similaires, caractérisés par une euphorie, un accroissement de la résistance physique et de l'acuité mentale. Ces effets que l'on peut qualifier de « généraux », par opposition à ceux plus spécifiques des neuroleptiques ou des antidépresseurs, sont sans doute à mettre en rapport avec l'anatomie très particulière des systèmes noradrénergiques du cerveau : les neurones noradrénergiques, prenant leur origine dans un petit noyau bleuté de la partie moyenne du tronc cérébral, le locus coeruleus sont peu nombreux (3 000 environ) mais ont la particularité tout à fait remarquable d'établir des connexions avec 30 à 50 pour cent des neurones cérébraux, en particulier corticaux, de sorte que 3 000 cellules vont agir, cas de figure unique dans le cerveau humain, sur plusieurs milliards ! On comprend ainsi le caractère non spécifique de l'activation psychique que produisent ces drogues. Ces propriétés sont utilisées en clinique humaine dans quelques rares circonstances comme les états de narcolepsie (voir chapitre 12) ou les états d'agitation chez l'enfant. Dans cette dernière circonstance, autrement appelée « syndrome d'hyperactivité », les enfants, par ailleurs souvent porteurs de troubles sévères de l'apprentissage, voient leurs anomalies comportementales et leurs troubles attentionnels parfois spectaculairement transformés par la prescription de méthylphénidate (Ritaline), substance amphétaminique la plus utilisée dans cette indication. Enfin, il faut évidemment rappeler que l'usage prolongé de ces substances, s'il se fait en dehors de surveillance médicale, aboutit à un phénomène de tolérance entraînant une augmentation progressive des doses pouvant réaliser un état de dépendance caractérisant la toxicomanie, voire même une véritable psychose proche de la schizophrénie (« psychose amphétaminique »).

CHAPITRE III

DÉVELOPPEMENT DU CERVEAU

Le système nerveux se développe selon une succession d'événements survenant dans un ordre donné, suivant une séquence chronologique précise, variant très peu d'un sujet à un autre dans une même espèce. L'étude des invariants, tant morphologiques que comportementaux, montre à l'évidence l'importance du capital génétique qui contient de façon innée les règles souvent très strictes, tant spatiales que temporelles, de mise en place de diverses structures et donc des divers caractères de l'individu. La structure du cerveau adulte est ainsi le résultat d'un mécanisme apparemment prédéterminé, aboutissant à la formation de près de 10^{16} connexions (il y a environ 10^{12} neurones dans le cerveau et chaque neurone contracte environ 10 000 connexions). Or, si l'on considère le matériel génétique, c'est-à-dire la totalité des gènes que possède un sujet et porteurs de la totalité de l'information héréditairement transmise, on peut calculer que celui-ci comporte au maximum 10^5 gènes différents. Par conséquent, le matériel génétique est loin de pouvoir contrôler le nombre considérable de connexions se formant dans le cerveau. En d'autres termes, le contrôle génétique est absolument incapable de rendre compte à lui seul de la grande diversité des caractères individuels. Il faut donc admettre le rôle de facteurs non génétiques dans la mise en place des réseaux neuronaux du système nerveux. C'est ce que l'on appelle l'« épigenèse ». Ces facteurs épigénétiques comprennent : des facteurs d'environnement (nutritionnels, sensoriels, l'expérience sociale et l'apprentissage) et des facteurs intrinsèques (interaction entre cellules, sécrétion de substances chimiques, hormones en particulier).

Le présent chapitre décrit dans un premier temps les étapes du développement cérébral puis envisage schématiquement. Enfin, un dernier paragraphe, s'appuyant sur ces données développementales, décrit les mécanismes de la récupération du tissu nerveux après une lésion cérébrale.

Étapes précoces du développement du cerveau

Induction (fig. 16)

Le système nerveux provient, d'un point de vue embryologique, de l'ectoderme embryonnaire (c'est-à-dire le feuillet le plus superficiel de l'embryon, celui qui donnera, du reste, le revêtement cutané). Sur la face dorsale de l'ectoderme apparaît ainsi dès les premier jours de la vie intra-utérine un épaississement appelé *plaque neurale*, épaississement induit par un transfert de substance du mésoderme vers l'ectoderme. A ce stade, il n'existe pas encore de détermination topographique exacte : si l'on effectue, expérimentalement sur l'embryon de poulet, une excision d'une partie de la plaque neurale, on assiste à une prolifération provenant des régions voisines de sorte que l'aspect à la naissance sera strictement normal. Par contre, si la même intervention est réalisée quelques semaines plus tard, chaque partie du SNC aura déjà sa spécificité, de sorte qu'apparaîtront des troubles irréversibles du développement.

Autour du 20e jour de gestation, la plaque neurale ainsi formée va se creuser en son centre, formant la *gouttière neurale*, gouttière dont les bords s'épaississent pour former la *crête neurale*. Enfin, la gouttière va se refermer et réalise l'aspect définitif du *tube neural*, agencement circulaire de cellules autour d'une cavité centrale, le canal de l'épendyme. La crête neurale s'autonomise pour occuper une position latérale par rapport au tube

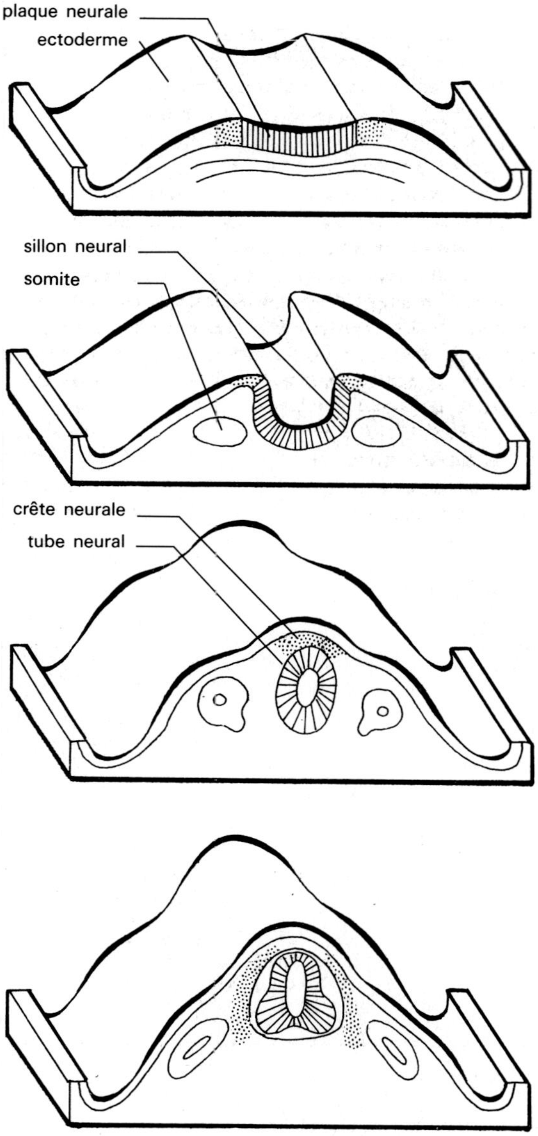

Fig. 16. – *Premières étapes du développement du système nerveux.* Vues externes et coupes à 4 stades successifs d'un embryon humain au cours des 3e et 4e semaines après la conception. Le système nerveux se développe à partir de la couche externe (ectoderme) de l'embryon, tout d'abord sous la forme d'un épaississement de ce dernier (plaque neurale) qui se creuse ensuite (sillon neural) puis se ferme (tube neural). La crête neurale qui bordait la plaque neurale est à l'origine de certains tissus glandulaires et des tissus de la face.

neural. Elle donnera plus tard divers organes comme les ganglions nerveux, le thymus, les tissus de la face (le bec-de-lièvre est lié à une malformation de cette crête neurale).

Prolifération

Les cellules du tube neural, d'abord disposées en une couche unique, passent par une période d'intense division où elles se muliplient à la faveur d'une synthèse importante d'acides nucléiques (ADN). Les cellules en phase de prolifération sont soumises à un mouvement oscillatoire caractéristique aboutissant à la division cellulaire (fig. 17) : dans un premier temps, le noyau s'éloigne de la surface interne du tube neural (zone ventriculaire) pour parvenir à proximité de la surface externe (zone marginale) où il subit une replication d'ADN avant de rejoindre à nouveau la zone ventriculaire. Là, se produit le processus de mitose aboutissant à la division en deux de la cellule originelle. Les deux cellules filles déploient ensuite leurs prolongements et leurs noyaux migrent à nouveau vers le milieu de l'épithélium (1). Enfin, cette prolifération cesse et commence l'étape suivante de migration.

La phase migratoire (fig. 18)

Dès lors, les cellules ont perdu la capacité de se diviser. Certaines d'entre elles restent en position interne pour former la zone ventriculaire. La plupart cependant vont migrer vers leur position défi-

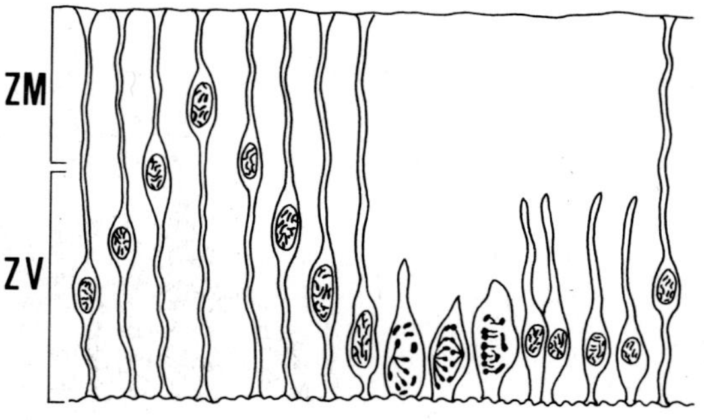

Fig. 17. – *Migration des cellules au sein de la paroi du tube neural.* Les cellules sont animées de mouvements oscillatoires au cours desquels elles se rapprochent puis s'éloignent de la surface interne limitant la cavité centrale (future cavité ventriculaire). La division cellulaire (mitose) ne se produit que lors des passages à proximité de la surface interne. (D'après T. Prentiss, in M. Cowan, Le développement du cerveau. *Pour La Science* nº spécial, novembre 1979.)

(1) Une explication possible de ces curieux mouvements oscillatoires serait qu'à diverses profondeurs de l'épithélium se situent des facteurs chimiques différents nécessaires aux diverses étapes de la division cellulaire.

nitive dans l'épaisseur de l'épithélium; certaines forment ainsi une seconde couche, la zone intermédiaire. Dans le télencéphale (voir chapitres suivants), les cellules qui traversent cette zone s'amalgament pour former la plaque corticale, futur cortex cérébral. Cette «traversée» obéit à des règles très strictes selon lesquelles les cellules les plus anciennement migrées forment les couches les plus profondes et les cellules les plus récemment migrées les couches les plus superficielles, l'ensemble donnant finalement l'aspect habituel en 6 couches du cortex cérébral adulte. A la fin de ce processus, l'aspect est le suivant :

– la zone ventriculaire n'est plus faite que d'une seule couche de cellules limitant la cavité épendymaire;

– une zone sous-ventriculaire, adjacente à la précédente, va secondairement proliférer pour former en particulier les cellules gliales;

– dans toute la zone intermédiaire, il n'y a pratiquement pas de cellules : c'est la zone qui deviendra la substance blanche sous-corticale, lieu de passage des fibres nerveuses qui vont au cortex ou qui le quittent;

– la plaque corticale;

– la zone marginale contenant quelques rares cellules.

Un point remarquable est la précision temporelle («timing») et la spécificité pour chaque cellule, de ce processus de migration. En premier lieu, chaque type de neurone du système nerveux est généré à un moment qui lui est propre. En outre, le lieu de destination de chaque cellule semble prédéterminé, comme l'ont montré certaines expériences effectuées sur le système nerveux d'insectes. Toutefois, dès la période de migration, il n'est pas exclu que des facteurs d'environnement puissent intervenir. Deux exemples permettent de le penser :

– des expériences de transplantation sur l'embryon de poulet ont montré que certaines cellules du système nerveux sympathique, utilisant comme neuromédiateur les catécholamines, pouvaient, en étant transplantées à un stade précoce dans une région différente de leur lieu d'origine, prendre les caractères morphologiques de cellules para-sympathiques et sécréter de l'acétylcholine. Ainsi, le choix du neurotransmetteur (et donc la fonction) d'un type cellulaire n'est pas complètement programmé et l'environnement du neurone en cours de développement peut prendre une part importante dans sa caractérisation.

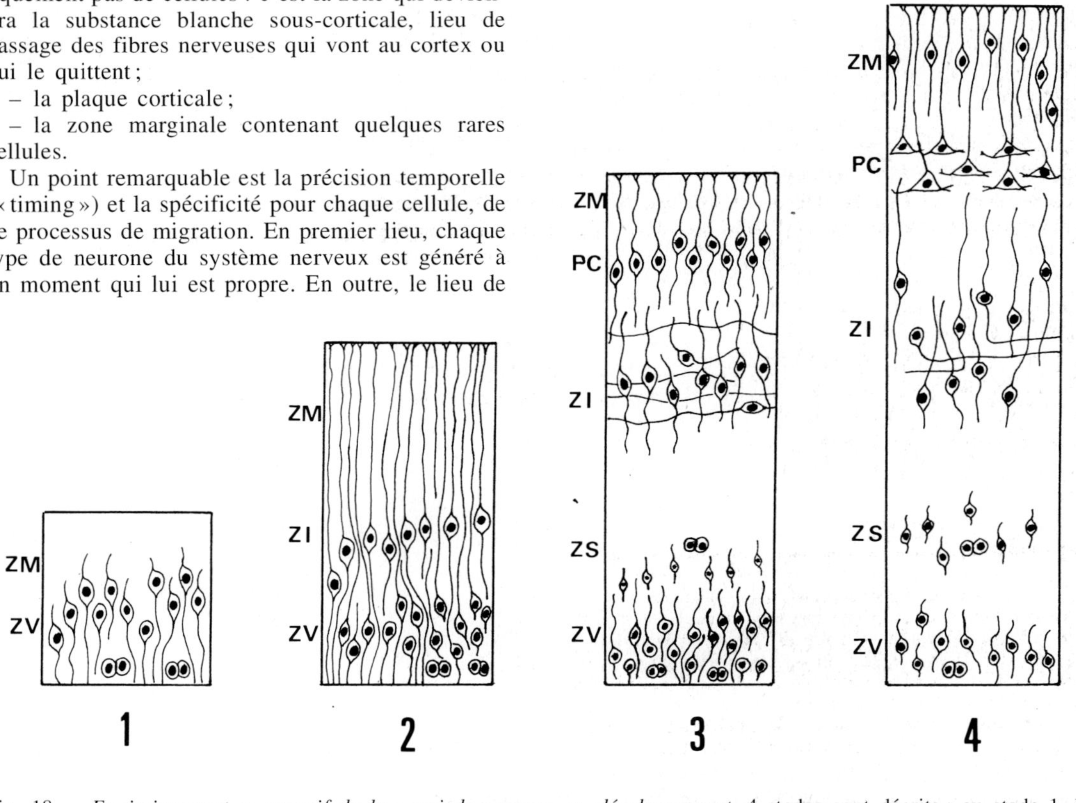

Fig. 18. – *Epaississement progressif de la paroi du cerveau en développement.* 4 stades sont décrits : au stade 1, la paroi du tube neural est représentée par une couche cellulaire unique où l'on distingue 2 zones : la zone ventriculaire (ZV) et la zone marginale (ZM), seule la première contenant des corps cellulaires; au stade 2, après division cellulaire, les cellules vont commencer à migrer certaines peuplant une zone intermédiaire (ZI) entre zone ventriculaire et zone marginale, mais la plupart traversant la zone intermédiaire pour former la plaque corticale (PC), futur cortex cérébral. Une zone sous-ventriculaire (ZS) est le siège d'une seconde prolifération où sont formées les cellules gliales. Au dernier stade (4), la zone ventriculaire originelle n'est plus qu'une mince couche cellulaire limitant le ventricule, séparée de la plaque corticale par un espace qui deviendra la substance blanche sous-corticale. (D'après T. Prentiss, in M. Cowan, Le développement du cerveau. *Pour La Science* n° spécial, novembre 1979.)

– des études sur le développement du cervelet de la souris menées par le chercheur américain Pasko Rakic ont montré que la migration de certains neurones nécessite l'intégrité des cellules gliales : la migration des cellules cérébelleuses se ferait suivant des « rails » constitués par les prolongements des cellules gliales. En outre, les diverses cellules du cervelet ne seraient pas différenciées au départ mais finiraient par acquérir leur spécificité par interaction avec l'environnement régional.

Développement des connexions entre neurones

Etablissement des contacts

Une fois fixés dans leur position définitive, les neurones, en particulier ceux du cortex cérébral, vont « envoyer » des prolongements afin d'établir leurs connexions synaptiques avec d'autres neurones. Cette étape est sous la dépendance d'un phénomène particulièrement étudié ces dernières années : la *croissance axonale*. L'établissement de ces connexions répond à des règles très précises mieux connues grâce aux travaux de Roger Sperry (prix Nobel de physiologie et de médecine en 1981).

– **Les expériences de Sperry sur le poisson rouge**. Lorsqu'on coupe le nerf optique du poisson rouge (choisi pour son grand potentiel de régénération), on observe une régénération du nerf en quelques semaines et une récupération complète de la vision. L'expérience consiste, après section du nerf optique, à léser sélectivement la rétine (contenant le corps cellulaire d'origine des fibres du nerf optique) en diverses régions et à observer une structure appelée « tectum », lieu d'aboutissement des fibres laissées intactes (fig. 19). Si l'on détruit la partie dorsale de la rétine, seuls les neurones de la partie ventrale vont régénérer : au niveau du tectum, seule la partie dorsale sera réinnervée. Si l'on détruit la partie ventrale de la rétine, seule la partie ventrale du tectum sera réinnervée. De même dans le sens antéro-postérieur (fig. 20). Par conséquent, tout se passe comme si les axones provenant de la partie intacte de la rétine « trouvaient leur chemin » de façon très précise pour aboutir à leur cible préétablie spécifiquement.

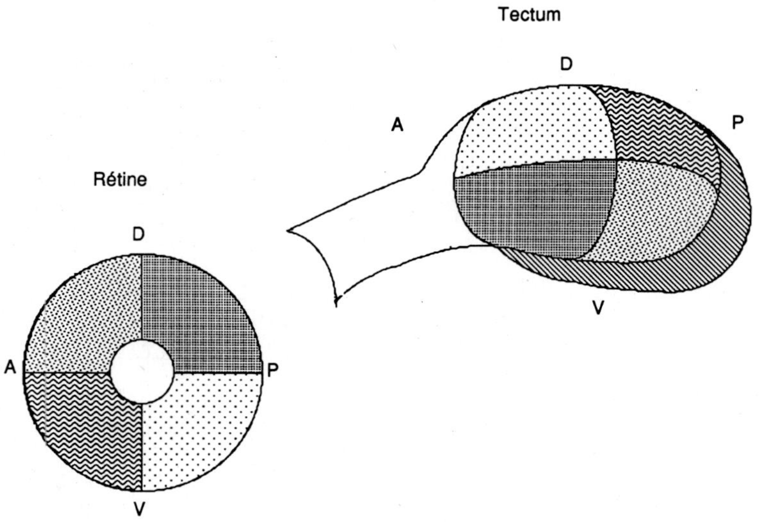

Fig. 19. – *Particularités de la rétine du poisson doré utilisé dans l'expérience de Sperry* (Fig. 20). Les fibres ganglionnaires provenant de chacun des 4 quadrants de la rétine projettent sur le tectum d'une manière croisée dans 2 sens : antéro-postérieur et ventro-dorsal. Les fibres provenant de la rétine dorsale se terminent sur le tectum ventral ; les fibres provenant de la rétine ventrale, se terminent sur le tectum dorsal. En outre, les fibres provenant de la rétine antérieure se terminent dans le tectum postérieur et vice-versa.

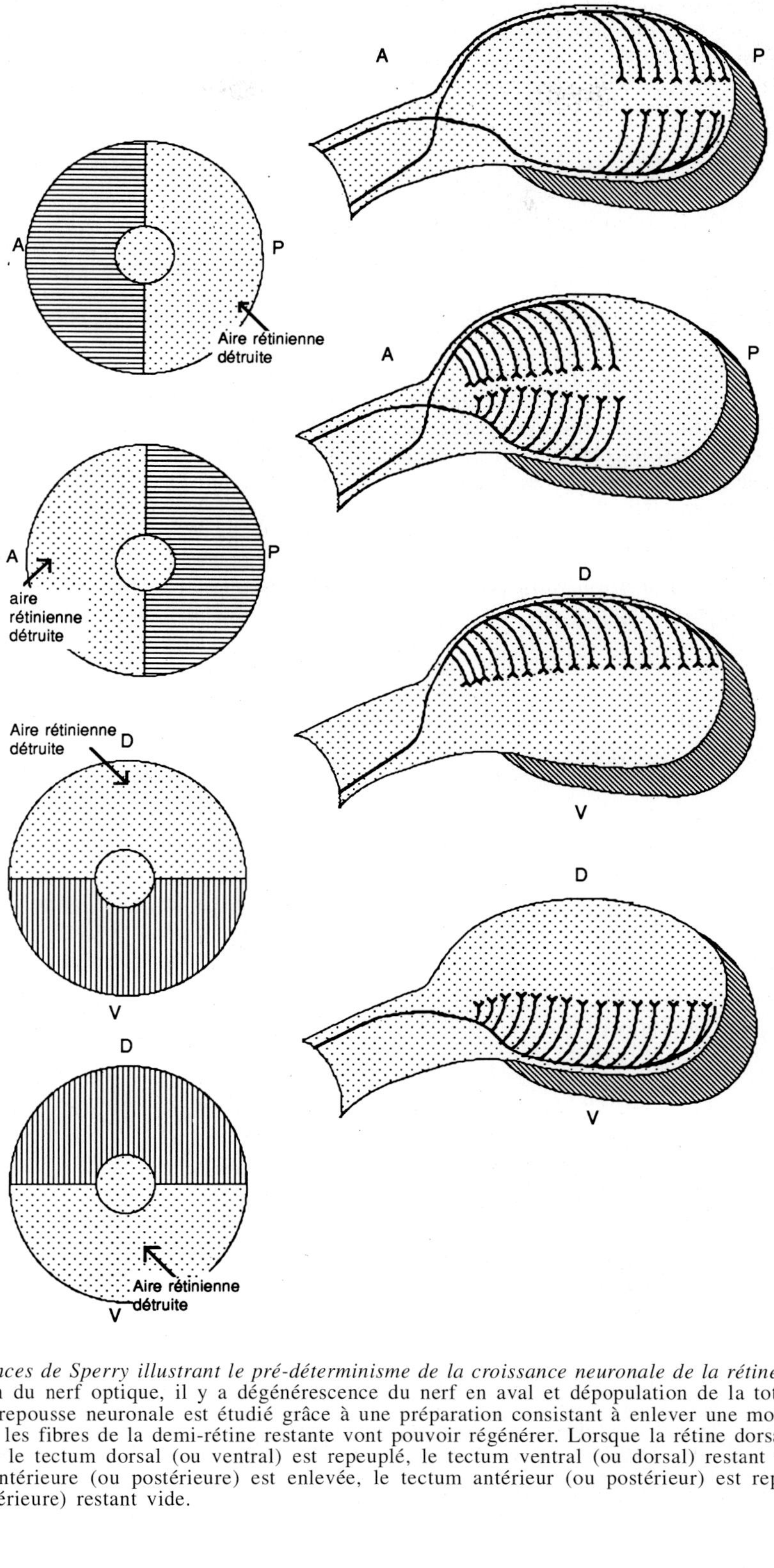

Fig. 20. – *Expériences de Sperry illustrant le pré-déterminisme de la croissance neuronale de la rétine chez le poisson doré.* Après section du nerf optique, il y a dégénérescence du nerf en aval et dépopulation de la totalité du tectum. Le caractère de la repousse neuronale est étudié grâce à une préparation consistant à enlever une moitié de la rétine, de sorte que seules les fibres de la demi-rétine restante vont pouvoir régénérer. Lorsque la rétine dorsale (ou ventrale) a été enlevée, seul le tectum dorsal (ou ventral) est repeuplé, le tectum ventral (ou dorsal) restant vide. De même, lorsque la rétine antérieure (ou postérieure) est enlevée, le tectum antérieur (ou postérieur) est repeuplé, la partie postérieure (ou antérieure) restant vide.

– Pour mieux comprendre le caractère de cette spécificité, Sperry a mis au point une seconde expérience, sur la grenouille cette fois. Celle-ci (fig. 21) consiste à retourner ou transplanter les yeux de l'animal à divers stades de développement et à observer son comportement ultérieur quand les connexions entre la rétine et le système nerveux sont rétablies. Cette expérience montre que les fibres optiques, lors de leur régénérescence, vont se diriger vers la partie du système nerveux qu'elles innervaient avant l'intervention, sans tenir compte de la modification de position, de sorte que la perception de la cible, et donc le comportement de l'animal, sont modifiés selon le même angle que la rotation imprimée à l'œil.

La conclusion de Sperry est que les cellules de la rétine, de même que leur neurone cible dans le cerveau, **portent des marques chimiques caractéristiques et distinctives** qui leur permettent de s'identifier mutuellement. L'axone en croissance doit être capable de reconnaître sa cible à sa marque chimique. Ces marqueurs chimiques ne sont pas connus, mais il s'agit probablement de molécules chimiques dont la concentration varie selon les régions (par exemple entre la partie dorsale ou ventrale du tectum). Les axones en croissance seraient pré-codés pour atteindre une cible caractérisée par une concentration donnée de cette substance.

Phénomène de mort (ou perte) cellulaire (fig. 22A)

Un des points les plus importants pour la compréhension du développement cérébral est qu'il existe, au début du développement dans une région donnée du système nerveux, un nombre de neurones beaucoup plus important que lorsque le développement est terminé. On sait par exemple que la moelle épinière d'un embryon de poulet de 5 jours possède 20 000 neurones alors que la moelle adulte n'en possède que 12 000, soit une perte de 40 %. Un phénomène physiologique de mort (ou perte) cellulaire intervient, chez cet animal, pendant une période allant du 6e au 9e jour, se poursuivant ensuite, bien qu'à un degré moindre, pendant toute la vie adulte. Il y a ainsi, pour un nombre donné de cellules cibles, une quantité excessive d'axones en croissance se dirigeant vers ces cibles. On pense que la régulation du phénomène de mort cellulaire se fait par un mécanisme de compétition entre ces axones : les plus rapides ou ceux qui se sont développés le plus précocément seront à même d'établir leurs contacts synaptiques, et vont persister. Les autres vont dégénérer et leur corps cellulaire d'origine va mourir. Il existe donc une **régulation du nombre des neurones pré-synaptiques par la taille de la cible**.

Une neurobiologiste américaine P. Goldman-Rakic a montré que lorsqu'on effectue des lésions expérimentales sur le cortex cérébral d'un foetus de singe, on obtient après la croissance un remaniement complet de l'aspect externe du cerveau : certaines zones de cortex sont beaucoup plus dé-

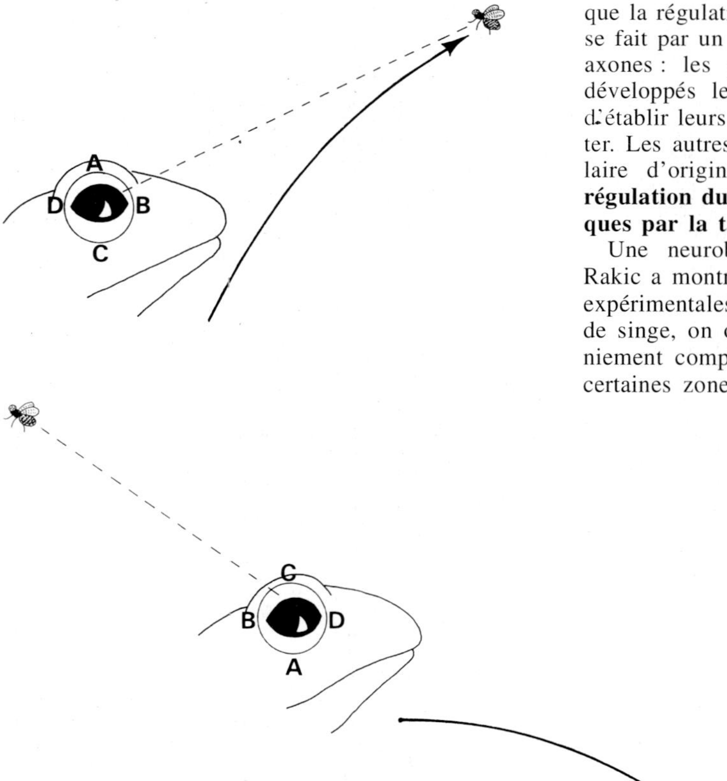

Fig. 21. – *Expérience de Sperry sur la grenouille montrant l'établissement de connexions spécifiques des neurones en cours de croissance.* Cette expérience consiste à retourner les yeux de grenouilles dans le sens horizontal ou vertical ou à substituer les yeux droit et gauche et d'observer le comportement ultérieur de l'animal par rapport à une cible. La déviation systématique observée prouve que les fibres du nerf optique ont repoussé systématiquement vers les structures cérébrales qu'elles innervaient auparavant.

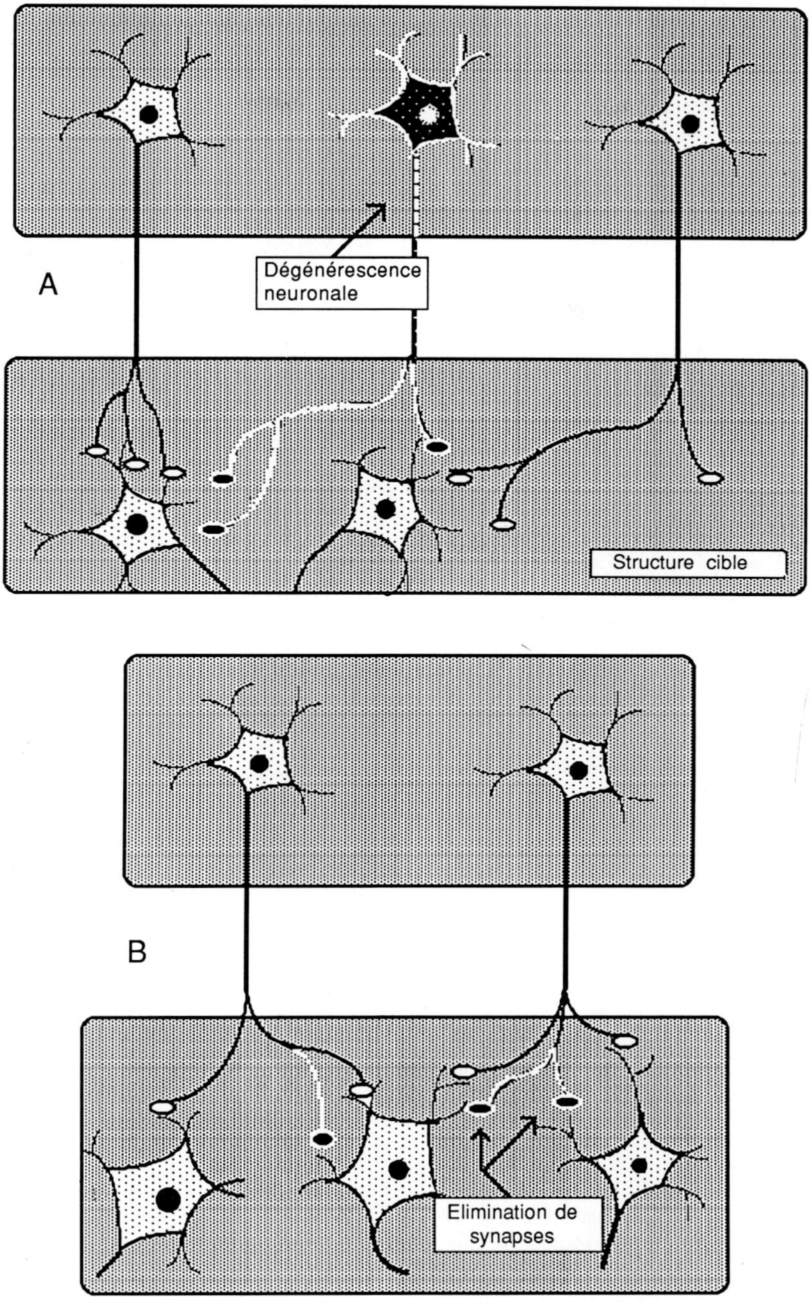

Fig. 22*a*. – *A) Schématisation du processus de mort cellulaire*. Après une période embryonnaire où le nombre de cellules d'une région donnée du système nerveux excède le nombre nécessaire, seule une partie des cellules vont persister, les autres subissant un processus de mort (ou perte) cellulaire. Ce processus serait essentiellement réglé par la taille de la population cible grâce à un phénomène de compétition dans l'établissement des synapses des cellules d'origine sur les cellules cibles. *B) Schématisation du processus d'élimination de synapses*. Une fois les connexions établies, il existe un nombre redondant de synapses, et certaines d'entre elles seront éliminées. Le choix des synapses éliminées ou conservées se ferait en fonction de leur utilisation ou de leur non-utilisation dans la période précoce de maturation. Ce processus d'élimination des synapses non fonctionnelles serait pour J.-P. Changeux la base biologique de certains phénomènes d'apprentissage.

veloppées (hypertrophiées) par rapport à l'aspect d'un sujet témoin normal, d'autres sont au contraire moins développées que la normale. L'explication que donne l'auteur de cette expérience est la suivante : les axones qui devaient établir des synapses avec la région détruite vont soit dégénérer, soit être redirigés vers d'autres cibles ; les cibles qui devaient recevoir des axones provenant de la région détruite vont être repeuplées par des neurones provenant d'une autre région corticale, pouvant se situer à distance de la lésion, voire même dans l'autre hémisphère. L'ensemble de ces perturbations explique qu'au bout du compte, l'aspect de tout le cerveau se trouve modifié par l'existence d'une lésion cérébrale survenue à une période donnée de la croissance. Il convient de noter que du point de vue fonctionnel, les capacités de l'animal adulte ne se trouveront pratiquement pas modifiées : il y a eu compensation pratiquement complète. Par contre, si la lésion survient plus tard dans la vie extra-utérine, cette compensation ne se produit pas, ni du point de vue anatomique, ni du point de vue fonctionnel.

Rita Levi-Montalcini a fait une découverte importante en montrant que ces mécanismes de mort cellulaire pouvaient être régulés par une substance chimique : grâce à ses expériences sur l'embryon de poulet, elle a montré qu'une molécule baptisée « *nerve growth factor* » (facteur de croissance nerveuse, ou NGF) était capable de modifier le degré de mort cellulaire : si cette molécule, normalement présente au niveau du tissu nerveux, est introduite en excès dans le tissu cible, le degré de mort cellulaire va diminuer et le nombre de neurones chez l'adulte s'en trouvera augmenté. Le NGF apparaît donc comme un facteur régulateur du degré de mort cellulaire ; il agirait également sur la croissance des axones. On pense actuellement qu'au delà du simple cas du NGF, il existe sans doute de nombreuses substances encore non identifiées susceptibles de posséder des propriétés similaires de facilitation de la croissance de l'axone et de la survivance des neurones.

Etablissement des synapses (fig. 22B)

Hormis la réduction du nombre de cellules, a lieu au cours du développeent un phénomène de **réduction sélective du nombre de prolongements et de synapses** : les neurones qui ont pu établir des synapses passent d'abord par une phase de redondance transitoire, c'est-à-dire que leur extrémité est le siège d'une multiplication des prolongements et qu'elles établissent un nombre excessif de contacts synaptiques. Puis, certaines de ces synapses vont être éliminées, ce qui permet sans doute de ne garder que les plus efficaces et performantes. Ce processus, dit de « stabilisation synaptique sélective » (voir infra), continuerait pendant toute la croissance et, surtout dans l'espèce humaine, jouerait un rôle important dans les phénomènes d'apprentissage : lorsque les circuits deviennent fonctionnels, l'utilisation préférentielle d'un circuit va le « consolider » aux dépens d'autres qui, n'étant plus utilisés, vont disparaître par élimination de certaines synapses et de certains prolongements. Ici encore, le mécanisme intime de ces phénomènes pourrait faire intervenir des facteurs chimiques encore inconnus.

Notion de période critique et épigenèse

Il s'agit d'une notion connue depuis relativement longtemps mais dont la signification biologique a récemment suscité l'intérêt des chercheurs. On sait en effet que de nombreux comportements, chez l'animal comme chez l'homme, ne s'acquièrent que pendant une période limitée de la vie, ni avant, ni après. Si un événement, par exemple pathologique, survient pendant cette période, il va pouvoir affecter spécifiquement le développement de ce comportement. Par exemple, Konrad Lorenz avait montré que juste après la naissance les oiseaux s'attachaient au premier objet mouvant qu'ils rencontraient (typiquement la mère, mais en fait n'importe quel autre objet mouvant). C'est ce que l'on appelle en éthologie : l'empreinte. En fait, cette empreinte ne peut être acquise que pendant une période critique qui, chez certaines espèces ne dure que quelques heures. Au-delà, ce phénomène ne se passe pas. L'environnement joue donc un rôle indispensable dans l'établissement d'une aptitude : si un stimulus donné ne survient pas dans l'environnement lors de la période critique, l'aptitude ne se développe pas. De nombreux exemples similaires peuvent se retrouver chez l'homme. L'étude des enfants-loups est particulièrement évocatrice à cet égard (cf « L'enfant sauvage » de F. Truffaut) : un enfant abandonné à la naissance et livré à lui-même n'est pas exposé aux stimuli auxquels est exposé un enfant normal pendant les premières semaines de la vie : outre une incapacité définitive à tout comportement social, l'enfant ne peut apprendre à marcher ni à parler ; qui plus est, il ne lui sera plus possible d'apprendre à parler, une fois la période critique dépassée.

Un certain nombre d'expériences ont permis d'approcher les mécanismes biologiques de ce phénomène.

– Les études de Hubel et Wiesel (1960-65). Ces auteurs ont réalisé chez le jeune singe une suture unilatérale des paupières. Ils ont ensuite observé sur le corps genouillé (une structure cérébrale recevant les fibres en provenance de la rétine) une diminution de la taille des neurones comparable à celle que provoquerait une énucléation de l'œil. Si cette suture a lieu pendant une période critique allant de 3 semaines à 1 mois après la naissance, l'adulte sera aveugle définitivement de cet œil. Si la suture survient en dehors de cette période, ou pendant la vie adulte, elle n'aura que peu ou pas d'effet. Cette expérience démontre l'effet de l'environnement sur un mécanisme inné : la vision est une fonction innée, prévue dans le code génétique, mais qui ne peut s'exprimer que si l'appareil visuel est exposé à la lumière pendant une période donnée.

– Expérience de Blakemore et Cooper (1970). On élève des chats dans l'obscurité, sauf 5 heures par jour pendant lesquelles on les expose à un environnement de bandes blanches et noires, soit horizontales, soit verticales. Après 5 mois, les chats présentent des déficits visuels permanents : ceux qui ont été élevés dans un environnement horizontal seront aveugles pour les lignes verticales, ceux qui ont été élevés dans un environnement vertical seront aveugles pour les lignes horizontales. L'explication de ce fait est la suivante : il existe au niveau du cortex cérébral des neurones qui analysent spécifiquement les lignes de différentes orientations (voir chapitre 9), cette spécificité étant inscrite génétiquement ; les neurones visuels spécifiques à une orientation donnée (par exmple les lignes horizontales) n'ayant pas été stimulés pendant la période critique auront dégénéré de façon définitive, de sorte que l'animal sera aveugle pour les lignes de cette orientation.

Ainsi, dans les 2 cas de figure cités ci-dessus, un facteur d'environnement (la lumière dans le premier cas, la vision de certaines lignes dans le second) a été nécessaire au développement d'une fonction, probablement en stabilisant des connexions programmées génétiquement. Le programme génétique nécessite donc de façon indispensable, pour se mettre en place, la présence d'un facteur d'environnement pendant une période critique.

La période critique aura des caractères temporels variables selon l'espèce et selon la fonction en cause, comme l'illustrent les 2 exemples suivants :

– La différenciation sexuelle se fait, chez le fœtus des mammifères, pendant une période donnée. En présence de l'hormone mâle, la testostérone, pendant cette période, le cerveau du fœtus prendra des caractères masculins. En l'absence de testostérone, il prend des caractères féminins (en particulier la fonction cyclique de l'hypothalamus, responsable des variations mensuelles de la sécrétion des hormones sexuelles, mais aussi dans l'espèce humaine divers aspects de la sexualité). Si on modifie l'ambiance hormonale pendant cette période, on peut modifier de façon définitive les caractères sexuels ultérieurs. Il a ainsi été avancé que certaines déviations sexuelles puissent être la conséquence d'événements extrinsèques survenus pendant une période critique au développement des caractères sexuels du cerveau (caractères sexuels). Dörner a montré le rôle du stress maternel sur l'éclosion d'une homosexualité masculine : sur 800 hommes homosexuels nés en Allemagne entre 1934 et 1949, la majorité sont nés à la fin de la guerre, à une époque où leurs mères étaient le plus susceptibles d'être exposées à des stress physiques et psychiques.

– La notion de période critique peut également, on l'a vu, s'appliquer au langage humain. La période critique, pour le langage, se situe probablement entre 6 mois et 3 ans. L'augmentation du poids du cerveau, durant cette période, est de plus de 200 grammes, ce qui est considérable. Cette longue maturation post-natale, plus longue que chez n'importe quelle autre espèce, permet aux structures cérébrales de se développer tout en étant modulées par l'interaction avec le monde extérieur : le langage ne va se développer normalement que si l'enfant est exposé pendant cette période à une ambiance linguistique normale.

Théorie de l'apprentissage par stabilisation

Cette théorie a été développée récemment par le neurobiologiste J.P. Changeux sous l'appellation complète d'« apprentissage par stabilisation sélective de synapses en voie de développement ». Pour Changeux, la possibilité d'apprendre est liée à l'introduction d'un certain degré de variabilité dans l'organisation synaptique. Cette variabilité est due à la capacité des extrémités nerveuses à établir un grand nombre de connexions transitoires et à choisir progressivement celles qui resteront et celles qui seront éliminées. L'utilisation, le fonctionnement d'un circuit lié à l'expérience sera le facteur principal permettant d'établir ce choix, en stabilisant les connexions nerveuses où l'influx circule et en supprimant les autres. Ainsi, l'acte d'apprendre apparaît, quelque peu paradoxalement, comme une « restriction » des potentialités offertes par le programme génétique. Changeux donne plusieurs exemples à l'appui de son modèle :

– Le chant de certains moineaux passe par 2 phases : dans une première période, chez l'oisillon immature, on a pu enregistrer jusqu'à 19 sons différents entrant dans la composition du chant. Puis survient une phase de « cristallisation » où le chant va se simplifier drastiquement pour ne contenir, chez l'animal adulte, plus que 2 types de syllabes. Ces 2 types de syllabes peuvent du reste différer d'un individu à l'autre, ce phénomène dit « d'attrition syllabique » contribuant ainsi à la diversité inter-individuelle.

– La période de babillage, caractérisant une phase précoce du langage de l'enfant, possède des similitudes certaines avec l'exemple de l'oiseau : chez l'enfant de quelques mois, il existe une « surabondance de sons sauvages », qui disparaîtront complètement dans le langage définitif, celui-ci apparaissant ainsi comme une perte d'un certain nombre de sons originellement disponibles.

– Le phénomène d'attrition se manifeste également au niveau de la perception du langage : ainsi, la langue japonaise ne contient pas les sons [ra] et [la], sons que les Japonais adultes distinguent par conséquent très mal. Il a été démontré que les nouveau-nés sont par contre parfaitement capables de faire cette distinction. Il y a donc eu, ici encore, entre la naissance et l'âge adulte, une réduction de certaines capacités perceptives.

Ainsi, le développement du cerveau, et donc celui des comportements, est lié à l'intervention, à des degrés divers, de 2 types de facteurs :

– génétiques ou innés, donnant un cadre général et rigide à ce développement, véritable « enveloppe génétique » ; la plupart des invariants comportementaux étudiés en psychologie sont liés à ce type de facteurs ;

– épigénétiques (tout ce qui n'est pas génétique).

Les chercheurs en neurosciences poussent actuellement leurs investigations dans les 2 directions. La seconde apparaît toutefois, au vu des travaux les plus récents, comme la plus prometteuse : la démonstration de la multitude des facteurs épigénétiques pouvant intervenir, de manière physiologique ou pathologique, sur la maturation cérébrale, depuis la conception jusqu'à l'âge adulte, rend de plus en plus évidente l'intervention déterminante de ces facteurs dans ce que sera le cerveau adulte, et permet ainsi de mieux concevoir la grande diversité de l'espèce humaine en rendant compte de manière cohérente de l'infinité des différences inter-individuelles.

Mécanismes neurobiologiques de la récupération fonctionnelle

L'étude des phénomènes physiologiques survenant au cours du développement cérébral normal permet en grande partie d'éclairer un domaine qui a considérablement progressé ces dernières années, celui des mécanismes de la récupération après lésion du cerveau. Quelles que soient la nature et la cause première de la lésion qui l'affecte, le cerveau réagit de manière relativement stéréotypée grâce à des mécanismes variés dont le but ultime est de limiter au mieux les conséquences fonctionnelles de l'agression subie. Une des premières théories destinées à rendre compte de la récupération de la fonction est celle du *diaschisis*, proposée par Monakow au début du siècle. Pour Monakow, on pouvait expliquer certaines observations de récupération de la fonction en présumant que la lésion cérébrale, lors de son installation, était capable d'avoir des répercussions purement fonctionnelles, au-delà de la zone lésée elle-même. Lorsqu'une lésion survient, elle va provoquer une sorte de « sidération » ou de « choc » des zones avoisinantes de telle sorte que quand ce phénomène s'estompera, les symptômes dont il était responsable disparaîtront et seuls persisteront ceux liés à la lésion elle-même. La notion de diaschisis est donc une explication purement fonctionnelle, ne faisant appel à aucun substratum biologique si ce n'est un prétendu effet à distance de la lésion sur des zones cérébrales voisines. Les recherches modernes ont apporté peu de crédit à cette théorie, hormis dans certaines circonstances très particulières où on possède la preuve qu'une zone nettement distincte de la zone lésionnelle présente une altération fonctionnelle patente. Une de ces rares circonstances est fournie par l'observation, grâce aux techniques modernes d'imagerie métabolique du cerveau (voir chapitre 16), d'une baisse de consommation d'oxygène d'un hémisphère *cérébelleux* faisant suite à un accident vasculaire touchant l'hémisphère *cérébral* opposé. Le mécanisme intime de cet « hypométabolisme cérébelleux croisé » reste mystérieux et le terme de diaschisis qui lui est souvent attribué ne fait que cacher notre ignorance des phénomènes biologiques qui le sous-tendent. En revanche, diverses modifications, sur lesquelles nous ne nous étendrons pas, sont reconnues comme des explications potentielles à l'amélioration neurologique faisant suite à une lésion cérébrale. Par exemple, des modifications de l'équilibre hydro-électrolytique (œdème, rupture de la barrière hémato-encéphalique), du débit sanguin régional, de la libération de neurotransmetteurs, de la consommation de glucose, sont autant de mécanismes susceptibles de rendre compte de l'évolution dans le temps des conséquences cliniques d'une lésion cérébrale. Enfin, comme cela a été signalé au chapitre précédent, certains états pathologiques peuvent s'accompagner de libération de substances potentiellement toxiques, telles que le glutamate, donnant lieu à une « mort retardée » du tissu cérébral.

Plus intéressants, dans le cadre de ce chapitre, sont les phénomènes de réorganisation, après lésion cérébrale, prenant place au niveau du tissu nerveux endommagé et surtout des structures laissées intactes. Ces phénomènes de réorganisation (et/ou de compensation) reposent sur un certain nombre d'événements physiologiques analysables au niveau neuronal. La *régénération* est le processus selon lequel les neurones endommagés par l'agent lésionnel vont tenter de rétablir leurs connexions avec les régions intactes. Ce processus est bien connu au niveau du système nerveux périphérique où l'on a observé de longue date comment la fibre nerveuse détruite, grâce à la prolifération de ses cellules de Schwann qui lui créent une véritable voie de passage protégé, va pouvoir se reconstituer et atteindre à nouveau sa cible initiale (fig. 22b.A). Des substances chimiques à rôle trophique telles que le NGF (voir chapitre 2), joueraient un rôle prépondérant dans ces phénomènes de régénération axonale. Une autre réaction actuellement bien connue du tissu nerveux lésé est le *bourgeonnement* (« sprouting ») des collatérales (fig. 22b.B). Lorsqu'une zone est en partie détruite, les fibres restant intactes vont proliférer et envoyer de nouveaux prolongements collatéraux afin de venir occuper l'espace laissé vacant par la lésion. Ces collatérales peuvent même provenir de neurones distants qui n'étaient initialement pas connectés avec la zone détruite, mais dans ces cas, on peut présumer qu'il n'y a pas récupération concomitante de la fonction. En tout état de cause, ce processus de bourgeonnement semble relativement rapide, puisqu'il interviendrait dans les 7 à 10 jours suivant l'installation de la lésion. Enfin, un troisième type de régénérescence pourrait consister en un bourgeonnement proximal, c'est-à-dire que la partie du neurone lésé située en amont de la lésion pourrait développer des collatérales destinées non pas à repeupler la zone détruite, mais à se connecter en réseau avec des neurones intacts qui développent leurs propres prolongements (fig. 22b. C).

Certains modèles expérimentaux, de même que certaines affections dégénératives humaines (comme la maladie de Parkinson) ont permis de développer le concept d'« *hypersensibilité de dénervation* ». Il a été par exemple démontré que lorsque les terminaisons dopaminergiques sont détruites par l'injection chez l'animal d'une neurotoxine spécifique, l'animal qui ne présentait préalablement aucune réaction à la L-DOPA (qui est transformée en dopamine dans le cerveau) y devient extrêmement sensible. L'explication de ce phénomène est que la destruction des synapses dopaminergiques a provoqué une prolifération des récepteurs à dopamine responsable de la réaction comportementale inhabituelle à une injection de faibles doses de DOPA.

Un dernier mécanisme cellulaire potentiel de cette récupération fonctionnelle est l'existence de *synapses silencieuses*. Des expériences effectuées

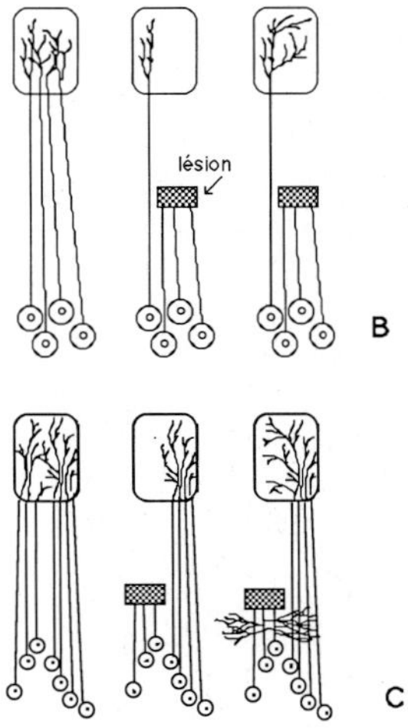

Fig. 22*b*. – *Trois modèles de repousse anoxale après une lésion. A* : régénérescence antérograde de l'axone. Processus fréquent lors de lésions du système nerveux périphérique. *B* : bourgeonnement collatéral des neurones restés intacts. Processus observé au niveau cérébral dans les systèmes à sérotonine et à catécholamines. *C* : bourgeonnement proximal par un réseau sur la partie initiale du neurone.

chez le rat ont consisté, dans un premier temps, à sectionner, au niveau de la moelle, une partie des fibres sensitives, celle destinées aux membres postérieurs, puis d'enregistrer, au niveau de la zone corticale correspondante (voir chapitre 8), les potentiels électriques évoqués par la stimulation de la partie correspondante du corps. Comme prévu, après la lésion expérimentale, il n'y avait plus aucune réponse à la stimulation des membres postérieurs. Mais trois jours plus tard, on notait une réaction non plus au niveau de la représentation des membres postérieurs, mais de celle des membres antérieurs. Il existait donc des synapses latentes qui ne se manifestaient pas dans des conditions normales, mais qui ont été «révélées» par la lésion médullaire. En outre, ces synapses devaient être normalement non fonctionnelles, donc probablement sous l'effet d'une inhibition qui a été abolie par la lésion. Il est très probable qu'un mécanisme similaire puisse expliquer de nombreuses situations observées en clinique humaine, par exemple la récupération d'une aphasie à la suite d'une lésion de l'hémisphère gauche (voir chapitre 14). On admet en effet généralement que la récupération des troubles du langage, qui peut du reste être plus ou moins longue et plus ou moins complète, fait intervenir de manière prioritaire la mise en jeu de structures hémisphériques droites qui étaient non fonctionnelles préalablement à la survenue de la lésion. Il est dès lors envisageable que des groupes de neurones hémisphériques droits possèdent des synapses, par exemple à la terminaison des axones calleux qui les relient à des zones intactes de l'hémisphère gauche, et que ces synapses, préalablement inactives et donc «silencieuses», peut-être du fait de l'inhibition créée par l'activité prédominante de l'hémisphère gauche au cours des actes langagiers, redeviennent fonctionnelles à la faveur de la levée d'inhibition provoquée par la lésion gauche.

L'application sans doute la plus fameuse, sinon la plus fructueuse, de ces données sur les mécanismes de «réparation» du cerveau est la question des transplantations de tissu nerveux. Bien que les travaux expérimentaux dans ce domaine remontent maintenant à plus de 20 ans, ce sont les récentes tentatives pratiquées chez l'homme – précisément l'homme porteur de Maladie de Parkinson – qui sont à l'origine de l'engouement actuel pour ces méthodes. En fait, il ne s'agit en rien de transplantations d'organes, au sens de la greffe de rein ou de cœur, mais bien d'une thérapeutique hormonale palliative où l'hormone en question est la dopamine déficiente, sécrétée par du tissu placé chirurgicalement dans la profondeur du cerveau. Le modèle expérimental le mieux éprouvé est celui de la greffe intra-cérébrale chez le rat de tissu fœtal : un prélèvement est effectué sur la substance noire du cerveau du fœtus, les neurones en sont dissociés chimiquement puis mécaniquement afin de pouvoir les injecter sans risque in situ (c'est-à-dire à l'intérieur même du cerveau) à l'animal adulte sur lequel une lésion cérébrale a été pratiquée, reproduisant les lésions de la maladie de Parkinson humaine, et responsable d'anomalies comportementales bien caractérisées. On juge alors de l'efficacité de la greffe, entre autres, en observant l'amélioration éventuelle du déficit comportemental. Le mécanisme intime de la réussite d'une greffe est en fait étroitement lié à la lésion sous-jacente. En effet, le greffon va proliférer si et seulement si les cellules qu'il contient ont été détruites chez l'hôte, en l'occurence les cellules dopaminergiques du rat, détruites chimiquement par un analogue toxique de la dopamine, le 6-OHDA. Dans le cas contraire, si le cerveau de l'hôte est sain ou si la lésion intéresse d'autres systèmes que le système dopaminergique, alors aucune pousse ne se fait au niveau du greffon. L'avantage des cellules fœtales est que les neurones immatures conservent très longtemps leurs capacités de pousse, bien supérieures à des neurones adultes. Malgré les résultats très positifs de ces expériences, en particulier celles menées en Suède par Björklund, les premières tentatives chez l'homme, présentées en 1988, furent des échecs. En revanche, une autre technique a connu un succès retentissant bien qu'éphémère, celle de l'auto-greffe de tissu surrénalien. En effet, la surrénale, glande endocrine sécrétant diverses hormones, produit entre autres des catécholamines qui se transforment spontanément en dopamine, la substance qui fait défaut aux parkinsoniens. Le principe, très simple, consiste à implanter dans le striatum de parkinsoniens du tissu surrénalien provenant du sujet lui-même. L'équipe mexicaine de Madrazo a ainsi fait la une des journaux en 1987, lorsque furent rapportées deux interventions chirurgicales réussies ayant entraîné une nette amélioration des symptômes. Malheureusement, ce succès s'est avéré sans suite. Il est probable que les tentatives étaient prématurées et que la technique était insuffisamment éprouvée expérimentalement.

En tout état de cause, les greffes intra-cérébrales restent un sujet de recherche «vedette» en neurosciences. Malgré les multiples difficultés techniques et les incertitudes sur leur efficacité réelle, elles devraient continuer pendant encore plusieurs années à mobiliser un nombre croissant de chercheurs.

DEUXIÈME PARTIE

NEUROANATOMIE

Les trois chapitres qui composent cette section sont essentiellement consacrés à des notions anatomiques. Il ne s'agira cependant ici que de présenter les données pertinentes pour aborder et comprendre les mécanismes des comportements humains, tout particulièrement ceux afférents à ses fonctions mentales supérieures. Ces chapitres anatomiques sont donc seulement destinés à donner les instruments morphologiques – structuraux mais aussi dynamiques (onto- et phylogénétiques) – permettant une approche « neurologique » des comportements, telle que celle que cet ouvrage se donne pour fil conducteur. C'est dans cette perspective que l'accent est mis sur certaines structures alors que d'autres sont volontairement passées sous silence, soit parce qu'elles semblent moins directement impliquées dans les activités mentales, soit parce que la compréhension de ces activités nous a paru pouvoir se passer de leur description détaillée.

CHAPITRE IV

MISE EN PLACE DU CERVEAU HUMAIN

Ce premier chapitre d'anatomie, dont le but est de poser les bases de l'organisation morphologique du cerveau, comprend 3 parties distinctes : la première, consacrée à l'embryogenèse du système nerveux central, est destinée à illustrer schématiquement la façon dont les structures qui seront décrites au chapitre suivant se mettent en forme chez l'embryon et le fœtus, afin de mieux appréhender la forme souvent complexe de certaines d'entre elles. La seconde partie aborde des données phylogénétiques et d'anatomie comparée capables d'éclairer elles aussi, bien que d'une différente manière, la signification des diverses structures composant le cerveau humain adulte. Enfin, la dernière partie du chapitre est spécialement consacrée à la structure du cortex cérébral, structure dont la connaissance est fondamentale pour aborder des fonctions en grande partie sous sa dépendance.

Embryogenèse du système nerveux central

Développement général du système nerveux embryonnaire

Parmi les cellules du tube neural, celles qui deviendront les neurones sont les neuroblastes. Les neuroblastes, situés sur toute la longueur du tube neural autour de la cavité épendymaire centrale, vont proliférer de manière différente dans les diverses parties du tube neural. Celles situées sur sa partie caudale s'organisent de manière relativement simple pour constituer la moelle épinière, celles situées sur sa partie rostrale (ou antérieure) vont subir un développement plus complexe et former les trois parties (ou vésicules) constitutives de l'encéphale, le prosencéphale, qui en constitue la partie la plus rostrale, le mésencéphale, en position intermédiaire, et le rhombencéphale à la jonction avec l'ébauche médullaire (fig. 23A). En fait, dès ce premier stade, l'encéphale embryonnaire adopte, dans le sens transversal, une forme particulière caractérisée par une double plicature lui donnant une flexion caractéristique. Parallèlement, la cavité épendymaire centrale va se déformer pour adopter la même forme que le tissu nerveux qui l'entoure. Ce stade à 3 vésicules est suivi d'un stade à 5 vésicules au cours duquel chacune des 2 vésicules extrêmes, le prosencéphale et le rhombencéphale, se divise elle-même en deux, respectivement le télencéphale et le diencéphale d'une part et le métencéphale et le myélencéphale d'autre part (fig. 23B). Le télencéphale deviendra, sur le cerveau adulte, le cortex cérébral et les ganglions de la base, après s'être divisé en deux vésicules, futurs hémisphères cérébraux ; le diencéphale, sera essentiellement représenté par le thalamus et l'hypothalamus. Télencéphale et diencéphale constituent ce que l'on appelle le cerveau proprement dit, c'est-à-dire la partie qui subira le plus fort développement : le télencéphale en particulier va ainsi progressivement recouvrir le diencéphale et le mésencéphale. Le mésencéphale est le terme que l'on utilisera également chez l'adulte pour se référer à la région des pédoncules cérébraux et des tubercules quadrijumeaux, partie supérieure du tronc cérébral. Le métencéphale donnera la protubérance annulaire, et le myélencéphale le bulbe rachidien. Enfin, en arrière de ces deux dernières vésicules, va se différencier une autre structure, appendue à l'axe constitué par les structures précédentes, le cervelet. Toutes ces structures sont entourées très tôt de leur enveloppe méningée : les méninges, membranes jouant un rôle protecteur et

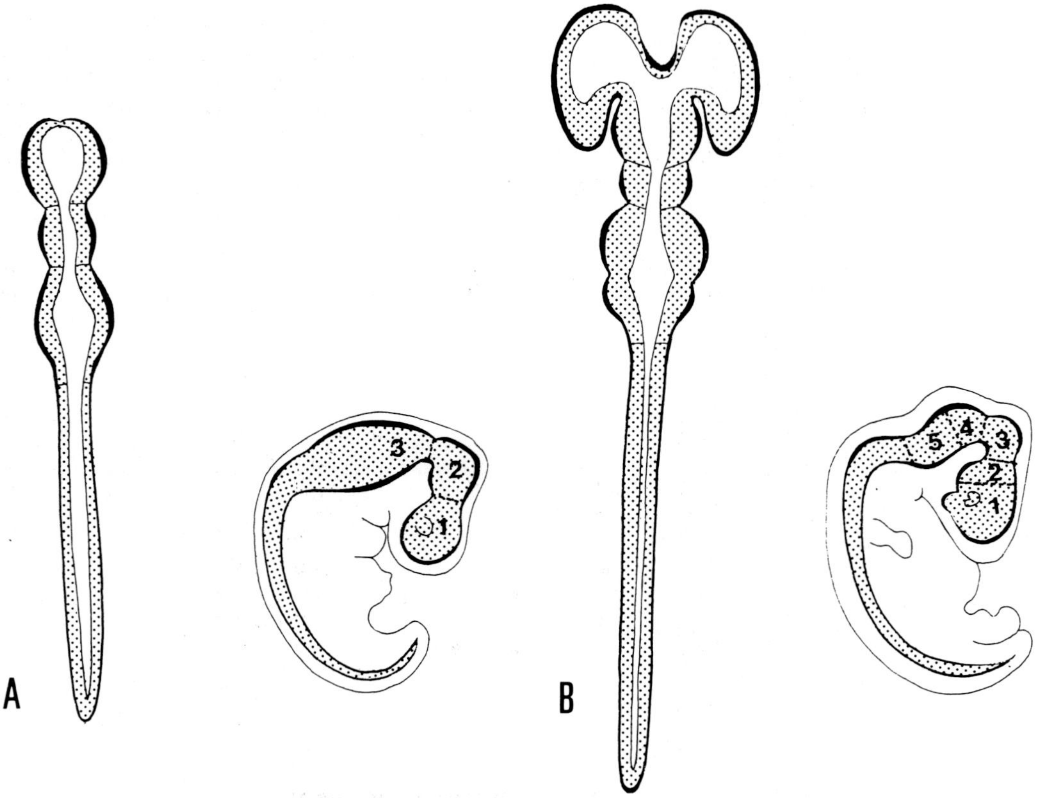

Fig. 23. – *Embryogénèse de l'encéphale.* A. stade à 3 vésicules : 1. prosencéphale ; 2. mésencéphale ; 3. rhombencéphale ; B. stade à 5 vésicules : 1. télencéphale ; 2. diencéphale ; 3. mésencéphale ; 4. métencéphale ; 5. myélencéphale.

nutritif envers le système nerveux, forment un sac continu tout autour du cerveau et de la moelle. On y distingue traditionnellement 3 couches successives, de dedans en dehors : la pie-mère, mince membrane transparente qui adhère au tissu nerveux et qui contient les vaisseaux sanguins qui le nourrissent ; l'arachnoïde, fin réseau dans les mailles duquel circule le liquide céphalo-rachidien (LCR) ; la dure-mère, beaucoup plus épaisse et résistante, attenante à la paroi osseuse.

Moelle épinière

Au niveau de la moelle épinière, la différenciation des neuroblastes se fait selon une organisation dorso-ventrale particulière (fig. 24) : la partie ventrale, ou lame fondamentale, contiendra des neurones spécialisés dans la fonction motrice, alors que la partie dorsale, ou lame alaire, est constituée de neurones assurant des fonctions sensorielles.

Entre ces deux parties, au niveau du sillon limitant, se trouvent des neurones qui seront spécialisés dans des fonctions végétatives. Ces différents types de neurones s'organisent ultérieurement en colonnes, motrices, sensitives, ou végétatives, parallèles à l'axe de la moelle dont elles vont constituer la partie centrale ou substance grise, à la forme caractéristique en ailes de papillon autour du canal épendymaire central.

Tronc cérébral

Au niveau du tronc cérébral, l'organisation des neurones est similaire à celle de la moelle, avec toutefois un certain nombre de modifications introduites par la forme particulière du rhombencéphale et par l'apparition du cervelet. C'est ainsi que lame alaire et lame fondamentale viennent se placer sur la partie ventrale du 4e ventricule, la première contenant les neurones sensitifs du segment céphalique mais aussi ceux connectés aux différents organes des sens, la seconde contenant les neurones moteurs destinés à la motricité des yeux, de la face et du cou. Ici encore, ces différents groupes de neurones sont organisés en colonnes parallèles à l'axe du tronc cérébral. En outre, un certain nombre de

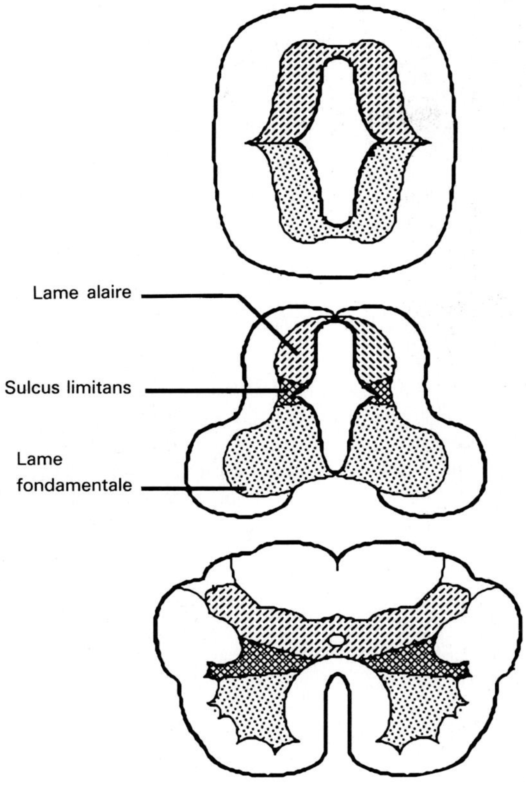

Fig. 24. – *Embryogénèse de la moelle épinière.* Les 3 schémas représentent 3 stades successifs du développement embryonnaire. L'aspect terminal de la moelle (figure du bas) conserve la disposition générale dorso-ventrale présente chez le fœtus.

neurones de cette région se différencieront en des noyaux spécifiques n'ayant pas un rôle moteur ou sensoriel aussi net (noyaux « propres » du tronc cérébral).

Cerveau

Conformation générale

La croissance du cerveau embryonnaire est caractérisée par 2 phénomènes remarquables qui vont contribuer à donner sa forme définitive au cerveau adulte : la flexion télencéphalique et la gyrification.

La flexion télencéphalique (fig. 25) affecte les futurs hémisphères cérébraux de telle sorte que leur morphologie primitive (en forme de haricot) évolue progressivement autour d'un axe central représenté par l'ébauche de la fissure sylvienne pour créer une séparation de plus en plus nette entre lobe frontal et lobe temporal. Parallèlement, une croissance postérieure donne naissance au lobe occipital. La forme d'ensemble du cerveau ainsi déterminée, commence alors le processus de gyrification, lié à la croissance disproportionnée du cortex par rapport au reste des structures, aboutissant à l'apparition progressive des sillons et circonvolutions sur la surface cérébrale. Ce phénomène se traduit en outre par le développement considérable (« opercularisation ») des régions ventrale du lobe frontal et dorsale du lobe temporal, aboutissant à la création d'une véritable scissure de Sylvius qui enfouit progressivement dans ses berges le lobe de l'insula.

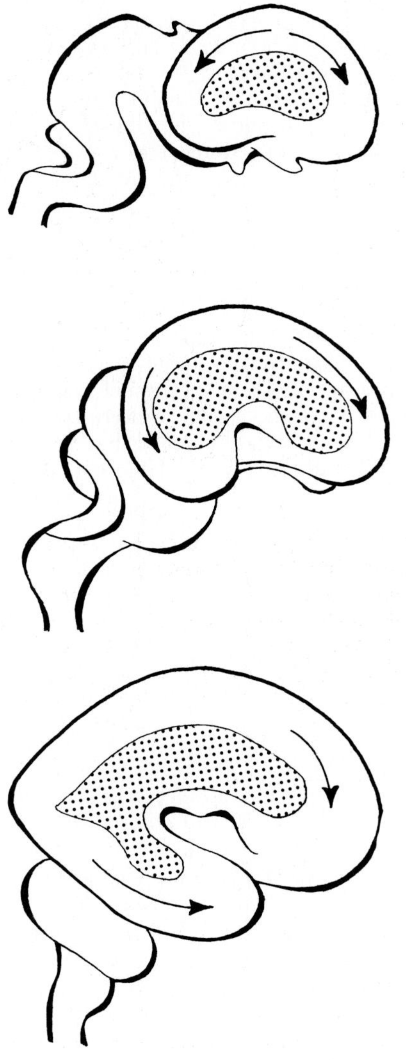

Fig. 25. – *Croissance télencéphalique.* Les flèches indiquent la direction de la croissance du cerveau, aboutissant à la création et l'accentuation du lobe temporal, puis du lobe occipital. En pointillés, la projection des ventricules cérébraux.

Finalement, flexion et gyrification aboutissent à réaliser les 2 caractéristiques majeures du cerveau humain par rapport à celui des primates les plus évolués : le caractère hypertrophique du lobe frontal et l'établissement d'un rapport maximal surface corticale/volume cérébral (1).

Cavités ventriculaires

La cavité épendymaire qui centre le tube neural va suivre passivement celle du névraxe lui-même. C'est ainsi qu'au niveau du télencéphale, les cavités centrant les deux moitiés de la première vésicule, futurs ventricules latéraux, vont subir, tout au long de la croissance cérébrale, la déformation que leur imprime le mouvement de flexion télencéphalique. Tout d'abord sphériques, les ventricules vont ainsi se scinder en deux parties, une dorsale et une ventrale, réalisant respectivement la corne frontale et la corne temporale du ventricule latéral final, la croissance caudale du pôle occipital donnant naissance à un prolongement plus étroit, la corne occipitale. Dans l'ensemble, le ventricule, au sein de chaque hémisphère, a adopté une forme caractéristique en « U couché » ou en fer à cheval, forme qui témoigne donc fidèlement des modifications subies par le télencéphale durant sa croissance embryonnaire (fig. 26). Les 2 ventricules ainsi formés communiquent grâce à deux orifices, les trous de Monro, avec une cavité unique qui centre la vésicule diencéphalique et qui prend le nom de 3e ventricule (2).

Noyau caudé

Plaqué sur la face latérale du ventricule latéral, le noyau caudé est la première structure interne du cerveau à adopter la même forme en U. Centré par la convexité du *putamen* auquel il est rattaché par de nombreux ponts cellulaires, le noyau caudé affecte ainsi une forme harmonieusement arrondie, sa tête, volumineuse étant accolée à la corne frontale du ventricule latéral, et son corps diminuant progressivement de diamètre vers l'arrière pour donner la queue, très fine, qui suit la corne temporale jusqu'à son extrémité antérieure (fig. 27).

Corps calleux

Le corps calleux, formé des fibres blanches unissant les 2 hémisphères entre eux, présente également une forme arrondie, concave vers le bas.

Il porte ainsi la marque de la croissance télencéphalique mais sa partie postérieure, le splénium (fait de fibres unissant les 2 lobes occipitaux), reste au-dessus du niveau des lobes temporaux.

Eléments du système limbique

On désigne sous ce terme un ensemble de structures cérébrales archaïques du point de vue phylogénétique, en partie sous-corticales, en partie corticales, situées à la face interne des hémisphères. Leur caractéristique morphologique commune est

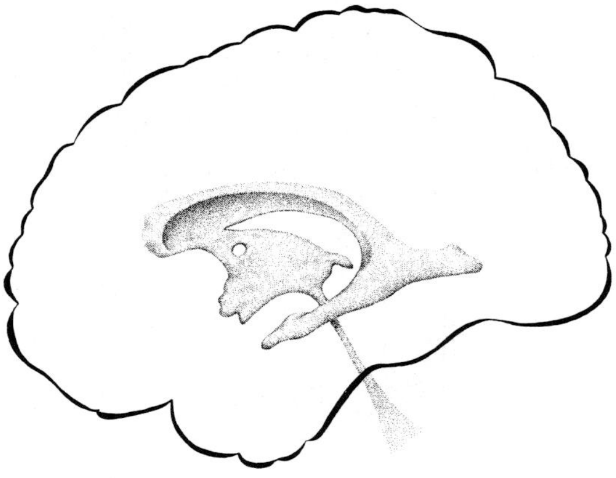

Fig. 26. – *Les ventricules cérébraux.*

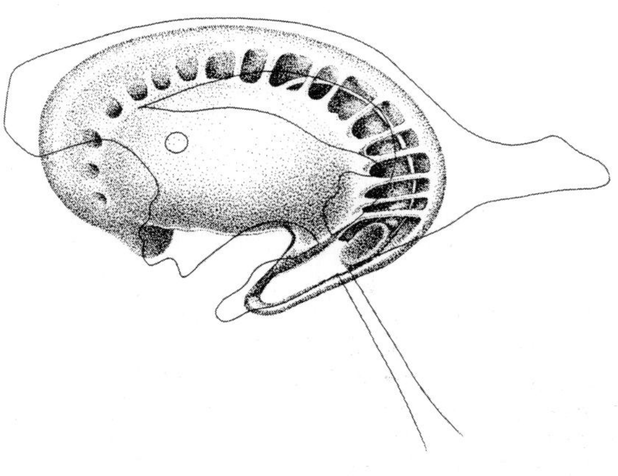

Fig. 27. – *Mise en place du striatum* (noyau caudé et noyau lenticulaire).

(1) On admet que si le cortex cérébral humain était « déplié » de façon à étaler à plat ses circonvolutions, il représenterait une surface d'environ 1 m^2.

(2) Ce dernier, étant médian, n'a pas subi la déformation des ventricules latéraux et gardera ainsi une forme ovoïde proche de sa forme originelle.

encore la même disposition circulaire, centrée sur le hile de l'hémisphère. L'hippocampe qui se continue par le fornix (bordant le 3e ventricule) forme l'un de ces cercles, le circuit de Papez, impliqué dans les processus de mémoire (voir chapitre 13). Un autre, grossièrement concentrique, est constitué par la strie terminale, née du noyau amygdalien (fig. 28). Enfin, plus nettement visible sur la face interne de l'hémisphère, un cercle de cortex connu sous le nom de « grand lobe limbique de Broca» (fig. 29) est la seule région de cortex qui, probablement en raison de sa position médiane, a gardé la forme caractéristique en U, dont les branches se rapprochent même pour former ici un véritable anneau (d'où le terme «limbique»). Le grand lobe limbique, ainsi défini, est formé de deux régions corticales, le gyrus cingulaire, au dessus du corps calleux, et le gyrus para-hippocampique, qui le continue en arrière. Sous cette enveloppe corticale, se trouve un faisceau de substance blanche, le cingulum (étymologiquement : «ceinture»), qui a également la forme circulaire du cortex qui le contient.

Finalement, les principaux constituants du télencéphale, qu'ils soient corticaux ou sous-corticaux, présentent tous plus ou moins l'empreinte du développement spatial très particulier subi au cours de sa croissance par le cerveau embryonnaire. Seule la face externe des hémisphères, sans doute relativement moins astreinte à ce mouvement circulaire, n'en porte pas de marque aussi évidente. Au contraire, c'est à son niveau que l'on trouvera la plus grande variabilité d'aspect du cortex. C'est également autour de la scissure sylvienne, région dont la maturation est la plus tardive, que se rencontreront les asymétries inter-hémisphériques (voir chapitre 15).

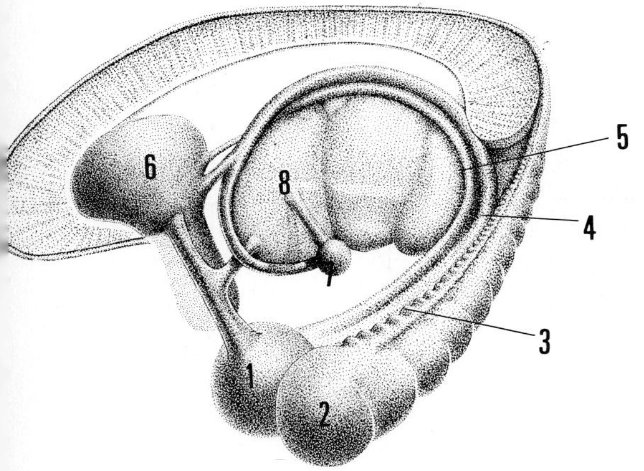

Fig. 28. – *Le système limbique.* 1. amygdale; 2. hippocampe; 3. fimbria; 4. fornix ; 5. strie terminale; 6. noyaux du septum; 7. tubercule mamillaire; 8. thalamus.

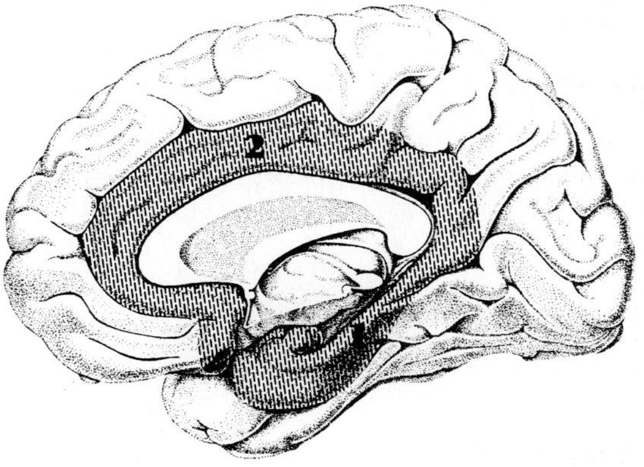

Fig. 29. – *Le grand lobe limbique de Broca.*
1. gyrus parahippocampique ;
2. gyrus cingulaire.

Evolution du télencéphale

Il est coutumier de souligner, du point de vue de la morphologie cérébrale, la similitude entre les étapes du développement embryonnaire *(ontogénie)* et celles de l'évolution des êtres vivants *(phylogénie)*. Les études phylogénétiques, fruits de l'anatomie comparée entre espèces différentes, se sont avérées très riches d'enseignements pour comprendre le cerveau humain, considéré comme l'aboutissement du processus évolutif. En outre, ces études anatomiques comparées, doublées d'études comportementales des animaux (éthologie), se sont données ainsi une dimension fonctionnelle qui fait de cette approche une source inépuisable d'hypothèses sur les origines et donc la nature du cerveau humain.

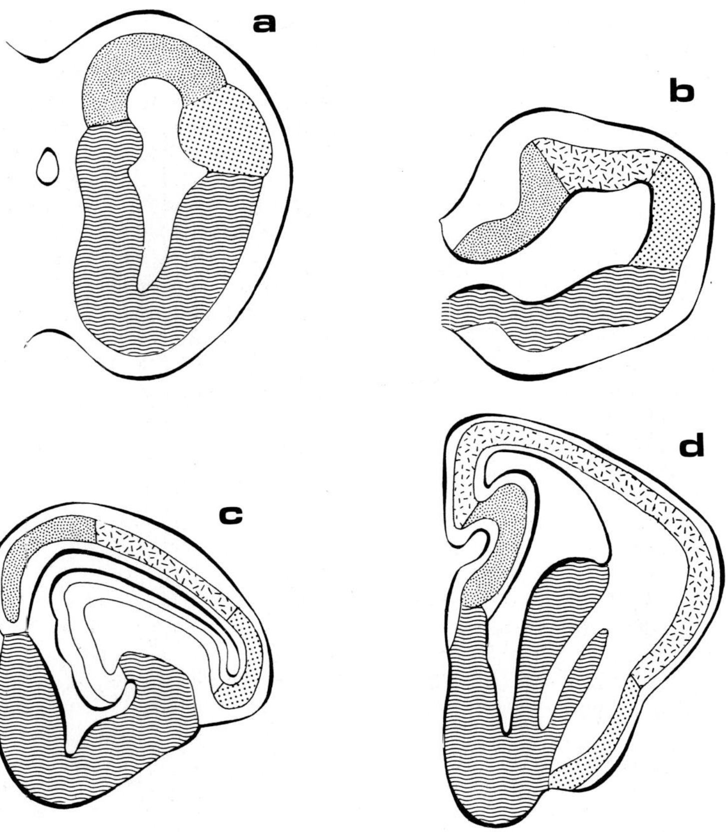

Fig. 30. – *Évolution phylogénétique du télencéphale.* a. poisson ; b. batracien ; c. reptile ; d. marsupial (d'après Gastaut et Lammers, 1961).

Eléments constitutifs du télencéphale des vertébrés

Le télencéphale d'un poisson (fig. 30a) possède une organisation simple permettant de distinguer : une partie ventrale faite du septum en dedans et du striatum en dehors, et une partie dorsale, le pallium. Ce dernier, aspect primordial du cortex cérébral, est formé de 2 parties : l'ébauche <D>hippocampique (archipallium ou archicortex), et l'ébauche piriforme (paléopallium ou paléocortex). Chez les batraciens (fig. 30b) apparaît, entre ces deux parties, l'ébauche du néocortex. Ce dernier va subir la croissance de loin la plus importante de telle sorte qu'il va progressivement recouvrir le reste du télencéphale et même occuper chez les primates la quasi-totalité de la surface corticale. Cette évolution différente des divers constituants du télencéphale a pu être mise en parallèle avec l'évolution comportementale des animaux. C'est ainsi que Mac Lean (voir chapitre 11) a proposé de considérer 3 stades anatomo-fonctionnels : un stade « reptilien », où le cerveau est essentiellement constitué des formations du tronc cérébral et des ganglions de la base (septum et striatum), correspondant à une activité motrice de l'animal essentiellement faite de réflexes plus ou moins simples et stéréotypés ; un stade « paléo-mammalien », traduisant le développement, chez les mammifères primitifs, du cortex archaïque constituant le système limbique, et correspondant à une activité plus élaborée mais restant très liée à la vie instinctive ; un stade « néo-mammalien », correspondant à l'activité néo-corticale des mammifères supérieurs.

Destinée du septum et du striatum

Septum et striatum vont subir relativement peu de modifications au cours de l'évolution des espèces. Le septum continue à occuper toute la partie interne de la région basale pour diminuer d'importance assez brutalement dans l'ordre des primates. Le striatum quant à lui se différenciera en néo-striatum (noyau caudé et putamen) et paléo-striatum (noyau accumbens et tubercule olfactif), et donnera également le pallidum.

Destinée du paléo – et de l'archicortex (fig. 31 et 32)

L'évolution du cortex primitif est importante à connaître, car elle permet de comprendre la configuration complexe de ces structures sur le cerveau humain. L'apparition du néocortex entre les 2 ébauches archaïques (fig. 30c) va progressivement écarter ces dernières qui, chez les mammifères aplacentaires (marsupiaux), vont se retrouver de part et d'autre de l'hémisphère, le lobe piriforme en position basale et externe et l'hippocampe en position dorsale et interne (fig. 30d). Deux faits notables vont ensuite modifier totalement cette disposition : l'enroulement télencéphalique et l'apparition du corps calleux. De même que lors de la croissance embryonnaire humaine, l'évolution phylogénétique est marquée par une flexion du télencéphale qui aboutit à incurver tout son contenu en créant un lobe temporal (fig. 32). La conséquence de cet enroulement est que l'hippocampe se trouve étiré et adopte, chez les mammifères aplacentaires dépourvus de corps calleux, une forme en fer à cheval autour de l'isthme de l'hémisphère (fig. 31a), venant ainsi se placer au contact du lobe piriforme. L'apparition du corps calleux va encore modifier cette disposition en plaquant et en atrophiant toute la partie dorsale de l'hippocampe dont il ne restera finalement qu'un mince vestige à peine distinct à l'œil nu chez l'homme (fig. 31c). Ainsi, les 2 cortex archaïques, primitivement adjacents sur la partie dorsale du télencéphale, se retrouvent à nouveau à proximité l'un de l'autre sur la partie ventrale, après avoir « parcouru » toute la convexité cérébrale.

Néocortex

Tout comme au cours de l'ontogenèse, le développement démesuré du cortex cérébral est également la principale caractéristique de l'évolution phylogénétique. Ce développement se fait quasi exclusivement au profit du néo-cortex. Parmi les

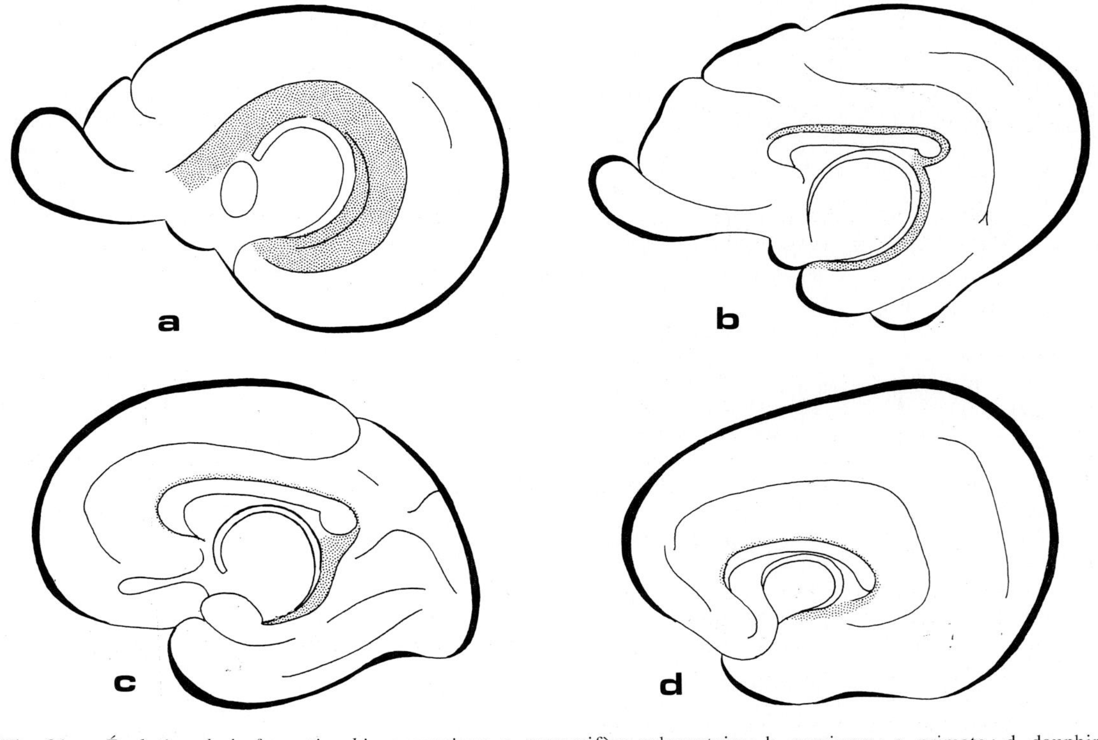

Fig. 31. – *Évolution de la formation hippocampique.* a. mammifère aplacentaire ; b. carnivore ; c. primate ; d. dauphin. Noter la régression progressive de l'appareil olfactif (bulbe et pédoncule) qui disparaît complètement chez le dauphin. (D'après Gastaut et Lammers, 1961.)

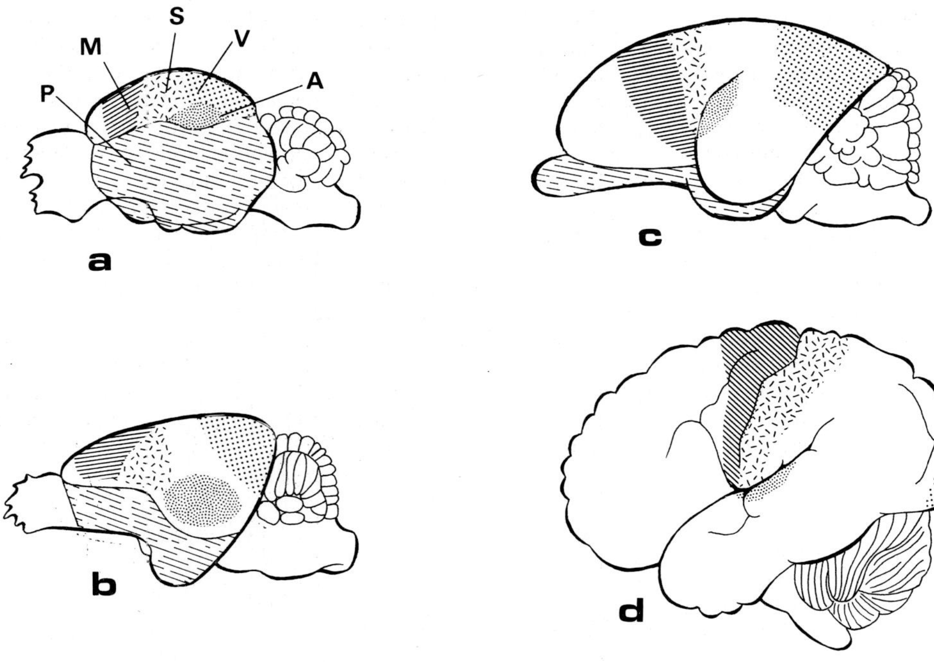

Fig. 32. – *Évolution du cortex chez les mammifères.* a. mammifère primitif (hérisson) ; b. insectivore ; c. primate prosimien ; d. homme (d'après Kahle (1981) et Bullier (1983). A : cortex auditif. V : cortex visuel. S : cortex somesthésique. M : cortex moteur. P : cortex piriforme (lobe olfactif).

mammifères, la croissance du néo-cortex n'a pas lieu de manière uniforme, mais selon une organisation très particulière. Cette organisation a pu être connue grâce à l'établissement de « cartes électrophysiologiques » du cortex, obtenues en stimulant, chez différentes espèces, les divers organes sensoriels de l'animal, et en recherchant les aires corticales où la stimulation évoque un potentiel électrique. Il est dès lors possible de déterminer des aires spécifiques visuelle, auditive et sensitive. A l'inverse, l'aire dont la stimulation électrique entraîne un mouvement de l'animal est l'aire motrice. Ainsi, le cortex d'un mammifère primitif comme le hérisson (fig. 32a) est essentiellement constitué de la juxtaposition des aires spécifiques visuelle, auditive, somesthésique et motrice. Progressivement au cours de l'évolution du télencéphale, vont apparaître des zones corticales intermédiaires qui n'ont plus la spécificité des zones précédentes : ce sont les aires associatives, dont l'importance relative va croître progressivement pour atteindre son maximum chez l'homme (fig. 32d). Ce sont ces régions associatives qui représentent, du reste, les différences les plus importantes entre les singes les plus évolués et l'homme, en particulier celles situées au niveau du lobe pariétal inférieur et du lobe frontal, deux régions corticales qui apparaissent ainsi comme les plus spécifiquement humaines.

Architecture du cortex cérébral

Principes de cytoarchitectonie

La cytoarchitectonie est une technique d'étude du cerveau qui consiste à différencier les diverses régions du cortex cérébral par l'observation des caractéristiques architecturales des cellules qui les constituent. Le fondement de ce type d'étude est le postulat, souvent vérifié, que de telles différenciations ont une réalité fonctionnelle, c'est-à-dire que les « aires corticales » individualisées selon ces critères ont chacune des propriétés fonctionnelles spécifiques. Les premières études de l'organisation anatomique du cortex cérébral remontent à la première moitié du XIXe siècle, mais c'est l'apparition des méthodes de coloration sur sections sériées du cerveau qui a permis d'obtenir les premières descriptions de différences régionales et l'élaboration de cartes architectoniques dont la plus célèbre (et la plus utilisée encore aujourd'hui) est celle élaborée en 1909 par Brodmann (fig. 33).

On décrit au sein du cortex un certain nombre (en général 6) de couches de cellules superposées, différant les unes des autres par leur constitution cellulaire. La cytoarchitectonie définit des aires corticales en combinant l'aspect cytologique d'ensemble (richesse, densité cellulaire), le type, la taille, l'agencement et la répartition des corps cellulaires. Le cortex cérébral contient plusieurs types cellulaires dont les deux plus notables sont les cellules pyramidales et les cellules étoilées ou grains. Les cellules pyramidales, prédominant dans les couches III et V, présentent à leur sommet un dendrite apical qui monte jusqu'à la surface (couche I) où il se termine en T, et à leur base des dendrites basilaires qui restent dans leur couche d'origine. L'axone provient de la base du soma et va sortir du cortex et se recouvrir de myéline pour entrer dans la constitution de la substance blanche sous-corticale. Leur taille est variable (petites, moyennes et grandes cellules pyramidales). Les plus volumineuses d'entre elles sont les cellules géantes de Betz, mesurant 95 µ de diamètre, rencontrées spécifiquement dans l'aire motrice précentrale (aire 4 de Brodmann). Les cellules étoilées ou grains, de plus petite taille (6 à 14 µ), ont de très nombreux et courts dendrites, et un axone court et amyélinique, restant à l'intérieur de l'épaisseur corticale. Elles prédominent dans les couches II et IV.

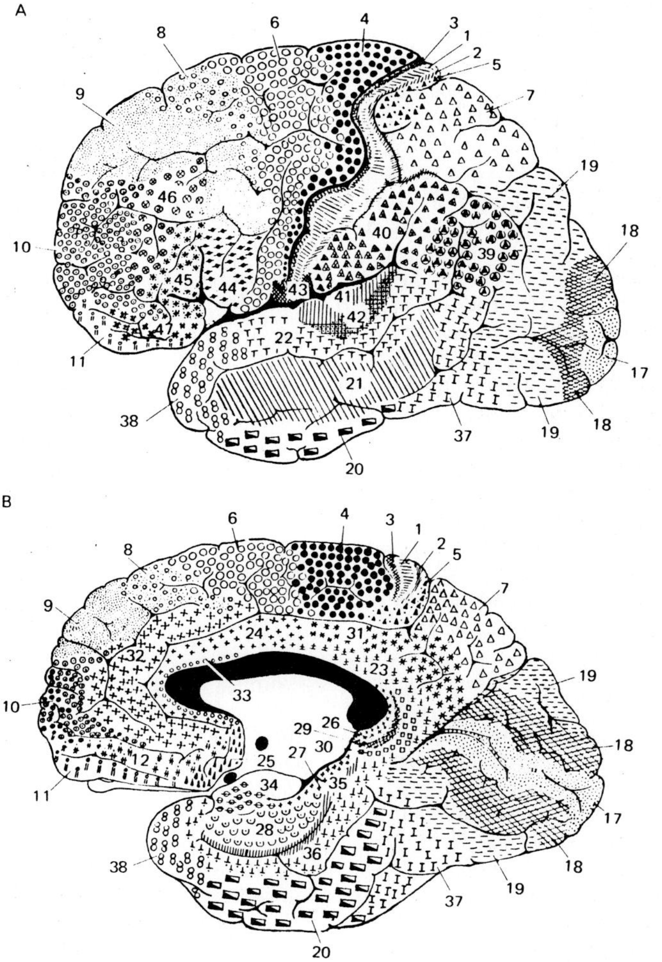

Fig. 33. – *Carte architectonique du cortex,* d'après Brodmann (1909).

Caractéristiques des couches corticales

Les 6 couches corticales possèdent ainsi chacune des caractéristiques propres (fig. 34). La couche I, ou moléculaire, est pauvre en cellules ; la couche II, ou granulaire externe, et la couche IV, ou granulaire interne sont composées de petites cellules granulaires ; la couche III, ou pyramidale externe et la couche V ou pyramidale interne contiennent les cellules pyramidales. Enfin, la couche VI ou multiforme, contient différents types de cellules. Chacune des couches est en outre caractérisée par le type de connexions contractées par ses cellules constitutives. Les couches II et III, en particulier, sont le lieu de connexions avec d'autres aires corticales. Ce sont elles qui donnent naissance aux fibres d'association intra-hémisphériques (unissant deux zones corticales différentes d'un même hémisphère) et inter-hémisphériques, constituant le corps calleux. La couche IV reçoit les afférences provenant du thalamus alors que la couche VI est à l'origine des efférences vers le thalamus. Enfin, la couche V est à l'origine des grandes voies descendant jusqu'à la moelle.

Ainsi, *ce sont les variations régionales de cette architecture qui permettent de définir des aires corticales.* Par exemple, les aires motrices, en particulier l'aire 4 (l'aire motrice primaire), sont caractérisées par l'épaisseur et la richesse en cellules pyramidales des couches III et V, alors que la couche IV y est très mince. A l'inverse, les aires sensorielles primaires comme l'aire 17 (visuelle), l'aire 3 (somesthésique) et l'aire 41 (auditive) présentent un aspect d'ensemble très granulaire, un dépeuplement de la couche V et surtout une couche IV particulièrement épaisse. En outre, ces aires corticales sont souvent limitées par des sillons et scissures, ce qui facilite la définition de leurs frontières. Enfin, les aires associatives sont caractérisées par un aspect nettement laminé, dû à la netteté de démarcation entre les différentes couches (cortex dit « homotypique »), ce qui n'est pas le cas des cortex spécifiques primaires, moteur ou sensoriels (dits « idiotypiques »). Le cortex homotypique est à son plus fort développement dans des régions comme le cortex préfrontal ou le lobule pariétal inférieur dont les études électrophysiologiques ont montré qu'elles n'étaient pas spécifiques d'une modalité sensorielle ou motrice (aires associatives multimodales). Intermédiaires entre ces deux types, se situent les aires de cortex qui jouxtent les aires spécifiques : aire prémotrice 6, en avant de l'aire 4 ; aires somesthésiques associatives (1 et 2) en arrière de l'aire 3 ; aire auditive 42, aires visuelles 18 et 19. Ces différentes aires, distinctes des aires primaires mais dont le rôle fonctionnel est spécifique à une seule modalité, constituent ce que l'on appelle le cortex associatif spécifique ou unimodal.

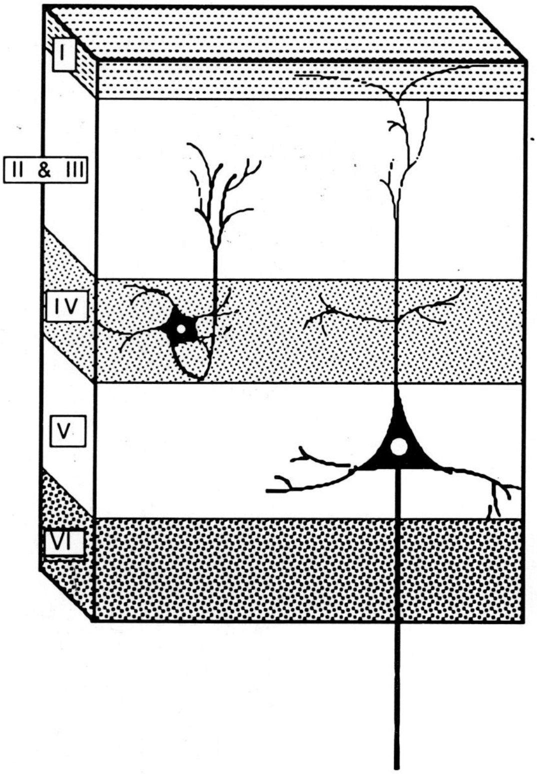

Fig. 34. – *Architecture corticale.* Les 6 couches de l'isocortex sont représentées par les chiffres romains. Les deux types de cellules permettant la différentiation architectonique des aires corticales sont représentées schématiquement : cellule granulaire (à gauche) ; cellule pyramidale (à droite).

Cortex limbique

Cette organisation en 6 couches *(isocortex)* est celle qui caractérise la majeure partie du cortex, correspondant en fait au néocortex dont nous avons vu qu'il recouvre la quasi-totalité de la surface corticale du cerveau humain. Quant au cortex archaïque, comprenant les structures hippocampiques (archicortex) et olfactives (paléocortex), il présente une structure architectonique différente qui lui a fait donner le terme générique d' *allocortex.* L'allocortex présente une structure plus rudimentaire que l'isocortex, faite généralement de 3 couches cellulaires seulement. Tel est le cas de l'hippocampe ou du lobe piriforme. Progressivement, de proche en proche, ce cortex archaïque va adopter les caractères de différenciation du néocor-

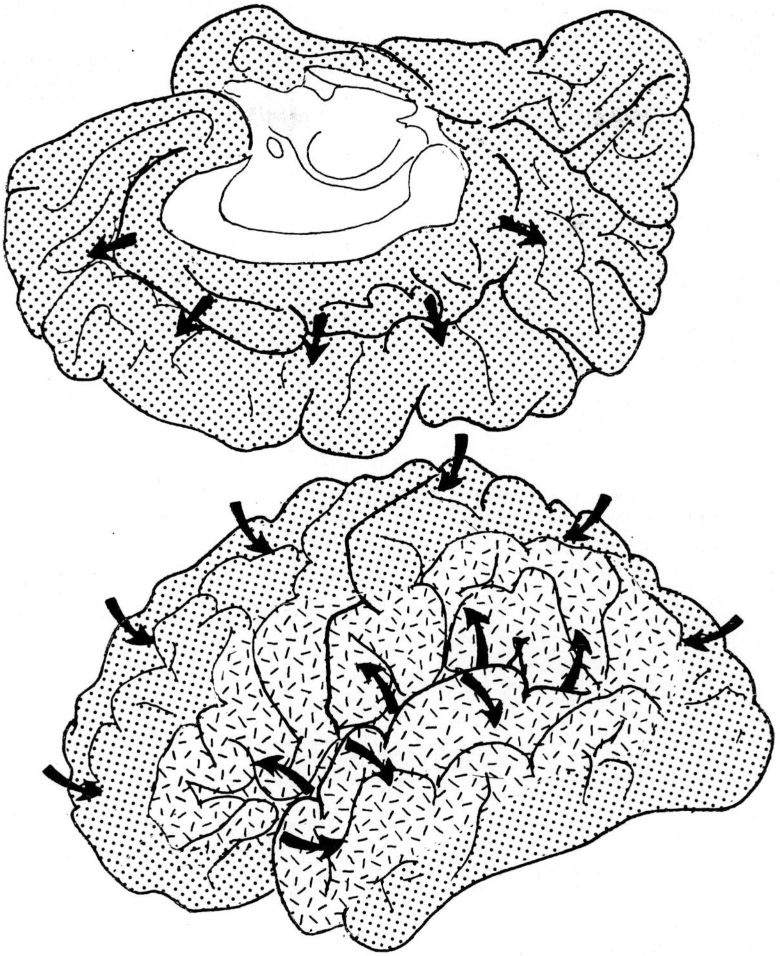

Fig. 35. – *La double origine du néocortex : tendance hippocampique (pointillés) et tendance olfactive (tirets).*

tex. On distingue ainsi des aires paralimbiques (gyrus parahippocampique et gyrus cingulaire, pour l'archicortex et cortex insulaire pour le paléocortex) présentant des caractères transitionnels entre allo- et isocortex homotypique (correspondant aux aires associatives multimodales). Le cortex homotypique lui-même perd son caractère de lamination au fur et à mesure que l'on se rapproche des aires spécifiques (cortex associatif unimodal) jusqu'aux aires spécifiques elles-mêmes. Il existe donc une continuité architectonique selon la séquence suivante : allocortex limbique – aires paralimbiques – cortex associatifs non spécifiques – cortex associatifs spécifiques – cortex primaires. F. Sanides, grâce à des études d'anatomie architectonique comparée entre les cerveaux de diverses espèces, a pu démontrer que l'ensemble du néocortex dérive en fait du cortex archaïque primitif selon une double tendance (fig. 35) : la partie interne et dorsale des hémisphères présenterait la marque de son origine hippocampique (richesse relative en cellules pyramidales), alors que la surface hémisphérique externe dériverait du cortex olfactif (richesse relative en cellules granulaires). Cette vision phylogénétique d'une double origine du néocortex humain est une conception particulièrement séduisante qui éclaire de nombreux aspects de la physiologie et de la pathologie du cerveau humain.

Connexions du cortex : principes d'hodologie

Une grande partie des hypothèses formulées et des connaissances acquises ces dernières années en matière de relations entre structures cérébrales et comportements l'ont été grâce à l'étude des connexions de structures corticales entre elles et entre structures corticales et sous-corticales. Ces études ont connu un essor grâce à l'introduction récente de méthodes de dégénérescence rétrograde ou antérograde et des méthodes de transport axonal de traceurs (1). Il a ainsi été possible de démontrer l'existence de connexions préférentielles entre les aires corticales primaires (motrices et sensorielles) et les aires associatives spécifiques qui leurs sont adjacentes ; des connexions de ces dernières avec les aires associatives non spécifiques, et les rapports préférentiels de ces dernières avec les aires paralimbiques, elles-mêmes essentiellement liées aux structures limbiques. Il est dès lors possible de concevoir l'organisation des aires corticales comme ordonnée selon des liens hiérarchiques superposables à ceux suspectés par les études cytoarchitectoniques (fig. 36).

Un autre volet important des études de connectivité corticale concerne les relations entre le cortex et les structures profondes (ganglions de la base et thalamus). C'est ainsi que l'on connaît actuellement de manière relativement précise le mode de projection des différents noyaux thalamiques sur le cortex, et celui des différentes aires corticales sur le noyau caudé, par exemple. La description précise de ces connexions sort du propos de ce chapitre. Il nous suffira pour le moment de signaler que chaque région du thalamus projette spécifiquement sur une partie du cortex cérébral, de sorte qu'il est même possible d'établir une parcellation du cortex selon l'origine des afférences thalamiques, et une différenciation des noyaux thalamiques selon qu'ils projettent sur des aires primaires ou associatives, unimodales ou multimodales. De même, pour le striatum, il a été démontré que la plupart des aires sensorielles projettent de manière distincte sur le noyau caudé, alors que les aires motrices projettent préférentiellement sur le putamen.

(1) A la suite d'une lésion du cortex, se produit une dégénérescence rétrograde des axones détruits et une destruction des corps cellulaires d'origine de ces neurones. Si l'on peut localiser ces corps cellulaires, on peut en déduire l'anatomie des connexions avec la zone détruite. De même, d'autres méthodes, en particulier utilisant l'imprégnation à l'argent, permettent d'apprécier la dégénérescence en aval (antérograde) des axones détruits. Ces méthodes, d'utilisation délicate chez l'homme, ont en fait essentiellement été appliquées à l'anatomie animale, de sorte que les données que nous possédons sont généralement seulement celles obtenues chez le singe et extrapolées à l'homme.

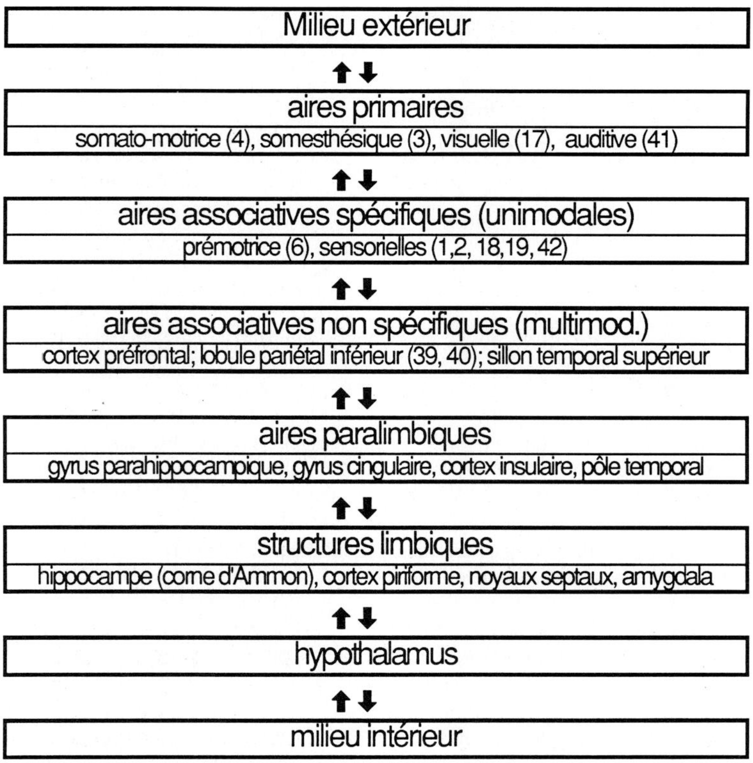

Fig. 36. – Hiérarchie des aires corticales. (D'après Mesulam, 1985.)

CHAPITRE V

LE CERVEAU HUMAIN : ANATOMIE DESCRIPTIVE SOMMAIRE

Ce chapitre, essentiellement descriptif, est destiné à fournir un certain nombre de données anatomiques de base auxquelles le lecteur pourra se référer lors de la lecture des chapitres suivants. Les illustrations ont été choisies de manière à représenter les structures dont la connaissance est indispensable à l'étude des mécanismes nerveux des comportements humains, sous forme de planches qu'il est aisé de consulter à chaque fois que cela s'avère nécessaire à la compréhension de la suite cet ouvrage.

Morphologie générale

Le cerveau a la forme d'une masse ovoïde de 170 mm de longueur et 140 de largeur en moyenne. Son poids varie autour de 1 250 g. Son grand axe s'étend du pôle frontal, en avant, au pôle occipital, en arrière. Il est formé de deux hémisphères accolés par leur face interne et séparés par une longue et profonde scissure inter-hémisphérique. Au fond de cette scissure se trouve une masse de fibres blanches unissant entre eux les deux hémisphères : le corps calleux, masse qu'il est nécessaire de sectionner afin de séparer les deux hémisphères. Chaque hémisphère présente donc une face externe, convexe, et une face interne ou inter-hémisphérique, plane. Les caractéristiques décrites ci-après concernent la surface extérieure des hémisphères, c'est-à-dire l'aspect du revêtement cortical visible sur un cerveau qui, après avoir été dégagé de la boîte crânienne, a été fixé par un séjour de plusieurs semaines dans une solution de formol, et débarrassé des différentes membranes et vaisseaux qui l'enveloppent. Puis nous envisagerons sa structure interne, telle que l'on peut l'examiner après section du cerveau.

Aspect extérieur

Vue latérale (fig. 37)

Elle permet d'observer la face externe d'un hémisphère (sur la figure, l'hémisphère représenté est le gauche). Celle-ci est donc régulièrement convexe du pôle frontal au pôle occipital. On y distingue 2 profondes scissures qui permettent de différencier 4 lobes. La scissure de Rolando (ou sillon central), légèrement oblique par rapport à l'axe vertical, sépare la partie supérieure de l'hémisphère en deux parties grossièrement égales : en avant le lobe frontal, en arrière le lobe pariétal. La scissure de Sylvius, ou sillon latéral, sépare le lobe temporal en

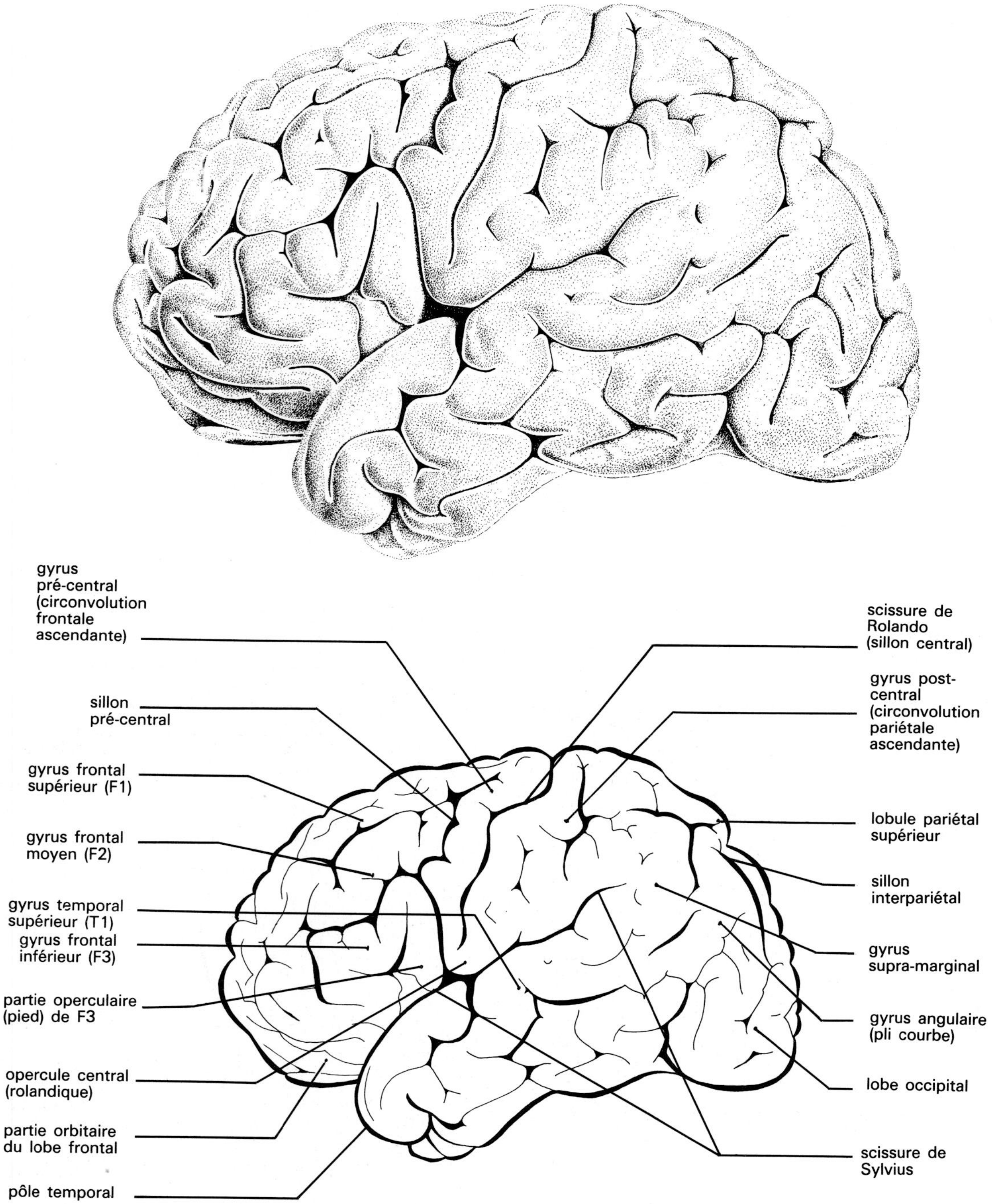

Fig. 37. – *Vue latérale du cerveau (face externe de l'hémisphère gauche).* (D'après R. Nieuwenhuys, J. Voogd et C. van Huijzen : *The Human Central Nervous System. Springer*, Heidelberg, 1981.)

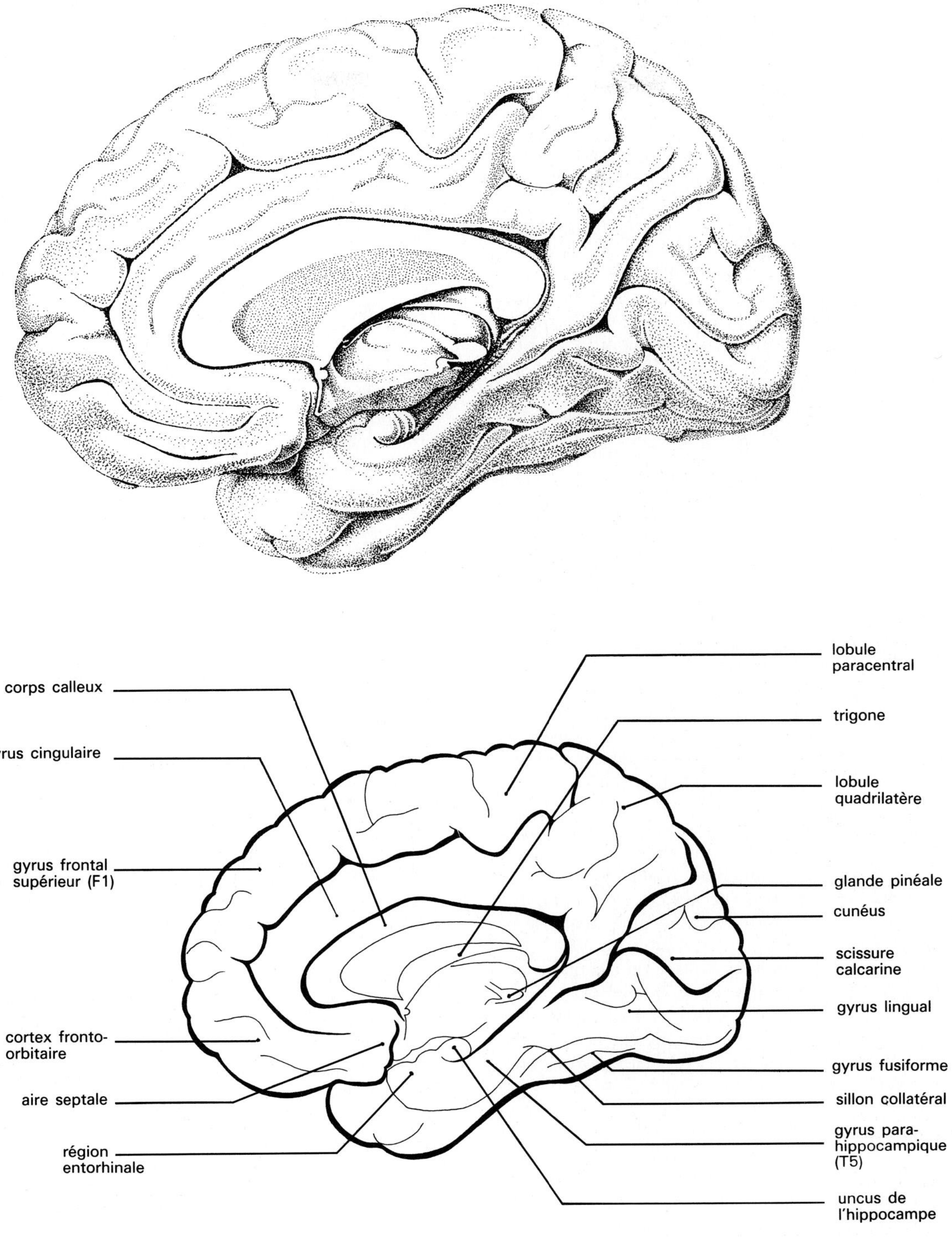

Fig. 38. – *Face interne du cerveau (hémisphère droit).* (D'après R. Nieuwenhuys, J. Voogd et C. van Huijzen : The *Human Central Nervous System.* Springer, Heidelberg, 1981.)

bas des lobes frontal et pariétal en haut. Enfin, lobes temporal et pariétal se réunissent en arrière pour former, sans démarcation nette sur cette face, le lobe occipital. La scissure de Sylvius est en fait très profonde, recouvrant dans ses berges d'une part les régions de cortex appelées opercules, d'autre part une masse corticale en forme de pyramide, le lobe de l'insula, totalement enfoui, sur le cerveau adulte, à l'intérieur de la vallée (ou fosse) sylvienne. Hormis ces deux principales scissures, la surface corticale est parcourue de nombreux sillons de second et troisième ordre, séparant entre eux des circonvolutions ou gyri. Parallèlement à la scissure de Rolando, se situent 2 sillons, l'un en avant d'elle, le sillon pré-central, l'autre en arrière, le sillon post-central. Entre scissure de Rolando et sillon pré-central se situe une circonvolution quasi-verticale dite frontale ascendante (FA) ou gyrus pré-central. Entre scissure de Rolando et sillon post-central se situe la circonvolution pariétale ascendante (PA) ou gyrus post-central. En avant du sillon pré-central, le lobe frontal est divisé en 3 circonvolutions horizontales : le gyrus frontal supérieur (F1), moyen (F2) et inférieur (F3). Le gyrus frontal inférieur est lui-même divisé en 3 parties : la partie operculaire (ou pied de F3), limitée par le sillon précentral en arrière et une branche ascendante née de la partie antérieure de la scissure de Sylvius ; la partie triangulaire (ou cap de F3) plus en avant ; enfin la partie orbitaire de F3 qui continue sur la face inférieure de l'hémisphère.

Le lobe pariétal est divisé par un profond sillon inter- (ou intra-) pariétal en deux régions : le lobule pariétal supérieur et le lobule pariétal inférieur. Ce dernier est lui-même constitué de deux régions corticales : le gyrus supra-marginal, qui entoure la terminaison postérieure de la scissure de Sylvius et le gyrus angulaire ou pli courbe situé en arrière de lui, à la jonction avec le lobe occipital.

Le lobe temporal apparaît comme appendu à la face inférieure du reste de la masse cérébrale dont il représente environ 1/3 du volume total. En arrière, il se continue avec le lobe occipital et en avant son pôle antérieur se place en retrait par rapport au pôle frontal qui le surplombe. On y distingue un profond sillon (sillon temporal supérieur ou sillon parallèle) qui court parallèlement à la scissure de Sylvius, limitant la première circonvolution temporale (T1) ou gyrus temporal supérieur. En dessous du sillon parallèle, on décrit également un gyrus temporal moyen et inférieur, moins bien délimités entre eux cependant que ne l'est T1 du reste du lobe. Si l'on écarte les deux berges de la scissure sylvienne, on remarque que la face supérieure du lobe temporal se continue jusqu'au fond de la fissure sylvienne où elle vient rejoindre le lobe de l'insula. Ce dernier est limité par un profond sillon circonférentiel qui le sépare des éléments constituant la face supérieure du lobe temporal : le gyrus temporal transverse (ou gyrus de Heschl) sur lequel est représentée l'aire auditive primaire et en arrière de lui le planum temporale (voir chapitre 15).

Face interne (fig. 38)

Afin de pouvoir examiner la face interne de l'hémisphère (ici l'hémisphère droit), il a été nécessaire de sectionner le cerveau selon le plan sagittal médian, à l'aide d'une longue lame plate, ce qui revient à couper le corps calleux sur toute sa longueur. On y distingue alors deux zones, l'une centrale intéressant le diencéphale, l'autre périphérique, corticale. Le *diencéphale* a été séparé du tronc cérébral, avec lequel il est normalement en continuité, par une section haute du mésencéphale afin de permettre la visualisation du lobe temporal. Cette section médiane passe par le 3e ventricule au centre dont la paroi externe est constituée par la face interne du thalamus et plus bas par l'hypothalamus (voir chapitre 11). En avant, le 3e ventricule est limité par la lame terminale qui le sépare de la région septale. En haut, il est limité par le corps du trigone (ou fornix) qui, devenu médian à ce niveau de son trajet, est visible sur la coupe (voir fig. 28). En arrière, la glande pinéale, qui surplombe les tubercules quadrijumeaux, forme sa paroi postérieure. Le *corps calleux*, sectionné à sa partie médiane, est constitué de fibres unissant les régions corticales homologues de chacun des hémisphères : dans sa partie antérieure (bec et genou du corps calleux) circulent les fibres unissant les 2 lobes frontaux ; dans sa partie moyenne, les fibres unissant les régions pré- et post-centrales ; dans sa partie postérieure (le splénium ou bourrelet du corps calleux), celles unissant les deux régions pariéto-occipitales. Dans la partie la plus ventrale du splénium passent les fibres unissant les régions corticales les plus ventrales (face inférieure des lobes temporaux et occipitaux). Sous le corps calleux est inséré un mince voile médian, le septum pellucidum, séparant les deux corps des ventricules latéraux.

Le secteur périphérique ou cortical de cette face interne est marqué par une profonde scissure semi-circulaire, parallèle au corps calleux : la scissure calloso-marginale, limite supérieure du gyrus cingulaire (ou circonvolution péri-calleuse). Ce dernier contourne le genou du corps calleux pour former l'aire sous-calleuse avant de rejoindre la région septale. La scissure calloso-marginale limite en bas et en arrière la face interne du cortex frontal qui s'étend caudalement jusqu'au lobule paracentral, essentiellement constitué de la projection interne de l'aire 4 (voir chapitre 7). Plus en arrière se situe le lobule quadrilatère, représentant la face interne du lobe pariétal, séparé du lobe occipital par un profond sillon : la scissure perpendiculaire interne (ou sillon pariéto-occipital interne). Celui-ci constitue la limite supérieure du cunéus ou 6e circonvolution occipitale (O6), lui-même séparé du gyrus lingual, ou O5, par la profonde scissure calcarine (qui abrite dans ses berges le cortex visuel primaire, voir chapitre 9). Le gyrus lingual se continue en avant, sans démarcation, avec le gyrus parahippocampique (T5), lui-même communiquant souvent, au-dessus de la terminaison antérieure de la scissure calcarine, avec la partie postérieure du gyrus cingulaire ou cortex rétro-splénial. Le gyrus para-hippocampique se retourne à sa partie antérieure pour former le crochet ou uncus de l'hippocampe qui recouvre la partie antérieure de la formation hippocampique elle-même (ou corne d'Ammon), non visible sur cette vue et dont la mise en évidence nécessite une dissection du gyrus parahippocampique (voir fig. 28).

Structure

Les coupes frontale (ou coronale) et horizontale (ou axiale) du cerveau (fig. 39 et 40) permettent d'apprécier sa structure interne. Les plans de coupe ont été choisis arbitrairement comme les plus représentatifs des structures dont l'illustration est nécessaire à notre propos.

Structure générale

Les deux plans de coupe permettent de distinguer du centre vers la périphérie 4 secteurs. Le secteur ventriculaire, celui des noyaux gris centraux, la substance blanche et le cortex cérébral. La forme des ventricules cérébraux est complexe et difficile à concevoir sur les seuls 2 plans de coupe. Il est nécessaire de se référer à la fig. 26 et d'imaginer les rapports entre les plans de section et la silhouette des ventricules. L'on comprend alors plus aisément pourquoi la coupe frontale traverse la corne frontale des 2 ventricules latéraux de même que la partie moyenne du 3e ventricule, placé sur la ligne médiane. Par contre, un plan de coupe plus postérieur traverserait 2 fois le ventricule latéral, tout comme la coupe horizontale qui passe en avant par les cornes frontales et plus en arrière par le carrefour ventriculaire *(atrium)* ou l'origine des cornes temporales.

Noyaux gris centraux

La figure 41 représente l'ensemble de ce que l'on appelle les noyaux gris centraux (1), c'est-à-dire principalement le néo-striatum (noyau caudé et putamen), le pallidum, et le thalamus.

Le *noyau caudé*, plaqué contre le ventricule latéral, est, comme ce dernier, concerné à deux niveaux par la coupe horizontale : sa tête est placée dans la concavité de la corne frontale, alors que sa queue est au contact du carrefour ventriculaire. Dans l'ensemble, sa forme (voir figure 27) est exactement parallèle à celle du ventricule. Par la partie ventrale de sa tête, il est en continuité avec le putamen (2). En arrière, les deux noyaux se séparent mais restent unis par plusieurs ponts cellulaires (fig. 27). Le putamen et le pallidum, bien que totalement distincts, sont artificiellement réunis sous le terme de noyau lenticulaire.

A la coupe, celui-ci apparaît donc comme une superposition de noyaux dont l'ensemble présente une forme triangulaire à sommet interne. Le *pallidum* est lui-même constitué de deux parties, une externe ou latérale, l'autre interne ou médiale, formant le sommet du triangle. Enfin, entre le putamen et le cortex insulaire se situe un noyau de forme allongée, le claustrum ou avant-mur.

Le *thalamus* est un volumineux noyau, de forme grossièrement ovalaire, situé contre la paroi latérale du 3e ventricule. Sa face externe est irrégulièrement bombée. Le thalamus présente à la coupe une structure inhomogène où l'on peut reconnaître les différents noyaux qui le composent. La coupe frontale de la figure 39 passe par la partie la plus antérieure du thalamus, alors que la coupe horizontale traverse le noyau selon son grand axe antéro-postérieur, permettant de distinguer un volumineux noyau postérieur (le pulvinar), des noyaux médians, contre le ventricule, un groupe nucléaire central et un groupe

(1) Le terme de ganglions de la base, utilisé par les Anglo-saxons, désigne l'ensemble de ces structures à l'exception du thalamus.

(2) Le striatum ventral est essentiellement représenté chez l'homme par cette réunion antérieure des deux noyaux, réunion qui porte le nom de noyau accumbens.

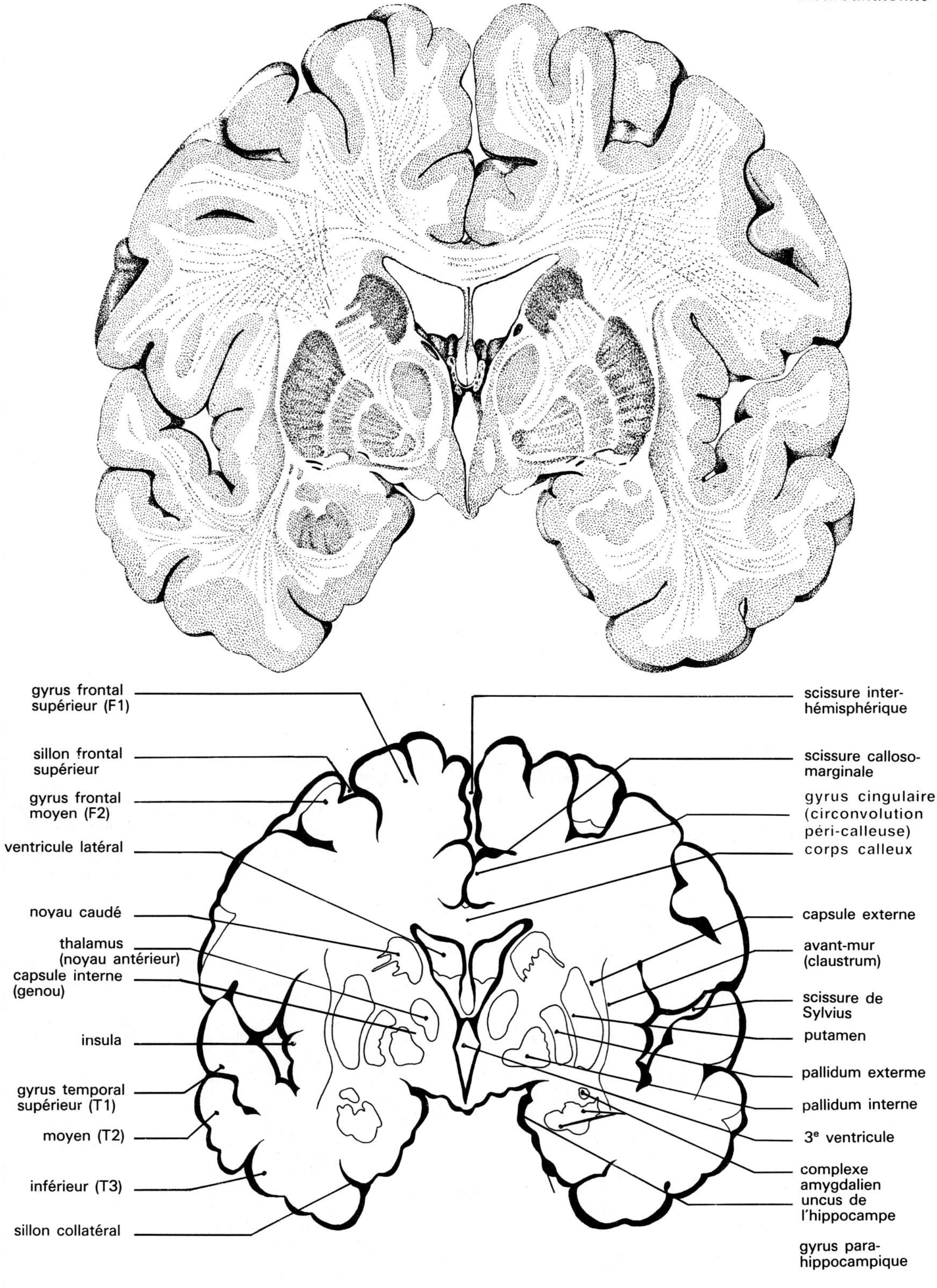

Fig. 39. – Coupe frontale du cerveau. (D'après R. Nieuwenhuys, J. Voogd et C. van Huijzen : *The Human Central Nervous System.* Springer, Heidelberg, 1981.)

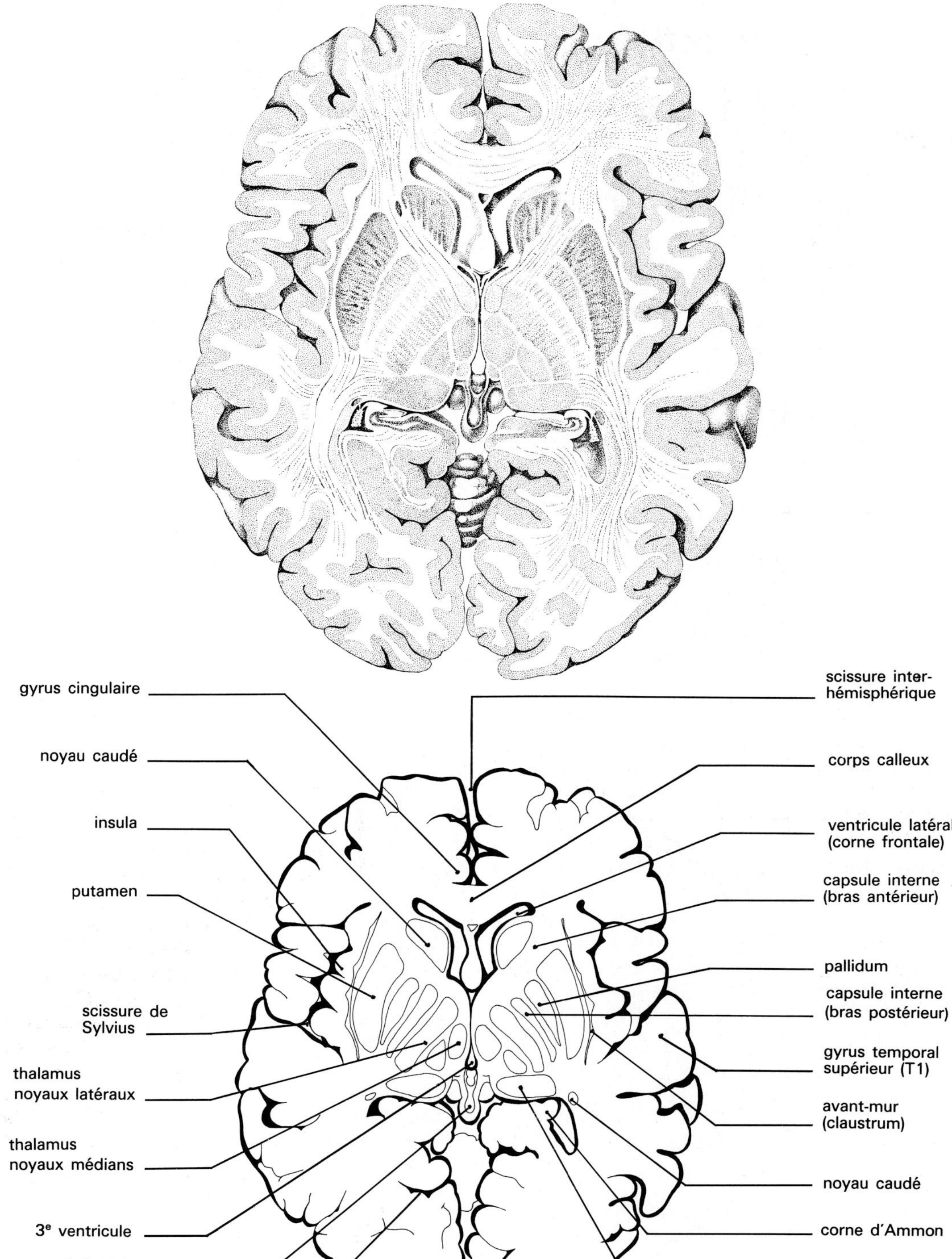

Fig. 40. – *Coupe horizontale du cerveau.* (D'après R. Nieuwenhus, J. Voogd et C. van Huijzen : *The Human Central Nervous System.* Springer, Heidelberg, 1981).

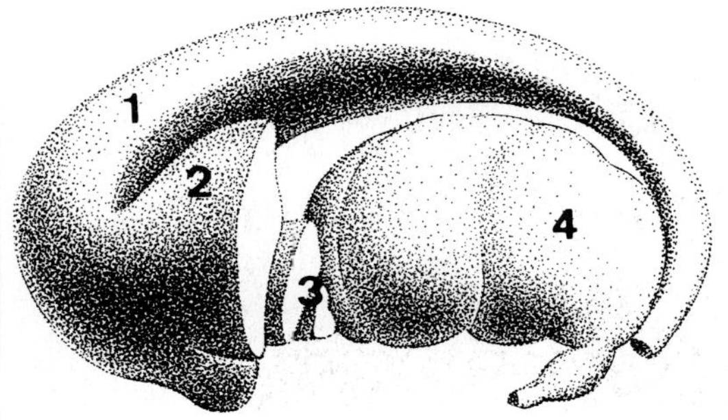

Fig. 41. – *Les noyaux gris centraux.* 1 : noyau caudé. 2 : putamen. 3 : pallidum. 4 : thalamus.

nucléaire latéral, comprenant en particulier, d'arrière en avant, le ventro-postéro-latéral (VPL) dont le rôle dans la sensibilité somatique est envisagé au chapitre 8, le ventro-latéral (VL) et le ventral antérieur (VA) interposés sur les voies nerveuses de la motricité (voir chapitre 7). Enfin, appendus sous le pôle postérieur du noyau, se situent le noyau géniculé latéral (corps genouillé externe) et le noyau géniculé médian (corps genouillé interne), qui sont les relais obligatoires de 2 voies sensorielles, respectivement la voie visuelle (voir chapitre 9) et la voie auditive (voir chapitre 10).

L'importance fonctionnelle des noyaux thalamiques peut être déduite de la richesse de leurs connexions avec le cortex, connexions qui empruntent des voies efférentes thalamifuges appelées radiations thalamiques ou également pédoncules thalamiques. Chaque groupe nucléaire projette ainsi sur une aire corticale propre : le groupe antérieur, et le groupe médian sur le cortex préfrontal et le cortex de la face interne, le VA sur l'aire prémotrice (8), le VL sur l'aire motrice précentrale (4), le pulvinar sur le cortex associatif pariétal, le géniculé latéral sur l'aire visuelle 17, le géniculé médian sur l'aire auditive 41. Enfin, d'autres noyaux, en particulier ceux situés dans la profondeur du thalamus (dont les noyaux intralaminaires) projettent de façon non plus spécifique mais diffuse sur tout le cortex.

Substance blanche

La substance blanche hémisphérique est faite de fibres ayant leur origine ou se rendant dans les structures grises que sont le cortex cérébral et les noyaux gris centraux. On distingue au sein de la substance blanche hémisphérique deux régions : le centre ovale, à proximité du cortex, où les fibres sont dispersées, en éventail (« couronne rayonnante ») et les capsules, entre les noyaux gris centraux où les fibres sont concentrées. La plus volumineuse est la capsule interne, comprenant un *bras antérieur*, situé entre la tête du noyau caudé et la face antérieure du noyau lenticulaire, un *bras postérieur* situé entre le thalamus et la face postérieure du noyau lenticulaire, un *genou* situé à la jonction des 2 bras. Le bras antérieur contient essentiellement les fibres constitutives du pédoncule thalamique antérieur, unissant les noyaux antérieurs et médians du thalamus aux structures frontales. Le bras postérieur contient dans sa partie antérieure le faisceau pyramidal (faisceau cortico-spinal) et dans sa partie postérieure les fibres thalamo-pariétales véhiculant la sensibilité somatique (voir chapitre 8) et celles du pédoncule postérieur avec en particulier les radiations optiques (voir chapitre 9). Le genou de la capsule contient le faisceau géniculé ou cortico-nucléaire, destiné aux noyaux des nerfs crâniens moteurs. La coupe horizontale montre nettement la direction des fibres composant le pédoncule thalamique postérieur, se dirigeant vers le lobe occipital.

En outre, on distingue sur les coupes le trajet interhémisphérique des fibres composant le corps calleux, en particulier ici celles unissant le cortex des lobes frontaux.

Cortex

Le cortex cérébral apparaît sur les coupes de cerveau comme un ruban continu de quelques mm d'épaisseur recouvrant la totalité des hémisphères. Ces coupes permettent en outre d'apprécier la direction et la profondeur des sillons séparant lobes et circonvolutions. La scissure de Sylvius et la scissure interhémisphérique sont les deux sillons les plus profonds. La scissure interhémisphérique sépare nettement les deux hémisphères, se terminant en cul-de-sac sur le corps calleux. Sur la coupe frontale, la scissure de Sylvius permet de distinguer le lobe temporal, en bas, du reste de l'hémisphère. On reconnaît également les sinuosités du cortex du lobe de l'insula, totalement enfoui au fond de la fissure sylvienne. Enfin, on peut distinguer sur ces coupes certains éléments du système limbique, en particulier sur la coupe frontale le complexe amygdalien, dans la profondeur du gyrus parahippocampique et sur la coupe horizontale l'enroulement de la corne d'Ammon, formant la paroi interne de la corne temporale du ventricule.

CHAPITRE VI

MOELLE, TRONC CÉRÉBRAL ET CERVELET

Le contenu de ce dernier chapitre anatomique est volontairement réduit à sa plus simple expression, non que les structures auxquelles il est consacré aient une moindre importance fonctionnelle, mais parce que la neurologie comportementale utilise beaucoup plus de notions concernant les hémisphères cérébraux que les autres constituants du système nerveux central. Il est cependant nécessaire de fournir à l'étudiant qui ne serait pas du tout familier avec la neuroanatomie quelques notions élémentaires sur ces structures, en particulier nécessaires à la compréhension des chapitres de neurophysiologie sensorielle et motrice qui constituent la 3e section de l'ouvrage.

Moelle épinière

Continuation caudale du bulbe, la moelle épinière se présente sous la forme d'un long cordon arrondi, légèrement aplati, parcouru de sillons longitudinaux. Sa longueur moyenne est de 45 cm et son diamètre de 1 cm. Ce dernier est toutefois variable selon les niveaux puisqu'on reconnaît sur la hauteur de la moelle deux dilatations ou renflements, l'un cervical, l'autre lombaire, renflements qui contiennent du reste les centres et voies en relation respectivement avec les membres supérieurs et inférieurs.

Dans son ensemble, la moelle épinière, entourée de son enveloppe méningée, est située dans une cavité cylindrique ménagée par la superposition des vertèbres : le canal rachidien. Le diamètre de ce canal est nettement plus important que celui de la moelle, ce qui permet à cette dernière une certaine mobilité lors des mouvements de flexion et d'extension du rachis (surtout importants au niveau cervical).

Morphologie générale (fig. 42a, b)

La moelle est parcourue par 6 sillons (1 ventral, 1 dorsal, et 2 collatéraux antérieur et postérieur de chaque côté) délimitant 6 cordons (antérieurs, latéraux et postérieurs). On peut considérer que la moelle est anatomiquement et fonctionnellement constituée de 31 segments superposés appelés myélomères, correspondant chacun, grâce à une paire de racines (antérieure ou ventrale et postérieure ou dorsale) de chaque côté, à une région du corps. Ainsi, les deux renflements, cervical et lombaire, correspondent aux myélomères destinés aux membres. Le renflement lombaire se continue caudalement en s'amincissant pour former la terminaison de la moelle ou cône médullaire. Les racines rachidiennes (fig. 43a) naissent des sillons collatéraux antérieurs et postérieurs, sous la forme de minces fibres ou radicelles se réunissant peu après leur sortie de la moelle. La racine postérieure s'enfle ensuite pour former le ganglion rachidien, site des corps cellulaires de certains neurones (en particulier sensitifs) se rendant à la moelle. Les deux racines se rejoignent enfin pour former le nerf rachidien qui sort du canal vertébral par les trous de conjugaisons. Il y a 31 paires de racines de chaque côté : 8 cervicales, 12 dorsales, 5 lombaires, 5 sacrées, 1 coccygienne. Dans l'ensemble, les racines affectent une orientation différente selon leur lieu de naissance, horizontales au niveau cervical, elles sont de plus en plus obliques au fur et à mesure que l'on descend en direction caudale. Au niveau le plus caudal, les racines ont toutes une direction presque verticale et forment la « queue de cheval » (fig. 43b).

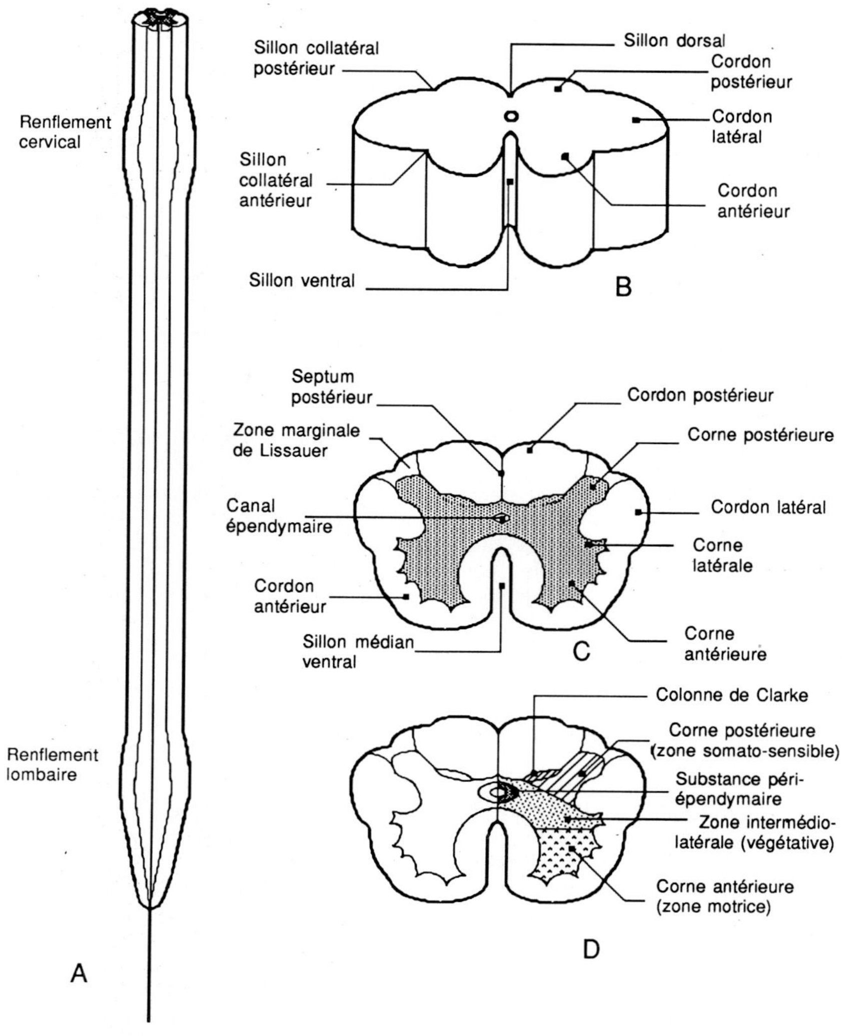

Fig. 42. – *Moelle épinière : morphologie et structure générales.* A : schéma d'ensemble de la moelle, montrant en particulier ses deux renflements, cervical et lombaire. B, C, D : coupes transversales de la moelle.

Structure

Une coupe transversale de la moelle permet de distinguer très nettement (fig. 41c) une région centrale de substance grise, disposée en ailes de papillon autour du canal épendymaire central, une zone périphérique de substance blanche tout autour de la précédente.

Substance grise

On y distingue de chaque côté une corne antérieure, volumineuse et festonnée, occupant la profondeur du cordon antérieur, une corne postérieure, plus fine et affleurant le sillon collatéral postérieur, et une zone intermédiaire ou corne latérale. La substance grise contient les corps cellulaires des neurones médullaires, organisés en noyaux ou colonnes. La corne postérieure contient les noyaux sensitifs, la corne antérieure les noyaux moteurs (motoneurones) et la corne latérale et la région périépendymaire les centres végétatifs (fig. 42d).

Substance blanche (fig. 44)

Elle est formée de voies de passages, c'est-à-dire de fibres blanches, faites de prolongements axo-

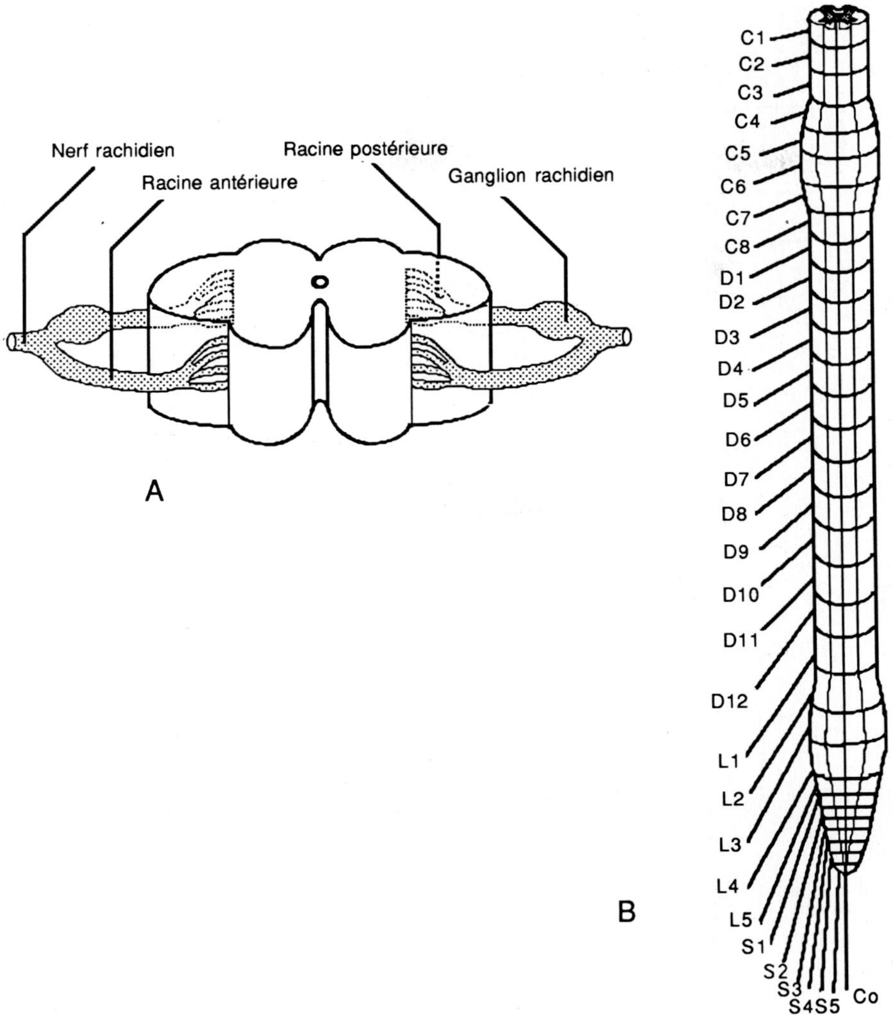

Fig. 43. – *Schéma des racines médullaires.* A : coupe transversale. B : vue d'ensemble.

naux, et groupés en faisceaux. Schématiquement, on distingue des faisceaux ascendants, sensitifs, véhiculant les informations nées de la périphérie jusqu'aux centres supérieurs du tronc cérébral et du cerveau ; et des faisceaux descendants, moteurs, transmettant vers la périphérie des messages provenant des centres moteurs sus-jacents.

Les voies ascendantes sont formées de fibres pénétrant dans chaque myélomère par la racine postérieure. On distingue 2 principales voies ascendantes : (1) la voie dite **cordonale postérieure**, faite de 2 faisceaux l'un interne, le faisceau de Goll ou gracile, l'autre externe, le faisceau de Burdach ou cunéiforme. Ces faisceaux, qui occupent la totalité des cordons postérieurs, transportent les messages sensitifs concernant la sensibilité profonde et la sensibilité superficielle discriminative ; (2) la **voie spino-thalamique**, située dans les cordons antéro-latéraux, véhiculant les messages de la sensibilité superficielle grossière et douloureuse (voir chapitre 8). Il existe, au sein de ces deux voies sensitives, une somatotopie, c'est-à-dire que les fibres pénétrant dans la moelle au niveau de chaque myélomère se disposent en couches successives de sorte que les fibres originaires des racines sacrées (s) sont situées à l'opposé des fibres originaires des racines cervicales (c), les fibres d'origine dorsale constituant les couches intermédiaires.

La principale des voies descendantes est le **faisceau pyramidal**, qui descend dans la moelle sous la forme de 2 contingents distincts, l'un situé dans le cordon latéral, le faisceau pyramidal croisé, l'au-

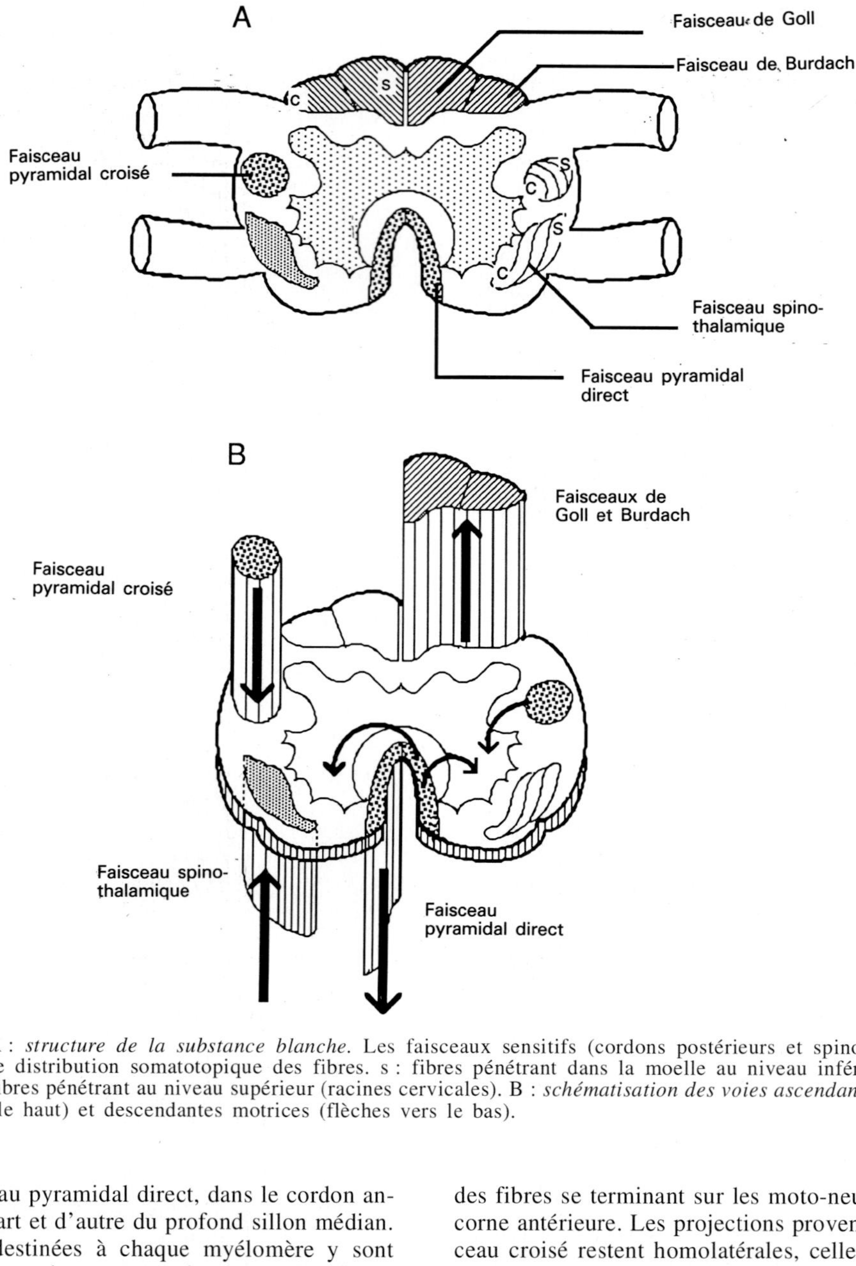

Fig. 44. – A : *structure de la substance blanche.* Les faisceaux sensitifs (cordons postérieurs et spino-thalamique) présentent une distribution somatotopique des fibres. s : fibres pénétrant dans la moelle au niveau inférieur (racines sacrées) ; c : fibres pénétrant au niveau supérieur (racines cervicales). B : *schématisation des voies ascendantes sensitives* (flèches vers le haut) et descendantes motrices (flèches vers le bas).

tre, le faisceau pyramidal direct, dans le cordon antérieur, de part et d'autre du profond sillon médian. Les fibres destinées à chaque myélomère y sont également disposées somatotopiquement. Au niveau de chaque myélomère, le faisceau pyramidal cède des fibres se terminant sur les moto-neurones de la corne antérieure. Les projections provenant du faisceau croisé restent homolatérales, celles provenant du faisceau direct sont en partie homolatérales, en partie controlatérales.

Tronc cérébral

Le tronc cérébral est la partie du névraxe placée entre le cerveau rostralement et la moelle caudalement. Il a la forme d'un tronc de cône de 9 à 10 cm de haut, s'élargissant au fur et à mesure que l'on monte vers le cerveau. Sa disposition structurale d'ensemble peut se décrire schématiquement en trois parties : 1) un axe vertical, cordonal, fait de faisceaux de substance blanche, voie de passage afférente et efférente entre le cerveau et la moelle ; 2) un pont de fibres horizontales embrassant l'axe précédent et plongeant en arrière pour former la substance blanche du cervelet ; 3) des centres tectaux (ou du toit) comportant le cervelet et les tubercules quadrijumeaux. De par sa structure, le tronc cérébral possède un triple rôle : c'est tout d'abord un lieu de passage des fibres longues descendantes ou ascendantes ; il contient ensuite des noyaux contenant les corps cellulaires des nerfs crâniens, qui assurent l'innervation motrice et sensitive du segment céphalique (au même titre que les nerfs rachidiens et leurs noyaux médullaires d'origine assurent l'innervation du reste du corps) ; enfin, il contient des noyaux propres ayant des rôles divers, en particulier dans la motricité (olive, noyau rouge, substance noire) et les états de conscience et de vigilance (formation réticulée mésencéphalique).

Morphologie

Face antérieure (fig. 45)

On distingue 3 étages superposés correspondant aux 3 dernières vésicules du stade embryonnaire à 5 vésicules (voir chapitre 4).

Le *bulbe rachidien* constitue la continuation directe de la moelle. Il présente, comme elle, un sillon médian antérieur dont la partie moyenne est occupée par le croisement des fibres pyramidales (« décussation des pyramides »). De part et d'autre, se situent les pyramides bulbaires, saillies correspondant au trajet du faisceau pyramidal. Sur la face latérale des pyramides se situent deux protrusions ovalaires, les olives bulbaires, en avant desquelles sortent les nerfs grand hypoglosse (nerf XII (1)), nerfs moteurs donnant passage à la commande de la motricité linguale. Plus en arrière se situe le sillon des nerfs mixtes, d'où émergent de bas en haut : le nerf spinal (XI), le nerf pneumogastrique ou nerf vague (X), le nerf glosso-pharyngien (IX). Ces 3 nerfs sont appelés mixtes car ils contiennent à la fois des fibres motrices et sensitives. Dans l'ensemble, leur rôle est dévolu à la motricité et la sensibilité de la région pharyngo-laryngée. En outre, le spinal innerve 2 muscles du cou (trapèze et sterno-cléido-mastoïdien), le pneumogastrique (également responsable par ailleurs de l'innervation de nombreux viscères) le larynx et les cordes vocales, le glossopharyngien assure une partie de la sensibilité gustative, et intervient dans les mécanismes de la déglutition.

Le *sillon bulbo-protubérantiel* forme une limite nette entre le bulbe en bas et la protubérance en haut. Sur son trajet se situe l'émergence de plusieurs nerfs crâniens : en position paramédiane, le nerf moteur oculaire externe (VI), qui tient sous sa dépendance la motricité latérale de l'œil ; plus latéralement, le nerf facial (VII), nerf moteur responsable de la contraction des muscles de l'hémiface homolatérale, le nerf intermédiaire de Wrisberg (VII bis) au rôle sensitif et sécrétoire, et enfin le nerf auditif (VIII) qui comprend deux contingents, un acoustique, véhiculant les informations auditives, l'autre vestibulaire, dévolu à la fonction d'équilibration.

La *protubérance annulaire* ou pont de Varole forme un renflement qui surplombe nettement le bulbe. Elle se continue en arrière par les pédoncules cérébelleux (2) moyens. Sa partie médiane est parcourue verticalement par un profond sillon, la gouttière basilaire où se place une volumineuse artère : le tronc basilaire. De part et d'autre, les bourrelets pyramidaux sont creusés latéralement d'une fossette d'où fait issue le nerf trijumeau (V), sous la forme d'une volumineuse racine sensitive (assurant l'innervation sensitive de l'hémiface) et une petite racine motrice accessoire (nerf masticateur).

L'*étage mésencéphalique*, enfin, est formé en avant par les deux pédoncules cérébraux quis'écartent pour pénétrer dans le diencéphale, ménageant entre eux un espace triangulaire, l'espace perforé postérieur, limité par les tubercules mamillaires et l'infundibulum (donnant naissance à la tige pituitaire). En haut, le mésencéphale est séparé du diencéphale par les bandelettes optiques qui viennent ceindre les pédoncules pour rejoindre, en arrière d'eux, les tubercules quadrijumeaux. Au niveau mésencéphalique naissent deux paires crâniennes : le nerf moteur oculaire commun (III), principal nerf oculomoteur, responsable, entre autres, de la plupart des mouvements du globe oculaire, naissant en position para-médiane, à la base du pédoncule ; le nerf pathétique (IV), au rôle plus accessoire, et dont la racine provient en fait de la face postérieure du mésencéphale.

---

(1) Les 12 paires de nerfs crâniens sont traditionnellement désignées par un chiffre romain correspondant à la hauteur de l'émergence de leurs racines au niveau du tronc cérébral. Les 2 premières ont un statut particulier puisqu'elles ne sont pas issues du tronc cérébral : le nerf I ou olfactif est un groupe de fibres unissant les récepteurs de l'odorat aux régions basales du lobe frontal et temporal constituant le lobe olfactif. Le nerf II est le nerf optique (voir chapitre 9).

(2) Cérébelleux est l'adjectif qui réfère à cervelet, comme cérébral réfère à cerveau.

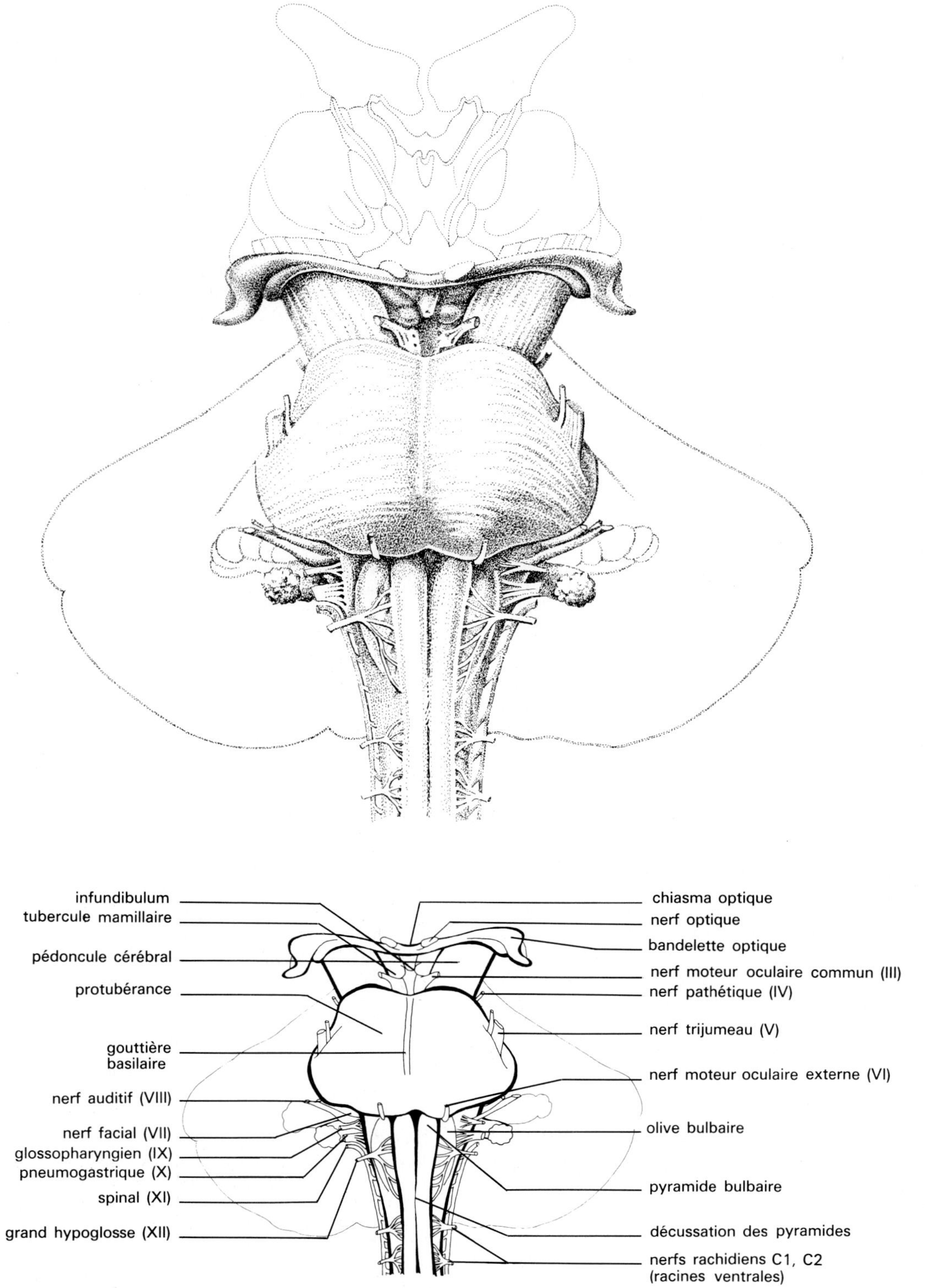

Fig. 45. – *Vue antérieure du tronc cérébral.* (D'après R. Nieuwenhuys, J. Voogd et C. van Huijzen : *The Human Central Nervous System.* Springer, Heidelberg, 1981.)

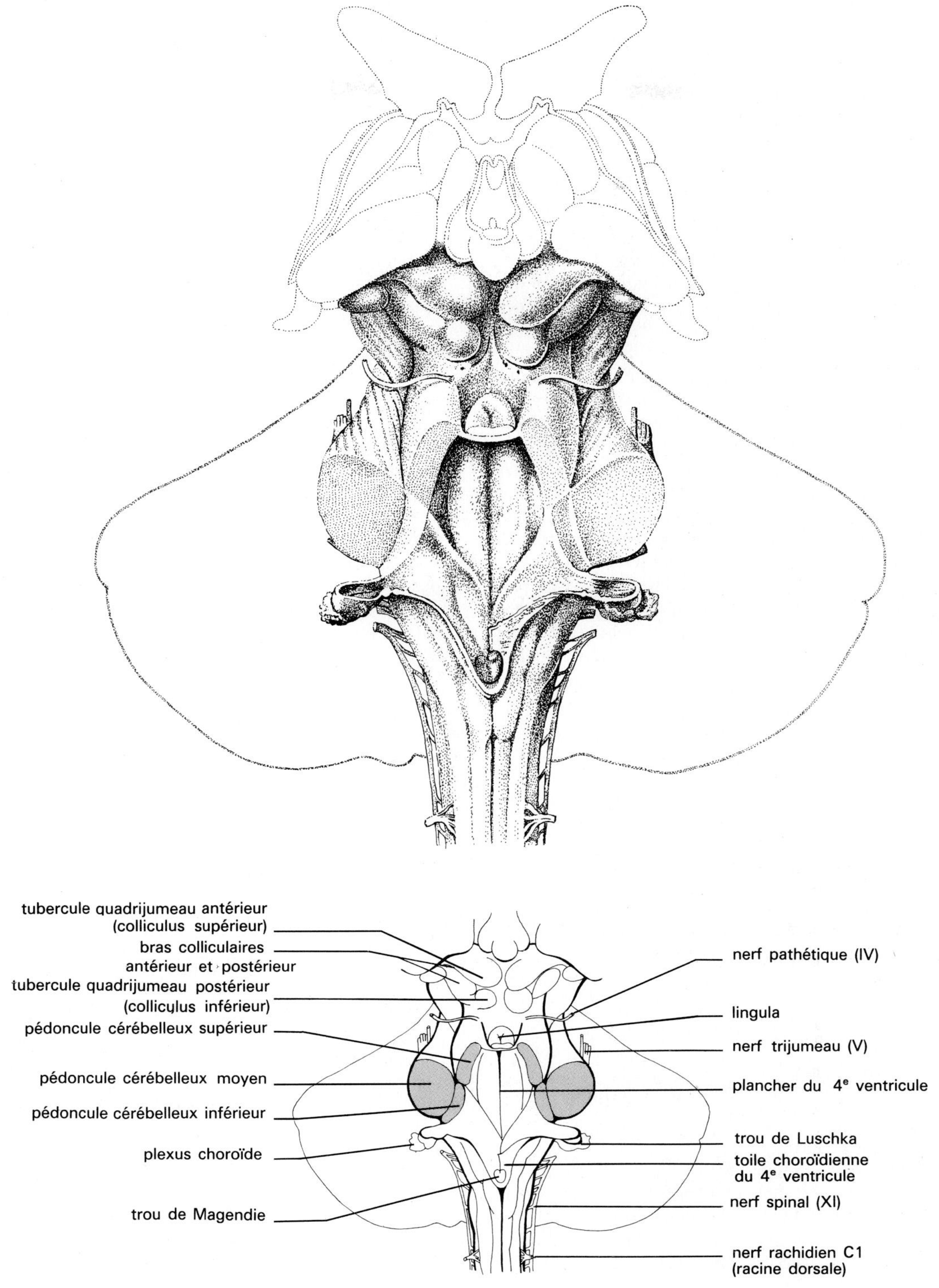

Fig. 46. – *Vue postérieure du tronc cérébral.* (D'après R. Nieuwenhuys, J. Voogd et C. van Huijzen : *The Human Central Nervous System.* Springer, Heidelberg, 1981.)

Face postérieure (fig. 46)

Il est nécessaire, pour examiner cette face, de détacher le cervelet du tronc cérébral en sectionnant les 3 paires de faisceaux de fibres blanches, les pédoncules cérébelleux. Cette section met à jour, occupant la partie centrale des étages bulbaire et protubérantiel, une cavité rhomboédrique : le quatrième ventricule dont on aperçoit le fond ou plancher, et qui est normalement recouvert d'un toit, la membrana tectoria, elle-même recouverte par la toile choroïdienne et adhérente à la face antérieure du cervelet. Le quatrième ventricule communique avec les espaces liquidiens externes par trois orifices, les trous de Magendie et de Luschka et en haut avec le troisième ventricule par l'aqueduc de Sylvius. Latéralement, le ventricule est limité par la section des pédoncules cérébelleux inférieur, venant du bulbe, supérieur plongeant dans le mésencéphale et surtout moyen, le plus volumineux, qui se continue avec la protubérance. Au niveau mésencéphalique enfin, au dessus du quatrième ventricule, se trouvent quatre bourrelets, les tubercules quadrijumeaux (ou collicules) formant la lame quadrijumelle (ou lame tectale). Les tubercules quadrijumeaux antérieurs (collicules supérieurs), les plus volumineux, sont des centres d'intégration visuelle (voir chapitre 9) alors que les postérieurs (collicules inférieurs) sont des relais des voies auditives (voir chapitre 10). Les tubercules quadrijumeaux sont reliés par les bras colliculaires antérieur et postérieur aux corps genouillés latéral et médian.

Structure

Hormis les faisceaux de substance blanche sur lesquels nous ne nous étendrons pas, le tronc cérébral contient diverses formations grises : 1) les noyaux des nerfs crâniens, répartis sous la forme de colonnes motrices, végétatives ou sensitives, situées au niveau du plancher du quatrième ventricule ; 2) des noyaux propres : l'olive bulbaire, formation importante dans la motricité et servant de relais entre le cervelet et la moelle ; le noyau rouge et la substance noire (1), également impliqués dans la régulation des mécanismes moteurs ; 3) la formation réticulée, amas de cellules nerveuses richement interconnectées, réparties en plusieurs noyaux, certains bulbaires (impliqués dans la régulation de la respiration et du tonus musculaire), d'autres protubérantiels (en particulier responsables du contrôle des mouvements de latéralité des globes oculaires), d'autres enfin mésencéphaliques, constituant le système réticulaire activateur ascendant, responsable de la fonction d'éveil (voir chapitre 12).

Cervelet

Plaqué à la face postérieure du tronc cérébral auquel il est relié par les 3 paires de pédoncules cérébelleux, le cervelet, placé en dérivation par rapport au reste de l'axe nerveux, constitue un centre spécialisé dans le contrôle du tonus et de la statique et dans la coordination du mouvement volontaire.

Considérations générales

Moulé dans l'étage postérieur de la boîte crânienne, sous une épaisse membrane de dure-mère (la tente du cervelet) qui le sépare du cerveau sus-jacent, il représente environ 1/7 de la masse de l'encéphale. Sa surface est recouverte d'un cortex dont l'aspect est très différent du cortex cérébral, fait de sillons très rapprochés limitant de fines lamelles donnant un aspect d'ensemble ramifié à la coupe, évoquant une fougère ou un « arbre de vie » (fig. 47).

Subdivisions

On y distingue une partie médiane, le vermis cérébelleux et deux parties latérales, les hémisphères cérébelleux. Des études phylogénétiques ont permis de différencier 3 parties en fonction de leur ancienneté d'apparition dans l'échelle animale. Le lobe flocculo-nodulaire, ou *archi-cerebellum*, est la partie la plus archaïque et se trouve, de par ses connexions avec le système vestibulaire, impliquée dans les fonctions d'équilibration. Le lobe antérieur

(1) La substance noire est la région du cerveau spécifiquement altérée dans une affection neurologique relativement répandue, la maladie de Parkinson.

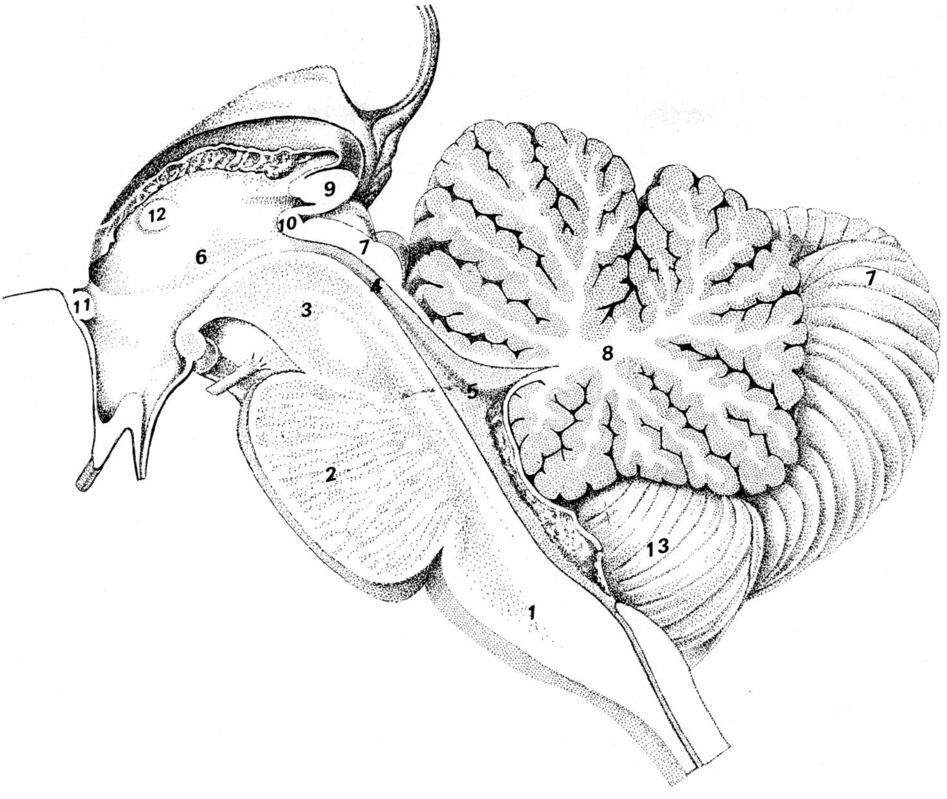

Fig. 47. – *Coupe sagittale médiane du diencéphale, du tronc cérébral et du cervelet.* 1. bulbe rachidien. 2. protubérance. 3. pédoncule cérébral. 4. aqueduc de Sylvius. 5. 4e ventricule. 6. 3e ventricule. 7. hémisphère cérébelleux. 8. vermis cérébelleux. 9. épiphyse. 10. commissure blanche postérieure. 11. commissure blanche antérieure. 12. commissure inter-thalamique. 13. amygdale cérébelleuse. (D'après R. Nieuwenhuys, J. Voogd et C. van Huijzen : *The Human Central Nervous System*. Springer, Heidelberg, 1981.)

ou *paleo-cerebellum*, qui reçoit les voies de la sensibilité inconsciente, joue un rôle dans la posture et le maintien de la station debout. Le lobe postérieur, le plus étendu et le plus récent (*neo-cerebellum*), atteint son plus fort développement chez les primates et constitue l'organe de régulation du mouvement volontaire.

Morphologie

Dans l'ensemble, le cervelet présente à décrire une face supérieure, en forme de toit à double pente, épousant la forme de la tente du cervelet et des lobes temporo-occipitaux qui le surplombent; une face antérieure, attachée en avant par les pédoncules cérébelleux au tronc cérébral; une face inférieure, marquée à sa partie centrale par la saillie inférieure des tonsilles ou amygdales cérébelleuses.

Structure

A la coupe, on peut observer, outre l'aspect caractéristique du cortex, la présence de lames de substance blanche séparées par les sillons corticaux et se réunissant vers le centre où se trouvent des amas de substance grise, les noyaux centraux du cervelet, dont le plus important, appelé noyau dentelé en raison de son aspect évocateur, est en relation avec le cortex récent du neo-cerebellum. D'autres noyaux moins volumineux (noyau fastigial, noyau globuleux et noyau emboliforme) sont eux en relation avec les autres parties plus anciennes du cortex cérébelleux.

TROISIÈME PARTIE

LES GRANDS SYSTÈMES FONCTIONNELS

CHAPITRE VII

ORGANISATION DE LA MOTRICITÉ

La motricité est l'ensemble des mécanismes permettant à notre organisme de mouvoir le corps et les membres par rapport aux objets qui nous entourent et de maintenir notre posture, c'est-à-dire l'attitude du corps dans l'espace. C'est probablement la plus importante des fonctions du système nerveux, non seulement parce que le mouvement est la manifestation la plus évidente de la vie, mais également parce que c'est grâce à lui que l'organisme peut subsister en agissant sur son environnement. Le système nerveux comprend un certain nombre de structures dévolues à ces fonctions : on parle de « système moteur » pour se référer à ces structures. Le rôle de ces structures nerveuses est ainsi, de manière strictement inverse aux systèmes sensoriels (cf. les 3 chapitres suivants), de transformer l'énergie électrique véhiculée dans le système nerveux en une énergie susceptible d'agir sur le monde physique extérieur. C'est essentiellement ici le rôle des muscles, organes capables, en générant une force contractile, de transformer l'information nerveuse en énergie mécanique.

Organisation générale

Hiérarchie du système moteur

Le système moteur fonctionne donc essentiellement comme un ensemble de structures ayant pour but de générer et de transporter l'ordre moteur à l'effecteur périphérique. En fait, il est fondamental de considérer dès à présent que le contrôle nerveux du mouvement et de la posture, loin de n'impliquer qu'un transfert d'information unidirectionnel (des centres nerveux jusqu'à la périphérie), nécessite au contraire un flot continu d'information dans les 2 sens : périphérie – centre et centre – périphérie. Cette remarque, qui souligne l'importance de l'afférence dans la motricité, permet d'introduire la notion de rétro-contrôle (« feed-back »), dont la connaissance est indispensable à une compréhension des mécanismes moteurs centraux. Le second point fondamental concernant le système moteur est le caractère hiérarchique de son organisation : les différentes structures nerveuses impliquées interviennent en effet de manière hiérarchisée, c'est-à-dire que chaque structure contrôle une structure sous-jacente et fonctionne elle-même sous le contrôle de structures sus-jacentes.

La figure 48 schématise cette organisation générale de la motricité en présentant ainsi 4 étages hiérarchiques et leurs diverses interactions. Le cortex moteur primaire, qui contrôle l'activité du motoneurone de la moelle épinière par l'intermédiaire des structures du tronc cérébral, est lui-même sous le contrôle des régions associatives corticales. A chaque niveau, il existe des voies descendantes plus rapides (pointillés). En outre, chaque niveau reçoit des afférences venant de structures sous-jacentes permettant le rétro-contrôle (feed-back) permanent de l'information.

Eléments constitutifs de la hiérarchie

– *La moelle épinière :* constitue le premier niveau, soumis à l'influence des niveaux sus-jacents. Elle organise les réponses motrices les plus automatiques et stéréotypées, en particulier les réponses réflexes. Son importance est liée au fait qu'elle contient le motoneurone α (alpha), cellule nerveuse dont le corps cellulaire, situé dans la corne antérieure de la moelle, est à l'origine du nerf moteur qui véhicule l'ordre de contraction musculaire. Le moto-neurone α est appelé « voie finale commune » car c'est à son niveau que convergent toutes les informations provenant des niveaux supérieurs. En

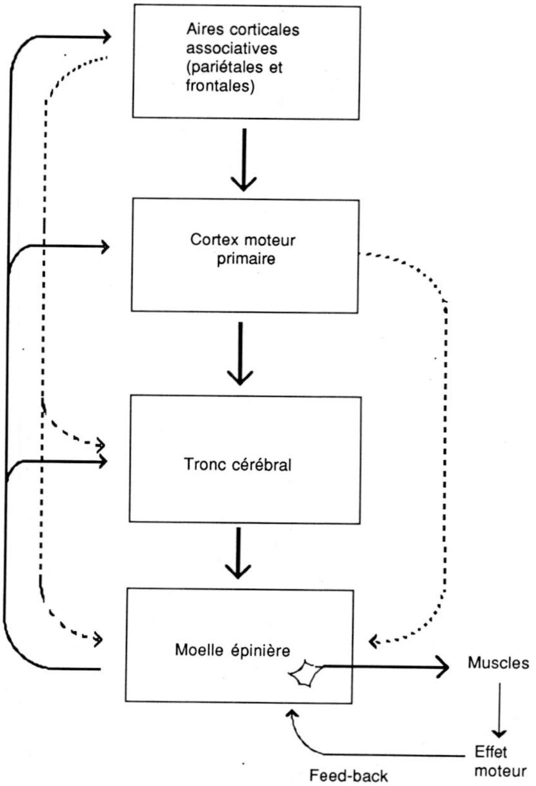

Fig. 48.– *Hiérarchie du contrôle nerveux de la motricité.*

outre, la moelle contient, dans sa substance blanche, toutes les voies descendantes et ascendantes reliant les centres à la périphérie et les différents niveaux entre eux.

– *Le* tronc cérébral : réalise le 2e niveau. Il est chargé de l'intégration des commandes motrices descendantes et des informations sensitives ascendantes. Son rôle serait assimilable à un sélecteur des différentes catégories d'information.

– *Le cortex moteur et associatif :* le cortex moteur primaire (aire 4) représente l'origine principale du faisceau pyramidal (voir ci-dessous); le cortex associatif (frontal ou prémoteur et pariétal) est responsable de l'identification de la cible, du choix du trajet, de la coordination sensori-motrice, de la programmation du mouvement. Le cortex associatif agit principalement par l'intermédiaire de l'aire 4 mais possède également des connexions directes avec les structures sous-jacentes.

Trois aspects importants caractérisent cette organisation :

– chaque composante du système contient des *cartes somatotopiques* : il existe, à l'intérieur de chaque structure, une spécialisation selon laquelle chaque partie du corps est représentée de manière distincte, des régions du corps adjacentes étant contrôlées par des structures nerveuses elles-mêmes adjacentes (voir par exemple l'organisation de l'aire motrice primaire, fig. 54).

– chaque niveau reçoit, grâce au système de feed-back, une information *provenant de la périphérie*, et peut ainsi être informé en particulier de l'effet de son action, ce qui lui permet de modifier en permanence son degré de fonctionnement. En outre, les niveaux supérieurs sont capables de contrôler l'information qui leur parvient, ce qui permet une modulation très fine de leur activité.

– outre cette organisation hiérarchique, les différents niveaux du contrôle moteur sont également organisés « en parallèle », de sorte que chacun d'eux est capable d'influencer directement la « voie finale commune » (le niveau médullaire).

Enfin, à nouveau en parallèle par rapport à l'ensemble du système, se situent d'une part les ganglions de la base (noyaux gris centraux) et d'autre part le cervelet, deux structures qui, comme nous le verrons, modulent l'activité de la hiérarchie des centres moteurs.

Système moteur périphérique : effecteur musculaire et moelle réflexe

Muscle, unité motrice

Le muscle squelettique (par opposition au muscle des viscères qui ne sera pas envisagé ici) est fait de cellules particulières, allongées et pourvues de plusieurs noyaux, les fibres musculaires. Ces fibres contiennent un système contractile, les myofilaments, responsable de la propriété fondamentale du muscle, sa capacité à se contracter. La contraction musculaire est la conséquence du glissement l'une sur l'autre des 2 molécules de protéines composant les myofilaments (l'actine et la myosine). On distingue 2 types de fibres musculaires : les *fibres rapides,* qui se contractent et se relâchent rapidement et sont capables de développer une force importante mais se fatiguent rapidement, et les *fibres lentes,* qui se contractent et se relâchent lentement, sont plus résistantes à la fatigue mais ne peuvent générer de force importante. Selon le type d'effort qu'il a à fournir, chaque muscle contient une proportion donnée de chaque type de fibres.

Le neurophysiologiste anglais Charles Sherrington a utilisé pour la première fois en 1925 le terme d'unité motrice pour se référer à la plus petite unité fonctionnelle contrôlée par le système nerveux, soit l'ensemble d'un seul motoneurone médullaire, son axone et toutes les fibres musculaires qu'il innerve. Selon le type de fibres qu'elles contiennent, on distingue également des unités motrices rapides et lentes. En outre, le nombre de fibres innervées par un seul motoneurone détermine la précision de la contraction motrice. Par exemple, les muscles oculomoteurs, qui doivent orienter le globe oculaire très rapidement et très précisément mais ne demandent pas de développer une force importante, ont un plus petit nombre de fibres par motoneurone qu'un muscle du bras comme le biceps, qui doit développer des forces plus importantes mais ne nécessite pas une grande précision. C'est ainsi qu'un neurone oculomoteur en activité (c'est-à-dire sur lequel un potentiel d'action est en train de se propager) libère son transmetteur chimique sur 3 fibres musculaires en moyenne, alors qu'un motoneurone destiné au biceps innerve plusieurs centaines de fibres musculaires.

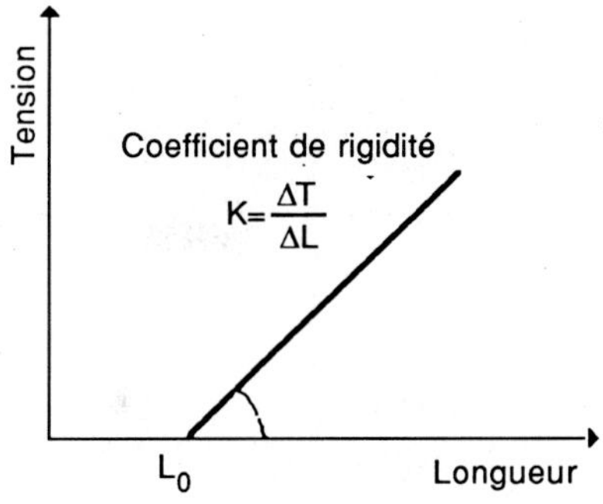

Fig. 49.– *Propriétés d'élasticité du muscle.*

Propriétés mécaniques du muscle

On peut comparer le comportement mécanique d'un muscle à celui d'un ressort : de même que ce dernier, il va en effet, et c'est là sa propriété fondamentale, réagir à une modification de longueur qui lui est imposée en restaurant une force proportionnelle à cette modification. La figure 49 représente cette propriété : le coefficient de rigidité (K) est une constante pour chaque ressort et se définit comme le rapport de l'augmentation de tension (ΔT) à l'augmentation de longueur (ΔL). La tension exercée par le muscle varie donc proportionnellement à la longueur du muscle. Mais de même qu'un ressort (ou un élastique) ne développe aucune force jusqu'à une certaine longueur, de même, la tension du muscle ne commencera à augmenter qu'à partir du moment ou l'étirement dépasse une certaine longueur L_0. Ces phénomènes sont sous la dépendance de divers facteurs : jusqu'à une intensité de la concentration, la rigidité est principalement maintenue constante grâce à un mécanisme nerveux, le réflexe myotatique (cf. infra) ; pour les contractions de forte intensité, la rigidité dépend des propriétés de viscosité du muscle lui-même.

On peut ainsi considérer très schématiquement une articulation comme celle du coude de la manière représentée sur la figure 50 : deux muscles antagonistes (ici le biceps et le triceps) sont insérés de part et d'autre de l'articulation, l'un entraînant sa flexion, l'autre son extension. Le rôle du système nerveux sera de préciser pour chaque mouvement et à chaque moment le degré d'étirement de chacun des 2 muscles. La combinaison des 2 effets peut se faire de 2 manières : l'innervation réciproque (voir ci-dessous), où il y a contraction du muscle agoniste et décontraction du muscle antagoniste ; ou bien la **co-contraction**, où chacun des 2 muscles reçoit un message de contraction, mais l'excitation est plus intense pour l'agoniste que pour l'antagoniste, ce dernier mécanisme étant le plus souple.

Récepteurs musculaires

Outre leurs propriétés physiques propres, les muscles possèdent des récepteurs spécialisés qui envoient en permanence au système nerveux l'information concernant leur état de tension et leur longueur : ce sont le fuseau neuro-musculaire et l'organe tendineux de Golgi.

– le **fuseau neuro-musculaire** (fig. 51) est constitué d'un groupe de 5 à 10 fibres musculaires s'insérant au niveau des articulations (sur les tendons ou la capsule articulaire). Le nombre de fuseaux est très variable en fonction des muscles. On y distingue 2 parties latérales ou polaires, contractiles, et une partie centrale, ou équatoriale, non contractile, qui porte le récepteur proprement dit : la « terminaison annulo-spiralée ». Celle-ci donne naissance à une fibre sensitive volumineuse (fibre Ia) qui se dirige vers la corne postérieure de la moelle. Les parties polaires sont innervées par de petites fibres motrices, les fibres γ, provenant de la corne antérieure (neurones γ).

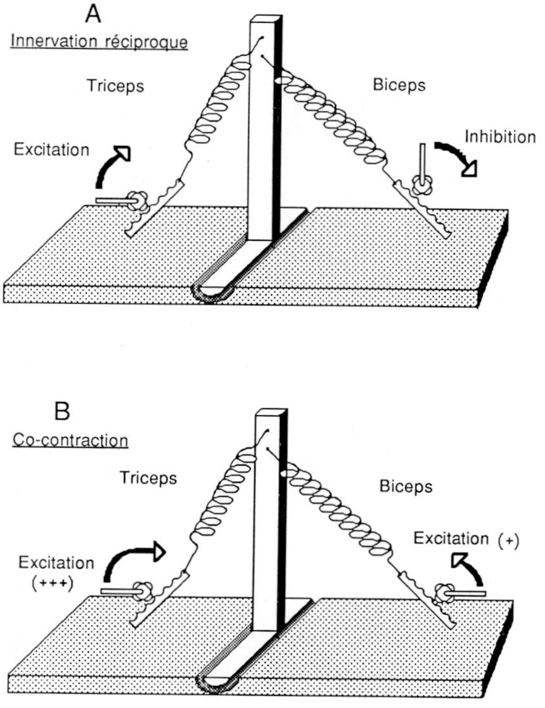

Fig. 50.– *Représentation schématique d'une articulation : exemple de l'extension du coude.* Les muscles sont représentés sous la forme de ressorts, leur degré d'étirement étant réglé par l'activité nerveuse dont l'action est schématisée sous la forme d'un mécanisme de roue dentée. Dans le cas de l'innervation réciproque (A), l'effet de la commande nerveuse est une contraction du muscle agoniste (triceps) en même temps que le muscle antagoniste (biceps) se décontracte. Dans le cas de co-contraction (B), les deux muscles se contractent mais la contraction du triceps dépasse en intensité celle du biceps.

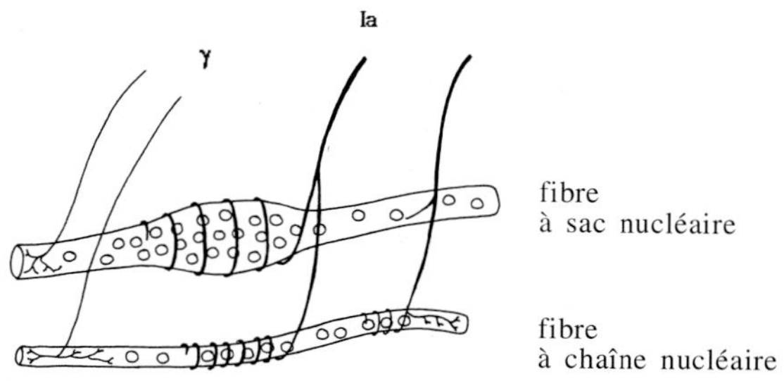

Fig. 51.– *Le fuseau neuro-musculaire.* Il se compose de 5 à 10 fibres musculaires très fines séparées des autres fibres du muscle mais disposées parallèlement à elles. On y distingue une partie centrale ou équatoriale d'où partent les volumineuses fibres afférentes (sensitives) dont la terminaison s'enroule en spirale (terminaison annulo-spiralée) ; et une partie périphérique ou polaire, seule douée de propriété contractile, et qui reçoit les fines fibres motrices de la corne antérieure de la moelle dont le rôle est de « prérégler » le degré d'étirement du fuseau. Le fuseau est en fait constitué de 2 types de fibres : les fibres à sac nucléaire, produisant une contraction lente et les fibres à chaîne nucléaire, produisant des contactions brèves et rapides.

Le rôle du fuseau neuro-musculaire est celui d'un récepteur d'étirement, c'est-à-dire qu'il est excité par l'étirement du muscle mais son activité s'éteint dès que la contraction commence. Ainsi, la mise en activité du fuseau (par étirement du muscle) envoie immédiatement à la moelle une information sur la longueur momentanée du muscle.

– l'organe tendineux de Golgi a une importance moindre. Situé au niveau de la jonction tendon/muscle, il informe la moelle épinière sur le degré de tension du muscle. A la différence du fuseau neuro-musculaire, il réagit lors de l'étirement mais aussi lors de la contraction musculaire.

Réflexe myotatique ou réflexe d'étirement

Lorsque l'on dissocie expérimentalement chez l'animal la moelle épinière du cerveau, on obtient un état moteur très particulier, appelé rigidité de décérébration : tous les muscles de l'animal (et tout particulièrement les extenseurs) sont en contraction permanente (hypertonie). En examinant les réflexes du chat décérébré, Sherrington, vers 1925, a pu observer que si l'on tente de forcer cette rigidité au niveau du membre postérieur du chat, le membre oppose une résistance à cette force sous la forme d'une contraction active du muscle : c'est le **« réflexe myotatique »**. Sherrington en concluait que ce réflexe réalise une augmentation des proriétés de ressort du muscle. En outre, ces observations ont amené Sherrington à découvrir le principe de l'innervation réciproque, un principe fondamental de l'organisation réflexe de la moelle : si l'on étire les fléchisseurs du genou, on obtient, outre la contraction de ces mêmes muscles, une inhibition des muscles extenseurs (antagonistes des précédents). La moelle produit ainsi une réponse qui est l'intégration de ces différentes informations. La figure 52 résume les mécanismes responsables du réflexe myotatique : lors de l'étirement du muscle, la fibre Ia, originaire du fuseau neuro-musculaire, envoie immédiatement un message d'étirement au segment médullaire (myélomère) correspondant au muscle en cause. La fibre Ia se termine directement sur le motoneurone de la corne antérieure correspondant au muscle (ou au groupe de fibres musculaires) étiré. Cette synapse est facilitatrice, c'est-à-dire que l'arrivée de l'influx provoque la propagation d'un potentiel d'action dans le motoneurone, ce qui entraîne la contraction du muscle. Il s'agit d'un réflexe mono-synaptique et donc de

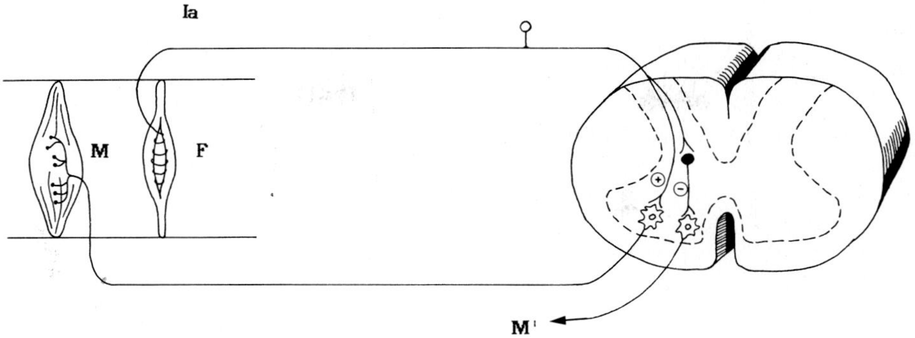

Fig. 52.– *Le réflexe myotatique.* La fibre Ia, originaire du fuseau neuro-musculaire (F), se termine au niveau de la substance grise médullaire d'une part sur le monoteurone destiné au muscle M correspondant mais également sur un interneurone inhibiteur lui-même connecté au motoneurone destiné au muscle antogoniste M'. Ainsi, l'étirement du muscle M, perçu au niveau de l'appareil fusorial F, a pour effet réflexe la contraction du muscle M et la décontraction du muscle M' antagoniste.

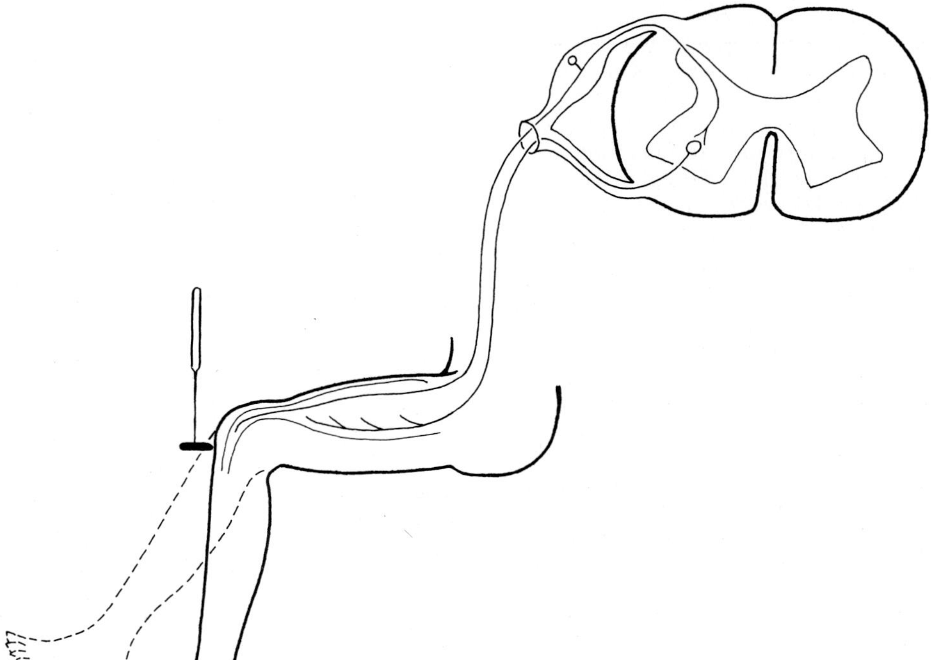

Fig. 53.– *Réflexe ostéo-tendineux.* La recherche en clinique du réflexe ostéo-tendineux (ici le réflexe rotulien) permet d'attester de l'intégrité de la boucle (arc réflexe) du réflexe myotatique : une lésion située sur le trajet de cette boucle pourra abolir le réflexe rotulien. Une modification des contrôles inhibiteurs exercés par les centres supérieurs pourra au contraire l'exagérer.

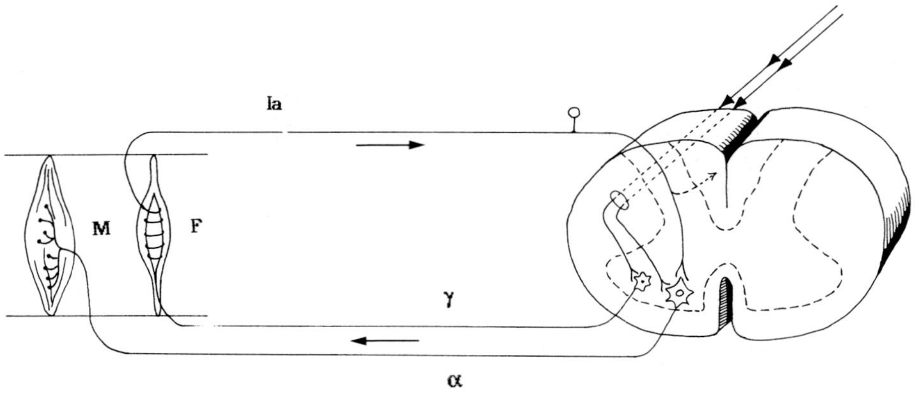

Fig. 54.– *La boucle gamma.* L'activité de la boucle du réflexe myotatique est modulée par une seconde boucle utilisant la voie des neurones : des voies descendantes provenant de centres supérieurs se terminent sur le motoneurone γ dont l'activité, en raccourcissant le fuseau neuro-musculaire (F), augmente la décharge dans la fibre Ia, ce qui entraîne la contracton du muscle (M).

durée très brève. En même temps que le motoneurone du muscle agoniste est ainsi activé, la fibre Ia envoie le même message à un petit interneurone situé dans la corne antérieure et projetant sur les motoneurones correspondant aux muscles antagonistes. Cet interneurone étant inhibiteur, sa stimulation a pour conséquence une inhibition (dite réciproque) des muscles antagonistes.

Enfin, un autre interneurone, dit cellule de Renshaw, se termine également sur l'interneurone de l'inhibition réciproque : son effet, inhibiteur, aurait pour conséquence de favoriser la co-contraction.

Le réflexe myotatique est précisément le modèle d'un des réflexes les plus couramment recherchés en neurologie clinique : le **réflexe osté-tendineux** (fig. 53). Lorsque l'on percute à l'aide d'un marteau à extrémité caoutchoutée le tendon d'insertion de divers muscles squelettiques, on réalise une brusque stimulation des récepteurs neuro-musculaires, ce qui déclenche une contraction immédiate du muscle correspondant. La pratique de cette épreuve, en neurologie, permet d'attester de l'intégrité des 2 parties (afférente et efférente) de l'arc réflexe. Son abolition traduit une lésion siégeant soit sur le nerf périphérique, soit sur la racine médullaire antérieure ou postérieure. Son exagération résulte de la suppression de l'action des afférences supra-spinales, libérant l'arc réflexe (voir ci-dessous).

Les mécanismes décrits ci-dessus ne sont valables que pour des phénomènes simples comme le réflexe myotatique. Lorsque l'on envisage d'autres types de réflexes, pouvant faire intervenir plusieurs synapses et plusieurs niveaux médullaires, et *a fortiori* lorsque l'on envisage les mécanismes médullaires de la posture, de la locomotion, voire du mouvement volontaire, le rôle de la moelle reste important mais elle se trouve soumise à l'influence des niveaux supérieurs. Cette influence se ferait essentiellement par l'intermédiaire de la « boucle gamma » (fig. 54) : l'activation des neurones γ, situés comme les motoneurones α dans la corne antérieure, a pour conséquence une contraction des fuseaux neuro-musculaires qui, à leur tour, vont activer le motoneurone α correspondant. Il a ainsi été suggéré que le système fonctionne comme un « servomécanisme » : l'activité des neurones γ, sous l'influence des centres supérieurs, détermine ainsi un degré d'étirement du fuseau neuro-musculaire et donc un degré de contraction du muscle en fonction des besoins (1).

Influences supraspinales et intra-spinales sur l'activité réflexe de la moelle

Lorsque l'on réalise une section spinale chez l'animal, on assiste, immédiatement après l'intervention, à une sidération totale de l'activité réflexe médullaire, « le choc spinal ». Les membres sont immobiles et flasques, et aucun réflexe ne peut être obtenu (aréflexie). Après un certain temps, variable

(1) En fait, il a été démontré que lors d'un mouvement, l'activité gamma n'est que secondaire à la contraction : on admet actuellement que la contraction musculaire est alors la conséquence d'une activation simultanée du motoneurone alpha et de la boucle gamma.

selon les espèces, l'activité réflexe commence à réapparaître. Les réflexes reviennent progressivement à leur niveau normal, puis s'exagèrent (hyperréflexie). Cette hyperréflexie va concerner tout particulièrement les muscles fléchisseurs, de sorte qu'au bout d'un certain temps d'évolution, une simple stimulation cutanée sera capable d'entraîner une flexion immédiate de tous les segments du membre : c'est ce que l'on appelle la réaction de « triple retrait », où la cuisse est fléchie sur l'abdomen, la jambe sur la cuisse, et le pied sur la jambe.

L'interprétation de ces données n'est pas simple : certes, elles prouvent, à l'évidence, que la moelle est capable d'un certain degré de fonctionnement autonome, en dehors de tout contrôle supra-spinal. Toutefois, la nature de ce contrôle reste mal connue : s'agit-il d'une inhibition de l'activité réflexe de la moelle ? Mais alors comment expliquer la suppression préalable de toute activité lors de la période de choc spinal ? Y aurait-il un réarrangement des terminaisons post-synapiques laissées vacantes par la suppresion des afférences supra-médullaires ? Enfin, à côté des influences supra-spinales, il existe des influences intra-spinales, c'est-à-dire provenant d'autres niveaux médullaires, sus- ou sous-jacents. Ce sont en particulier les neurones dits « propriospinaux », dont l'axone est plus ou moins long, qui assurent les relations ascendantes ou descendantes entre les différents niveaux médullaires. Leur rôle serait, pour les neurones courts, de permettre la relation entre les centres contrôlants deux régions d'un même membre (par exemple pour guider la racine d'un membre lors d'un mouvement distal), et pour les neurones longs d'assurer la coordination entre les membres supérieurs et inférieurs, ou encore entre la motricité du cou et des membres.

Ce que l'on peut dire assurément, c'est que la moelle contient les structures nécessaires à la production de l'activité réflexe, sous la forme de circuits locaux, et que ces circuits sont constamment modelés par l'influence de courants descendants, inhibiteurs et facilitateurs, provenant tout aussi bien de diverses régions du cerveau que d'autres régions médullaires.

Un exemple important, parce que très utilisé en clinique humaine, est celui du *signe de Babinski* (fig. 55) : la stimulation de la plante du pied provoque chez l'adulte normal une flexion plantaire des orteils. Chez le nourrisson pendant les premiers mois de la vie et chez le sujet porteur de lésion du système pyramidal, la même stimulation provoque au contraire une extension des orteils. On peut présumer que la lésion (chez l'adulte, comme l'immaturité de certaines fibres chez le nourrisson) est responsable d'une modification d'un équilibre existant normalement entre influx inhibiteurs et facilitateurs agissant sur les motoneurones.

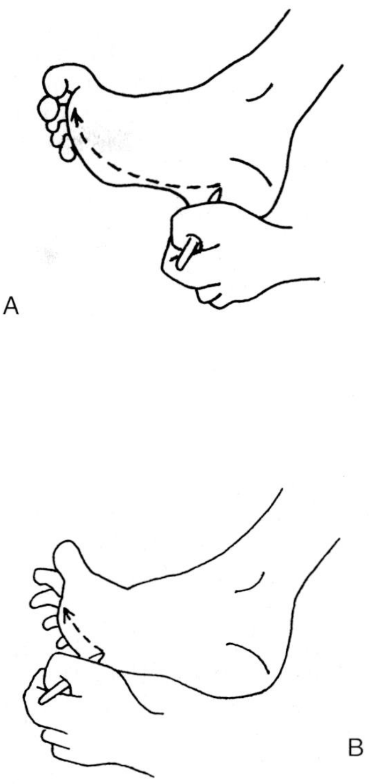

Fig. 55.– *Le signe de Babinski*. La recherche en clinique du réflexe cutané plantaire donne lieu chez l'adulte normal à une réaction en flexion des orteils (A). En cas d'atteinte du faisceau pyramidal, on observe au contraire une extension des orteils (B).

Posture et locomotion

Après la description par Sherrington de la rigidité de décérébration, celle-ci était considérée comme un phénomène réflexe lié à l'activité de la moelle. En fait, Magoun et ses collaborateurs, dans les années 40, ont démontré l'importance de 2 régions situées dans le tronc cérébral, plus précisément dans la **formation réticulée** : l'une, dont la stimulation provoque une inhibition de la rigidité, l'autre, dont la stimulation provoque au contraire une exagération de la rigidité. Ces 2 systèmes réticulaires, qui, à l'état normal, ont des projections descendantes vers les motoneurones α et γ de la moelle (faisceaux réticulo-spinaux), contrôlent donc l'activité médullaire. Or, la section pratiquée lors de la décérébration supprime l'aire réticulaire inhibitrice, laissant active l'aire facilitatrice, cette dernière prenant alors le dessus et entraînant la rigidité.

La *locomotion* fait également intervenir des voies médullaires descendantes originaires du tronc cérébral. Il existe un programme central, localisé dans la moelle épinière, qui génère l'automatisme de la marche : on a montré que chez l'animal dont la section médullaire isole les membres postérieurs du reste du sysème nerveux, il est possible d'obtenir des mouvements automatiques de marche par stimulation médullaire. Ce centre médullaire est cependant sous l'influence permanente de centres situés plus haut, dans le mésencéphale, dont on a prouvé qu'ils entraient en activité rythmique pendant la marche. Enfin, il a été démontré que, durant la locomotion, les faisceaux spino-cérébelleux ventral et dorsal étaient en activité, chacun ayant un rôle propre : le faisceau dorsal informe le cervelet sur l'activité des muscles, le faisceau ventral informe le cervelet sur le processus automatique généré dans la moelle épinière, envoyant au cervelet une véritable copie du programme central de locomotion. Le paléo-cervelet (où aboutissent les faisceaux spino-cérébelleux) est donc indispensable à la réalisation de l'acte locomoteur puisqu'il centralise en permanence une information concernant son déroulement.

Le maintien de la posture et de l'équilibre du corps est ainsi une fonction complexe du système nerveux, impliquant plusieurs systèmes neuronaux ayant un rôle complémentaire : le système réticulaire, le système paléo-cérébelleux, et également le système labyrinthique, prenant son origine au niveau de l'oreille interne et qui, en relation étroite avec la partie la plus archaïque du cervelet (archéo-cerebellum), est à l'origine des principaux réflexes de posture et des mouvements de rattrapage lors de déséquilibres du corps. Il existe ainsi 3 principaux mécanismes pouvant mener, en pathologie neurologique, à une perte de l'équilibre : une lésion du cervelet sera responsable d'un trouble permanent de la statique du corps, le sujet ne pouvant rester debout les pieds joints et devant, pour rester en position, adopter une attitude qui abaisse son centre de gravité, c'est-à-dire écarter légèrement les membres inférieurs ; un sujet présentant une lésion du système labyrinthique, présentera un syndrome dit vestibulaire, c'est-à-dire qu'il décrira, outre des vertiges souvent importants, une attraction permanente et invincible du corps vers un côté, toujours le même ; enfin, des troubles de la sensibilité profonde (voir chapitre 8) compromettront également l'équilibre lors de la station debout, en particulier lorsque le contrôle visuel est supprimé par l'occlusion des yeux.

Motricité volontaire : le cerveau et la voie pyramidale

L'acte volontaire est la conséquence d'un certain nombre d'événements se produisant dans le système nerveux. Cette succession d'événements, et la complexité de leur genèse, pourront être mieux comprises si l'on imagine les étapes nécessaires à un mouvement donné, par exemple celui de prendre un objet situé devant soi. On peut individualiser artificiellement 3 phases :

– une phase **préparatoire**, où le système nerveux doit identifier l'objet en tant que cible. Cette phase, qui sous-entend bien sûr tout un préalable de reconnaissance sensorielle de l'objet, doit être comprise comme une période de « concentration d'énergie » où le sujet doit attribuer une valeur motivationnelle à l'objet, en quelque sorte donner une raison à l'acte moteur à venir. Deux termes caractérisent cette phase : attention et intention. Ces processus seront considérés spécifiquement dans la 4e partie de l'ouvrage.

– une phase de **planification/**programmation motrice de l'action : les systèmes sensoriels informent le cerveau sur les rapports spatiaux de l'objet (c'est-à-dire ses caractères spatiaux propres et sa position dans l'espace qui l'environne). Il est alors nécessaire de transformer ces informations en termes d'anticipation du mouvement, c'est-à-dire prédire exactement quels sont chacun des mouvements que devront subir les différentes articulations concernées (doigt, main, coude, épaule...) pour parvenir à la cible. Ce plan d'action doit donc contenir les données concernant l'amplitude du geste (épaule et coude) pour parvenir à la cible mais aussi le positionnement de la main qui permettra, une fois atteint, que l'objet puisse être agrippé et maintenu efficacement selon sa forme, sa consistance, son poids, etc. En outre, le plan contiendra les informations concernant la position idéale du regard et le positionnement du reste du corps, l'ensemble des mouvements élémentaires nécessaires à l'acte étant réglé non seulement dans l'espace mais aussi temporellement, selon une séquence où chacune des parties devra intervenir au moment précis où elle est nécessaire, sous peine de compromettre la réalisation de la totalité de l'acte.

– la 3e phase, enfin, est celle de la **réalisation** de l'acte : différentes structures nerveuses ayant chacune leur rôle propre vont converger pour « fabriquer » l'ordre moteur qui parvient à la voie finale commune, le neurone moteur spinal, et par son intermédiaire aux différents muscles impliqués dans

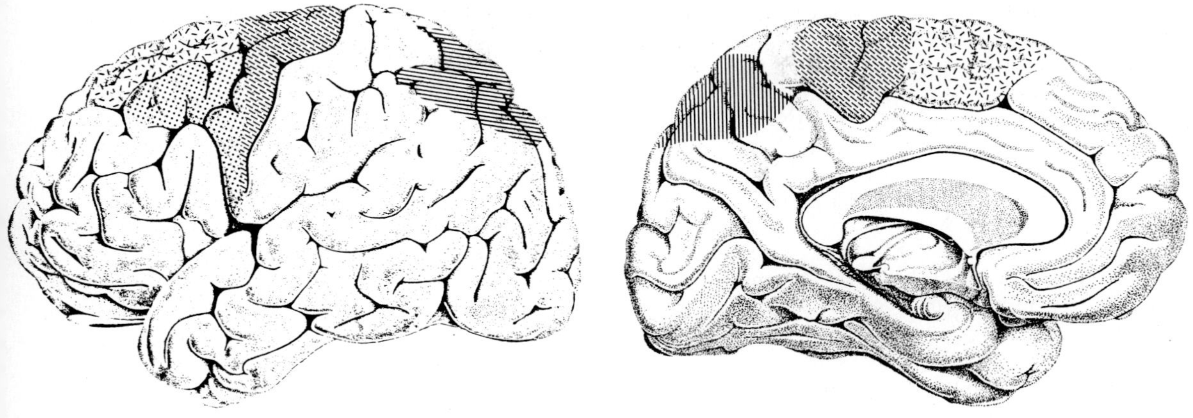

Fig. 56.– *Les aires corticales motrices.* L'aire précentrale ou aire 4 de Brodmann (tirets réguliers) est la région de cortex adjacente au sillon de Rolando dont elle constitue la berge antérieure. Elle est caractérisée par une organisation somatotopique (fig. 57). L'aire prémotrice ou aire 6 comprend une partie latérale (pointillés) et une partie dorso-médiane (tirets irréguliers). Cette dernière correspond à l'aire motrice supplémentaire (AMS). Le cortex pariétal postérieur (aires 5 et 7, en hachuré continu) est impliqué dans la préparation du mouvement volontaire, en particulier les mouvements guidés visuellement.

le mouvement. Soulignons ici que les circuits médullaires impliqués dans le mouvement volontaire ne sont pas différents de ceux envisagés dans les paragraphes précédents, les connexions descendantes se faisant sur les mêmes interneurones également impliqués dans les réflexes spinaux.

Cortex moteur
(ou aire motrice primaire, ou M1)

Définition

C'est une des régions du cortex dont le rôle est connu depuis le plus longtemps : H. Jackson avait en effet remarqué que certains épileptiques présentaient des crises particulières (qui portent du reste son nom : crises Jacksonniennes), caractérisées par des mouvements rythmiques d'une moitié du corps intéressant tout d'abord la main, puis s'étendant, au bout de quelques secondes au reste du membre supérieur et à la face. Jackson présumait que ces crises devaient être dues à une décharge « touchant une partie du cortex, puis s'étendant aux régions avoisinantes, responsables de la contraction de différents groupes de muscles ». Des expériences de stimulation du cortex chez le chien, puis chez le singe, ont permis à Sherrington, dès 1904, de montrer que l'**aire précentrale** (aire 4 de Brodmann) était, parmi les aires dont la stimulation électrique était capable de provoquer des contractions musculaires, celle où la stimulation la plus faible était nécessaire. En outre, chaque partie de cette région de cortex était dévolue à une partie spécifique du corps (fig. 56). Cette aire fut dès lors considérée comme l'aire motrice primaire, fait qui confirmait l'expérience des cliniciens selon laquelle une lésion de la région précentrale est responsable de paralysie de la moitié opposée du corps. Dans les années 50, W. Penfield fut le premier à réaliser des stimulations électriques du cortex chez l'homme (cf chapitre 1). Cela lui permit de réaliser une véritable carte motrice du cortex ou « homoncule », représentant la totalité des muscles de l'hémicorps sur une coupe frontale de l'hémisphère passant par le gyrus préfrontal, selon une organisation somatotopique aujourd'hui classique (1) (fig. 57).

Faisceau cortico-spinal (ou pyramidal)

En 1874, Betz découvrit, en étudiant microscopiquement le cortex précentral, l'existence, dans la couche V du cortex, de cellules pyramidales très volumineuses, qu'il appela cellules magno-pyramidales ou cellules géantes, et que l'on appelle jus-

(1) En fait, cette conception a été quelque peu modifiée par des travaux plus récents démontrant, chez le singe, une organisation en bandes concentriques de la somatotopie motrice sur la berge antérieure du sillon central.

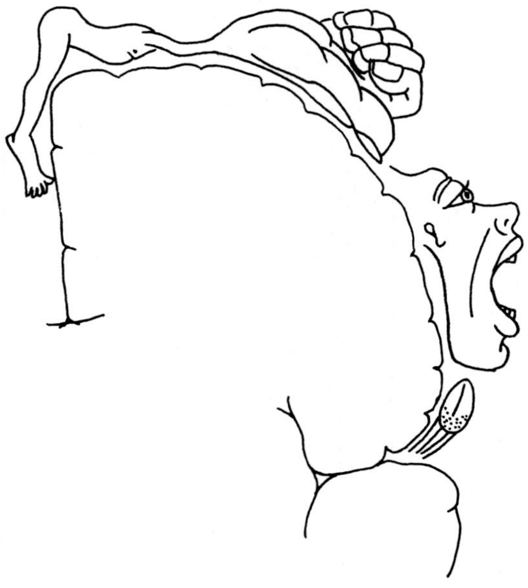

Fig. 57.– *Divers points de l'aire 4 contrôlent la motricité de groupes musculaires différents de l'hémicorps controlatéral.* L'homonculus obtenu par Penfield à partir des expériences de stimulation corticale schématise cette représentation somatotopique de l'hémicorps controlatéral sur l'aire précentrale.

qu'à aujourd'hui cellules de Betz. Par la suite, on a cru pendant très longtemps qu'il s'agissait des corps cellulaires d'origine exclusifs du faisceau pyramidal. En fait, celui-ci est fait de près d'un million d'axones et il existe seulement 30 000 cellules de Betz. On sait maintenant que le faisceau pyramidal naît de cellules situées non seulement dans d'autres couches de l'aire 4, mais aussi dans la région prémotrice (aire 6) et dans les aires somesthésiques 3, 1 et 2 du cortex pariétal antérieur. A partir de son lieu d'origine, le faisceau pyramidal traverse de haut en bas tout le système nerveux central pour se terminer au niveau de la moelle, où il réalise, au niveau de chaque myélomère, une synapse avec les motoneurones α de la corne antérieure (mais aussi avec les neurones γ).

La figure 58 schématise les 2 circuits descendants constituant le faisceau pyramidal : la **voie pyramidale croisée** ou latérale aboutit principalement sur les motoneurones de la corne antérieure, en particulier ceux destinés aux muscles distaux des membres, et ce de façon strictement unilatérale. La partie des fibres pyramidales originaire de la région post-centrale aboutit, quant à elle, dans la partie profonde de la corne postérieure, à vocation sensitive, de la moelle ; la **voie pyramidale ipsilatérale** ou ventrale provient essentiellement de l'aire 6 et des régions de l'aire 4 contrôlant les muscles du cou et du tronc. Ses terminaisons sont bilatérales. Ainsi, le faisceau latéral convoie des informations motrices destinées aux parties distales des membres et de façon strictement unilatérale, seul l'hémicorps contro-latéral étant concerné. A l'inverse, le faisceau ventral convoie des informations essentiellement destinées aux musles axiaux, et de façon bilatérale. Par conséquent, le faisceau latéral serait spécialisé dans la commande motrice des gestes fins et le faisceau médian dans celle des mouvements d'ensemble du corps et de contrôle volontaire de la posture. La bilatéralité de la commande des muscles axiaux explique en outre que la section de la pyramide bulbaire soit suivie d'une paralysie des muscles distaux mais non des muscles proximaux, qui peuvent encore être pris en charge par le faisceau pyramidal homolatéral.

Fonctionnement cellulaire

Les perfectionnements techniques apportés, durant ces dernières années, aux méthodes d'électrophysiologie ont permis des progrès considérables. L'utilisation de micro-électrodes, capables d'enregistrer l'activité électrique d'une seule cellule nerveuse (enregistrements dits « unitaires »), a en particulier permis de nombreuses études très intéressantes, essentiellement pratiquées chez le singe. Ainsi, les enregistrements unitaires de diverses régions de l'aire M1 du singe ont montré plusieurs points importants :

– les neurones de M1 déchargent proportionnellement à la force déployée par les muscles ;

– pour une même articulation, on a pu montrer que certains neurones déchargent pour un mouvement de flexion et d'autres pour un mouvement d'extension ;

– les neurones concernés par le mouvement commencent en fait à décharger avant le début du mouvement lui-même, ce qui traduit leur mise en jeu pendant la période préparatoire ;

– il existe divers types de neurones : ceux qui codent une augmentation de force (les neurones dynamiques) et ceux qui codent le niveau de la force (les neurones statiques), les premiers étant mis en jeu au début de la contraction et s'éteignant ensuite, les seconds déchargeant tant que dure la contraction (fig. 59).

Rôle des afférences sensorielles

L'intervention des afférences proprioceptives au cours de l'exécution des mouvements a été démontrée en stimulant les fibres Ia par vibration du tendon d'un muscle : on obtient alors une modification

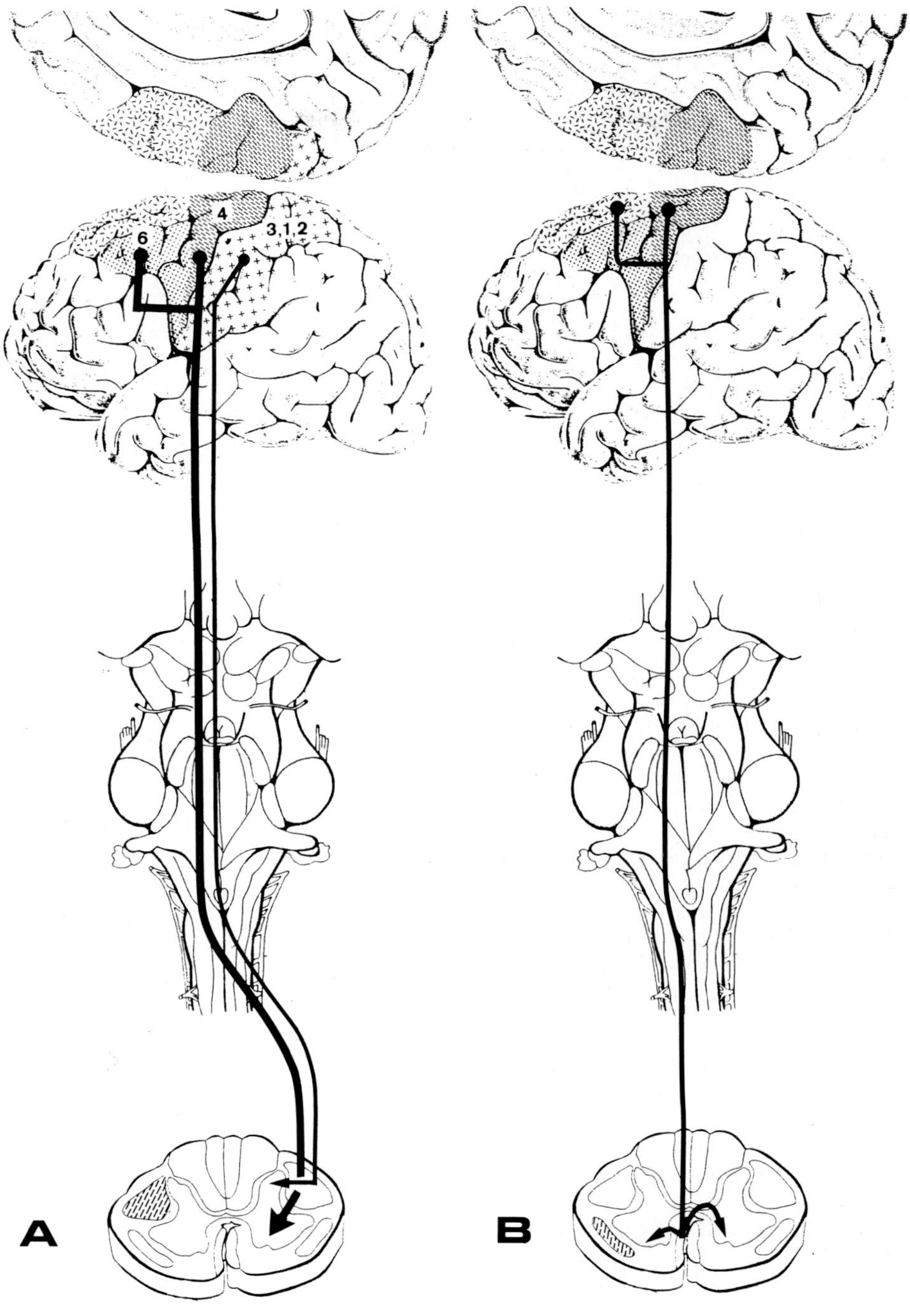

Fig. 58.– *Schématisation de la voie pyramidale.* A. voie pyramidale croisée. Elle prend son origine dans les parties moyenne et basse des aires 4 et 6, croise la ligne médiane dans la partie basse du bulbe, descend toute la hauteur de la moelle dans le cordon latéral, et se termine au niveau de chaque myélomère dans la corne antérieure de la moelle. Certaines de ses fibres provenant non plus du cortex moteur mais des aires somesthésiques (3, 1, 2 de Brodmann) se terminent au niveau de la corne postérieure. B. voie pyramidale directe. Elle naît seulement des aires 4 et 6, dans la région contrôlant les muscles du cou et du tronc. Elle descend dans les cordons antérieurs et se termine de manière bilatérale sur la partie interne des 2 cornes antérieures. Ces 2 voies n'ont pas le même rôle : la voie croisée est impliquée dans le contrôle de la motricité des membres et le mouvement volontaire fin, de manière strictement controlatérale ; la voie directe véhicule les ordres destinés à la motricité axiale, de manière peu latéralisée.

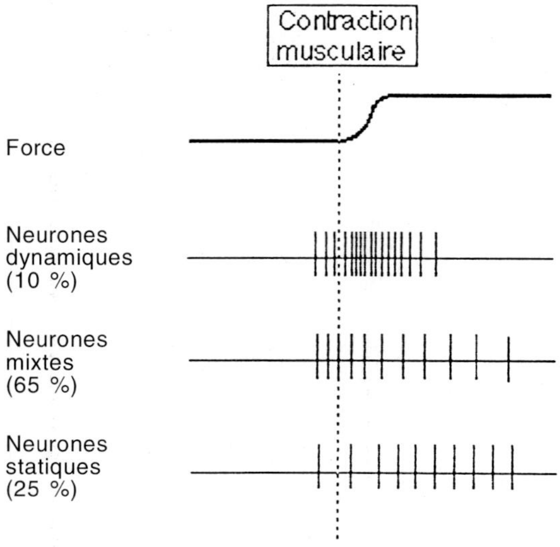

Fig. 59.– *Les neurones statiques et dynamiques (enregistrements unitaires chez l'animal).* Il existe au niveau du cortex moteur des neurones qui ne se mettent en jeu que lors du début du mouvement, lorsque l'animal augmente le niveau de force. Ce sont les neurones dynamiques : leur activité cesse rapidement même si la contraction est maintenue. Les neurones statiques, au contraire, restent actifs tant que dure la contraction musculaire. La majorité des neurones du cortex moteur ont en fait des propriétés intermédiaires (neurones mixtes).

de l'amplitude du mouvement. Mais la preuve la plus évidente de cette participation est le fait que les singes dont un membre est déafférenté (c'est-à-dire privé de toute innervation sensitive) cessent d'utiliser ce membre, mais peuvent en récupérer l'usage par un apprentissage utilisant le contrôle visuel. Ce phénomène a également été décrit chez l'homme où, de la même manière, des tâches de manipulation se trouvent déteriorées lorsque le membre est déafférenté par une lésion des voies proprioceptives Toutefois, le sujet peut réapprendre à se servir de son membre sous contrôle visuel et peut plus tard effectuer les yeux fermés les gestes ainsi réappris. Pour Massion, il existerait une image interne du mouvement à réaliser qui suffit en l'absence d'afférences à réaliser l'acte moteur, mais qui nécessiterait une réactualisation intermittente par le contrôle visuel.

Mise en place du programme moteur : les aires associatives (fig. 56)

Cortex pariétal postérieur

Les études récentes menées par V. Mountcastle ont fait considérablement progresser nos connaissances sur les fonctions motrices du lobe pariétal, une région essentiellement impliquée jusqu'alors dans des phénomènes sensoriels. Mountcastle a montré qu'il existait dans le cortex pariétal postérieur (les aires 5 et 7) deux sortes de neurones, les neurones de **projection** et de **manipulation**, dont l'activité précède de quelques millisecondes l'acte moteur de pointage vers une cible pour les premiers, de manipulation pour les derniers. Ces 2 types de neurones ont surtout en commun un caractère particulier : ils ne se mettent en activité, que si l'acte moteur correspond à un comportement motivé. Le même mouvement pourra ainsi impliquer ou non une décharge de ces neurones selon qu'il est dirigé vers un objet intéressant pour l'animal (comme de la nourriture lorsqu'il a faim, par exemple) ou s'il correspond à un geste non finalisé. L'activation de ces neurones est donc étroitement liée à la perception visuelle d'un objet d'intérêt; toutefois, elle n'a pas lieu si l'objet est au-delà du champ de préhension de l'animal : il s'agit donc bien de neurones moteurs et non visuels. Cette région du cortex semble ainsi avoir pour rôle de *préparer un mouvement vers un stimulus ayant une signification motivationnelle.* Des lésions de cette région chez l'homme entraînent soit un comportement de négligence visuelle, soit, lorsqu'elles touchent les 2 hémisphères, une perturbation profonde de la coordination visuo-motrice (syndrome de Balint).

Cortex prémoteur

Son rôle exact dans la motricité reste mal connu. Il est en connexion étroite avec le lobe pariétal postérieur et projette principalement sur le cortex moteur primaire. Les neurones de l'aire prémotrice sont mis en jeu en réaction à une stimulation externe, par exemple lorsque l'on conditionne un singe à pointer du doigt vers une cible lumineuse. Certains neurones prémoteurs se mettent en jeu dès que la cible s'allume et leur activité cesse dès que le mouvement a commencé. D'autres au contraire ne se mettent en jeu qu'avec le début du mouvement. Les lésions de cette région provoquent une lenteur et une rareté des mouvements (brady- et hypokinésie).

Il existe en outre au niveau de cette région une aire dite « frontal eye field » (champ frontal oculaire) impliquée dans la commande des mouvements de latéralité oculaire.

Aire motrice supplémentaire (AMS)

Lors de ses épreuves de stimulations corticales chez l'homme, Penfield a le premier observé que

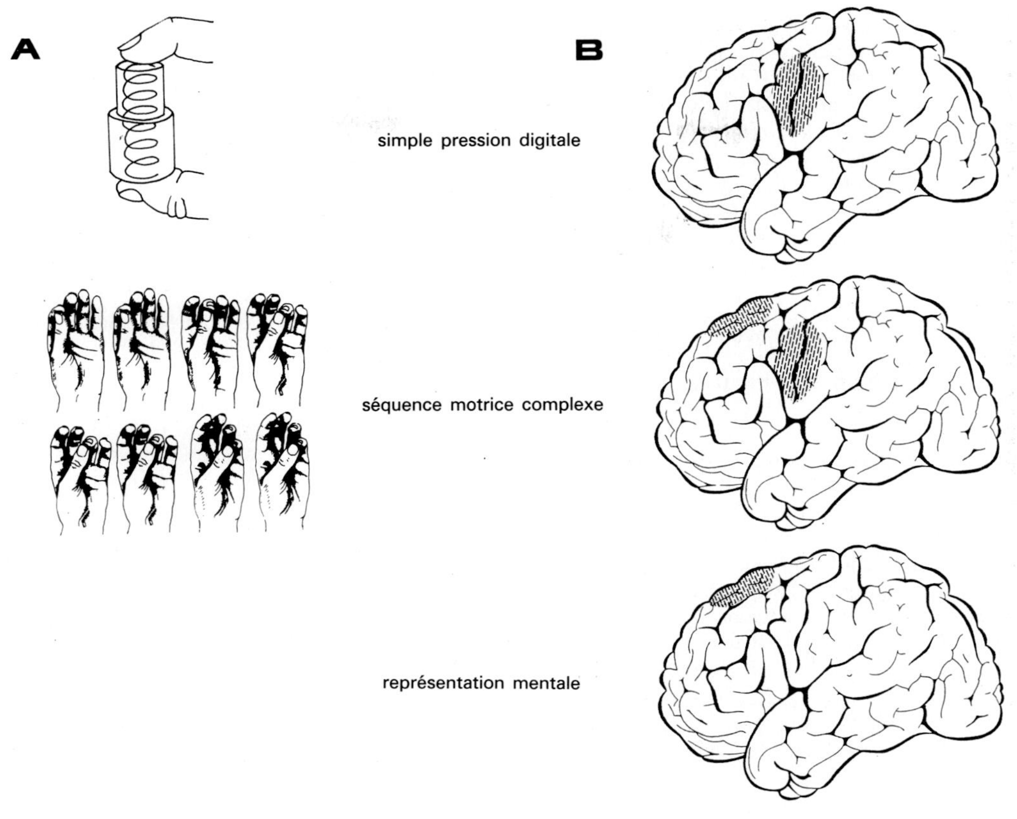

Fig. 60.– *Rôle de diverses aires corticales dans les actes moteurs : expérience de Roland.* A. 2 types d'actes moteurs sont demandés au sujet, le premier consistant à exercer une simple pression du pouce et de l'index, le second à effectuer une séquence motrice plus complexe. B. résultats de la mesure des débits sanguins cérébraux régionaux au cours de 3 situations : 1°) la situation 1 ; 2°) la situation 2 ; 3°) la représentation mentale du mouvement sans exécution motrice. L'aire motrice supplémentaire apparaît, d'après ces résultats, comme le « siège » cortical de l'intention du mouvement, l'aire rolandique étant plutôt impliquée dans la réalisation du mouvement. (D'après Roland *et al.*, Supplementary motor area and other cortical areas in organization of volontary movements in man, *J. of Neurophysiology*, 43, 1, 1980.)

la stimulation d'une aire située sur la face interne de l'hémisphère (fig. 56) provoquait des mouvements, comme c'était le cas pour l'aire motrice primaire ; il la dénomma aire motrice supplémentaire. Toutefois, contrairement à M1, les mouvements provoqués par la stimulation de l'AMS étaient complexes et parfois bilatéraux, souvent caractérisés par une rotation de la tête et du tronc. L'enregistrement unitaire de cellules de l'AMS montre que celles-ci déchargent, à l'instar des cellules prémotrices, avant le début du mouvement et, par conséquent, elles ont également un rôle dans la préparation du mouvement. Toutefois, diverses études récentes ont permis de déterminer le rôle spécifique de l'AMS. Alors que le cortex prémoteur serait spécialisé dans la préparation de mouvements en réponse à des stimuli externes, l'AMS serait à l'origine d'actions initiées en fonction d'états internes. Du reste, sa situation anatomique (cf section 2 de cet ouvrage) en fait une plaque tournante entre motivations et actions. Les études utilisant les débits sanguins cérébraux, qui permettent d'apprécier l'activité métabolique régionale du cerveau à un moment donné (cf. chapitre 16), ont montré que l'exécution d'un mouvement des doigts s'accompagnait d'une activation fonctionnelle de la région de l'AMS de même qu'une activation de l'aire motrice primaire controlatérale au mouvement. Mais lorsqu'on demande seulement au sujet de penser au geste des doigts sans le réaliser, l'AMS seule est activée, le cortex primaire restant silencieux. C'est donc l'*intention* du mouvement qui a provoqué l'activation de l'AMS (fig. 60).

Enfin, l'AMS serait impliquée dans la réalisation de gestes pré-câblés plus ou moins répétitifs et dans le contrôle des mouvements bimanuels.

L'AMS aurait même un rôle dans la « volonté délibérée » du mouvement comme en témoigne, en clinique, un curieux syndrome appelé « signe de la main étrangère » où, à la suite d'une lésion de l'AMS (et de la partie adjacente du corps calleux), le membre supérieur controlatéral effectue des mouvements perçus par le sujet comme survenant hors de sa volonté.

Exécution du mouvement

On admet que cette phase est sous la dépendance directe de l'activité de l'aire M1 : l'ordre moteur est alors transmis aux motoneurones α et γ de la moelle, puis à l'effecteur musculaire. Une fois que le mouvement a débuté, on peut observer 2 phases : une phase balistique, où le membre est lancé vers la cible ; une phase d'ajustement terminal au cours de laquelle s'effectue un freinage. Tout au long de ce mouvement, 2 systèmes permettent de régler la vitesse, l'exécution et la précision du mouvement : le cervelet et les ganglions de la base.

Le rôle du **cervelet** dans la réalisation du mouvement est essentiellement connu par l'effet des lésions en pathologie : le syndrome cérébelleux (cf. infra) est caractérisé par une désorganisation temporelle de la séquence de contractions-décontractions musculaires qui déterminent l'accélération et le freinage : les contractions des muscles agonistes et antagonistes se chevauchent anormalement et leur durée est prolongée. En outre, la lésion du cervelet provoque invariablement un retard à l'initiation du mouvement.

Le rôle principal du cervelet semble être celui de correcteur du mouvement. Un modèle actuellement proposé pour rendre compte de ce rôle suppose l'existence d'un « programme » moteur, véritable plan d'action mis en jeu globalement. Le cervelet, de par sa position, reçoit des informations sensitives de 2 ordres : des informations originaires de la moelle (boucle interne), l'informant de la nature de l'ordre moteur ; et une information provenant du muscle (boucle externe), l'informant de la position du membre, c'est-à-dire procurant une évaluation du résultat final. Le rôle du cervelet serait d'effectuer une **comparaison** entre les 2 types d'informations et de vérifier la conformité des afférences avec le résultat escompté.

Au-delà de ces fonctions déjà complexes, le cervelet aurait également un rôle dans la programmation même du mouvement, en conjonction avec le cortex prémoteur, et interviendrait aussi de manière déterminante dans l'apprentissage des programmes moteurs.

Le rôle des **ganglions de la base** (noyaux gris centraux) dans la motricité est également surtout connu à travers les conséquences de leurs lésions en pathologie humaine, en particulier la maladie de Parkinson, qui est un modèle de défaut d'activité du système des ganglions de la base, et dont le principal symptôme est l'akinésie et la maladie de Huntington, qui réalise au contraire une hyperactivité motrice (cf. paragraphe suivant). Les structures grises sous-corticales réalisent une chaîne complexe de neurones activateurs et inhibiteurs utilisant divers neuromédiateurs dont le rôle dans la motricité est donc contingent à celui de ces structures. La figure 61 résume les diverses étapes de ce système. Certaines étapes sont excitatrices comme l'action du thalamus sur le cortex, d'autres sont inhibitrices, comme l'action du pallidum sur le thalamus et celle du striatum sur la substance noire. Ces effets inhibiteurs utilisent en général un médiateur chimique particulier, l' acide γ-aminobutyrique (GABA). Mais l'élément clé de ce système est certainement la **substance noire**, dont les cellules sécrètent la dopamine à leur extrémité synaptique au niveau du striatum, et dont le rôle facilitateur ou inhibiteur n'est pas clairement établi. Ce qui est certain, c'est que la perte quasi totale des cellules à dopamine de la substance noire dans la **maladie de Parkinson** est responsable des symptômes moteurs que présentent ces patients, symptômes qui sont largement réversibles lorsqu'on leur administre un traitement dopaminergique substitutif.

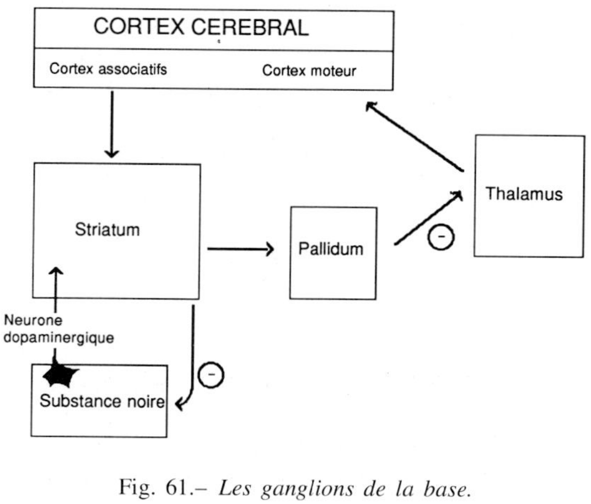

Fig. 61.– *Les ganglions de la base.*

Perturbations du système moteur

Perturbations élémentaires

La présence de symptômes moteurs est une éventualité très fréquente au cours de diverses affections touchant le système nerveux. Il peut s'agir :

– d'un **déficit moteur**, c'est-à-dire d'une altération de la force contractile des muscles ; on parle de paralysie lorsque le déficit est total, de parésie lorsqu'il est partiel (simple diminution de la force musculaire). Une hémiplégie est la paralysie totale ou partielle (hémiparésie) de la moitié du corps (face, membre supérieur et membre inférieur d'un même côté). Une paraplégie est la paralysie totale ou partielle (paraparésie) des deux membres inférieurs.

– d'un **trouble du tonus et des réflexes**. Une hypertonie est la conséquence d'une rigidité excessive des muscles. La mobilisation passive des articulations permet à l'examinateur de l'apprécier en fonction de la résistance opposée par la contraction spontanée des muscles du sujet. Une hypotonie, au contraire, est une diminution du tonus musculaire de base ; c'est un symptôme plus difficile à apprécier et du reste plus rare.

L'hypertonie est souvent associée à une hyper–réflexie (condition où les réflexes ostéo-tendineux sont exagérément vifs) et à un signe de Babinski (fig. 55).

L'hyporéflexie traduit habituellement une affection du système nerveux périphérique, interrompant la boucle myotatique.

– de **mouvement anormaux** : hormis les contractions musculaires involontaires (myoclonies) que l'on rencontre lors de crises d'épilepsie, le terme de « mouvements anormaux » regroupe diverses manifestations motrices telles que les tremblements, des dyskinésies et les chorées (voir ci-dessous).

– d'un **trouble du « geste »** ou apraxie, c'est-à-dire une perturbation plus complexe de la réalisation des mouvements sans déficit élémentaire pouvant l'expliquer.

Ces différents symptômes vont se rencontrer, et éventuellement s'associer, de façon variable, selon la topographie des lésions du système nerveux.

Affections du système musculaire

Les maladies primitives des muscles sont relativement rares. On en retiendra principalement deux types :

– les **myopathies** sont un groupe d'affections touchant le sujet jeune, habituellement héréditaires, et évoluant souvent rapidement vers le tableau dramatique d'une impotence fonctionnelle majeure sans altération des fonctions intellectuelles. Ces maladies, dont le mécanisme reste généralement inconnu, sont quasiment incurables ;

– la **myasthénie** est une affection d'origine immunologique, touchant volontiers les adultes jeunes, surtout les jeunes femmes. Schématiquement, la perturbation du système immunitaire de ces sujets a pour conséquence le dépôt de complexes immuns au niveau des récepteurs à l'acétylcholine de la synapse neuro-musculaire, ce qui enraîne un bloc de la conduction entre le nerf moteur et le muscle. Cliniquement, cette anomalie se traduit par l'apparition progressive d'un déficit moteur pouvant toucher tous les muscles : la paralysie des muscles oculomoteurs sera responsable de vision double (diplopie) ; celle des muscles bucco-pharyngés de difficultés à la mastication, la déglutition et d'une dysarthrie (trouble de la parole portant sur la capacité à articuler les mots) ; celle des muscles squelettiques de difficultés à la marche ou de faiblesse des membres. La caractéristique principale de ces difficultés motrices (et qui permet du reste de les rattacher à leur cause) est le fait qu'elles ne sont pas permanentes (du moins au début) et qu'elles s'accentuent au fur et à mesure de l'effort et en fin de journée (fatigabilité myasthénique).

Lésions du nerf périphérique

Lorsque le nerf périphérique est touché, le ou les muscles innervés par ce nerf peuvent être le siège de paralysie plus ou moins complète. Par exemple, le nerf sciatique au niveau du membre inférieur, le nerf radial au niveau de l'avant-bras, etc... Toutefois, l'atteinte des nerfs se manifeste beaucoup plus volontiers par des signes sensitifs (voir chapitre 8) que moteurs, ces derniers n'apparaissant habituellement que lorsque la cause persiste ou lorsque l'atteinte est sévère.

Il s'agit en général de paralysies « flasques », c'est-à-dire que le tonus musculaire est affaibli ou aboli de même que les réflexes ostéo-tendineux. Les causes en sont diverses :

– traumatique, par exemple la section d'un nerf lors d'une blessure d'un membre ;

– compressive, c'est par exemple le cas de la paralysie sciatique que peut réaliser une compression du nerf par une protrusion du disque intervertébral (hernie discale) au niveau lombaire ;

– toxique : l'intoxication alcoolique chronique est sans doute encore la cause la plus fréquente de neuropathie périphérique (polynévrite éthylique) ;

– inflammatoire : le syndrome de Guillain et Barré ou polyradiculonévrite, affection de mécanisme mal connu, probablement immuno-allergique, se traduit par l'apparition rapidement progressive d'un déficit des membres inférieurs pouvant mener, en quelques jours, jusqu'à la paralysie totale.

Lésions de la moelle

Elles provoquent le plus souvent une paraplégie. Lorsque la lésion siège au niveau de la moelle cervicale haute, les 4 membres peuvent être touchés (tétraplégie). La paralysie est plus ou moins complète et le pronostic est variable selon la cause. Lors de paraplégies traumatiques, où la moelle a pu être sectionnée par une fracture vertébrale, par exemple, l'avenir fonctionnel des membres paralysés peut être compromis définitivement. Ces patients posent alors des problèmes très spécifiques de prise en charge du point de vue fonctionnel mais également psychologique et socio-professionnel.

Dans d'autres cas, lorsque la cause est curable (par exemple lors de compressions chirurgicalement curables, ou lors de poussées de sclérose en plaques), les symptômes peuvent alors régresser plus ou moins complètement, laissant parfois un déficit partiel (paraparésie) et un syndrome pyramidal des 2 membres inférieurs (voir ci-dessous).

Atteintes du cervelet

Les lésions du cervelet sont responsables du **syndrome cérébelleux**. On en distingue en fait 2 types :

– le *syndrome cérébelleux statique*, principalement lié à une atteinte du paléo-cervelet, et caractérisé par une instabilité de la station debout et une démarche dite ébrieuse (ressemblant à celle d'un sujet ivre).

– le *syndrome cérébelleux cinétique*, lié à une atteinte du néo-cervelet, responsable d'une perturbation du mouvement volontaire, caractérisée par une dysmétrie (impossibilité de mesurer l'amplitude du geste et dépassement de la cible dans l'épreuve dite du « doigt au nez »), des oscillations lors du mouvement volontaire (pseudo-tremblement cérébelleux) rendant parfois impossible un acte aussi simple que de porter à la bouche un verre d'eau, et une difficulté à exécuter des mouvements alternatifs rapides (mise en évidence à l'épreuve dite « des marionnettes », où l'on demande au sujet d'effectuer des mouvements de rotation rapide du poignet).

Diverses lésions, vasculaires, tumorales ou dégénératives sont susceptibles de provoquer un syndrome cérébelleux.

Affections cérébrales

Atteintes du système pyramidal

Le syndrome pyramidal est sans doute le complexe symptomatique le plus fréquemment recherché (et retrouvé) en neurologie ; ce fait est bien sûr lié à l'étendue considérable du faisceau pyramidal dans le SNC depuis le cortex cérébral jusqu'à la moelle épinière. La principale manifestation de l'atteinte du faisceau pyramidal dans le cerveau est l'hémiplégie : en effet la décussation de la majeure partie du faisceau au niveau du bulbe fait qu'une lésion sus-jacente à cette décussation, en particulier au niveau hémisphérique, aura comme conséquence de perturber la motilité de l'hémicorps opposé au siège de la lésion. L'hémiplégie (ou l'hémiparésie) prédomine en général au niveau du membre supérieur et de la face, mais touche souvent aussi le membre inférieur :

– *au niveau du membre supérieur*, selon le degré de gravité de l'atteinte, il pourra s'agir d'une paralysie complète, le sujet ne pouvant mouvoir ni ses doigts, ni le bras et l'avant-bras, ni même parfois soulever l'épaule ; à un degré moindre, l'hémiparésie se manifeste par une difficulté à tenir les objets, une difficulté à maintenir la position bras étendus, doigts écartés, voire une simple diminution de la force musculaire comparativement au côté sain. Au déficit musculaire s'associe souvent une modification du tonus, hypotonie, surtout lorsque le déficit est total, ou plus souvent une hypertonie particulière, dite spasticité pyramidale, où la contracture des muscles rend parfois très difficile voire impossible la mobilisation passive du membre.

– *au niveau de la face*, l'atteinte pyramidale (ou plutôt celle du faisceau géniculé qui l'accompagne sur une partie de son trajet, cf. chapitre 5) se traduit par une paralysie faciale de type central, c'est-à-dire une entrave aux mouvements de la partie inférieure de l'hémiface (soulèvement de la commissure labiale, gonflement des joues) alors que les muscles de la partie supérieure, en particulier les orbiculaires des paupières, sont encore valides (à l'inverse d'une paralysie faciale « périphérique », liée à une atteinte du nerf facial lui-même).

– *au niveau du membre inférieur*, la paralysie peut également être totale, surtout au début ; à un moindre degré ou après récupération partielle, le déficit se manifestera surtout à la marche par un « steppage », c'est-à-dire que le sujet ne peut décoller du sol la pointe du pied du côté déficitaire, de sorte que celui-ci est « traîné » sur le sol à chaque pas. L'hypertonie peut également contribuer au trouble de la marche : le sujet ne pouvant plier le genou, son membre décrit, à chaque pas, un demi-cercle autour de la ligne idéale.

Affections du système extra-pyramidal

Les 2 principales affections touchant le système extra-pyramidal sont 2 maladies dégénératives, déjà citées ci-dessus : la maladie de Parkinson et la maladie de Huntington, la seconde étant (heureusement) bien plus rare que la première.

– La **maladie de Parkinson**. Décrite en 1817 par le médecin londonnien James Parkinson, elle a fait l'objet depuis 20 ans de progrès considérables dans la compréhension des mécanismes et les possibilités thérapeutiques. Le déficit en dopamine qui caractérise cette maladie est responsable des 3 symptômes fondamentaux qui la définissent :

– l'akinésie, ou plutôt la bradykinésie (lenteur dans tous les mouvements, diminution de l'activité générale, perte de la mimique du visage, démarche caractéristique, à petits pas), est le symptôme fondamental, et du reste celui qui réagit le mieux au traitement ;

– le *tremblement*, très caractéristique, touchant surtout la main qui est prise d'oscillations assez lentes, où le pouce et l'index semblent « émietter du pain » ;

– la *rigidité*, différente de l'hypertonie pyramidale, est classiquement qualifiée de raideur « en tuyau de plomb » ou « en roue dentée », selon le type de résistance opposée au mouvement passif.

Dans l'ensemble, l'attitude générale est très reconnaissable : le sujet marche à petits pas, parfois mêlés d'embardées paradoxales où il menace en permanence de chuter en avant, la tête penchée en avant, rentrée dans les épaules, les bras à demi fléchis, animés après quelques mètres d'un tremblement des doigts qui se modifie selon les fluctuations émotionnelles et attentionnelles (fig. 62).

Fig. 62.– Attitude caractéristique du sujet parkinsonnien.

Le pronostic de cette maladie a grandement bénéficié des apports thérapeutiques récents, en particulier du traitement substitutif par la L-DOPA et d'autres substances dopaminergiques.

– La **maladie de Huntington** reste au contraire une maladie grave et invalidante et, qui plus est, héréditaire. Il n'existe pas de traitement efficace connu à ce jour. Elle est caractérisée par l'association d'un symptôme principal, la chorée, à une détérioration des facultés mentales, d'intensité variable, mais aboutissant presque inéluctablement à un état démentiel (voir chapitre 17). La chorée est une perturbation des activités motrices faite de mouvements anormaux incessants (mouvement de va-et-vient de parties du corps, mouvements de reptation des poignets, affectant également les muscles axiaux et ceux du visage). Ce comportement moteur anormal a été mis en relation avec une perte spécifique, au niveau des ganglions de la base, de cellules synthétisant le GABA, dont l'effet inhibiteur disparaît alors, donnant lieu à l'extériorisation des mouvements choréiques. Toutefois, divers essais thérapeutiques utilisant le GABA (ou des substances voisines) se sont tous avérés inefficaces. Enfin, l'utilisation de DOPA aggrave systématiquement la chorée, de même qu'un excès de DOPA chez le parkinsonnien peut entraîner des dyskinésies très proches des mouvements choréiques.

Perturbations complexes de la motricité

Les perturbations de l'organisation du geste sont complexes et nombreuses. Elles sont généralement liées à des lésions de régions corticales (surtout associatives) ou plus rarement sous-corticales du cerveau. Nous citerons :

– les apraxies gestuelles, ou troubles de la conception et de la conceptualisation des actes moteurs.

– les troubles de la programmation du mouvement. Ils réalisent essentiellement la composante motrice de ce que l'on appelle le syndrome frontal. Les lésions du lobe frontal, en particulier du cortex latéral prémoteur et pré-frontal (aires 6 et 8) réalisent un tableau caractérisé, en l'absence de toute paralysie ou autre déficit élémentaire, par une impossibilité de programmer la séquence des mouvements nécessaires à l'exécution d'un geste. Un certain nombre d'épreuves décrites par le neurologue soviétique Luria sont utilisées couramment pour établir le diagnostic de lésion frontale : l'épreuve des séries gestuelles (poing-paume-tranche), les séries graphiques ou frises de Luria, sont exécutées avec de considérables difficultés par ces patients qui présentent en particulier une tendance invincible à « persévérer » sur le geste précédent, ce qui empêche l'exécution normale d'une succession d'actes différents. Le test de Wisconsin, qui consiste à faire découvrir au sujet un code qui se modifie périodiquement à son insu, montre que le déficit ne concerne pas seulement le geste moteur, mais plus largement la programmation de stratégies intellectuelles.

Ces troubles moteurs s'associent souvent aux autres éléments du « syndrome frontal » : la réapparition de réflexes archaïques comme le réflexe de préhension forcée (grasping), des troubles de la marche, une incontinence sphinctérienne, des troubles psychiques (état dépressif ou au contraire euphorie inadéquate).

CHAPITRE VIII

SENSIBILITÉ SOMATIQUE

La sensibilité somatique ou somesthésie (de *soma*, corps et *aisthesis,* sensation) est un des moyens que le système nerveux peut utiliser pour nous informer (ou plutôt s'informer) sur le monde qui nous entoure, au même titre que les autres systèmes sensoriels (vision, audition, et à un moindre degré goût et olfaction). Ainsi, la perception que nous avons de notre propre corps, la sensation de la position spatiale de chacune de ses parties et surtout la perception des objets de l'environnement sont autant de fonctions dévolues à un même système, le système somesthésique. L'importance primordiale de ce dernier dans les comportements humains est évidente si l'on considère le rôle des « sensations externes » dans notre vie quotidienne, tant pour ce qui est de la perception et la connaissance du monde extra-corporel que comme aide indispensable à la motricité (voir chapitre 7). Toutefois, il est pertinent et souvent surprenant de considérer que les perceptions ne fournissent de l'environnement que des données relatives, quasi illusoires : c'est à sa manière, selon ses capacités, que notre système nerveux analyse les « réalités » du monde extérieur. Les différents mécanismes qui transfèrent au cerveau les informations extérieures atténuent certains stimuli, en amplifient d'autres, de sorte que ce que nous percevons est en fait une illusion permanente : de même que le son que nous percevons autour de nous ou la vision que nous avons du monde ne sont qu'une abstraction, une reconstruction arbitraire de la réalité, de même la consistance des objets et de l'air n'a de réalité qu'à travers la perception que nous en avons, pouvant même apparaître différemment à des individus différents. Cette remarque, également valable du reste pour les 2 chapitres suivants, introduit le concept de subjectivité de la perception, concept qu'il est nécessaire de garder à l'esprit lorsque l'on étudie les mécanismes de la perception de même que leurs perturbations.

On distingue habituellement 3 types de sensibilité : *extéroceptive*, *proprioceptive* et *intéroceptive*. Les systèmes extéroceptifs sont sensibles à tout changement intervenant dans le milieu extérieur, essentiellement ceux affectant le revêtement cutané (peau). Les systèmes proprioceptifs ont pour rôle principal de procurer des informations sur la position relative des segments du corps les uns par rapport aux autres. Les systèmes intéroceptifs sont impliqués dans les régulations internes et sont sensibles à des stimuli tels que la pression artérielle ou le taux de glucose sanguin. Il va de soi que le fonctionement intéroceptif, à l'inverse des 2 précédents, se fait très habituellement de manière inconsciente. Les données exposées dans ce chapitre ne concerneront que les 2 premiers systèmes : extéroceptif et proprioceptif.

Les structures nerveuses dévolues à la sensibilité sont, de même que celles de la motricité, organisées en centres disposés hiérarchiquement. Mais ici, plus que pour le système moteur, il existe des voies fonctionnant nettement en « parallèle », avec peu de rapports entre elles, du moins jusqu'au niveau cortical où se réalise l'intégration de toutes les sensations élémentaires véhiculées jusque là par des voies distinctes.

Récepteurs sensoriels

Caractères généraux

Afin de capter l'information du milieu environnant, le système nerveux utilise des structures spécialisées, véritables interfaces entre l'organisme et son environnement. Le rôle de ces structures est de transformer le stimulus physique en un message reconnaissable et décodable par le SNC, et de le transférer à la terminaison sensorielle, c'est-à-dire l'axone du neurone sensitif, avec lequel le récepteur est en contact. Cette information doit contenir diverses composantes : la nature du stimulus (chaud, froid, pression, piqûre, etc.), l'intensité de ce stimulus, sa localisation. Les récepteurs ont des caractères différents selon la nature de l'information qu'ils doivent capter. Ils possèdent cependant en commun certaines propriétés générales :

– La transformation (ou **transduction**) du stimulus physique en un message codé électriquement est la propriété de base de tout récepteur et répond à un mécanisme très général d'ouverture des canaux ioniques à cations (Na+ et K+). La figure 63 illustre ce mécanisme à l'aide de l'exemple d'un mécano-récepteur cutané : en situation de repos, les canaux à cations que comporte la membrane du récepteur restent fermés ; lors de l'étirement réalisé par une pression sur la peau, la stimulation mécanique provoque une déformation de la membrane du récepteur, une ouverture des canaux et le passage des ions Na et K de part et d'autre de la membrane, ce qui donne naissance à une dépolarisation appelée potentiel récepteur (voir chapitre 2). Le **potentiel récepteur** se propage sur la partie distale de la fibre. Lorsque le stimulus est assez puissant, le potentiel pourra parvenir jusqu'à une région dite zone gâchette, à la base de la partie myélinisée de la fibre, ce qui déclenche un potentiel d'action capable de se propager le long de la fibre.

– En ce qui concerne l'**intensité** du stimulus, le récepteur utilise un double code pour transmettre son message. Selon le premier, dit « code de fréquence », la fréquence des potentiels récepteurs sera proportionnelle à l'intensité du stimulus. Selon le second, le « code de population », l'intensité du stimulus est transcrite en nombre de récepteurs mis en jeu. Ainsi, au fur et à mesure que l'intensité du stimulus augmente, on observe 2 types de phénomènes : (1) chaque fibre nerveuse conduit un plus grand nombre de potentiels d'action et (2) un plus grand nombre de fibres est activé.

– On distingue 2 types de récepteurs selon leur façon de réagir au maintien d'un stimulus : pour certains, le potentiel récepteur décroît lentement en amplitude, ce sont les récepteurs à adaptation lente (par exemple les récepteurs fusoriaux du muscle) ; pour d'autres, l'amplitude décroît rapidement après le début de la stimulation : ce sont les récepteurs à adaptation rapide (par exemple les corpuscules de Pacini), dont le rôle particulier est donc de signaler avec précision le début (et accessoirement la fin) du stimulus.

Sensations tactiles, récepteurs cutanés

On a pu décrire dans la peau glabre (c'est-à-dire sans poils) au moins 4 types (fig. 64) morphologiquement distincts de récepteurs (mécano-récepteurs) :

– des récepteurs à adaptation rapide :

. les *corpuscules de Meissner*, situés dans les papilles du derme, ils sont très nombreux au niveau

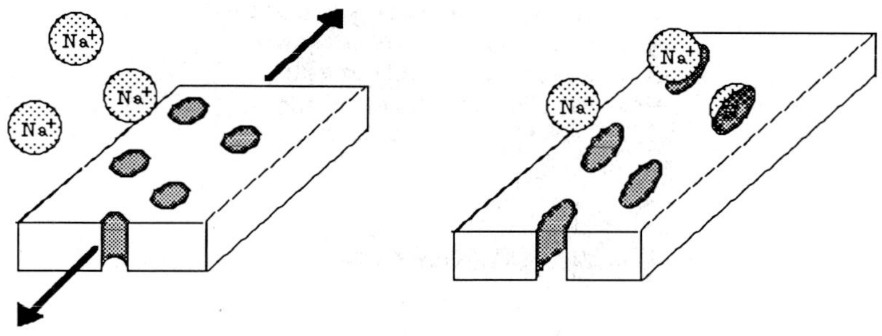

Fig. 63. – *Mécanisme de la transduction mécano-électrique.* (D'après J.H. Martin : Receptor physiology and submodality coding in the somatic sensory system, In : E.R. Kandel & J.H. Schwartz (Eds), *Principles of Neural Science,* New York, Elsevier, 1985.)

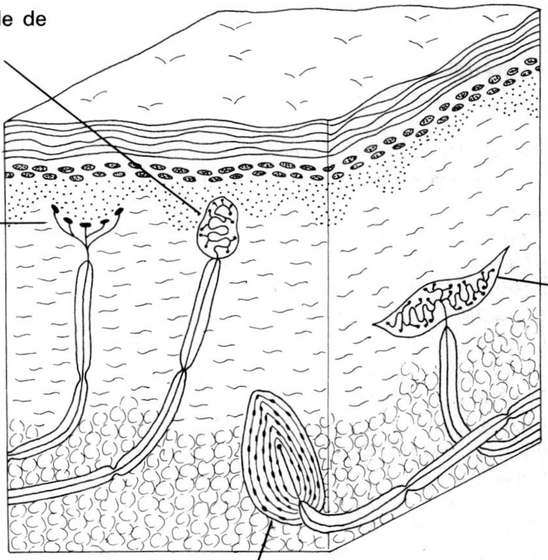

Fig. 64. – *Les 4 types de récepteurs présents dans la peau glabre.* Deux d'entre eux sont à adaptation rapide : les corpuscules de Meissner, impliqués dans la perception tactile fine et les corpuscules de Pacini, sensibles à la pression profonde et la vibration ; les deux autres sont à adaptation lente : le récepteur de Merckel et le corpuscule de Ruffini.

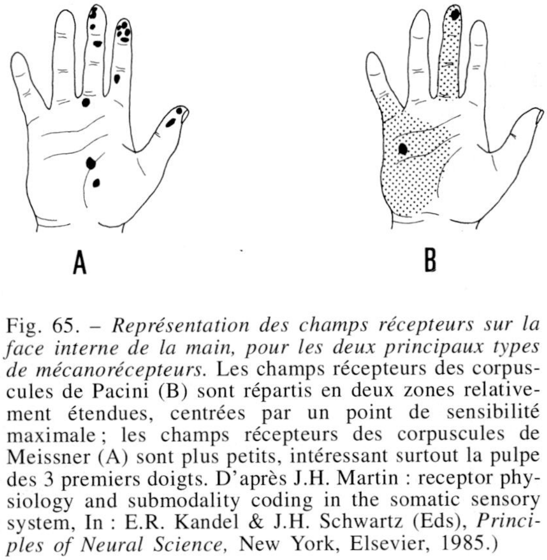

Fig. 65. – *Représentation des champs récepteurs sur la face interne de la main, pour les deux principaux types de mécanorécepteurs.* Les champs récepteurs des corpuscules de Pacini (B) sont répartis en deux zones relativement étendues, centrées par un point de sensibilité maximale ; les champs récepteurs des corpuscules de Meissner (A) sont plus petits, intéressant surtout la pulpe des 3 premiers doigts. D'après J.H. Martin : receptor physiology and submodality coding in the somatic sensory system, In : E.R. Kandel & J.H. Schwartz (Eds), *Principles of Neural Science,* New York, Elsevier, 1985.)

de la pulpe des doigts, surtout de l'index, cette répartition évoquant leur importance dans la perception des sensations tactiles fines. Ils sont en particulier sensibles à toute pression sur l'épiderme.

. les *corpuscules de Pacini*, situés dans le tissu sous-cutané, sont sensibles à la pression profonde sur la peau et également aux vibrations du corps.

– des récepteurs à adaptation lente, le récepteur de Merkel et le corpuscule de Ruffini, moins nombreux et qui, contrairement aux précédents, sont actifs tant que dure le contact avec le stimulus.

Un point important est l'existence de variations topographiques de la densité des récepteurs : comme nous le verrons, il existe une grande inégalité dans la précision et la compétence fonctionnelle de diverses régions du revêtement cutané. La paume des mains et surtout la pulpe des doigts sont les régions les plus riches en récepteurs. La répartition des différents types de récepteurs dans cette même région traduit leur rôle fonctionnel différent : la figure 65 schématise la localisation des corpuscules de Meissner et de Pacini sur la face interne de la main.

Douleur et sensation thermique

Contrairement aux mécanorécepteurs, les récepteurs à la douleur (nocicepteurs) et au chaud et froid (thermorécepteurs) sont situés sur la terminaison libre des nerfs. Il existe 3 types de nocicepteurs :

– les nocicepteurs mécaniques, qui seront surtout activés par une stimulation mécanique (par exemple la piqûre par un objet pointu ou un pincement);

– les nocicepteurs caloriques, répondant quand le champ récepteur reçoit une chaleur de 45 ^{0}C ou plus.

– les nocicepteurs multimodaux, répondant de façon égale à tous les stimuli douloureux, mécaniques, caloriques et chimiques. Les différentes caractéristiques de ces récepteurs permettent de distinguer 2 types de douleur : une douleur « rapide », transportée par des fibres richement myélinisées, caractérisée par une sensation aiguë et abrupte ; une douleur « lente », véhiculée par des fibres à conduction plus lente, caractérisée par une sensation plus durable, faisant suite à la précédente.

La sensation thermique est sous la dépendance de récepteurs au chaud et au froid. La sensibilité à la température est organisée sous la forme de points de 1 mm de diamètre environ, distincts les uns des autres et sensibles soit au froid, soit au chaud. Le seuil de déclenchement de la sensation thermique est beaucoup plus bas dans ces régions que dans les régions avoisinantes. Mais cette spécificité n'est pas complète. Ainsi, lorsqu'on applique un stimulus chaud à 45 ^{0}C sur la peau de manière diffuse, on déclenche une sensation douloureuse. Par contre, si l'on applique la même chaleur de manière punctiforme sur une zone sensible au froid, on obtient une illusion de froid, ce qui traduit la réactivité paradoxale des récepteurs au froid.

Il existe ainsi 2 types de récepteurs au chaud : des récepteurs punctiformes, responsables de la sensation de tiédeur ou de chaleur et permettant donc d'estimer le degré de chaleur ; et des récepteurs nociceptifs caloriques, responsables de la sensation douloureuse et donnant la même réponse quel que soit le niveau de chaleur au-delà de 45 ^{0}C.

Proprioception

On regroupe sous le terme de proprioception un ensemble de fonctions du système nerveux aboutissant à la sensation de l'équilibre, de la position et du mouvement des membres et du corps. Le sens de position des segments de membres les uns par rapport aux autres est appelé statesthésie ; le sens de mouvement est appelé kinesthésie. Statesthésie et kinesthésie sont sous la dépendance de mécanorécepteurs essentiellement situés dans la capsule des articulations et surtout au niveau des fuseaux neuro-musculaires (1).

Les voies de la sensibilité

A partir des récepteurs, chaque type d'information sensitive emprunte des voies spécifiques, depuis la périphérie jusqu'au cerveau, de sorte qu'il sera possible à ce dernier d'identifier la nature de chaque stimulus. L'information provenant de la périphérie est acheminée jusqu'au SNC par l'intermédiaire de fibres nerveuses afférentes qui sont situées dans le nerf périphérique, à côté des fibres motrices qu'il contient également. Parvenu à proximité de la moelle, le nerf périphérique devient nerf rachidien ; à chaque niveau, une paire de nerfs rachidiens parvient ainsi à la moelle dans laquelle elle pénètre après division sous la forme de 2 racines : la racine postérieure ou dorsale contient les fibres afférentes sensitives.

Correspondance dermatome – myélomère

Chaque racine postérieure contient les fibres provenant d'une région restreinte de la périphérie appelée **dermatome**. La surface cutanée peut ainsi être divisée en un certain nombre de segments ou dermatomes auxquels on attribue un chiffre et une lettre correspondant à la racine rachidienne concernée (fig. 66). Ainsi, chaque myélomère (ou segment de moelle recevant une paire de racines) reçoit l'information provenant exclusivement d'un dermatome. Il existe cependant un certain degré de che-

(1) Il convient toutefois de noter que la sensation de mouvement existe en dehors de toute stimulation des récepteurs comme en témoingent les manifestations de « membre fantôme » ressenties par les sujets amputés d'un membre. Une explication possible de ce phénomène est celle proposée par Helmholtz sous le terme de « copie d'efférence » et reprise plus récemment sous celui de décharge corollaire : d'après cette théorie, tout mouvement volontaire se traduirait par le départ simultané de deux influx, l'ordre moteur et une estimation de l'effet escompté, ce dernier étant capable de créer l'illusion de mouvement.

vauchement de 2 dermatomes adjacents. En outre, les dermatomes concernant divers types de sensibilités ne sont pas nécessairement strictement superposables, de sorte que les dermatomes concernant le tact se chevauchent plus largement que ceux de la sensibilité douloureuse. Cette organisation segmentaire, selon laquelle chaque partie du corps est représentée par un groupe de fibres nerveuses, va se retrouver tout au long du trajet des voies de la sensibilité dans le SNC réalisant le modèle même de l'organisation somatotopique.

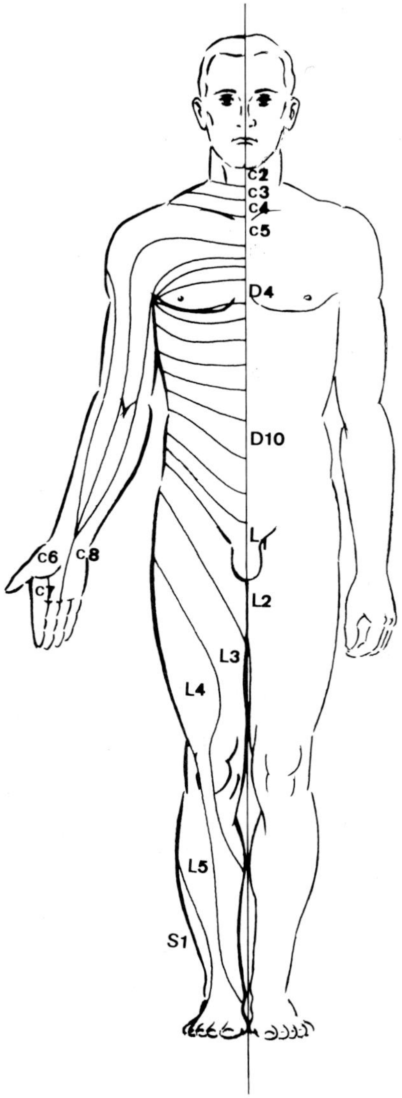

Fig. 66. – *Distribution des dermatomes sur le revêtement cutané.* Cette répartition en bandes superposées, relativement fixe, permet de déterminer en clinique le niveau d'une lésion de la moelle ou de ses racines. (C. cervical, D. dorsal, L. lombaire, S. sacré).

La connaissance des territoires sensitifs et de leur racine correspondante est d'une aide précieuse en clinique pour déterminer le niveau d'une lésion du nerf périphérique ou d'une lésion médullaire. L'observation d'une perte de la sensibilité dans un territoire déterminé permet de déduire le nerf lésé ; lors de lésions médullaires, la détermination du niveau supérieur de la perte de la sensibilité (intéressant en général la totalité du corps en dessous d'un niveau donné) permet de connaître le niveau d'une lésion médullaire, à un myélomère près cependant en raison du trajet ascendant intra-spinal que présentent les fibres sensitives sur encore quelques centimètres après leur pénétration dans la moelle et avant la formation des 2 grandes voies blanches ascendantes : la voie lemniscale et la voie spino-thalamique (fig. 67 et 68).

Voie lemniscale (ou cordons postérieurs)

La voie lemniscale est formée de 2 faisceaux de substance blanche situés dans les cordons postérieurs de la moelle : les **faisceaux de Goll et de Burdach** (également appelés gracile et cunéiforme). Cette voie véhicule 2 types d'informations sensitives différentes : celles concernant la sensibilité tactile fine (ou sensibilité tactile épicritique) et celles concernant la sensibilité proprioceptive. La représentation somatotopique de l'hémicorps controlatéral dans les cordons postérieurs répond à l'organisation suivante : le faisceau de Goll, le plus médian, reçoit les fibres correspondant aux segments sacré, lombaire, et dorsal bas ; le faisceau de Burdach, le plus latéral, reçoit les fibres correspondant aux régions cervicale et dorsale haute. Ces faisceaux sont constitués par l'axone du premier neurone dont le corps cellulaire est situé dans le ganglion rachidien de la racine postérieure. Il s'agit d'un neurone en T dont la partie distale entre dans la constitution du nerf périphérique, et la partie proximale pénètre par la racine postérieure dans la moelle. La partie proximale de l'axone de ce premier neurone est donc plus ou moins longue selon le niveau considéré, les fibres correspondant au segment cervical étant les plus courtes. Parvenus à la partie supérieure de la moelle, les faisceaux - pénètrent dans la partie basse du bulbe où ce 1er neurone réalise une synapse au niveau de 2 noyaux contenant le corps cellulaire du 2e neurone, également dénommés les noyaux de Goll et de Burdach (ou gracile et cunéiforme). A ce niveau, le 2e neurone croise la ligne médiane et remonte toute la hauteur du tronc cérébral, formant un faisceau distinct appelé lemnis (ou lemnisque) médian qui remonte en position médiane dans le tronc cérébral jusqu'au thalamus.

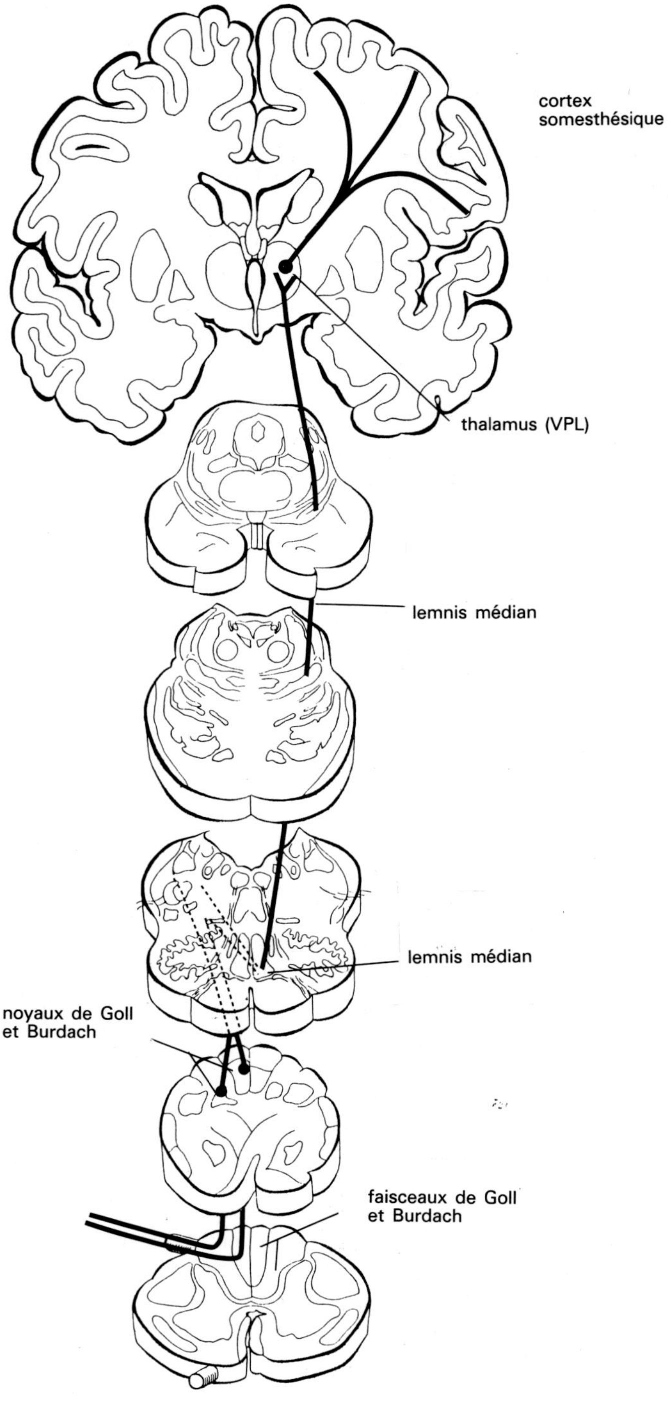

Fig. 67. – *Organisation générale de la voie lemniscale (sensibilité proprioceptive et tactile épicritique).* La branche axonale proximale du neurone sensitif dont le corps cellulaire est situé dans le ganglion rachidien remonte toute la hauteur de la moelle depuis sa racine d'origine jusqu'au niveau du bulbe où s'effectue la première synapse au niveau des noyaux de Goll et Burdach. De là, les fibres croisent la ligne médiane puis traversent la hauteur du tronc cérébral en position paramédiane (lemnis médian) jusqu'à la 2e synapse thalamique, donnant naissance au neurone thalamo-cortical.

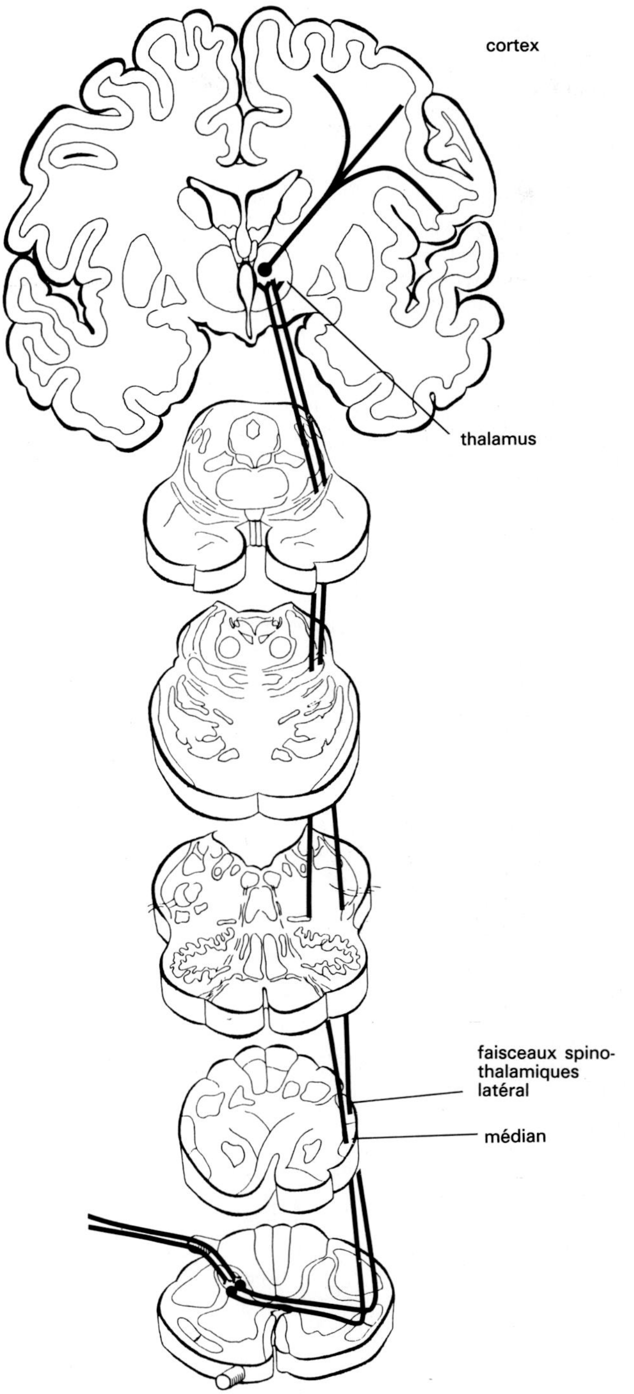

Fig. 68. – *Organisation des voies spinothalamiques (sensibilité thermique et douloureuse et tact protopathique).* Après une première synapse dès le niveau de leur pénétration dans la moelle, les fibres spinothalamiques montent dans le cordon antéro-latéral opposé, en dehors du faisceau lemniscal jusqu'au thalamus. De même que pour la voie lemniscale, le 3e neurone est thalamo-cortical.

Voie spino-thalamique

La voie spino-thalamique (également appelée voie extra-lemniscale) est formée de 2 principaux faisceaux dont l'origine et la destinée sont différentes des précédents : le faisceau spinothalamique proprement dit ou néo-spinothalamique, qui véhicule la sensibilité tactile protopathique (c'est-à-dire grossière, non discriminative) et la sensibilité douloureuse « rapide » et le faisceau paléo-spinothalamique (ou spino-réticulaire) qui véhicule la sensibilité douloureuse lente et thermique (ou sensibilité thermo-algésique). A l'inverse de la voie lemniscale, le 1er neurone de la voie spino-thalamique possède une extrémité proximale très courte, faisant synapse peu après son entrée dans la moelle avec les neurones de la corne grise postérieure. De là part le 2e neurone qui croise obliquement le myélomère pour rejoindre, dans le cordon latéral du côté opposé, les faisceaux spino-thalamiques, qui, comme leur nom l'indique, remontent toute la hauteur de la moelle et du tronc cérébral jusqu'au thalamus.

Sensibilité faciale

Les fibres véhiculant la sensibilité de la face arrivent directement dans le tronc cérébral, au niveau de la protubérance, par l'intermédiaire du nerf trijumeau (V) et aboutissent dans le noyau de ce nerf (voir chapitre 5). A ce niveau, elles font synapse avec le 2e neurone qui croise la ligne médiane et remonte jusqu'au thalamus.

Thalamus somesthésique

Ainsi, les 2 voies, lemniscale et spino-thalamique, présentent un trajet ascendant distinct de la moelle au **thalamus**. Le thalamus, volumineux noyau gris de la base du cerveau, joue en effet un rôle primordial de modulateur des informations sensitives. Une partie seulement de la masse thalamique est impliquée dans cette fonction. Le noyau ventral postérieur (fig. 69) est le principal relais de la voie lemniscale : sa partie latérale, le **noyau ven-**

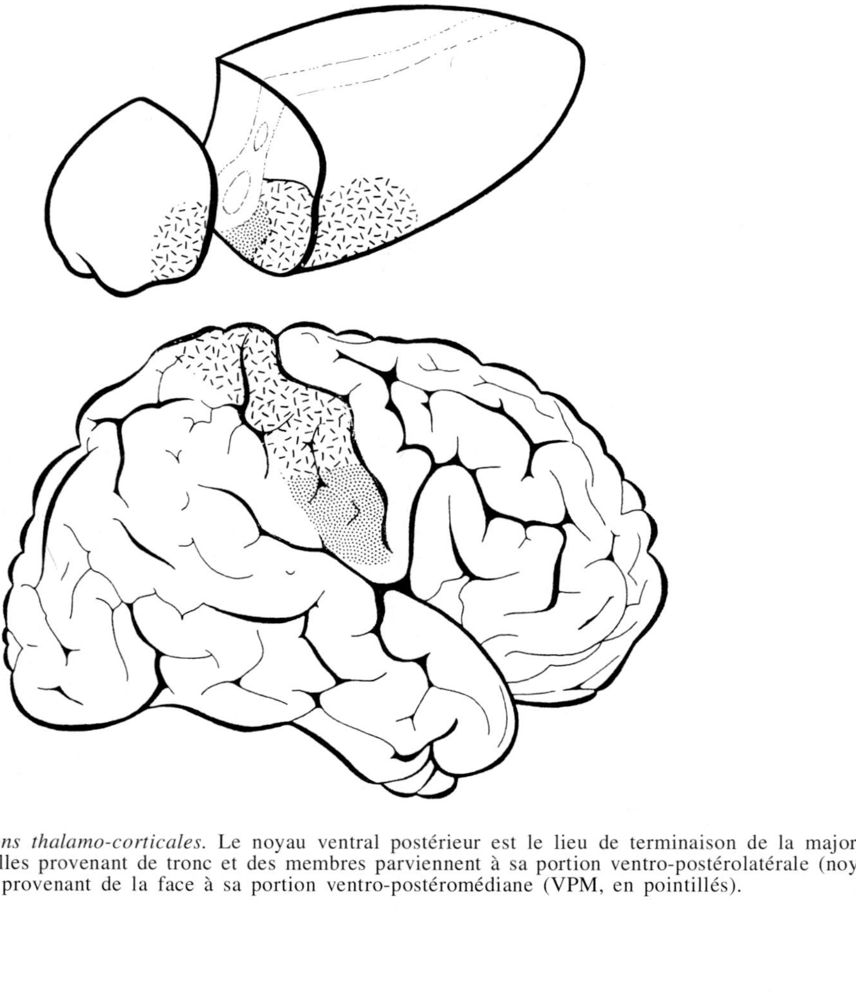

Fig. 69. – *Les projections thalamo-corticales.* Le noyau ventral postérieur est le lieu de terminaison de la majorité des fibres sensitives. Celles provenant de tronc et des membres parviennent à sa portion ventro-postérolatérale (noyau VPL, en tirés) et celles provenant de la face à sa portion ventro-postéromédiane (VPM, en pointillés).

tro-postéro-latéral (ou V.P.L.) reçoit en particulier toutes les fibres correspondant à la sensibilité tactile et proprioceptive du tronc et des membres ; sa partie médiane, le noyau ventro-postéro-médian, reçoit les informations provenant de la face. La voie spino-thalamique, quant à elle, se termine de façon plus diffuse dans le thalamus, principalement dans 3 régions : le V.P.L., mais aussi le groupe postérieur et les noyaux intra-laminaires.

Le noyau V.P.L. est donc dans l'ensemble la cible principale des afférences somesthésiques. A son niveau se fait la 2e synapse donnant naisance au 3e neurone, thalamo-cortical, dont les fibres traversent la substance blanche dans le bras postérieur de la capsule interne et aboutissent principalement au niveau du cortex somesthésique primaire (S-I), dans la circonvolution pariétale ascendante (gyrus post– central). Les noyaux intra-laminaires, quant à eux, projettent de façon plus diffuse sur l'ensemble du manteau cortical, et les noyaux du groupe postérieur projettent sur les aires pariétales autres que le cortex somesthésique primaire.

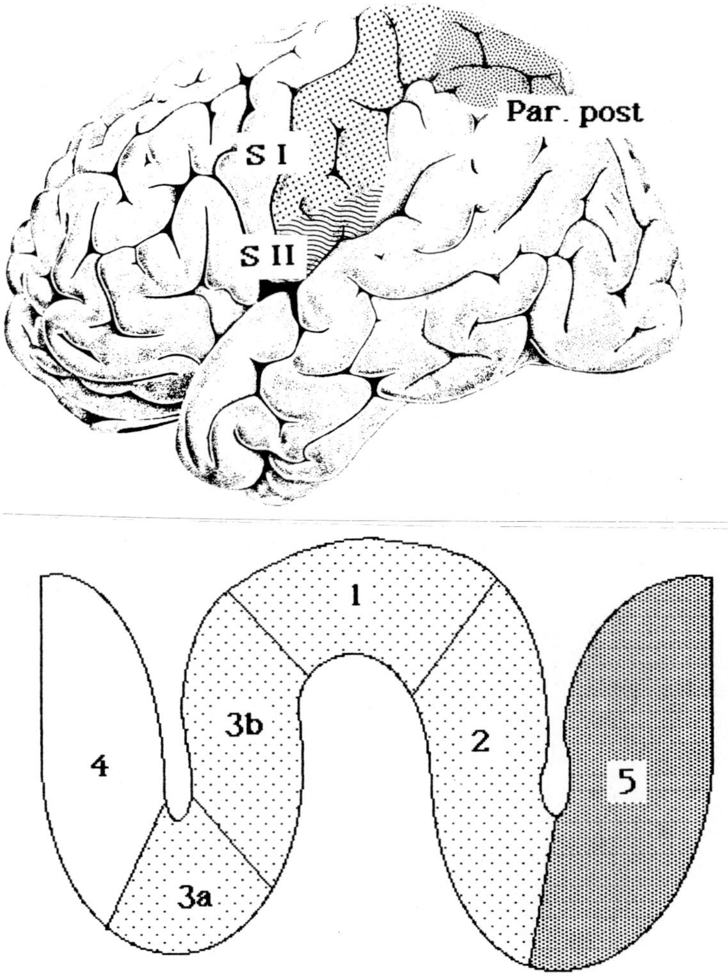

Fig. 70. – *Les aires corticales de la somesthésie.* L'aire somesthésique primaire (SI) comprend 4 régions adjacentes (les aires 3a, 3b, 1 et 2) situées entre le sillon de Rolando et le sillon post-central. Hormis SI, les autres aires concernées par la sensation somatique sont l'aire SII (somesthésique secondaire), située à la base du gyrus post-central, en continuité avec le cortex de l'insula et les aires pariétales postérieures (5 et 7), aires de cortex associatif situées en position plus postérieure.

Organisation du cortex somesthésique

Les fibres thalamo-corticales aboutissent principalement au niveau de SI et accessoirement au niveau d'une partie adjacente de cortex ou aire somesthésique secondaire (S-II), située dans la région operculaire, à proximité de l'insula (fig. 70). S-I est de loin la région la mieux connue. Elle est constituée de 4 aires contiguës numérotées dans la classification de Brodmann dans l'ordre suivant, à partir de la scissure de Rolando : 3a, 3b, 1 et 2 (fig. 70). S-I projette ensuite principalement sur le cortex pariétal postérieur ou aires 5 et 7 de Brodmann, aires associatives qui reçoivent en outre des afférences propres provenant du thalamus et également d'autres aires corticales (en particulier visuelles).

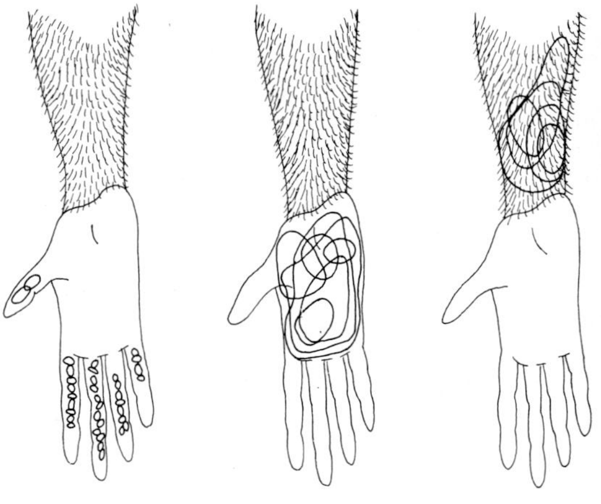

Fig. 72. – *Les champs récepteurs au niveau du membre antérieur du singe.* Chaque zone correspond à la partie du revêtement cutané dont la stimulation provoque l'activation d'une cellule corticale. La taille et la densité des champs récepteurs varient selon leur position sur le membre, les régions cutanées les plus aptes à la discrimination fine possédant les champs récepteurs les plus nombreux et les plus petits.

Règles somatotopiques d'organisation du cortex

Une des plus importantes découvertes sur le fonctionnement du système nerveux fut la mise en évidence, dans les années 30, d'une réactivité électrique du cortex post-central, enregistrée à l'aide d'électrodes placées sur la surface corticale, à une stimulation cutanée : le fait de toucher le corps de l'animal « évoque » un potentiel au niveau du cortex somesthésique. Qui plus est, il put être ensuite rapidement démontré que la stimulation de chaque point de la peau provoquait une activation électrique au niveau d'une population restreinte de neurones : le cortex somesthésique était donc organisé somatotopiquement. W. Penfield a pu retrouver une organisation similaire chez l'homme et dessiner un homoncule sensitif, parallèle à l'homoncule moteur sur l'aire 4 (voir chapitre 7). C'est ainsi que sur une section schématique de la région post-centrale (fig. 71) seront représentées les différentes parties de la moitié opposée du corps : le membre inférieur, sur la face interne de l'hémisphère, le tronc et le bras sous la voûte crânienne, la main et le visage sur la face externe et la région bucco-pharyngée au niveau operculaire (1).

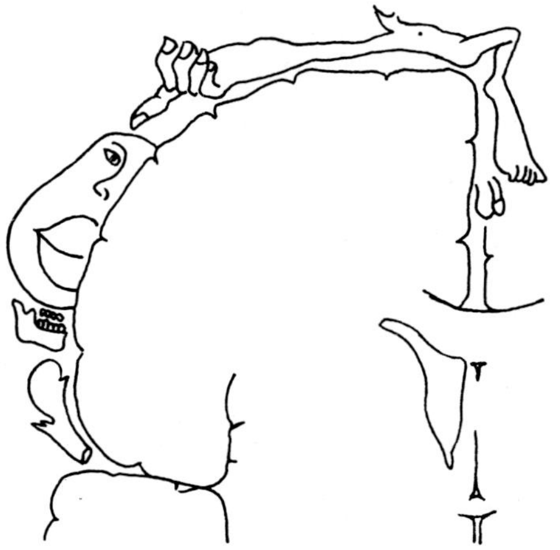

Fig. 71. – *L'homoncule sensitif, d'après Penfield.*

Enfin, l'aire somesthésique secondaire S-II est également le siège d'une somatotopie, la totalité de l'hémicorps controlatéral y étant aussi représentée.

(1) Cette disposition somatotopique explique en particulier la progression (« marche Jacksonnienne ») que suit une crise d'épilepsie dont le foyer débute au niveau d'un point du cortex post-central avant de s'étendre de proche en proche : le sujet pourra ainsi décrire l'apparition de fourmillements au niveau de la main, se propageant ensuite rapidement à tout le bras, puis à la face et au dos, puis au membre inférieur.

Notion de champ récepteur et d'inhibition latérale

L'observation de l'homoncule sensitif révèle en outre, comme son homologue moteur, une distorsion importante par rapport à l'anatomie normale du corps. Cette distorsion s'explique grâce à une notion fondamentale, celle de **champ récepteur**. Grâce à l'utilisation d'électrodes extracellulaires permettant l'enregistrement de l'activité unitaire des neurones, Mountcastle a montré que chaque neurone du cortex post-central répond à la stimulation d'une aire spécifique de la peau : on dit que chaque cellule possède son propre champ récepteur. A l'inverse, la stimulation d'une région particulière de la peau peut activer plusieurs populations de neurones, ce qui traduit un certain degré de chevauchement des champs récepteurs.

Deux caractéristiques fondamentales des champs récepteurs expliquent l'importance de ce concept :

– leur taille et leur densité sont variables selon la région du corps concernée. Les régions cutanées auxquelles sont dévolues les fonctions sensitives les plus fines, et qui par conséquent ont la plus grande représentation corticale (par exemple la pulpe des doigts et la langue), ont les champs récepteurs les plus petits et les plus nombreux par unité de surface. Au fur et à mesure que l'on remonte le long du bras, les champs récepteurs sont moins denses et plus vastes (fig. 72). Le cerveau sera ainsi d'autant mieux capable de percevoir (ou discriminer) une stimulation en 2 points proches de la peau, si celle-ci a lieu dans une région où les champs récepteurs sont nombreux et de petite taille.

– chaque champ récepteur est constitué d'une région centrale excitatrice et d'une périphérique inhibitrice de sorte que la stimulation d'un point du revêtement cutané provoque l'activation d'un groupe de neurones corticaux mais simultanément l'inhibition de neurones avoisinants, ce qui permet d'augmenter la précision perceptive. C'est ainsi que la stimulation de deux points proches aura d'autant plus de chances d'être perçue que la zone qui les sépare est doublement inhibée par la rencontre des 2 zones inhibitrices périphériques. Ce phénomène d'inhibition latérale, en augmentant le « contraste » entre zones stimulées et non stimulées, serait un processus fondamental de tout mécanisme perceptif.

Organisation tridimensionnelle corticale

Une autre découverte importante de V. Mountcastle fut la mise en évidence d'une organisation « verticale » du cortex somesthésique : l'étude par micro-électrodes de l'architecture cellulaire lui a en effet permis de remarquer que, outre son organisation classique en 6 couches horizontales, le cortex est également organisé en « colonnes » verticales. Chacun des neurones constituant une de ces colonnes réagit à une même modalité : certaines colonnes sont ainsi spécialisées dans la proprioception, d'autres dans la sensibilité tactile, d'autres sont spécifiquement activées par les mouvements des poils. Horizontalement, les cellules d'une même colonne sont, selon la couche à laquelle elles appartiennent, spécialisées dans la réception de l'information concernant la modalité spécifique à la colonne, ou dans le transfert de cette information vers une autre structure (fig. 73) : les cellules de la couche IV reçoivent l'information du thalamus ; les couches II et III projettent sur d'autres régions corticales (cortex associatif, cortex moteur et S-II) ; les couches V et VI projettent sur les structures sous-corticales.

Cartes fonctionnelles du cortex somesthésique

Il a été récemment démontré expérimentalement chez le singe que les différentes parties de S-I répondent à des modalités différentes de stimuli : les

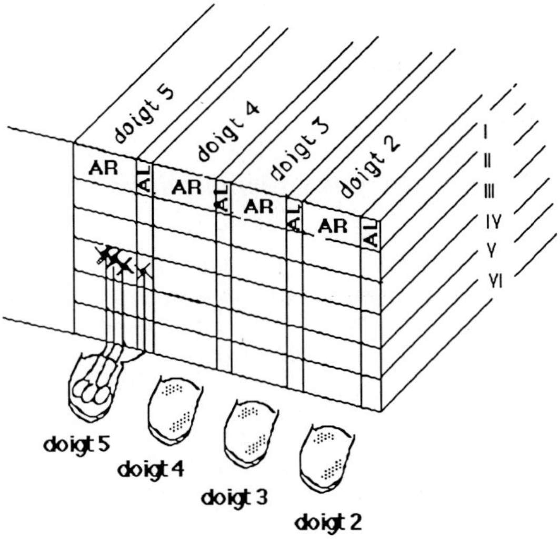

Fig. 73. – *Organisation tridimensionnelle du cortex somesthésique (aire 3b).* Le cortex est organisé sous la forme de colonnes verticales correspondant successivement à chacun des doigts et où alternent des neurones spécifiques aux récepteurs à adaptation rapide (AR) et des neurones spécifiques aux récepteurs à adaptation lente (AL).
D'après E.R. Kandel, Central representation of touch, In : E.R. Kandel & J.H. Schwartz (Eds), *Principles of Neural Science,* New York, Elsevier, 1985.)

neurones de l'aire 3a répondent principalement aux stimulations proprioceptives originaires des muscles ; ceux des aires 3b et 1 répondent à une stimulation superficielle de la peau ; enfin, ceux de l'aire 2 répondent spécifiquement à une stimulation des récepteurs sensibles à la pression profonde de la peau. En outre, sur chacune de ces quatre aires se trouve représentée une carte de l'hémicorps : il existe par conséquent dans l'aire S-I quatre représentations verticales juxtaposées de la moitié opposée du corps.

La fig. 73 représente ainsi l'organisation de l'aire 3b (stimulation tactile) considérée, à titre d'exemple, au niveau de la représentation de 4 doigts d'une main. Pour chaque doigt, l'information parvient à une colonne différente selon qu'elle provient de récepteurs à adaptation rapide (AR) ou à adaptation lente (AL). Une carte similaire mais distincte se trouve juxtaposée exactement en regard de celle-ci, sur l'aire 1 qui lui fait suite (fig. 74).

Ainsi, le cortex somesthésique primaire apparaît comme une structure de type modulaire dont le rôle est de recevoir l'information sous la forme de canaux doublement spécifiés (selon la modalité et selon la localisation corporelle d'origine du stimulus) et de répercuter l'information ainsi répertoriée sur

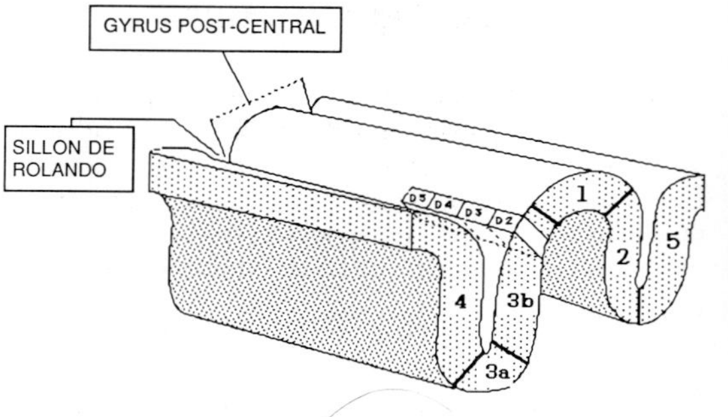

Fig. 74. – *Structure d'ensemble du cortex somesthésique.*

les autres structures chargées de l'utiliser. Les informations concernant la texture, la forme, la taille des objets (1) parviennent séparément au cortex primaire, au niveau correspondant du point de vue somatotopique à la région du corps qui a été stimulée. De là, ces informations pourront être synthétisées, probablement grâce au cortex pariétal postérieur qui est en outre chargé de préparer déjà une réponse motrice. Une organisation très similaire sera retrouvée dans le cortex visuel (voir chapitre 9).

Séméiologie de la sensibilité

Symptômes élémentaires

La recherche, en clinique neurologique, de perturbations de la sensibilité élémentaire est un geste de pratique courante qui nécessite un matériel succinct : un bout de coton pour tester la sensibilité tactile superficielle, la pointe d'une aiguille pour tester la douleur rapide, éventuellement un diapason pour tester la sensibilité vibratoire ou pallesthésie, et deux tubes d'eau, chaude et froide, pour tester la sensibilité thermique. Lorsque l'on suspecte une lésion du système nerveux périphérique (nerf, racine), on explorera la sensibilité dans le territoire cutané (dermatome) correspondant. Lorsque l'on suspecte une lésion médullaire, l'examen consistera à comparer la sensibilité entre la partie basse et la partie haute du corps, afin de déterminer le niveau de l'atteinte des voies sensitives. Lorsque l'on suspecte une lésion encéphalique, il consistera à comparer la sensibilité des 2 moitiés du corps. Le symptôme le plus fréquent est l'hypoesthésie, c'est-à-dire la diminution de la sensibilité dans une région du corps ; plus rarement sera réalisée une anesthésie complète. Le trouble peut intéresser soit une seule modalité sensitive (tactile, ou thermo-douloureuse, ou proprioceptive par exemple), soit plusieurs modalités.

La perte de la sensibilité proprioceptive peut donner lieu à un trouble de la coordination du mouvement (ataxie proprioceptive) et de la marche, par perte du sens de position des segments de membres et de leurs rapports. La caractéristique de ces troubles est d'apparaître ou d'être franchement aggravés par l'occlusion des yeux.

(1) Un certain nombre de neurones du cortex somesthésique primaire ont des propriétés plus complexes, répondant seulement à un stimulus en mouvement : ils permettraient en particulier d'apprécier la structure tridimensionnelle des objets (stéréognosie).

Séméiologie complexe

A côté de perturbations des modalités élémentaires de la sensibilité, il est possible d'explorer les fonctions plus complexes, essentiellement, mais non exclusivement, dévolues au cortex pariétal :

– la *dermolexie*, capacité à reconnaître, sans l'aide de la vision, des signes ou des lettres tracés sur la peau ;

– la *stéréognosie*, capacité à identifier des formes et des objets placés dans la paume de la main. Les troubles de la sensibilité rencontrés lors de la sclérose en plaques (voir chapitre 17) réalisent volontiers une *astéréognosie* plus ou moins complète.

– la *somatognosie* (littéralement : « connaissance du corps »), est une fonction sensorielle complexe dont la perturbation est susceptible d'altérer la notion du schéma corporel. Les lésions responsables sont essentiellement celles touchant le cortex pariétal associatif, surtout dans l'hémisphère droit (voir chapitre 15).

– les *illusions et hallucinations somesthésiques*. La perception d'un membre fantôme chez l'amputé est une illusion fréquente traduisant l'activité persistante des neurones somesthésiques correspondant au membre amputé. Les illusions de membre surnuméraire ou de non appartenance d'un membre sont à rapprocher des troubles déficitaires de la somatognosie. Les sensations de télescopage ou autre modification de la forme de segments du corps se rencontrent dans certaines crises d'épilepsie dont le foyer d'origine est situé dans le cortex pariétal postérieur ou dans certaines crises migraineuses complexes (« syndrome d'Alice au pays des merveilles »).

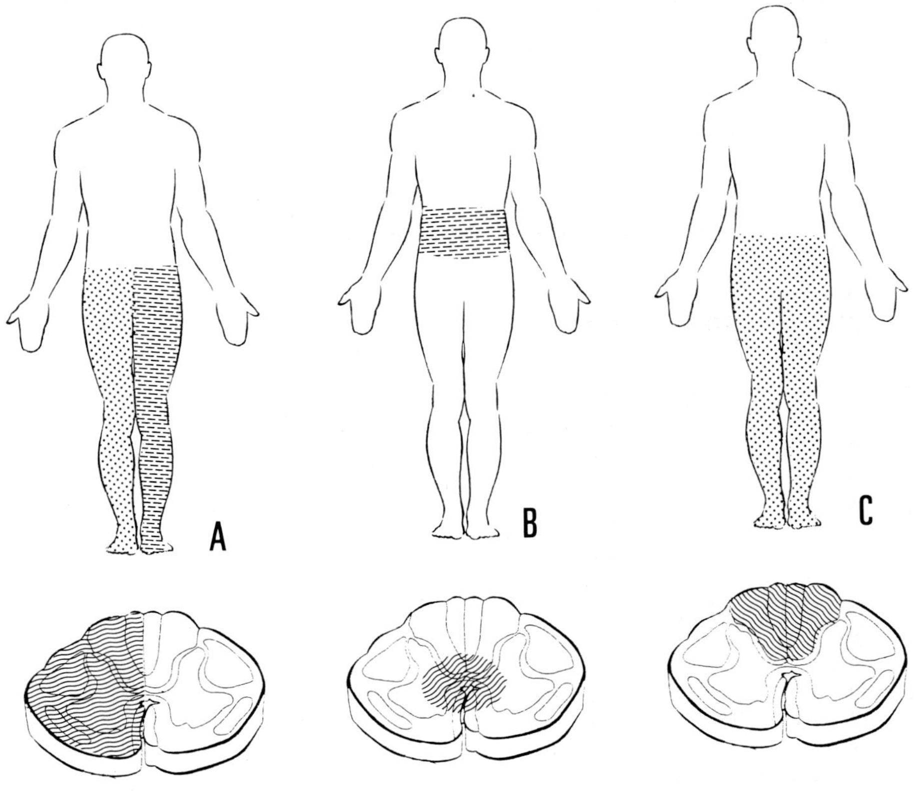

Fig. 75. – *Troubles sensitifs rencontrés au cours des principaux syndromes médullaires : syndrome de Brown-Sequard (A), syndrome syringomyélique (B), syndrome cordonnal postérieur (C).* En pointillés la zone d'anesthésie tactile épicritique et proprioceptive en tirets la zone d'anesthésie thermo-douloureuse. En cartouche, schématisation de la lésion médullaire causale.

Groupements syndromiques

Syndromes médullaires (fig. 75)

– le *syndrome cordonnal postérieur* ou tabétique (réalisé de façon typique lors d'atteinte médullaire syphilitique ou tabes dorsalis) est caractérisé par une abolition de la sensibilité proprioceptive dans les membres inférieurs avec préservation de la sensibilité thermo-algésique. Des douleurs spontanées à type de serrement en étau des mollets ou des cuisses y sont souvent associées.

– le *syndrome de Brown-Sequard*, ou syndrome d'hémi-section médullaire est caractérisé par une anesthésie à la douleur du côté opposé à la lésion médullaire et une perte de la sensibilité proprioceptive dans l'hémicorps ipsilatéral à la lésion.

– le *syndrome syringomyélique*, dû à une lésion centro-médullaire, réalise une hypoesthésie « suspendue » n'intéressant que le territoire sensitif d'un certain nombre de myélomères successifs. Le trouble n'intéresse que la sensibilité thermo-algésique, les fibres spino-thalamiques étant les seules à transiter dans la région centro-médullaire.

Syndrome thalamique

L'atteinte du thalamus, en particulier celle que réalise un infarctus ischémique de ce noyau, est responsable d'un syndrome sensitif assez aisément reconnaissable associant une perte de la sensibilité à tous les modes (mais surtout le tact et la proprioception) localisée à l'hémicorps controlatéral à des manifestations douloureuses très particulières caractérisées par une perception anormalement douloureuse des stimuli les plus faibles (par exemple le contact du coton peut être perçu comme une brûlure insupportable). Cette perception anormale est appelée : **hyperpathie**.

Syndromes corticaux

Les lésions du cortex pariétal sont susceptibles de perturber tous les modes de la somesthésie, tant élémentaires que complexes (somatognosie, stéréognosie). Les crises épileptiques à point de départ post-central se traduiront par des sensations anormales (paresthésies) plus ou moins durables et plus ou moins migratrices ; les crises à séméiologie plus complexe seraient plutôt liées à la décharge de neurones du cortex pariétal postérieur.

CHAPITRE IX

MÉCANISMES NERVEUX DE LA VISION

La vision est sans doute, parmi les systèmes sensoriels, le plus utile et le plus important d'un point de vue fonctionnel, du moins pour le primate : chez ce dernier en effet, et tout particulièrement chez l'homme, la vision a fini de remplacer l'olfaction (dont l'importance décroît au cours de l'évolution phylogénétique des mammifères) comme instrument premier du rapport de l'individu à son environnement. L'organisation des structures nerveuses impliquées dans la fonction visuelle humaine est, par sa complexité et la sophistication de ses mécanismes, la preuve indubitable de cette prééminence.

Notre connaissance de l'organisation des structures impliquées dans la vision a largement bénéficié de nombreux apports récents de la recherche dans diverses branches des neurosciences. Nous tâcherons donc de rapporter ci-dessous, à côté de notions classiques mais indispensables à la compréhension de ces mécanismes, les principales données que ces dernières années ont vu s'ajouter à cet important chapitre.

Rétine et phototransduction

Le premier intermédiaire entre le monde visuel et le cerveau est la **rétine**, l'organe récepteur de la vision. A la différence des récepteurs de la sensibilité envisagés au chapitre précédent, la rétine n'est pas une structure «périphérique» mais une véritable expansion du système nerveux. Cette propriété lui vaut souvent d'être considérée comme une partie proprement constitutive du cerveau.

Une caractéristique fondamentale de la réception visuelle est que le stimulus, avant d'arriver au récepteur, la rétine, doit traverser toute l'épaisseur des éléments constitutifs de l'œil. Le rayon lumineux qui parvient ainsi à la rétine (fig. 76) n'est pas modifié dans sa nature mais les propriétés de réfraction des tissus constituant le globe oculaire font que celui-ci se comporte comme une lentille qui dévie les rayons lumineux. Cela explique une des propriétés fondamentales de l'œil qui est de former sur la rétine une image **inversée** par rapport à la réalité (de sorte que le système nerveux aura entre autres rôles celui de rétablir le sens de l'image).

La rétine est la membrane interne de l'œil : elle tapisse toute la face interne du globe oculaire. Elle est constituée de cellules nerveuses et de fibres qui convergent vers le pôle postérieur du globe pour se réunir au niveau d'un point excentré situé un peu en dedans du pôle lui-même : la **papille**. Au niveau du pôle postérieur proprement dit se trouve une petite tache jaune visible à l'examen du fond d'œil, la **macula**, qui présente en son centre une dépression avasculaire : la **fovéa**, la région de la

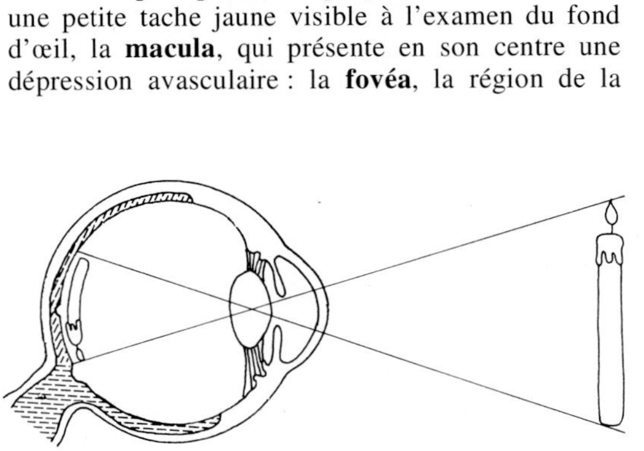

Fig. 76. – Les différents constituants de l'œil se comportent dans leur ensemble comme une lentille biconvexe. À la manière d'un appareil photographique, ils vont renverser l'image de l'objet projetée au fond de l'œil, sur la rétine. Le cerveau aura donc, entre autres rôles, celui de rétablir le sens réel du monde visuel.

rétine qui possède la meilleure résolution spatiale. Les cellules réceptrices ou photorécepteurs sont réparties de manière inégale sur la rétine. La papille est la seule région ne contenant pas de photorécepteurs, elle est donc aveugle : c'est ce qui explique le phénomène appelé « tache aveugle » (fig. 77).

Fig. 77. – Mise en évidence de la tâche aveugle. Lorsque l'on fixe la croix supérieure avec l'œil gauche, le droit étant fermé, la page étant située à une quinzaine de centimètres de l'œil, on voit disparaître le cercle noir ; de même, pour la ligne inférieure, on obtient l'illusion que la ligne noire est continue.

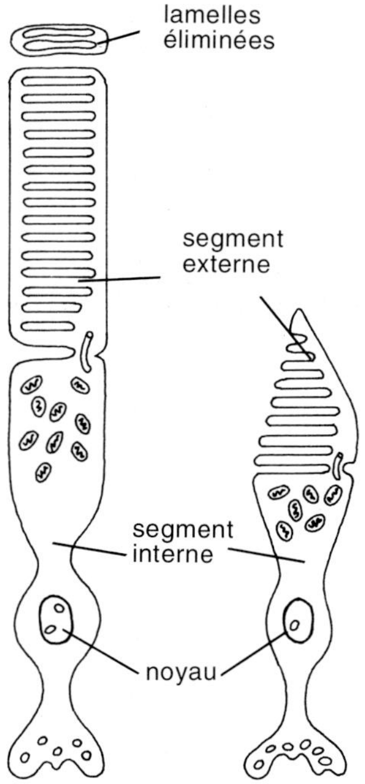

Fig. 78. – *Les cellules photoréceptrices : cônes et bâtonnets.*

Cellules réceptrices de la rétine

La rétine humaine contient 2 types de récepteurs dénommés **cônes** et **bâtonnets**. Ce sont des photorécepteurs car ils captent l'énergie lumineuse (photons). Chacun des 2 types cellulaires a des caractéristiques et des fonctions propres. Les cônes ont pour rôle de détecter les formes et les couleurs et sont responsables de la vision diurne. Les bâtonnets n'entrent en fonction que lorsque l'intensité lumineuse est très faible, la nuit ou dans la pénombre ; ils sont plus sensibles aux changements de lumière que les cônes mais ne détectent que grossièrement les formes.

Cônes et bâtonnets sont disposés différemment dans la rétine : il y a d'une part beaucoup plus de bâtonnets que de cônes (3 millions de cônes pour 100 millions de bâtonnets), sauf au niveau de la fovéa où les cônes sont plus nombreux : c'est pourquoi la fovéa est la région de la rétine recevant l'image sous sa forme la plus claire, permettant une analyse très fine des formes et des couleurs.

Les cônes et les bâtonnets sont chacun constitués de 2 parties (fig. 78) :

– un **segment externe** ou distal formé par l'empilement de disques membraneux, série d'invaginations de la membrane cellulaire, dont la forme et le nombre sont différents entre les 2 types. Ces disques membraneux sont responsables de la captation de la lumière (le segment externe plus développé des bâtonnets explique la meilleure capacité de ces derniers à capter la lumière) ;

– un **segment interne** ou proximal qui contient le noyau cellulaire et se prolonge par la terminaison synaptique qui établit le contact entre la cellule réceptrice et les autres éléments nerveux.

L'anatomie très particulière de ces divers éléments, en particulier du segment externe, est en relation avec des caractères fonctionnels bien précis

– Les disques membraneux des cônes et des bâtonnets contiennent les **photopigments visuels**, véritables capteurs de lumière. Chaque molécule de pigment est orientée à l'intérieur du disque de sorte à recevoir le maximum de photons provenant des rayons lumineux.

– Les disques subissent un processus de destruction et de renouvellement suivant un **rythme circadien** (c'est-à-dire d'une durée d'environ 24 heures) les disques des bâtonnets sont détruits le matin, sous l'influence de la lumière, ceux des cônes sont détruits le soir, sous l'effet de l'obscurité. Il a été démontré qu'en moins d'une heure 3 ou 4 disques peuvent être reconstitués. Les segments distaux des photorécepteurs font donc l'objet d'un véritable « turnover » quotidien où une partie de la structure est détruite et se renouvelle totalement.

– Enfin, la membrane externe du segment distal est le lieu où naît l'influx électrique qui se propagera ensuite jusqu'aux structures cérébrales.

Mécanismes chimiques de la phototransduction

– *Dans les bâtonnets :* le pigment visuel spécifique aux bâtonnets est une molécule appelée **rhodopsine**, constituée de l'association d'une protéine (l'opsine) et d'un dérivé de la vitamine A, le rétinal. Les molécules sont organisées dans le segment externe des bâtonnets, chacun des quelque 2 000 disques contenant une couche monomoléculaire de rhodopsine. La molécule de rétinal peut adopter 2 configurations différentes (fig. 79) : le 11-cis réti-

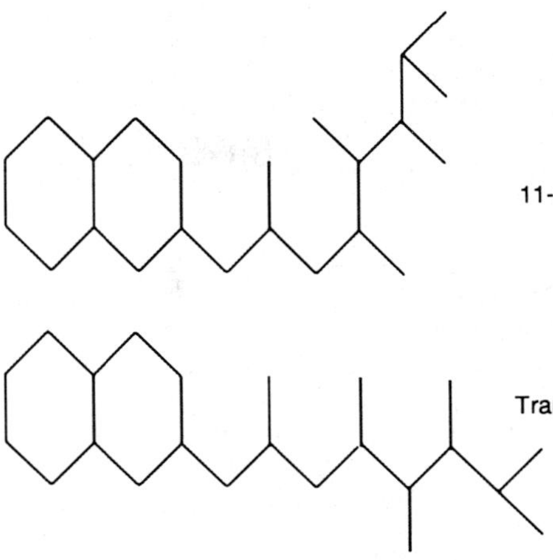

Fig. 79. – *Les deux configurations chimiques de la molécule de rétinal.*

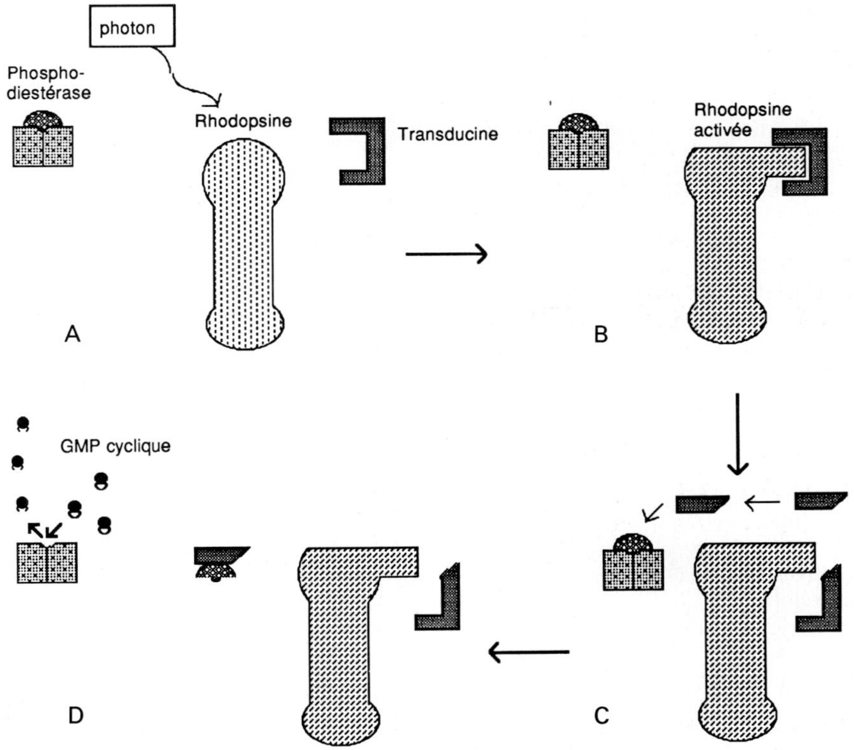

Fig. 80. – *La « cascade d'excitations » du cycle de la rhodopsine.* Le cycle débute par l'absorption d'un photon par la rhodopsine (A). La rhodopsine ainsi activée interagit ensuite (B) avec la transducine dont une sous unité se détache alors (C) pour venir supprimer l'inhibition de la phosphodiestérase membranaire qui, une fois activée, est capable d'ouvrir de nombreuses molécules d'un « second messager », le GMP cyclique (D). Puis la transducine se recombine, la molécule de phosphodiestérase se reforme, et la rhodopsine, désactivée, retrouve sa forme initiale (A). D'après G. Kelvin, Science Graphics, in L. Stryer Les molécules de la vision. Pour la Science n° 119, septembre 1987.

nal, où la molécule est constituée de 2 parties perpendiculaires et le trans-rétinal où ces 2 parties se placent selon un même axe. Lors de l'absorption de la lumière par la molécule de rhodopsine, celle-ci se transforme de cis en trans-rétinal, forme sous laquelle le rétinal se détache de l'opsine, ce qui fait perdre ses propriétés à la rhodopsine ainsi rompue en deux parties. Lors de l'exposition à une forte lumière, une grande quantité de rhodopsine est détruite et rendue sous la forme de trans-rétinal qui devra, dès la réapparition de l'obscurité, se retransformer en cis-rétinal pour reconstituer la molécule de rhodopsine. Une déficience nutritionnelle en vitamine A peut, dans un premier temps, perturber la vision nocturne, puis, si la carence persiste, provoquer une cécité totale par destruction du segment externe des photorécepteurs. On a pu récemment reconstituer les diverses étapes de la « cascade d'excitation » qui caractérise chimiquement le cycle de la rhodopsine (fig. 80). Celui-ci fait intervenir 2 molécules ayant chacune un rôle spécifique : l'une est une substance proche des acides nucléiques, le GMP cyclique (« second messager »), l'autre est une enzyme appelée « transducine » : l'activation de la rhodopsine par l'absorption d'un photon induit, par l'intermédiaire de la transducine, l'ouverture par une phosphodiestérase de la molécule de GMP cyclique dont le rôle est de maintenir ouverts les canaux à sodium de la membrane (voir ci-dessous).

– *Dans les cônes :* les cônes contiennent également un pigment visuel proche de la rhodopsine dont il existe en fait 3 formes différentes correspondant aux 3 types de cônes, dont la capacité à absorber la lumière est meilleure en fonction du spectre des couleurs et sous-tend la division en 3 zones du spectre coloré chez l'homme (voir plus bas).

– *La transduction électrique :* le caractère cyclique ou non de la molécule de GMP tient sous sa dépendance la perméabilité de la membrane externe du segment distal de la cellule. Cette membrane plasmique laisse passer sélectivement un flux continu d'ions sodium et maintient ainsi une différence de potentiel (d'environ – 40 mV) entre l'intérieur et l'extérieur du bâtonnet. Lorsque le GMP est sous sa forme cyclique, lors de l'obscurité, les canaux à Na^+ restent ouverts ; sous l'effet de la lumière, la dégradation des molécules de GMP est responsable de la fermeture des canaux à Na^+, ce qui provoque une augmentation de la différence de potentiel jusqu'à – 80 mV : l'hyperpolarisation ainsi provoquée, proportionnelle à l'intensité lumineuse, va se propager le long de la membrane externe jusqu'à la terminaison synaptique, entraînant une diminution de la quantité de médiateur chimique déversée à l'autre extrémité de la cellule.

Rôle des autres cellules rétiniennes

N'ont été envisagés jusqu'à présent que les processus intéressant les cellules réceptrices elles-mêmes. En aval de cette première étape vont intervenir 4 autres types de cellules également situées dans la rétine :

– les **cellules ganglionnaires**, qui sont les neurones de projection de la rétine, c'est-à-dire que ce sont leurs axones qui sont chargés de transmettre l'information jusqu'aux structures cérébrales constituant les voies optiques et se terminant principalement au niveau des corps genouillés et des tubercules quadrijumeaux.

– les **cellules bipolaires**, qui connectent les récepteurs aux cellules ganglionnaires.

– les cellules **horizontales** et **amacrines**, cellules d'association qui modulent la transmission entre les 3 principaux types cellulaires.

Une même cellule à cône effectue une synapse avec 2 canaux distincts de cellules bipolaires et ganglionnaires (fig. 81) : l'un est excité par l'activation du cône par la lumière (cellule bipolaire « on » ou dépolarisante) ; l'autre est inhibé par cette même activation du cône (cellule « off » ou hyperpolarisante). Dans l'obscurité, un cône sécrète en permanence un transmetteur chimique capable de modifier le fonctionnement de la cellule bipolaire. Le déversement d'un même transmetteur à l'extrémité synaptique d'une cellule à cône a donc un double effet : une inhibition des cellules « on » et une activation des cellules « off » ; l'effet inverse est provoqué par l'illumination des cônes, l'effet de la lumière étant de diminuer la sécrétion de transmetteur. Par la suite, chaque cellule bipolaire est connectée avec une cellule ganglionnaire possédant la même polarité : chaque cellule bipolaire est donc à l'origine d'un double circuit fonctionnant en parallèle.

Il a été démontré que le champ récepteur (1) des cellules ganglionnaires est à peu près circulaire et de taille variable selon la partie de la rétine concernée : au niveau de la fovéa, où l'acuité visuelle est la meilleure, le champ récepteur des cellules ganglionnaires est très petit ; à la périphérie de la rétine, où au contraire l'acuité est faible, les champs récepteurs sont plus étendus (ne dépassant pas toutefois 1 ou 2 mm de diamètre). De même que pour le système somesthésique, on reconnaît aux champs

(1) Le champ récepteur d'une cellule visuelle se définit (comme pour les cellules sensorielles envisagées au chapitre précédent) comme l'aire de la rétine dont la stimulation lumineuse provoque une modification (excitation ou inhibition) de l'activité électrique de la cellule.

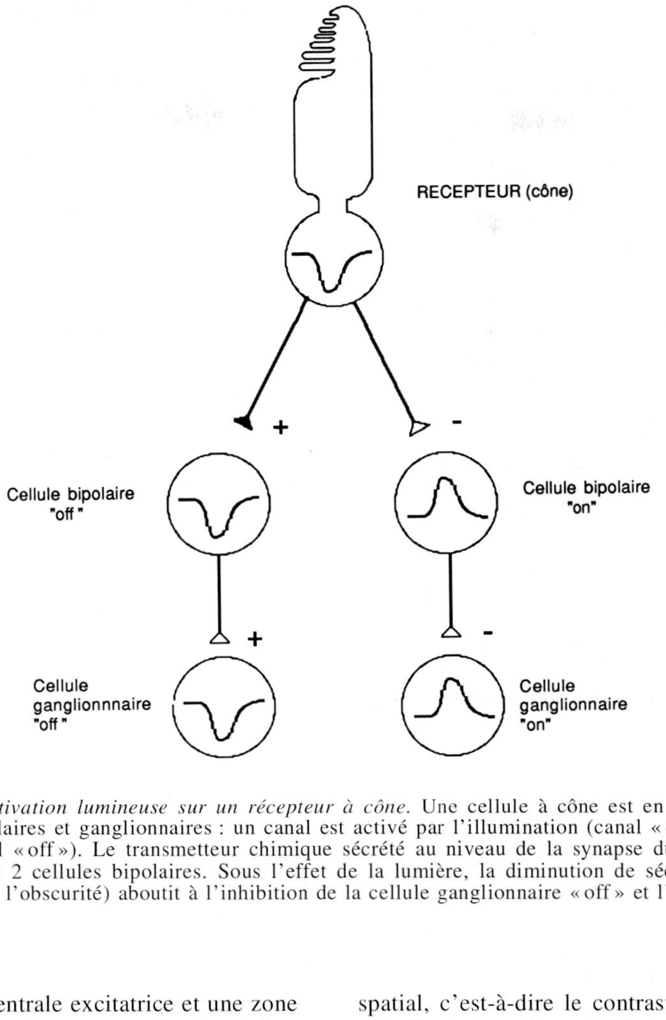

Fig. 81. – *Effet de l'activation lumineuse sur un récepteur à cône.* Une cellule à cône est en contact avec 2 canaux séparés de cellules bipolaires et ganglionnaires : un canal est activé par l'illumination (canal « on »), l'autre est inhibé par l'illumination (canal « off »). Le transmetteur chimique sécrété au niveau de la synapse du cône a donc un effet inverse sur chacune des 2 cellules bipolaires. Sous l'effet de la lumière, la diminution de sécrétion du transmetteur (sécrété en continu dans l'obscurité) aboutit à l'inhibition de la cellule ganglionnaire « off » et l'activation de la cellule « on ».

récepteurs une zone centrale excitatrice et une zone périphérique inhibitrice (de sorte que la stimulation lumineuse du centre du champ provoque une augmentation et celle de la périphérie une diminution de l'activité électrique de la cellule). Cette disposition concentrique s'applique aux cellules « on » ; pour les cellules « off », l'inverse se produit : la stimulation lumineuse du centre du champ inhibe l'activité de la cellule ganglionnaire, la stimulation de la périphérie l'intensifie. La figure 82 résume ces divers cas et montre en outre que la stimulation diffuse du champ donne un effet bien plus faible. Cet **antagonisme centre-périphérie** illustré ici pour les cellules ganglionnaires est la première étape d'un processus qui se produit également à divers autres niveaux du système visuel et dont le but final est d'augmenter le contraste entre lumière et obscurité, processus fondamental de la perception des formes et des contours. Il explique pourquoi l'apparence d'un objet ne dépend pas tant de l'intensité lumineuse qu'il reflète que du contraste spatial, c'est-à-dire le contraste entre l'objet et ce qui l'entoure : **les cellules du système visuel « lisent » les contrastes**.

L'antagonisme centre-périphérie est encore rehaussé par l'intervention des **cellules horizontales**. Les cônes déversent un médiateur chimique qui dépolarise les cellules horizontales. Ces dernières, ainsi activées, déversent elles-mêmes un transmetteur dont l'effet est d'hyperpolariser (donc d'inhiber) les cônes avoisinants. A l'inverse, l'hyperpolarisation par la lumière d'un groupe de cônes entraîne la dépolarisation des cônes avoisinants par l'intermédiaire de l'action des cellules horizontales.

Indépendamment des systèmes « on » et « off », il existe 3 sous-groupes de **cellules ganglionnaires** différant dans leur forme et leur fonction :

– les **cellules X**, de taille moyenne et possédant peu de dendrites, participent à la vision à haute acuité ;

– les **cellules Y**, dont le soma est le plus volumineux, ont des dendrites très développées et sont

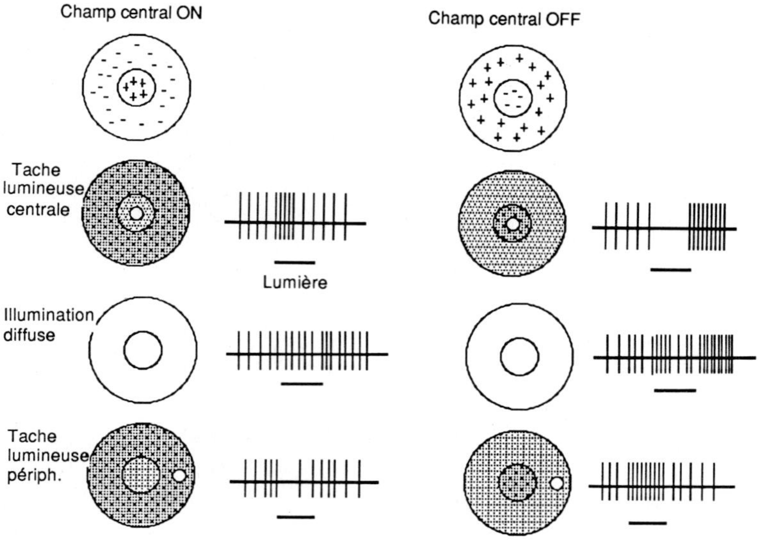

Fig. 82. – *Les champs récepteurs des cellules ganglionnaires.* On distingue 2 types de cellules ganglionnaires selon que la région centrale est excitatrice et la région périphérique inhibitrice (cellules « on ») ou que la région centrale est inhibitrice et la région périphérique excitatrice (cellules « off »). La tâche blanche représente la position du spot lumineux et les traits verticaux schématisent la fréquence de décharge de la cellule.

importants dans l'analyse initiale grossière des formes ;

– les **cellules W**, à petit corps cellulaire, sont impliquées dans les mouvements de la tête et du cou coordonnés à la vision. Les cellules X projetent exclusivement sur le corps genouillé, les cellules Y, principalement sur le corps genouillé et en partie sur le colliculus, les cellules W exclusivement sur le colliculus (voir plus bas).

Voies optiques

Les voies optiques comprennent toutes les formations nerveuses qui transportent et traitent l'information visuelle entre la rétine et le cortex visuel primaire. On y distingue deux voies d'importance inégale : l'une dite **rétino-tectale** aboutit au niveau du tectum mésencéphalique (tubercules quadrijumeaux) ; l'autre, la plus importante, est la voie **rétino-géniculo-striée**, formée de 2 neurones : le premier rétino-thalamique, se terminant dans le corps genouillé, un petit noyau situé à la base du thalamus, le second thalamo-cortical, se terminant au niveau de l'aire striée, sur les berges de la scissure calcarine du lobe occipital. Durant leur long trajet, les voies optiques pourront être le siège de diverses lésions dont la reconnaisance repose sur l'observation des troubles du champ visuel qu'elles réalisent. L'étude des rapports entre l'anatomie des voies optiques et la représentation du champ visuel qu'elles véhiculent est donc d'un intérêt fondamental pour la compréhension de certains symptômes visuels fréquemment observés chez le sujet cérébro-lésé.

Projection du champ visuel sur la rétine

On appelle champ visuel la totalité de l'image du monde extérieur fournie aux deux yeux sans mouvement de la tête. En pratique, le champ visuel tel qu'il peut être exploré cliniquement comprend la totalité de l'espace environnant dans lequel il est possible de détecter une cible tout en fixant un point central. Le point fondamental, qui détermine toute la compréhension de l'organisation décrite ci-après, est que la rétine inverse l'image qu'elle reçoit, tant dans le plan vertical que dans le plan horizontal.

– *Dans le plan horizontal,* l'hémi-champ visuel droit se projette sur la partie externe (temporale) de la rétine gauche et sur la partie interne (nasale) de la rétine droite ; l'hémichamp visuel gauche se projette sur l'hémirétine nasale gauche et sur l'hémirétine temporale droite (fig. 83) (1). En outre, il existe au niveau de la partie la plus antérieure de la rétine nasale une zone de vision monoculaire recevant la partie la plus latérale du champ visuel ipsilatéral (« croissant temporal »), l'œil controlatéral ne recevant pas d'image de cette zone extrême en raison de l'obstacle que constitue la crête nasale.

– *Dans le sens vertical*, la moitié supérieure du champ visuel se projette sur la moitié inférieure ou ventrale de la rétine ; la moitié inférieure du champ visuel sur la moitié supérieure (dorsale) de la rétine.

Destinée des fibres rétiniennes

En arrière de la rétine, les fibres issues des cellules ganglionnaires convergent vers le pôle postérieur du globe oculaire pour former le **nerf optique**. Les deux nerfs optiques se dirigent l'un vers l'autre et se rejoignent en position médiane sous la face inférieure du cerveau, au niveau de la tige pituitaire. Les nerfs optiques divergent alors à nouveau pour donner naissance aux **bandelettes optiques**. Ce croisement constitue le **chiasma optique**. En arrière, les bandelettes contournent les pédoncules cérébraux pour venir se terminer au niveau des corps genouillés latéraux.

Les fibres provenant de chaque partie de la rétine ont une destinée différente que l'on peut schématiser, comme sur la figure 84, sous la forme d'un trait par hémirétine :

– les fibres provenant de l'hémirétine temporale (recevant les images de la moitié nasale du champ visuel) restent, dans la bandelette, du même côté que leur œil d'origine ;

– les fibres provenant de l'hémirétine nasale (recevant les images de la moitié temporale du champ visuel) croisent la ligne médiane au niveau du chiasma et rejoignent le corps genouillé controlatéral.

Ainsi, en arrière du chiasma, la bandelette optique du côté droit, par exemple, contient les fibres recevant l'information de l'hémirétine temporale de l'œil droit et de l'hémirétine nasale de l'œil gauche, c'est-à-dire **toutes les fibres véhiculant l'image de l'hémichamp visuel gauche**.

Hémianopsies

Une lésion touchant la bandelette optique sera responsable d'un symptôme fréquemment rencontré en pratique neurologique : l' **hémianopsie** (1) **latérale homonyme** (HLH). Alors qu'une lésion du nerf optique altère ou supprime la vision dans la totalité du champ visuel d'un seul œil (cécité monoculaire ou amaurose), la lésion de la bandelette droite est responsable, pour les deux yeux, d'une perte de la vision dans le champ visuel gauche (HLH gauche) ; la lésion de la bandelette gauche, d'une perte de la vision dans le champ visuel droit (HLH droite).

On peut, plus rarement, rencontrer un autre type d'hémianopsie dite bitemporale, lorsque la lésion siège cette fois-ci au niveau du chiasma optique : seules les fibres croisant la ligne médiane sont alors touchées, réalisant une perte de la vision dans le champ temporal de chaque œil.

Organisation du corps genouillé latéral (CGL)

Le **corps genouillé** (ou noyau géniculé) **latéral** est un petit noyau en forme de virgule situé à la partie postéro-inférieure du thalamus. C'est à son

(1) Cette disposition inversée fait qu'il est important de distinguer clairement, lorsque l'on emploie les termes nasal ou temporal, si l'on se réfère à un hémi-champ visuel ou à une hémi rétine.

(1) Mot construit à partir des racines grecques : hémi- = moitié; an- = privatif; ops- = vision.

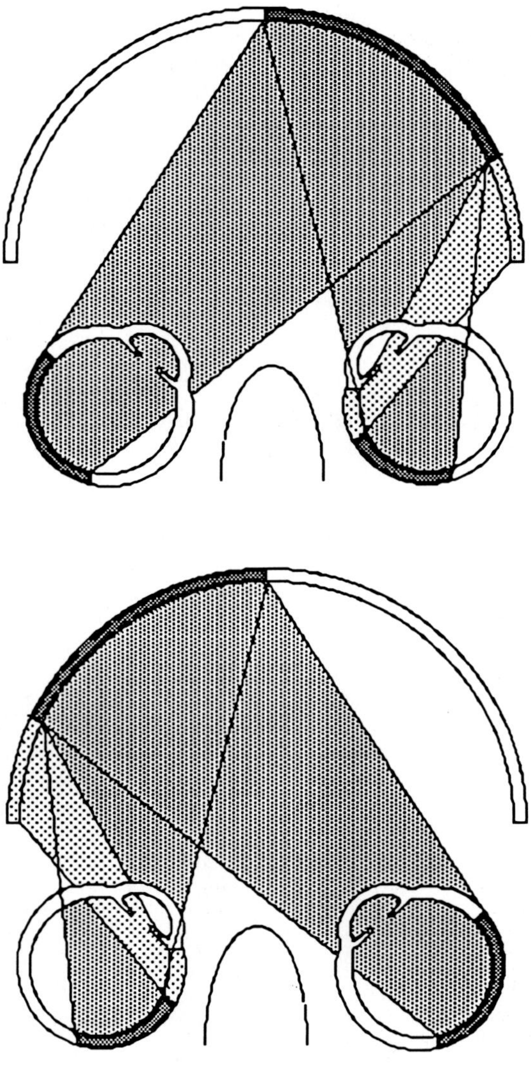

Fig. 83. – *Le champ visuel se projette sur la rétine en s'inversant dans le sens horizontal;* l'hémichamp droit se projette sur la moitié gauche de chaque rétine, c'est-à-dire sur l'hémirétine temporale de l'œil gauche et l'hémirétine nasale de l'œil droit. Contrairement au reste du champ visuel dont chaque point se projette ainsi sur chacun des 2 yeux, la partie la plus externe de chaque champ temporal ne se projette que sur la rétine ipsilatérale : c'est la zone monoculaire, liée à la présence de l'arête nasale qui empêche la rétine controlatérale de recevoir une image de cette zone.

niveau que l'axone de la cellule ganglionnaire effectue sa synapse avec le neurone suivant à destinée corticale.

Ce sont essentiellement les célèbres travaux de Hubel et Wiesel qui ont permis de comprendre l'organisation des corps genouillés et par là-même ont largement contribué à faire du système visuel le premier exploré et le mieux connu aujourd'hui de nos systèmes sensoriels.

Le CGL est constitué de 6 couches de neurones recevant séparément les axones provenant de l'œil ipsilatéral et ceux provenant de l'œil controlatéral (fig. 85). Les couches numérotées 6, 4 et 1 reçoivent les fibres de l'hémirétine nasale controlatérale ; les couches 5, 3 et 2 les fibres de l'hémirétine temporale ipsilatérale.

Ainsi, chacune des 6 couches comprend une représentation de l'hémichamp controlatéral de telle

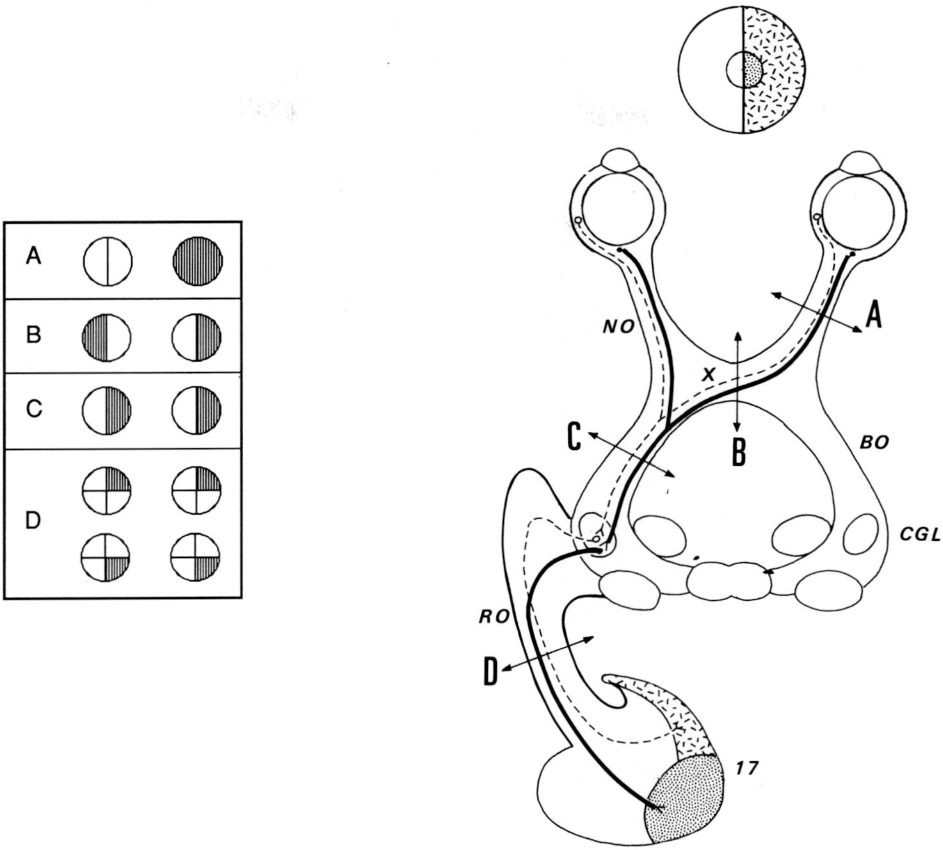

Fig. 84. – *Distribution des fibres rétiniennes dans les voies optiques.* Les fibres rétiniennes ont une destinée différente selon qu'elles proviennent de la partie temporale ou nasale de la rétine : les fibres issues de l'hémirétine nasale croisent la ligne médiane au niveau du chiasma (X) pour rejoindre le corps genouillé latéral (CGL) controlatéral ; les fibres issues de l'hémirétine temporale se dirigent vers le CGL ipsilatéral, restant donc du côté de leur œil d'origine. Cette disposition explique l'effet que provoquent, en clinique humaine, des lésions situées à divers points des voies optiques. En A : cécité monoculaire par lésion du nerf optique (NO). En B : hémianopsie bitemporale par lésion de la région chiasmatique centrale. En C hémianopsie latérale homonyme par lésion de la bandelette optique (BO) ou du CGL. Enfin (D) une lésion de la radiation optique (RO) ou du cortex strié (17) peut provoquer une quadranopsie supérieure ou inférieure selon que la lésion touche la partie infra-calcarine ou supra-calcarine de ces structures.

sorte que chaque corps genouillé contient 6 « cartes » distinctes de l'hémichamp visuel.

Les 2 couches les plus ventrales (1 et 2) sont appelées magnocellulaires car elles contiennent des cellules relativement volumineuses ; les 4 autres couches sont appelées parvocellulaires. Il a été démontré que les différents types de cellules ganglionnaires projettent différemment sur le CGL. Les axones des cellules Y, qui ont pour rôle la détection grossière des formes et des mouvements, projettent exclusivement sur les couches 1 et 2 (magnocellulaires). Ceux des cellules X, spécialisées dans la perception fine des formes et des détails, se projettent aussi bien dans les zones magnocellulaires que dans les couches 3 à 6 (parvocellulaires). Outre les distinctions ci-dessus, les cellules du CGL peuvent également se répartir selon leur champ récepteur : de même que pour les cellules rétiniennes, il existe à ce niveau des cellules « on » et des cellules « off » dont le rôle est d'amplifier encore le contraste entre le centre et la périphérie du champ récepteur.

Enfin, il a été démontré que le CGL, dont les cellules projettent sur le cortex strié, reçoit de celui-ci au moins autant de fibres afférentes qu'il ne reçoit de fibres en provenance de la rétine. Ces afférences corticales auraient pour rôle de moduler sélectivement la transmission synaptique d'une partie des multiples informations qui transitent par le CGL et de sélectionner ainsi la nature des infor-

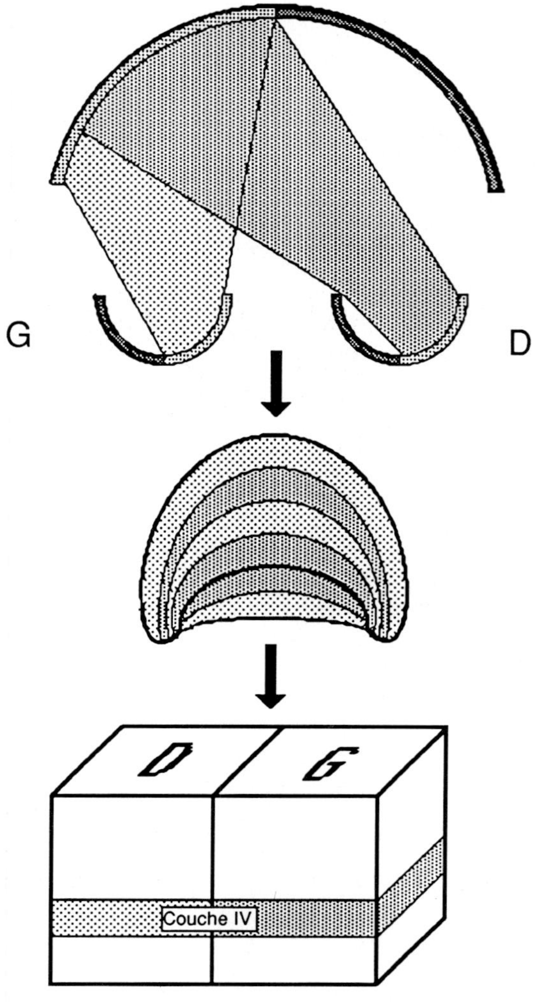

Fig. 85. – *La rétinotopie du corps genouillé latéral (CGL) et ses projections striées.* Le CGL est organisé en 6 couches superposées dont trois (II, III et V) reçoivent les fibres rétiniennes provenant de l'œil ipsilatéral, et les trois autres les fibres rétiniennes controlatérales. Ces canaux monoculaires distincts se continuent jusqu'au cortex strié où les axones des cellules géniculées se projettent séparément dans les colonnes de dominance oculaire (voir fig. 88).

mations parvenant au cortex en fonction de leur pertinence ponctuelle.

Tubercules quadrijumeaux

Les afférences visuelles parvenant aux **tubercules quadrijumeaux antérieurs** (ou colliculi supérieurs) forment une voie située en parallèle par rapport à la voie principale rétino-striée. Cette voie, la voie rétino-tectale, occupe une place de moins en moins importante dans l'échelle animale : alors qu'elle possède encore quelques aptitudes à discriminer les formes chez le singe, chez l'homme elle n'a gardé qu'un rôle de centre réflexe impliqué dans l'organisation des mouvements rapides de la tête et du cou en réaction à un stimulus visuel apparaissant dans l'environnement et dans la réalisation des mouvements oculaires brefs. Les afférences provenant des cellules Y permettent en particulier au colliculus de recevoir une information relativement grossière mais rapide sur les contours des formes, surtout lorsqu'elles sont en mouvement.

Radiations optiques et cortex visuel primaire

Au niveau du CGL, les cellules d'origine rétinienne effectuent donc leur synapse avec le neurone thalamo-cortical. L'axone de ce dernier forme les **radiations optiques**. Les radiations optiques constituent un large faisceau de substance blanche s'étalant en forme de conque à travers la profondeur de la partie postéro-inférieure de l'hémisphère. En fait, on y reconnaît deux parties (fig. 86) :

– un **contingent supérieur ou pariétal**, qui véhicule les images provenant de la **moitié inférieure de l'hémichamp visuel** controlatéral, et qui traverse d'avant en arrière la partie profonde du lobe pariétal pour se terminer sur la berge supérieure de la scissure calcarine ;

– un **contingent inférieur ou temporal**, qui se dirige d'abord en bas et en avant dans le lobe temporal, forme une anse autour de la corne temporale du ventricule (anse de Meyer) et revient ensuite le long de ce dernier pour se terminer sur la berge inférieure de la scissure calcarine. Il véhicule les images de la **moitié supérieure de l'hémichamp visuel** correspondant.

L'image du champ visuel arrive donc au cerveau déjà scindée en plusieurs portions : un hémichamp projette en totalité sur un hémisphère qui reçoit en outre séparément les moitiés supérieure et inférieure de cet hémichamp. Il existe enfin au niveau de l'aire striée une disposition « rétinotopique » concentrique selon laquelle la portion centrale (maculaire) du champ visuel se projette sur la partie postérieure de la scissure calcarine (pôle occipital) et la portion périphérique sur sa partie la plus antérieure (fig 87).

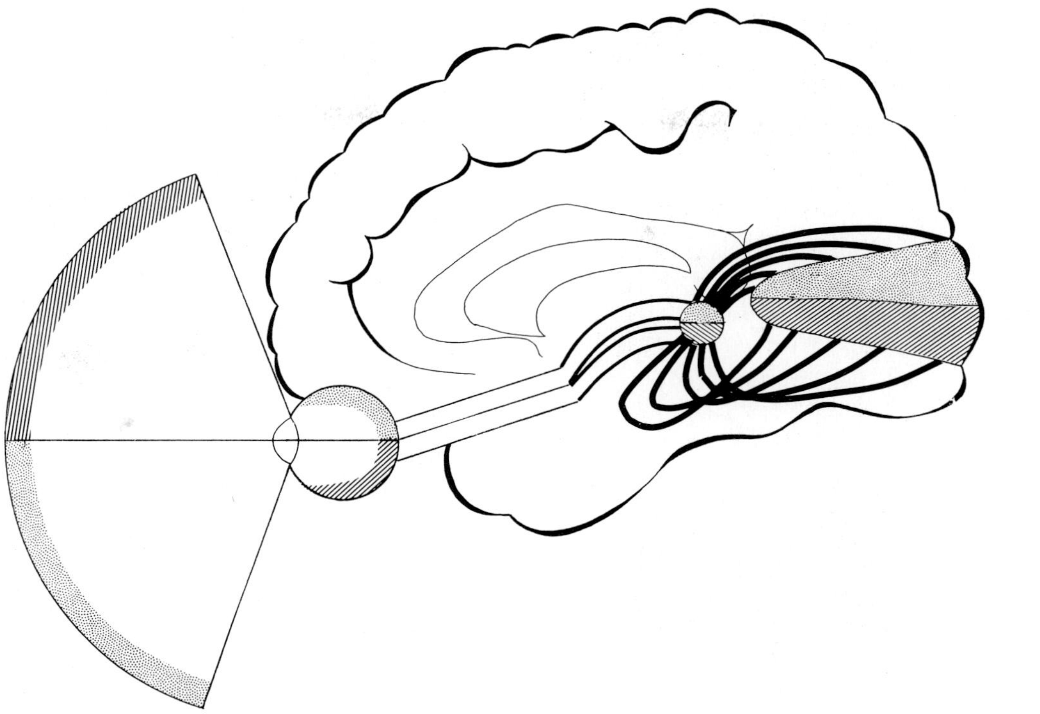

Fig. 86. – *Projection du champ visuel dans le sens vertical.* Le champ visuel est également, au niveau de sa projection rétinienne, inversé dans le sens vertical. Après l'étape du CGL, les fibres provenant de l'hémirétine supérieure (et véhiculant l'information concernant l'hémichamp visuel inférieur) vont se continuer par la radiation optique supérieure (contingent pariétal) qui aboutit sur la berge supérieure de la scissure calcarine. Les fibres provenant de l'hémirétine inférieure (et véhiculant l'information concernant l'hémichamp visuel supérieur) se continuent par la radiation optique inférieure (contingent temporal) qui se termine sur la berge inférieure de la scissure calcarine. Une atteinte du contingent supérieur ou du contingent inférieur des radiations sera responsable respectivement d'une hémianopsie en quadrant inférieur ou supérieur.

Mécanismes corticaux de la vision

Ainsi, le cortex visuel primaire (ou cortex strié, ou aire 17 de la classification de Brodmann) reçoit diverses informations concernant le monde visuel ; ces informations lui parviennent, par des canaux séparés, déjà décomposées en un certain nombre de caractéristiques. Anatomiquement, le cortex strié est situé sur les berges de la scissure calcarine avec laquelle il s'enfonce dans la profondeur du lobe occipital. Ce cortex, formé microscopiquement, comme tout néocortex, de 6 couches cellulaires, est aisément reconnaissable à l'œil nu par la présence en son milieu d'une strie grise (strie de Gennari) correspondant à une couche granulaire externe (couche IV) particulièrement développée, réalisant le type même du cortex sensoriel primaire (koniocortex).

Organisation du cortex strié

La plupart des terminaisons des neurones provenant du corps genouillé se font au niveau de la couche IV du cortex strié où elles réalisent une synapse avec les petites cellules étoilées, elles-mêmes en contact avec les couches voisines. La couche IV (fig. 88) est divisée en 3 sous-régions (a, b et c). La plus grande partie des afférences arrive au niveau de la région IVc. Les cellules X et Y du corps genouillé se terminent respectivement dans 2 bandes de la région IVc dénommées IVcβ et IV cα. Dans la couche IVc, la plupart des cellules étoilées ont des champs récepteurs du type « on» et du type «off».

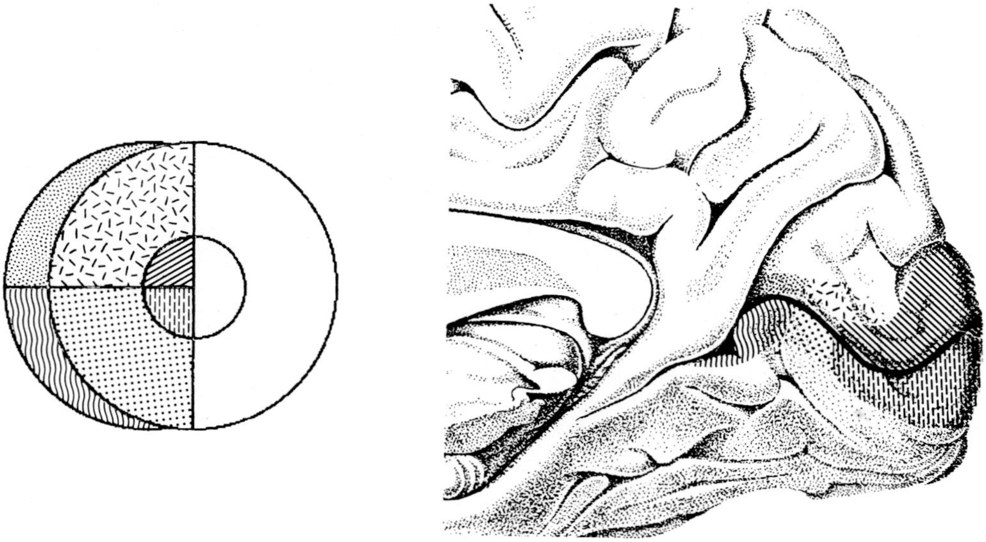

Fig. 87. – *Rétinotopie au niveau de l'aire striée.* L'aire 17 contient une carte rétinotopique précise du champ visuel selon laquelle la partie la plus centrale (dite maculaire) du champ se projette sur la partie la plus caudale (polaire) du cortex strié, et les régions les plus périphériques sur la partie la plus antérieure de l'aire.

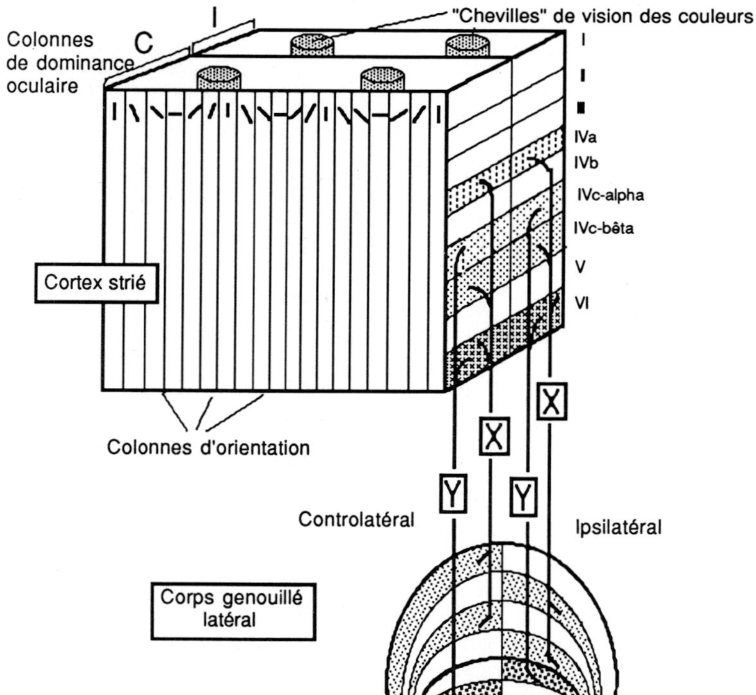

Fig. 88. – *Organisation columnaire du cortex strié.* Représentation schématique d'un cube de cortex strié d'1 mm² de surface environ, montrant la position des divers feuillets et colonnes de même que la position des « chevilles » codant la vision colorée. Les 2 types d'afférences en provenance du corps genouillé (X et Y) aboutissent à des couches différentes du cortex et à une colonne verticale différente selon la provenance oculaire ipsi-ou controlatérale.

Ce sont encore les travaux de Hubel et Wiesel qui sont à la base de nos connaissances de l'organisation fonctionnelle du cortex strié en démontrant sa **structure en colonnes** (« columnaire »). Ces auteurs ont réalisé l'expérience suivante : après avoir, chez le singe, injecté au niveau d'un œil un acide aminé « marqué » par une molécule radioactive, ils ont pu suivre la progression de cet acide aminé tout au long des voies optiques en captant la radioactivité à différents niveaux (grâce à une méthode radiographique spéciale appelée autoradiographie). Ils ont ainsi découvert que le produit radioactif, une fois parvenu dans le cortex visuel, se fixait dans la couche IV (au niveau des terminaisons des fibres en provenance du corps genouillé) selon une topographie très particulière, réalisant une séries de stries alternantes sombres et claires, de 400 à 500 µ de largeur. En fait ces stries correspondent à ce que l'on appelle les **colonnes de dominance oculaire** : les stries claires (marquées par la substance radioactive) correspondent à l'œil qui a été injecté ; les stries sombres à l'autre œil. Cette surprenante organisation, témoignant de l'arrivée au cortex par des canaux séparés de l'information provenant de chaque œil, est sans doute une des bases de la perception des reliefs en vision binoculaire.

Une autre caractéristique fondamentale de l'organisation columnaire du cortex strié à été découverte par Hubel et Wiesel en étudiant les champs récepteurs des cellules corticales. Au contraire de celles des corps genouillés, les cellules visuelles corticales appartenant aux couches avoisinant la couche IVc ne possèdent pas les champs récepteurs circulaires classiques, pour lesquels un spot lumineux est capable d'augmenter considérablement l'activité électrique de la cellule. Au contraire, ces cellules corticales restent insensibles à la stimulation lumineuse punctiforme. Elles ont cependant la capacité d'être activées par des **lignes d'orientations différentes**. Deux types de cellules ayant une telle particularité ont été décrites :

– des *cellules simples* (fig. 89), principalement rencontrées dans la couche IV, qui ont un champ récepteur fait d'une zone centrale excitatrice et d'une zone périphérique inhibitrice, mais dont la zone centrale, contrairement aux cellules rétiniennes ou géniculées, est étroite, allongée et non circulaire. Le stimulus pertinent susceptible d'activer cette cellule n'est pas un spot lumineux, de quelque taille qu'il soit, mais bien **une barre lumineuse, d'une orientation donnée**. On trouvera ainsi dans le cortex des cellules sensibles à la verticale (sur lesquelles un stimulus horizontal sera absolument inefficace, un stimulus oblique très peu efficace), des cellules sensibles à l'horizontale, et des cellules sensibles à différentes obliquités. Ainsi, les cellules simples sont sensibles à un contraste lumineux d'orientation donnée, mais seulement s'il occupe une position précise dans le champ récepteur.

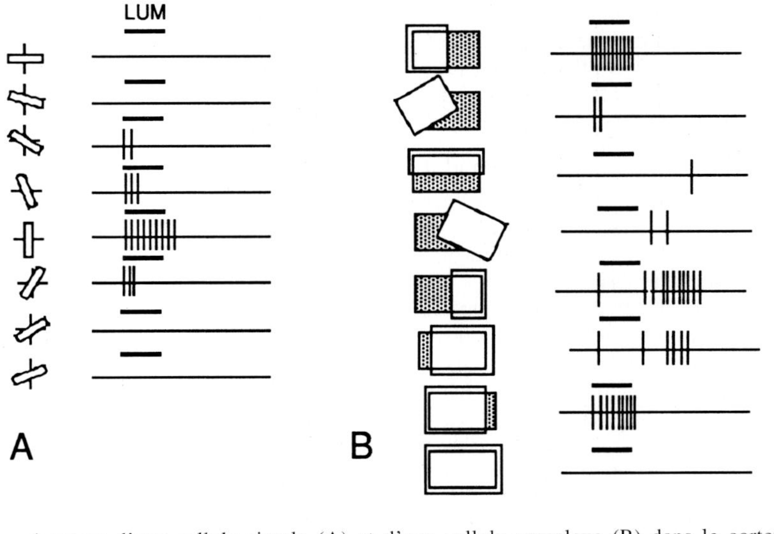

Fig. 89. – Champ récepteur d'une cellule simple (A) et d'une cellule complexe (B) dans le cortex visuel primaire. A.L'illumination du champ récepteur d'une cellule simple par une barre lumineuse n'entraîne une activation de la cellule corticale que lorsque l'orientation de la barre se rapproche de l'orientation spécifique de la cellule (ici la verticale). B.Une cellule complexe répond spécifiquement à l'orientation du bord du stimulus mais non à sa position dans le champ visuel : une orientation autre que verticale est pratiquement inefficace. Une source lumineuse ayant son bord à droite est excitatrice quelle que soit sa position dans le champ ; une source lumineuse ayant son bord vertical à gauche est inhibitrice de la même façon. Enfin, une illumination totale du champ récepteur donne une absence de réponse.

– des *cellules complexes*, principalement rencontrées hors de la couche IV, qui possèdent également un axe d'orientation spécifique, mais qui ont un champ récepteur plus vaste et ne présentent pas de zone inhibitrice périphérique, ce qui explique qu'elles soient également sensibles à l'orientation du stimulus mais ce quelle que soit sa position dans le champ visuel. En outre, ces cellules complexes répondent au mouvement d'un stimulus orienté si ce mouvement est perpendiculaire à l'axe de son orientation.

Les cellules d'orientation sont organisées en colonnes, d'environ 50 μ d'épaisseur, orientées perpendiculairement aux colonnes de dominance oculaire (fig. 88). En outre, Hubel et Wiesel ont encore montré que ces colonnes d'orientation sont disposées selon un ordre très précis, l'axe auquel les cellules sont sensibles suivant progressivement, de colonne en colonne, une succession géométrique de 10^0 environ. Enfin, pour compléter cette disposition tridimensionnelle, il existe au sein des colonnes de dominance oculaire des cellules disposées verticalement selon un arrangement cylindrique, véritables « chevilles » corticales. Ces chevilles sont impliquées dans la vision des couleurs (voir ci-dessous).

Finalement, le cortex strié est constitué par la succession de petits volumes grossièrement cubiques de 1 mm^2 de surface environ contenant une séquence complète de colonnes de dominance oculaire et d'orientation, donnant au cortex une structure répétitive rappelant celle du cristal. Chacun de ces cubes (« hypercolonnes ») est nécessaire à analyser toutes les caractéristiques d'une portion déterminée du champ visuel. Cette fragmentation anatomo-fonctionnelle illustre parfaitement l'organisation modulaire que l'on considère aujourd'hui comme caractéristique du cortex cérébral.

A côté de l'organisation en colonnes, le cortex strié est également organisé, comme tout cortex, en 6 couches superposées. Du reste, au sein d'une colonne anatomo-fonctionnelle, des cellules spécialisées dans le traitement d'un même type d'information se retrouvent dans toute l'épaisseur de la colonne, c'est-à-dire dans chacune des 6 couches. Si la couche IV est, en raison du fait qu'elle reçoit les afférences géniculées, particulièrement impliquée dans le décodage de l'information, les autres couches n'en sont pas moins importantes, spécialement pour leur rôle de transmission de l'information : les couches II et III, en particulier, sont en relation avec les autres aires corticales, les aires dites associatives spécifiques, dont dépendront les étapes suivantes du traitement de l'information visuelle. Enfin, il existe à l'intérieur même du cortex strié, une « circulation » des messages sensoriels arrivés à la couche IV : les axones de la couche IV vont contacter les neurones des couches II et III adjacentes. Ceux-ci descendent dans la profondeur du cortex contacter les neurones de la couche V, qui contactent à leur tour à nouveau ceux de la couche IV. Il est probable que cette circulation permet d'extraire du message visuel des attributs de plus en plus abstraits, avant de les transférer aux aires associatives avoisinantes.

Ainsi, les hypercolonnes du cortex strié, par leur structure tridimensionnelle, leur arrangement interne et externe, leurs connexions afférentes et efférentes, jouent le rôle de petits ordinateurs hyper-performants possédant les caractéristiques optimales pour transmettre au reste du cerveau une première représentation fiable et précise (mais décomposée) de l'environnement, véritable **perception** apte à devenir ultérieurement **sensation**.

Perception des couleurs

Un certain nombre d'évidences que nous ne reprendrons pas ici ont permis de montrer qu'il existe au niveau de la rétine un système de triple perception colorée (la trichromie) selon lequel il existe 3 types différents de cônes sensibles chacun à une partie du spectre coloré définie selon sa longueur d'ondes : un mécanisme à courte longueur d'ondes est responsable de la perception du bleu ; un mécanisme à longueur d'ondes moyenne, de la perception du vert ; un mécanisme à grande longueur d'ondes, responsable de la vision du rouge. Le principe fondamental de la perception des couleurs par les cellules rétiniennes est, de manière proche de celui de la perception de la brillance, basé sur l'opposition centre-périphérie dans les champs récepteurs (fig. 90). Il existe ainsi des cellules à opposition simple qui sont activées par la présence d'une couleur dans la partie centrale de leur champ récepteur (par exemple le rouge) et inhibées par la présence d'une autre couleur (par exemple le vert) dans la partie périphérique du champ. D'autres cellules, à double opposition, sont stimulées par le rouge et inhibées par le vert survenant dans la région centrale du champ, et inversement stimulées par le vert et inhibées par le rouge survenant dans la partie périphérique. Ainsi, comme pour la perception des formes, la perception des couleurs utilise les propriétés des cellules visuelles les rendant sensibles au contraste entre une partie centrale et une partie périphérique.

Les cellules à simple opposition se rencontrent dans la rétine et le corps genouillé des primates et sont capables de procurer une information mixte sur la forme et la couleur. Les cellules à double opposition sont spécifiques au cortex visuel et ne sont sensibles qu'au contraste lumineux, permettant la

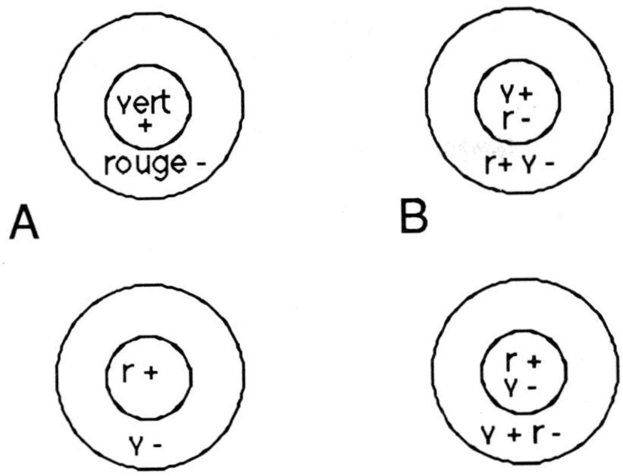

Fig. 90. – *2 principaux types de neurones visuels selon leur champ récepteur coloré : les neurones à simple opposant (A) et à double opposant (B).* Les cellules à opposition simple sont activées par la présence d'une couleur dans la partie centrale de leur champ récepteur et inhibées par la présence d'une autre couleur dans la partie périphérique du champ. Les cellules à double opposition sont stimulées par une couleur et inhibées par l'autre lorsqu'elles apparaissent dans la partie centrale du champ, et inhibées par la première et stimulées par la seconde, lorsqu'elles apparaissent dans la partie périphérique.

discrimination des différentes tonalités d'une même couleur. Au niveau du cortex, les colonnes de cellules spécialisées dans la vision des couleurs (« chevilles » ou « blobs ») sont centrées sur les colonnes de dominance oculaire. Ces colonnes projettent sur une région particulière de l'aire 18 (aire V2), qui elle-même projette chez une aire identifiée par S. Zeki comme spécifiquement chargée, chez le singe, de la perception des couleurs (aire V4). Chez l'homme, une région du cortex inféro-temporal serait l'équivalent de l'aire V4 du singe. Les lésions de cette région provoquent chez l'homme une perte spécifique de la vision colorée dans une partie du champ visuel (achromatopsie centrale). La perte sélective de la vision pour une partie du spectre coloré est la conséquence d'un déficit héréditaire spécifique de la fonction d'un des trois types de cônes.

Il semble donc que l'information concernant les caractéristiques colorées de l'environnement soient traitées, tout au long du système visuel (y compris au delà du cortex strié), de manière séparée de celle concernant la vision des formes.

Dans une étude récente utilisant la caméra à positons (TEP) l'équipe anglaise de S. Zeki a confirmé que l'aire V4 était localisable chez l'homme à une région occipitale inférieure se projetant au niveau des gyri lingual et fusiforme. En outre, la même méthode a permis à ces auteurs de localiser chez l'homme une région dénommée V5, spécialisée dans le traitement de la perception visuelle du mouvement. Cette aire est située dans la région pariéto-occipitale, à la jonction des aires 19 et 37, et sa lésion est responsable d'un syndrome rarement rencontré isolément appelé akinétopsie, dans lequel les patients, en l'absence d'autre trouble perceptif majeur, sont devenus incapables de détecter le mouvement d'une cible.

Une formulation que l'on voit actuellement volontiers adoptée est celle basée sur la distinction entre voies magno- et parvocellulaires. La voie magnocellulaire prend son origine dans les cellules ganglionnaires Y qui aboutissent dans la région magnocellulaire du corps genouillé latéral, de là à la couche 4B de l'aire V1 puis dans une région spécifique de l'aire V2, les « stries épaisses ». Cette voie, impliquée dans la détection du mouvement, est très sensible à la disparité binoculaire et aux différences d'intensité. La voie parvocellulaire, originaire des cellules X de la rétine, fait étape dans la portion parvocellulaire du corps genouillé, puis atteint deux régions distinctes de V1, dites « blobs » et « interblobs », pour projeter ensuite respectivement sur les « stries fines » et les « stries pâles » de V2. Aux niveaux V1 et V2, les deux courants « parvo » auraient des propriétés différentes : le courant V1/blobs – V2/stries fines serait essentiellement sensible à la couleur. Le courant V1/interblobs – V2 stries pâles serait sensible à la couleur, à l'orientation et à la disparité binoculaire.

Cette distinction entre voies magno- et parvocellulaire et leurs rôles fonctionnels différents ont servi de base à une théorie selon laquelle chacun des deux systèmes aurait des propriétés élémentaires différentes qui s'opposeraient en termes de *fréquences spatiales*. Par application du principe d'analyse de Fourier aux stimuli visuels, lorsqu'on fait varier de façon sinusoïdale un stimulus simple, on obtient une décomposition sous forme de bandes noires et blanches dont la succession est plus ou moins rapide selon la fréquence du stimulus. Dans une image plus complexe, comme la photographie d'un visage, le système perceptif doit analyser toutes les fréquences spatiales. On peut cependant éliminer artificiellement par exemple les fréquences élevées, ce qui donne une image floue avec perte des petits détails et des contrastes prononcés, ou les basses fréquences, ce qui se traduit par la perte des transitions graduelles et des zones uniformes. Il a été démontré expérimentalement que la voie magnocellulaire (cellules Y) est spécialisée dans le traitement des faibles fréquences spatiales et constituerait, au sein du système visuel, un sous-système « rapide » dont le rôle serait de percevoir les faibles contrastes et les stimuli très brefs. A l'inverse, la voie parvocellulaire (cellules X) serait spécialisée dans le traitement des hautes fréquences spatiales et permettrait plutôt la perception des détails et la discrimination des parties les plus fines de l'image.

Hiérarchie des aires corticales visuelles

Une des contributions les plus importantes de ces dernières années en matière de physiologie de la vision a été la démonstration que l'aire 17 possède des projections sur plusieurs aires, et que ces projections sont à l'origine de circuits neuronaux distincts et fonctionnant en parallèle. En outre, au sein de ces circuits, il existe plusieurs étapes de complexité fonctionnelle croissante réalisant une véritable **organisation hiérarchique** des aires corticales.

Chez le singe, des études neuroanatomiques et électrophysiologiques ont permis de reconnaître, sur le cortex de cet animal, une douzaine d'aires distinctes ayant un rôle plus ou moins complexe dans la vision. Ces aires recouvrent ce que l'on appelle le cortex associatif visuel, qui comprend les aires 18 et 19 (également appelées V2 et V3), entourant l'aire striée (ou V1), mais également d'autres aires avoisinantes, situées dans la moitié postérieure de l'hémisphère. Les cellules de ces zones de cortex ont des propriétés différentes de celles du cortex strié ; les plus simples d'entre elles, situées dans l'aire 18, ont été qualifiées d'hypercomplexes. Certaines cellules (dites hypercomplexes d'ordre inférieur) sont activées par un stimulus seulement lorsqu'il s'arrête ; d'autres (hypercomplexes d'ordre supérieur) par un stimulus qui intéresse exclusivement la partie centrale du champ récepteur. On présume que l'activité de ces cellules hypercomplexes reçoit l'effet inhibiteur ou activateur de 2 ou plusieurs cellules complexes de l'aire 17. Ainsi se dessine un modèle hiérarchique de fonctionnement au niveau du cortex visuel (1).

(1) Pour Hubel et Wiesel, il existe ainsi une hiérarchie depuis les cellules rétiniennes jusqu'aux cellules hypercomplexes selon laquelle chaque cellule hypercomplexe collige l'information provenant d'un groupe de cellules complexes, elle même décodant l'activité d'un groupe de cellules simples, et cela jusqu'aux cellules réceptrices de la rétine en passant par les cellules géniculées et ganglionnaires. A chaque niveau, les cellules ont donc une vision plus étendue du monde que celles du niveau précédent et les cellules les plus élevées dans la hiérarchie sont celles qui ont la plus grande capacité d'abstraction. En même temps, au fur et à mesure que l'on monte dans la hiérarchie, les cellules deviennent sensibles à des stimuli de plus en plus précis. Dans la rétine et le corps genouillé, la position dans le champ visuel est l'indice le plus pertinent. Dans les cellules simples, en plus de la position, l'orientation est importante. Les cellules complexes, qui ont un champ récepteur plus vaste, sont également sensibles à l'axe d'orientation, mais sont capables de détecter l'orientation pour des positions plus diverses. Enfin, pour les cellules hypercomplexes, les bords et les coins deviennent les éléments pertinents seuls capables d'activer les cellules.

Sur la base d'études anatomiques démontrant les connexions existant entre les différentes aires corticales au-delà de V1, Van Essen et ses collaborateurs ont proposé que l'organisation hiérarchique puisse se continuer au-delà des cellules hypercomplexes. La figure 91 schématise ce type de hiérarchie tel qu'il a pu être établi chez le macaque. Le rôle de chaque étape de la hiérarchie est encore très mal connu, mais l'on sait que les champs récepteurs, qui sont les plus petits dans V1, sont de plus en plus étendus tout au long de la hiérarchie. Dans l'ensemble, on peut distinguer au sein de ces différentes étapes deux circuits séparés :

– Un circuit passe par la région temporale moyenne (MT) et l'aire temporale médio-supérieure (MST) et semble impliqué dans l'analyse du mouvement. En effet, il a été démontré que les cellules de MT sont sélectivement activées par le mouvement d'un stimulus et par sa vitesse, et ce quelles que soient sa forme et sa couleur. Les cellules de MST, qui ont des champs récepteurs encore plus étendus que MT, répondent différemment à un objet en mouvement selon que le mouvement relatif par rapport à l'animal est dû au mouvement de l'objet lui-même ou aux mouvements oculaires de l'animal. Enfin, l'aire 7a a des propriétés plus élaborées de traitement du mouvement, de direction du regard et d'attention visuelle.

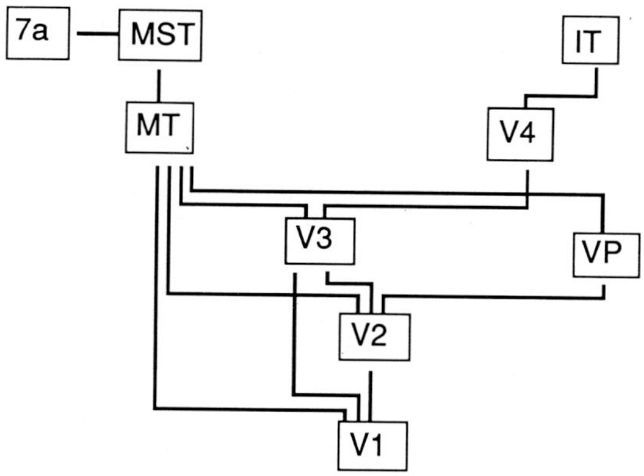

Fig. 91. – *La hiérarchie des aires visuelles chez le macaque (d'après Van Essen).* Des critères anatomiques et électrophysiologiques ont permis de préciser que ces aires étaient organisées de manière hiérarchique, du plus simple au plus complexe. Deux circuits ont ainsi pu être individualisés (fig. 92), tous deux originaires de la région V1 (équivalent de l'aire 17) : le premier, impliqué dans l'analyse du mouvement, passe par les aires temporales moyennes (MT), supérieure (MST) et pariétale (7a) ; le second, impliqué dans l'analyse des formes et des couleurs, passe par V2, VP, V4 pour aboutir au cortex inféro-temporal (IT). Plus d'une trentaine d'aires corticales répondant à des stimuli visuels ont ainsi à ce jour été reconnues chez le singe.

– L'autre circuit comprend les aires V4, VP et le cortex inféro-temporal (IT) et serait principalement impliqué dans l'analyse des formes et des couleurs. V2, V4 et VP contiennent toutes trois une majorité de cellules nettement spécialisées dans le traitement des couleurs. Les fonctions du cortex inféro-temporal (IT) ont été largement étudiées grâce aux expériences de Mishkin et son équipe sur le singe. IT est la zone cruciale, chez cet animal, pour la reconnaissance des formes (voir paragraphe suivant). En outre, les enregistrements de l'activité des neurones de cette région ont montré que certaines cellules sont spécifiques à certains niveaux d'analyse très sophistiqués : par exemple certaines d'entre elles ne sont activées que par la vision d'une main ou d'un visage.

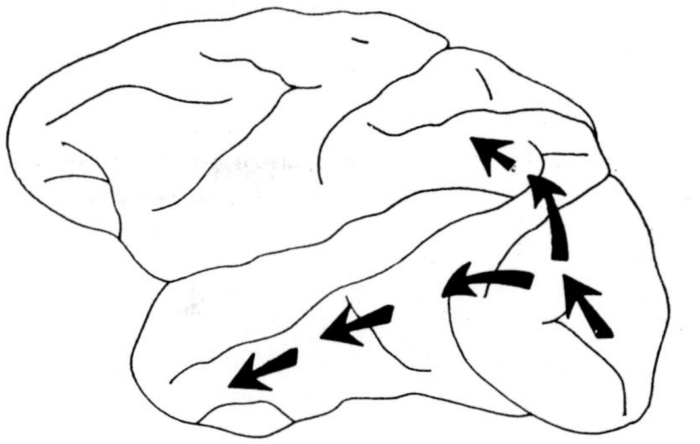

Fig. 92. – *Les 2 circuits visuels corticaux chez le singe.* À partir du cortex visuel primaire (V1), le message visuel emprunte deux voies distinctes, une supérieure, pariétale, impliquée dans la localisation dans l'espace du stimulus (circuit du « où »), l'autre inférieure, temporale, impliquée dans son identification (circuit du « quoi »).

Circuit du « quoi » et circuit du « où » (fig. 92)

Ainsi peut-on, en adoptant la position synthétique de Mishkin, distinguer au sein des aires associatives visuelles, deux circuits corticaux. Cette distinction est bien illustrée par deux types d'expériences schématisées sur la figure 93 : deux groupes de singes (l'un ayant subi une lésion bilatérale du cortex inféro-temporal, l'autre une lésion du cortex pariétal postérieur) sont soumis à deux types d'épreuves, l'une nécessitant la discrimination de forme entre 2 objets, l'autre la capacité à localiser dans l'espace un objet par rapport à un repère. Une double dissociation entre les 2 groupes et les 2 épreuves permet de conclure que le cortex inféro-temporal est spécialisé dans la perception des formes et le cortex pariétal postérieur dans la localisation spatiale des objets. On peut donc parler (fig. 93) d'un circuit occipito-temporal du « quoi » (identification) et d'un circuit occipito-pariétal du « où » (localisation).

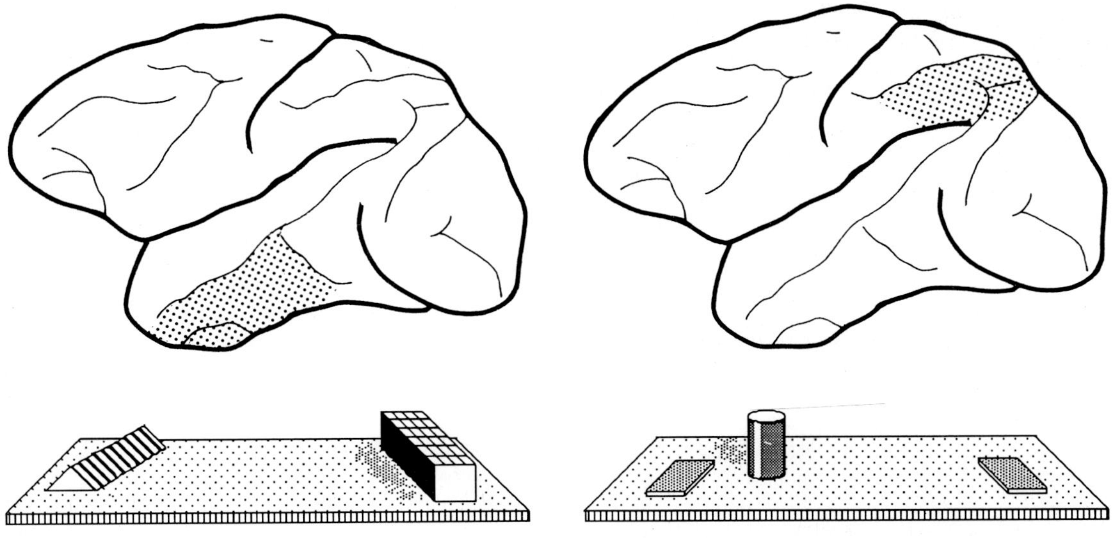

Fig. 93. – *Démonstration, d'après Mishkin, des 2 circuits de la vision.* Deux groupes de singes sont soumis à deux types de tests : dans l'un, il s'agit d'apprendre à discriminer entre deux objets de forme différente (test d'identification) dans l'autre, le singe doit apprendre à repérer la localisation spatiale d'un objet. Les singes ayant subi une lésion inféro-temporale sont incapables d'effectuer la première mais non la seconde des deux épreuves. Des singes ayant subi une lésion pariétale postérieure effectuent au contraire parfaitement l'épreuve d'identification mais sont très déficients dans l'épreuve de localisation.

Lésions cérébrales et troubles visuels

Cécité corticale

Une des conséquences les plus impressionnantes d'une lésion cérébrale sur les capacités visuelles est le syndrome dit « cécité corticale ». Des sujets ayant subi des lésions étendues des 2 lobes occipitaux, détruisant en particulier les 2 aires striées, ont ce que l'on pourrait appeler une double hémianopsie, dans la mesure ou aucune information ne parvient au cortex strié ni d'une moitié ni de l'autre du champ visuel. L'on peut donc parler de cécité. Toutefois, le comportement de ces sujets est par ailleurs très surprenant, principalement en ce qu'ils nient presque systématiquement leur cécité. Il n'existe pas d'explication claire à ce phénomène, d'autant que les sujets, hormis des troubles mnésiques souvent associés, n'ont par ailleurs aucune perturbation des fonctions mentales. Quant au comportement général, il est celui d'un aveugle puisque le sujet n'est pas capable de dénommer l'objet qu'on lui présente ni même de manifester qu'il le voit. Il ne peut se déplacer seul, mais ici encore ne s'en plaint pas spontanément. Il semble donc exister, au niveau du cortex occipital, une région probablement impliquée dans la conscience du vécu visuel, de sorte que sa destruction puisse rendre le malade inconscient de son trouble. Une autre explication invoque le fait que ces sujets sont par ailleurs souvent en proie à des hallucinations visuelles qui, par leur intensité, peuvent leur masquer le déficit.

Après un certain temps d'évolution, ces sujets peuvent recouvrer une partie, souvent malheureusement minime, de leurs capacités visuelles, en particulier la détection de la lumière et celle d'objets en mouvements.

Achromatopsie et agnosie des couleurs

Les troubles de la vision des couleurs liés à des lésions cérébrales peuvent répondre à 3 types différents :

– les **achromatopsies centrales** sont définies par la perte de la vision colorée dans une partie du champ visuel. Le sujet ne s'en plaint habituellement pas spontanément mais l'examen attentif de ses capacités visuelles montrera une incapacité à discerner les différents coloris présentés dans son hémichamp visuel atteint. En général, il existe une lésion de la partie du cortex occipital controlatéral située en dessous de la scissure calcarine ;

– l'anomie des couleurs, souvent associée à l'alexie agnosique (voir ci-dessous), est caractérisée par une difficulté à dénommer les couleurs en l'absence d'achromatopsie, ceci étant attesté par la préservation de l'aptitude du sujet à classer ou à appareiller différentes teintes d'une même couleur. La lésion responsable est située à la face interne du lobe occipital gauche, à la jonction avec le lobe temporal ;

– l'agnosie des couleurs : le trouble se situe ici à un niveau conceptuel. Le sujet éprouve d'une part des difficultés à reconnaître les couleurs qui lui sont présentées, mais aussi et surtout, il sera très déficitaire dans une épreuve d'évocation des couleurs (par exemple « quelle est la couleur des épinards ? » ou « quelle est la couleur du sang ? »). Il réalisera de même des erreurs grossières dans une épreuve de coloriage de dessins. Les lésions sont ici bilatérales et sont en outre le plus souvent également responsables d'une agnosie d'objet (voir ci-dessous).

Alexie agnosique

L'alexie agnosique (ou alexie pure ou sans agraphie de Déjerine) est un symptôme fréquent, lié à une lésion de la face interne du lobe occipital gauche. Les sujets seront de façon plus ou moins nette incapables de comprendre le langage écrit. La lecture à voix haute est impossible sauf pour les lettres isolées (malgré quelques erreurs) et pour les mots courts ; mais les mots longs et les phrases sont soit non lues, soit l'objet de « paralexies sémantiques » (par exemple, le patient lit « docteur » au lieu de « médecin »). Par contre le sujet est capable d'épeler un mot, et son écriture sous dictée est presque parfaite. Ce syndrome s'explique classiquement en invoquant un mécanisme de déconnexion (voir chapitre 14) : très habituellement, la lésion occipitale gauche est également responsable d'une hémianopsie complète de l'hémichamp droit de sorte que seul l'hémisphère droit reçoit l'image du mot à lire. Or pour être lu, le message verbal doit être acheminé depuis le cortex strié qui le reçoit jusqu'à une « aire de l'image visuelle des mots » capable de le décoder. La lésion, interrompant ici également les fibres de substance blanche unissant le lobe occipital droit au lobe pariétal gauche, supprime au lobe occipital droit, le seul capable de « voir » le mot, la possibilité de transférer l'information jusqu'au centre de décodage de l'hémisphère gauche. Par contre, ce dernier étant lui-même intact, le patient restera parfaitement capable d'écrire sous dictée.

Agnosie d'objets

Le tableau de l'agnosie visuelle d'objet est lui beaucoup plus difficile à expliquer en termes de déconnexion. Il s'agit de sujets présentant à la suite de lésions cérébrales bilatérales une incapacité à reconnaître des objets usuels tels qu'un outil, un ustensile de cuisine, etc. de même que des images représentant ces objets ou d'autres catégories comme des fleurs, des animaux, etc. (objets et images dont les caractéristiques perceptives élémentaires sont par ailleurs correctement perçues : forme, couleur, etc.).Typiquement, les sujets pourront en revanche immédiatement identifier les mêmes objets les yeux fermés par la palpation ou si on leur fait entendre le son caractéristique de l'objet (trousseau de clés, cloche, téléphone, etc.). En fait il est fréquent que le trouble touche également les autres modalités sensorielles : on parle alors d'agnosie d'objet et non plus d'agnosie visuelle d'objet. Dans le premier cas, on peut présumer que le sujet a perdu la capacité d'associer l'objet à sa représentation cérébrale précédemment établie (par l'apprentissage, l'usage, etc.) hypothétiquement située dans un lieu de stockage qui n'est plus accessible à l'image présente par suite de la lésion cérébrale. Dans le second cas, il faut admettre que le lieu de stockage des souvenirs visuels est lui-même détruit (ou bien qu'il n'est plus capable d'activer un hypothétique système responsable de la sensation de familiarité), de sorte que l'arrivée du stimulus, de quelque nature qu'il soit, ne pourra plus évoquer les mécanismes nécessaires à la reconnaissance. D'après les quelques cas de tels sujets ayant pu être étudiés anatomiquement, il semble que ce lieu de stockage des souvenirs visuels puisse être localisé chez l'homme au niveau du néocortex temporal inférieur et moyen, région correspondant au cortex inféro-temporal du singe (dont la lésion provoque du reste des effets qui peuvent être assimilables à une agnosie d'objet, voir ci-dessus).

Agnosie des visages

Un syndrome très insolite est la perte de la capacité de reconnaître les visages humains antérieurement familiers ou « prosopagnosie ». Ici, le trouble porte spécifiquement sur une catégorie bien particulière de stimulus, le visage. Les sujets se plaignent spontanément de ne plus reconnaître leurs proches et leurs parents, ce qui les met souvent dans des situations embarrassantes. Il arrive même à certains d'entre eux de ne pas reconnaître leur propre image sur une photographie ou dans un miroir ! Les mêmes difficultés apparaîtront si on leur propose de dénommer des photographies de personnages célèbres : l'aspect du visage est correctement décrit de même que le sexe, l'âge approximatif, parfois le type d'expression, mais la vue de la photographie ne leur suffit pas à évoquer le sentiment de familiarité qui fait que nous reconnaissons instantanément une personne familière, même si son nom met parfois plus de temps à nous revenir. Les objets usuels sont quant à eux bien dénommés mais les patients décrivent souvent une perte de la familiarité évoquée par la vue des objets familiers, par exemple leurs propres vêtements, leur maison, et tous autres objets dont ils ont un usage répété et de longue date : l'objet est reconnu (en tant que serviette ou en tant que chaise, par exemple) mais n'évoque plus le sentiment d'appartenance (« ma serviette », « ma chaise »).

La quasi-spécificité de ce trouble pour les visages, en l'absence du reste de toute autre altération des fonctions mentales, font de ce syndrome l'un des effets les plus étonnants qu'une lésion cérébrale puisse provoquer. En outre, il vient nous apprendre qu'un processus psychologique aussi complexe et en même temps aussi élémentaire que celui de reconnaître un visage, puisqu'il peut être perturbé par une lésion focale du cerveau, est certainement soustendu par un réseau spécifique de neurones. Les lésions responsables de prosopagnosie sont celles détruisant la région du gyrus parahippocampique de l'hémisphère droit. Toutefois, dans la plupart des cas existe aussi une lésion même discrète de l'hémisphère gauche, ce qui incite à penser que la région parahippocampique droite est spécialisée dans les mécanismes de la reconnaissance des visages, mais que les régions équivalentes de l'hémisphère gauche sont capables de compenser partiellement le déficit en utilisant probablement une autre stratégie, moins performante mais suffisante pour empêcher l'apparition d'une prosopagnosie complète. La question de la spécificité du déficit pour les visages est aussi l'une des plus passionnantes des rapports entre psyché et cerveau. On peut présumer que, lors de la construction par le jeune enfant de son monde visuel, le visage humain est le premier (et reste longtemps le plus important) des objets visuels possédant pour lui une signification affective, ce qui l'amène à développer dans une partie de son cerveau un système hautement performant pour reconnaître immédiatement et avec un risque minimal d'erreurs l'objet en question. Il est évident que les mécanismes en cause sont bien différents de ceux mis en œuvre pour la reconnaissance d'un hochet ou d'une balle, mais l'on perçoit aisément la parenté qui existe entre la mise en œuvre de ce processus de reconnaissance immédiate des visages et le sentiment d'appartenance qui naît lorsque l'on a établi une relation de longue durée avec un objet quel qu'il soit.

Une contribution importante à la compréhension des mécanismes cérébraux de la reconnaissance des visages a été récemment apportée par une équipe de l'Institut Neurologique de Montréal, à l'aide de la Tomographie par émission de Positons. En comparant l'activité cérébrale de sujets normaux dans trois tâches différentes – déterminer le sexe de visages inconnus, identifier des visages de personnes célèbres et catégoriser des objets –, il a ainsi été possible de spécifier les aires corticales impliquées dans chacune de ces tâches. La détermination du sexe d'un visage met en jeu, outre le cortex strié, les aires 18 et 19 des deux hémisphères, le gyrus lingual et le cuneus du côté droit et une aire occipitale latérale du côté gauche. L'identification d'un visage, quant à elle, active des aires temporo-occipitales plus antérieures, incluant le pôle temporal des deux côtés, le gyrus temporal moyen du côté gauche et surtout le gyrus parahippocampique droit. Dans l'ensemble, cette tâche qui correspond assez précisément aux fonctions qui sont altérées dans la prosopagnosie, nécessite donc l'activité de régions temporo-occipitales des deux hémisphères, avec une importance toute particulière de la région temporale interne droite. Enfin, la tâche de catégorisation d'objet se différencie de la précédente par une activation gauche des régions temporo-occipitales inférieures et par l'absence d'activation des régions temporales antérieures, régions qui semblent donc posséder une certaine spécificité pour la reconnaissance des visages connus.

Troubles visuo-spatiaux

Si l'on se réfère à la dichotomie proposée d'après l'expérimentation animale, les troubles envisagés jusqu'ici intéressent principalement le système du « quoi ». Des lésions bilatérales de la région pariétale peuvent, chez l'homme, provoquer également des perturbations des capacités à **localiser** une cible dans l'espace et, par conséquent, à adapter les mouvements des membres et des globes oculaires à cette localisaion. Une telle perturbation est connue sous le terme de « syndrome de Balint ». Ce syndrome comprend principalement, d'après la description faite par Balint au début du siècle : une « paralysie psychique du regard », incapacité à détacher volontairement le regard d'un point de fixation vers une autre cible ; une « ataxie optique », impossibilité d'atteindre une cible dans une épreuve de pointage ou pour saisir un objet. Ce syndrome traduit la spécialisation des régions pariétales dans la coordination visuo-motrice, c'est-à-dire la réponse motrice immédiate et précise faisant suite à l'apparition d'une cible dans le champ visuel. La démonstration de l'existence au niveau du cortex pariétal de cellules entrant spécifiquement en activité lorsqu'un stimulus digne de provoquer une réponse motrice motivée apparaît dans le champ de préhension (voir chapitre 8) est la confirmation de la spécialisation de cette région du cortex cérébral dans les mécanismes de commande de l'attention visuelle.

Neuropsychologie de la reconnaissance des objets : apport des modèles cognitivistes

Des modèles de traitement de l'information, inspirés de l'intelligence artificielle, ont, ces dernières années, tenté de rendre compte des divers types d'agnosie, en particulier en distinguant plusieurs étapes dans le traitement perceptif. Bien que cette approche soit très éloignée de celle que nous avons choisi d'adopter dans cet ouvrage, il nous a semblé utile d'en fournir au lecteur un aperçu schématique, en prenant pour exemple un domaine ayant été praticulièrement étudié, celui de la reconnaissance des objets.

La contribution la plus souvent citée dans ce domaine est celle du psychologue David Marr, qui suggérait qu'avant qu'un objet puisse être reconnu, il est nécessaire que l'information perçue subisse un certain nombre de traitements successifs, chacun sous la dépendance d'un « module fonctionnel » distinct : formation d'une « ébauche primaire », par combinaison des divers composants élémentaires du percept (traits, orientation, bords, etc...) ; création d'une ébauche en « 2,5 D », fournissant des informations sur les surfaces visibles dépendantes du point de vue de l'observateur ; ébauche en 3 D, permettant l'élaboration d'une représentation centrée sur l'objet. Ainsi, un modèle de type purement cognitif, ne faisant à aucun moment référence au substrat cérébral de la fonction, est cependant capable de fournir un schéma de réflexion utile à la compréhension des perturbations rencontrées chez le patient avec lésion cérébrale.

Humphreys et Riddoch proposent de distinguer 5 types d'agnosie visuelle correspondant à l'« atteinte fonctionnelle » de 5 niveaux différents organisés de manière hiérarchique. L'« agnosie pour les formes » serait la perturbation d'un premier niveau servant à détecter les composantes des formes, les lignes, les bords de l'objet, sa localisation et son orientation spatiale, etc... Puis ces éléments sont mis en relation et subissent un processus spécifique permettant de distinguer la figure du fond. Une perturbation de ce niveau porte le nom d'« agnosie intégrative ». Le troisième niveau, toujours selon ces auteurs, permet de repérer l'orientation de l'objet entier et de le reconnaître sous différents points de vue. Ce niveau serait perturbé par une « agnosie de transformation ». Un quatrième niveau permet d'accéder en mémoire à une représentation de la fonction de l'objet et des objets habituellement associés, donnant en cas d'altération une « agnosie sémantique ». Enfin, a lieu une dernière étape de comparaison entre les informations « perceptives » (les trois premières) et les informations extraites de la mémoire (les deux dernières), donnant en cas de perturbation spécifique une hypothétique « agnosie d'accès sémantique ».

Il est clair que ce genre d'approche, de type cognitiviste, s'acommode mal d'une volonté localisatrice de type neuropsychologique : les structures cérébrales qui sous-tendent l'acte de reconnaître un objet sont vraisemblablement multiples et interconnectées, les modules fonctionnels individualisés par les psychologues n'étant probablement pas superposables à des régions cérébrales, et plusieurs modules pouvant être sous-tendus par un même support structural. Cela est probablement vrai pour les étapes « perceptives » de la reconnaissance des objets, et l'est aussi, a fortiori, pour les processus « sémantiques ».

Divers auteurs ont ainsi tenté de rendre compte de dissociations étranges parfois rencontrées chez un patient donné : par exemple, certains patients vont démontrer de plus grandes difficultés devant les objets biologiques (animaux, végétaux) que manufacturés, ou encore devant des objets non manipulables que manipulables. Ces dissociations au sein d'une catégorie sémantique pourraient s'expliquer par l'existence de représentations séparées pour les objets animés et inanimés, par exemple, ou les objets naturels et ceux fabriqués par l'homme. Pour la psychologue anglaise E. Warrington, la connaissance des objets est organisée en catégories conceptuelles distinctes (les visages, les objets animés, les objets inanimés, etc...) pouvant chacune être sous-tendue par un ensemble neuronal distinct. En outre, des représentations distinctes pourraient exister dans chaque modalité sensorielle. Il semble cependant intuitivement plus plausible qu'au sein d'un même système neural, plusieurs entités puissent partager certaines caractéristiques, sans pour autant appartenir nécessairement à la même catégorie sémantique, ni devoir être répliquées dans diverses modalités sensorielles. Dans cette perspective, où l'objet est représenté dans le cerveau sous forme segmentée, sa reconnaissance peut se faire en évoquant seulement certaines caractéristiques de l'objet, suffisantes pour en définir sa signification (Damasio). Ces traces segmentaires de l'objet seraient représentées au niveau d'aires associatives multiples (sensorielles, motrices, ou autres), et leur évocation serait liée à l'activation des liens réciproques entre ces différentes aires, réalisant une « reconstruction momentanée » de certains de ces segments.

CHAPITRE X

SYSTÈME AUDITIF*

Pour beaucoup d'animaux, l'audition représente un système sensoriel indispensable à la survie. Ainsi, grâce à la détection et à la localisation d'un son pertinent, l'animal pourra éviter un danger ou repérer une proie. Toutefois, l'audition ne possède pas la même importance ni la même finesse discriminative que la vision, en particulier chez les mammifères supérieurs. Par contre, elle représente le versant afférent de la communication entre les individus d'une même espèce et participe donc d'une manière privilégiée à l'organisation et à la vie du groupe. C'est bien sûr chez l'homme, avec l'apparition du langage, que cette dernière fonction atteint son plus fort degré de développement et acquiert toute sa signification évolutive.

Au même titre que pour les systèmes sensoriels envisagés dans les deux chapitres précédents, le système auditif comprend un *organe récepteur*, dont le rôle est de transformer le son en signal électrique, des *voies de transmission* de ce message jusqu'à des *centres nerveux* organisés hiérarchiquement dans le tronc cérébral et les hémisphères cérébraux. Par rapport au système visuel, l'organisation du système auditif possède un certain nombre de particularités : plus que pour le système visuel, des structures *sous-corticales* jouent un rôle important dans l'intégration et le traitement de l'information sonore. Les règles d'organisation anatomo-fonctionnelle des structures nerveuses impliquées dans l'audition font que l'information sonore diffuse rapidement *dans les deux hémisphères*, au contraire de la vision où la distribution des tâches entre les hémisphères est nettement marquée. Enfin, plusieurs structures corticales et sous-corticales exercent un *contrôle efférent* sur d'autres structures sous-jacentes et donc une action sur l'entrée à ces différents niveaux du message sonore.

L'oreille, système récepteur : la transduction cochléaire

Caractéristiques du stimulus sonore

Tout stimulus sonore est constitué d'une vibration mécanique. En milieu liquide ou gazeux, une vibration émise en un point donné se propage perpendiculairement au plan d'ébranlement et autour de cet axe longitudinal se forment des oscillations. On distingue plusieurs types de phénomènes vibratoires : le plus simple est un mouvement sinusoïdal pur, défini par son amplitude, sa fréquence et sa phase (fig. 94).

Cette périodicité est ressentie subjectivement comme un son musical, « harmonieux », alors que d'autres types de phénomènes vibratoires, soit pseudo-périodiques, soit aléatoires, sont vécus comme du bruit.

D'autres types de vibrations ne sont pas entretenues mais, au contraire, transitoires. Il en est ainsi des vocalisations animales et humaines. Tous les phénomènes vibratoires ne suscitent pas une sensation auditive. Seuls ceux dont l'amplitude dépasse un seuil minimum et dont la fréquence est située entre certaines limites, deviennent audibles.

L'*amplitude* d'un son est corrélée à son *intensité*, c'est-à-dire l'énergie transportée par l'onde sonore par unité de temps et unité de surface. Son unité est le décibel (dB). L'intensité juste perceptible correspond au seuil absolu au-delà duquel un son est audible.

* En collaboration avec M. Ceccaldi.

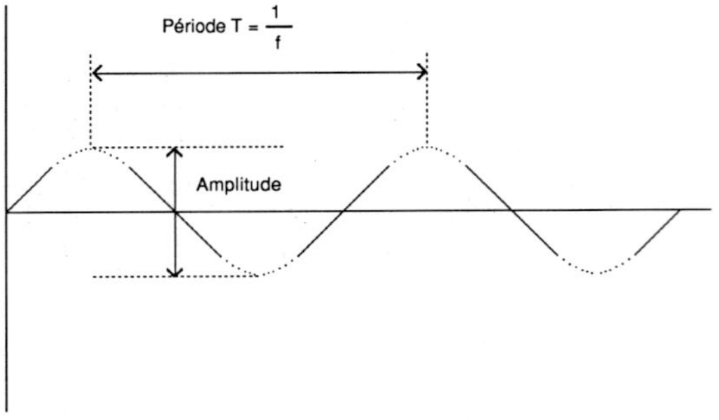

Fig. 94. – *Représentation du phénomène vibratoire caractérisant un son pur.* La période T est l'inverse de la fréquence, mesurée en Hz, et traduisant la hauteur tonale. L'amplitude traduit l'intensité sonore en dB.

Ce seuil varie avec la fréquence, et avec l'âge, le seuil des hautes fréquences s'élève progressivement. L'expérience subjective de l'intensité correspond à la sonie («loudness») et l'étendue des intensités chez l'homme est de 120 dB.

La *fréquence* est un concept physique (dont l'unité est le Hertz) auquel correspond une sensation subjective : la *hauteur tonale* («pitch»). L'homme possède une large bande de fréquence audible (de 20 à 15 000 Hz), les basses fréquences correspondant aux sons graves, les hautes aux sons aigus.

Ainsi, un grand nombre de stimuli sonores audibles vont avoir accès au système récepteur. Mais chacun d'entre eux sera perçu différemment des autres en fonction d'un profil singulier caractérisé par sa fréquence, son intensité, son pattern temporel.

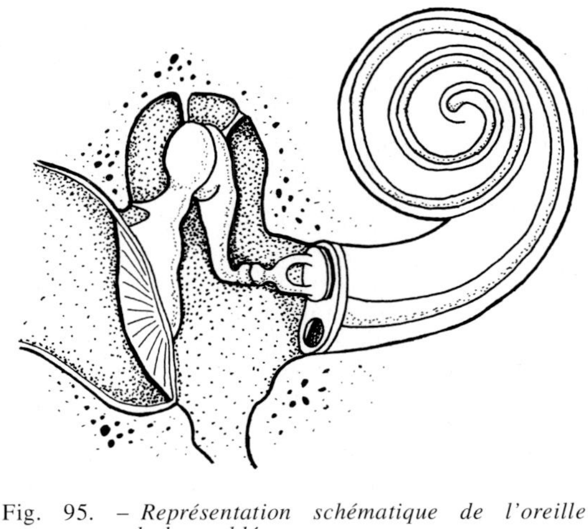

Fig. 95. – *Représentation schématique de l'oreille moyenne et de la cochlée.*

Transmission

Le son capté par le pavillon de l'oreille, traverse le conduit auditif externe avant d'atteindre la caisse du tympan qui constitue l'oreille moyenne (fig. 95). La vibration aérienne met en mouvement le tympan puis traverse la chaîne des osselets (marteau, enclume, étrier) dont la mobilité, contrôlée par des muscles, sera transmise, via la fenêtre ovale, à l'oreille interne.

Réception et transduction cochléaires

L'oreille interne – la cochlée

L' oreille interne est un labyrinthe osseux en forme de spirale creusé dans l'os temporal et comprenant d'une part des organes impliqués dans la fonction d'équilibration (le vestibule et les canaux semi-circulaires) et d'autre part l'organe récepteur de l'audition : la *cochlée.* Cette dernière (fig. 96), dont la partie principale, le limaçon, décrit une spire de 2 tours et demi, comporte trois compartiments : (1) la rampe vestibulaire ou scala vestibuli dont la situation est interne ; (2) la rampe tympanique ou scala tympani dont la situation est externe. Ces deux rampes se rejoignent au sommet de la spirale et constituent l'espace périlymphatique. (3) Entre ces deux rampes, le *canal cochléaire* ou scala media constitue l'espace endolymphatique. Il s'étend en doigt de gant tout au long de la cochlée et se trouve séparé d'une part de la rampe tympanique par la membrane basilaire et, d'autre part, de la rampe vestibulaire par la membrane de Reissner.

Le dispositif récepteur, appelé *organe de Corti*, assemblage de cellules sensorielles et de soutien, repose sur la membrane basilaire dont la déformation constitue l'événement initial de la réception. La mise en branle du système des osselets déclenche, par l'intermédiaire de l'étrier qui ferme la fenêtre ovale, une succession d'événements aboutissant à la génération d'un signal électrique au niveau de l'organe de Corti.

Du fait de l'incompressibilité des liquides de l'oreille interne et de la communication entre rampe vestibulaire et rampe tympanique, tout mouvement de l'étrier va se manifester par une saillie de la fenêtre ovale dans la rampe vestibulaire et par une augmentation de la pression vestibulaire, ce qui va provoquer une poussée de la fenêtre ronde dans l'oreille moyenne (voir fig. 95). La différence transitoire de pression ainsi créée entre la rampe

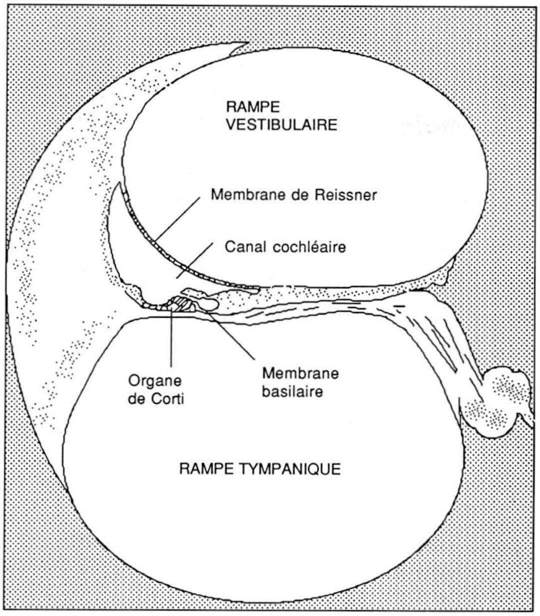

Fig. 96. – *Coupe semi-schématique de la cochlée.*

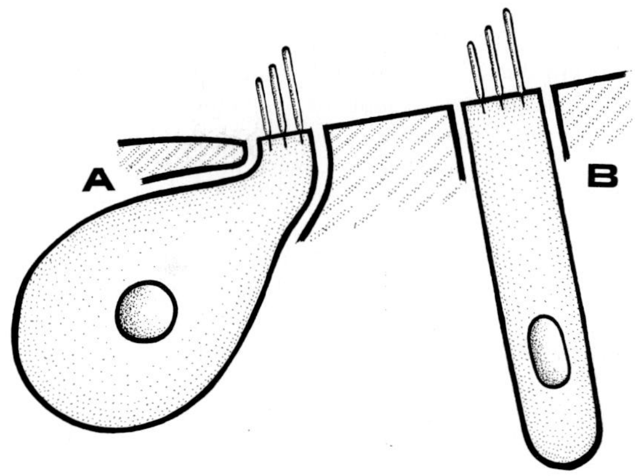

Fig. 97. – *Les deux types de cellules réceptrices : les cellules ciliées internes (A) et externes (B).*

vestibulaire et la rampe tympanique est à l'origine d'oscillations du canal cochléaire et de mouvements d'une portion spécifique de la membrane basilaire, mouvements qui se transmettent aux cellules réceptrices de l'organe de Corti.

Les sons peuvent également atteindre directement la cochlée par conduction osseuse mais celle-ci ne joue pratiquement aucun rôle dans les conditions normales d'une vibration aérienne (1).

Cellules réceptrices

Les cellules réceptrices de l'oreille sont contenues dans l'organe de Corti. Ces cellules sont appelées *cellules ciliées* et caractérisées par l'existence d'un épaississement apical cuticulaire où sont implantées plusieurs rangées de stéréocils. Elles sont solidaires de la membrane basilaire et recouvertes par la membrane tectoriale.

On distingue les cellules ciliées internes (ou CCI), disposées en une seule rangée, et des cellules ciliées externes (ou CCE) disposées en 3 à 5 rangées le long de la spire cochléaire, autour de l'axe d'enroulement de la cochlée (le modiolus). Ces deux types de cellules diffèrent sur le plan morphologique (fig. 97) mais également sur le mode de rapport de leurs stéréocils avec la membrane tectoriale : les cils des CCE seraient « fixés » à la membrane tectoriale et donc seraient soumis directement aux déplacements de la membrane basilaire, alors que les cils des CCI, non solidaires de la membrane tectoriale, seraient actionnés par des déplacements liquidiens et des viscosités. Ces différences seraient les témoins de différences fonctionnelles. En tout état de cause, tout mouvement de la membrane basilaire entraîne une déflexion cilaire qui serait le phénomène initiateur de la transduction cochléaire.

(1) Par contre, en pratique clinique, sa préservation (mise en évidence par le test de Rinne utilisant un diapason) permet de distinguer les surdités de conduction des surdités de perception.

Mécanismes de la transduction cochléaire

L'étude des latences de la transduction cochléaire a révélé qu'il s'agissait d'un phénomène très bref. On ne peut donc en rendre compte ni par un mécanisme enzymatique (comme dans le cas des mécanorécepteurs), ni par la mise en jeu d'un second messager (comme pour les photorécepteurs). Il s'agit probablement d'un phénomène mécano-électrique dont les étapes essentielles sont successivement : le déplacement de la membrane basilaire – la déflexion ciliaire – une modification du potentiel de polarisation intra-cellulaire et enfin la sécrétion du transmetteur.

• **Déplacement de la membrane basilaire.** Il a été démontré que la cochlée se comportait comme une série de filtres mécaniques « passe-bas » disposés de l'apex à la base et dont les largeurs de bande respectives sont de plus en plus étroites. Ainsi un signal de fréquence élevée n'excite que la base de la cochlée alors qu'un signal de fréquence basse met en jeu l'ensemble de la cochlée.

Deux types de théorie ont été proposés pour rendre compte de ce phénomène : la plus ancienne, à la fin du siècle dernier, dite théorie de la résonance de Helmholtz, comparait la membrane basilaire à une série de stries transversales analogues aux cordes d'un piano, chacune d'entre elles jouant le rôle d'un résonateur spécifique d'une fréquence donnée ; chaque partie de la membrane basilaire résonne pour un seul niveau de fréquence. Plus récemment, Von Békésy a démontré qu'en fait un stimulus sonore provoque non pas la résonance d'un seul segment de la membrane basilaire mais donne naissance à une « vague », une « onde propagée » qui traverse la cochlée longitudinalement de part en part (comme un drap ou une corde que l'on fait claquer) entraînant la vibration d'un plus ou moins grand nombre de points selon la composition fréquentielle du signal. Pour chaque fréquence sonore, il existe un pic d'amplitude où la membrane vibre de façon maximale, pic situé à un endroit différent de la membrane pour chaque longueur d'onde. Ainsi, un son composé de plusieurs fréquences va provoquer plusieurs points de vibration sur la membrane et être responsable de plusieurs pics en même temps.

• **Déflexion ciliaire.** Le mouvement de la membrane basilaire est transmis soit directement, soit indirectement aux cellules ciliées. Ainsi, par exemple pour les CCE qui sont fixées à la membrane tectoriale, si l'on décompose le mouvement basilaire en une composante normale et une compo-

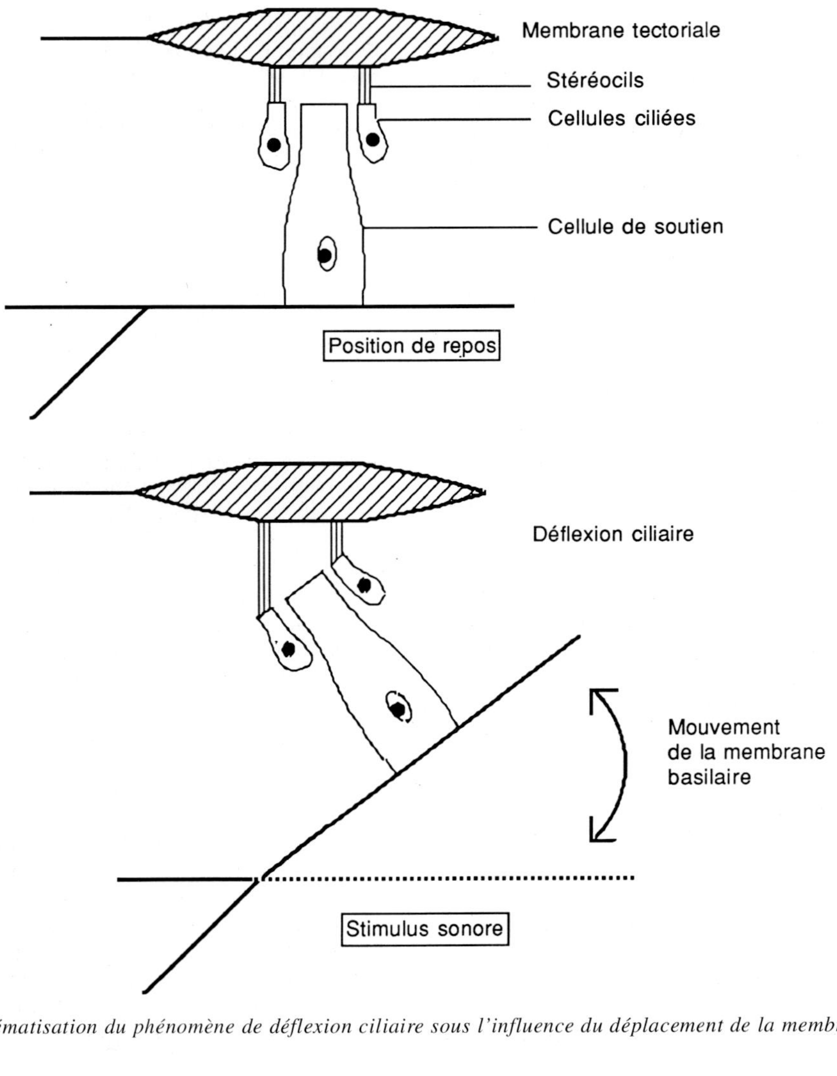

Fig. 98. – *Schématisation du phénomène de déflexion ciliaire sous l'influence du déplacement de la membrane basilaire.*

sante tangentielle, c'est cette dernière qui constituera le stimulus efficace en obligeant les stéréocils à se pencher (fig. 98). Ce déplacement ciliaire va modifier le potentiel de polarisation des cellules concernées.

• **Modification de la polarisation cellulaire et sécrétion du neuro-transmetteur.** L'endolymphe représente le seul fluide intra-cellulaire de l'organisme ($[K]^+$ = 150 mmol/l) alors que la périlymphe a une composition très proche de celle du LCR ($[K]^+$ = 7 mmol/l). Ainsi existe-t-il une polarisation permanente de l'ordre de 80 mV entre d'une part le canal cochléaire et d'autre part la rampe tympanique. Le mécanisme intime de la *transduction* réside probablement dans la modification transitoire du potentiel cellulaire, induite par la déformation mécanique de la membrane basilaire. Quand un son donné produit un mouvement oscillatoire de la membrane basilaire, le déplacement aller-retour des stéréocils ouvre et ferme alternativement des canaux ioniques (voir chapitre 2) au niveau de la cellule ciliée, provoquant une modification du potentiel cellulaire se faisant à la même fréquence que celle du stimulus sonore. Du côté opposé aux cils, les cellules possèdent un dispositif spécialisé pour libérer, sous l'action d'un flux calcique, le transmetteur chimique (le glutamate) à leur extrémité basale : à ce niveau, les cellules sont en contact avec les axones périphériques des neurones bipolaires dont les corps cellulaires sont dans le ganglion spiralé et dont les axones centraux forment le nerf auditif. Lorsque les stéréocils se meuvent dans une direction, il se produit ainsi une dépolarisation des cellules ciliées et une libération du transmetteur chimique. Ce dernier est à l'origine de la création d'un potentiel d'action dans le neurone, se propageant sur toute la longueur du nerf auditif. Lorsque le mouvement des stéréocils se fait dans la direction inverse, il se produit une hyperpolarisation des cellules ciliées, ce qui freine la libération du transmetteur et arrête la progression du signal électrique.

La transduction est donc un phénomène mécano-électrique : le mouvement oscillant de la membrane basilaire provoquée par les sons est responsable d'un déplacement oscillatoire des stéréocils et de modifications sinusoïdales du potentiel de membrane des cellules ciliées (d'où le caractère alternant de la libération du neurotransmetteur et de l'activité dans les neurones du nerf auditif).

Voies auditives

En arrière de la cochlée, les voies nerveuses destinées à transmettre l'information auditive au système nerveux central sont représentées par un certain nombre de neurones articulés entre eux au niveau de relais sous-corticaux avant d'atteindre le cortex cérébral (fig. 101).

Tout au long de ce trajet, les voies auditives rétro-cochléaires présentent deux caractéristiques : (1) la bilatéralité des projections dès le niveau le plus caudal du tronc cérébral ; (2) le fait que chacun des relais sous corticaux constitue un centre intégrateur et modifie la configuration du stimulus sonore : ainsi, au fur et à mesure de sa progression vers le cortex, un message prendra une forme de plus en plus différenciée et de plus en plus spécifique.

Nerf auditif (VIIIe paire crânienne)

Le nerf auditif, premier chaînon de la voie auditive, est constitué de 30000 neurones bipolaires dont le corps est situé dans le ganglion spiral de Corti. 90 à 95 % des fibres du nerf auditif proviennent des cellules ciliées internes. Chaque fibre est en contact avec une seule CCI mais chaque CCI reçoit une vingtaine de fibres, ce qui réalise un système divergent. En revanche, les 5 % de fibres auditives restantes innervent pour chacune d'entre elles 10 CCE.

En réponse à un stimulus sonore, chaque fibre nerveuse va produire une série d'impulsions dont les caractéristiques tiendront compte de la *fréquence*, de l'*intensité* et de la *durée* du stimulus.

Codage de la fréquence

A chaque fibre auditive correspond sa « courbe d'accord » caractéristique : pour chacune des fréquences du signal sonore il existe un seuil d'intensité liminaire au delà duquel apparaît un potentiel d'action (loi du tout ou rien) ; en outre, pour chaque fibre, il existe une fréquence optimale déterminée par la localisation de la cellule ciliée interne qu'elle innerve. Cette fréquence optimale est celle pour laquelle l'intensité sonore minimale provoque un phénomène électrique donné. Pour obtenir le même phénomène sur la même fibre mais avec des fréquences différentes, il est nécessaire d'utiliser une intensité sonore plus forte (fig. 99) (1).

Codage de l'intensité et de la durée

A une fréquence donnée, le potentiel d'action du nerf auditif croît en fonction de l'intensité du stimulus selon une courbe sigmoïde, en « double bosse ». L'application d'une bouffée tonale va entrainer une augmentation initiale, phasique, de la décharge, suivie par une décharge tonique dont le plateau persiste tant que dure le stimulus sonore.

Ainsi le nerf auditif n'est pas seulement un vecteur d'information. Il effectue un certain traitement des caractéristiques du message sonore avant d'aboutir au niveau du noyau cochléaire ipsilatéral.

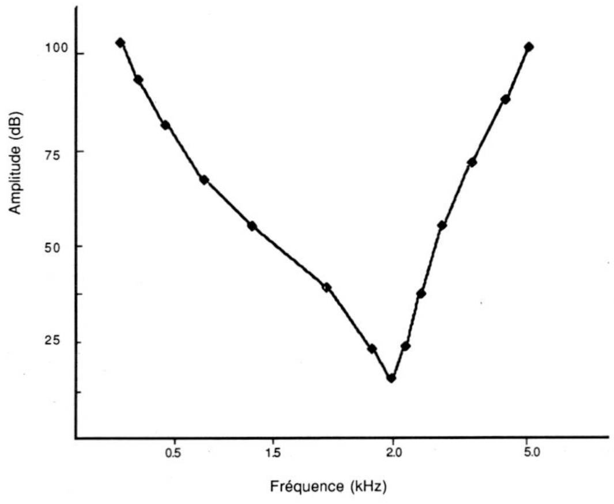

Fig. 99. – *Courbe d'accord d'une fibre du nerf auditif.* Sur cet exemple, la fréquence caractéristique de la fibre est de 2 kHz, fréquence devenant perceptible dès que l'intensité sonore atteint 15 dB. Pour une fréquence différente, il faudra une amplitude nettement plus élevée pour que le son soit détecté par la même fibre.

Centres bulbo-protubérantiels

Noyaux cochléaires

Toutes les fibres du nerf auditif se terminent dans le noyau cochléaire ipsilatéral, noyau en forme de haricot situé dans le tronc cérébral, à la partie basse de la protubérance. Chaque noyau cochléaire comporte trois divisions : un noyau antéroventral, un noyau postérodorsal et une division dorsale : le noyau cochléaire dorsal.

Chez l'animal, les fibres du nerf auditif se distribuent dans chacune des divisions du noyau. Chaque fibre, à son entrée dans le noyau ventral, se divise en une branche antérieure (ascendante) innervant le noyau antéroventral et une branche postérieure (descendante) innervant le noyau postéroventral avant de se terminer dans le noyau dorsal (fig. 100) (2).

Les terminaisons dans chacune des divisions cochléaires sont ordonnées régulièrement en lames concentriques. Il existe dans chacune des divisions différents types morphologiques de cellules correspondant probablement à différentes variétés de réponses physiologiques. On distingue par exemple, à côté de cellules « primaires » dont la réponse s'étale pendant toute la durée du stimulus, des cellules « on » développant seulement leur réponse de manière phasique lors du début du stimulus et cessant lorsqu'il continue ; des cellules dont l'activité augmente progressivement tout au long de la durée du son ; des cellules « à pause », répondant au début du stimulus puis de nouveau après un intervalle libre.

En outre, chaque fibre établit différents contacts synaptiques avec différents types de cellules (il existe 3 fois plus de cellules que de fibres afférentes) mais chaque cellule peut être sollicitée par plusieurs fibres acoustiques.

D'une manière générale, il convient d'insister sur deux caractéristiques fonctionnelles du noyau cochléaire : (1) d'une part, une organisation tonotopique précise (existence de bandes d'« isofréquence » dans chacune des 3 divisions du noyau cochléaire) ; schématiquement, les fibres innervant l'apex de la cochlée (et transmettant les basses fréquences) se terminent dans les couches superficielles des noyaux cochléaires alors que celles innervant la base (transmettant les hautes fréquences) se terminent dans la profondeur des noyaux cochléaires. (2) D'autre part, la richesse du codage temporel au niveau du noyau cochléaire : la dominance des cellules « on » et « à pause » dans le noyau cochléaire dorsal (cellules modifiant le message primaire) ferait de ce dernier, pour certains auteurs, un centre intégrateur recodant l'informa-

---

(1) La majorité des fibres auditives ont des fréquences optimales situées dans le bas de l'échelle sonore : ceci explique qu'en pathologie, lors des lésions du nerf auditif, on observe une conservation plus prolongée des réponses aux basses fréquences et une disparition précoce de celles aux hautes fréquences.

(2) Chez l'homme, certaines observations laissent penser que seul le noyau ventral reçoit directement les fibres du nerf auditif, le noyau dorsal étant relié au noyau ventral par des interneurones courts.

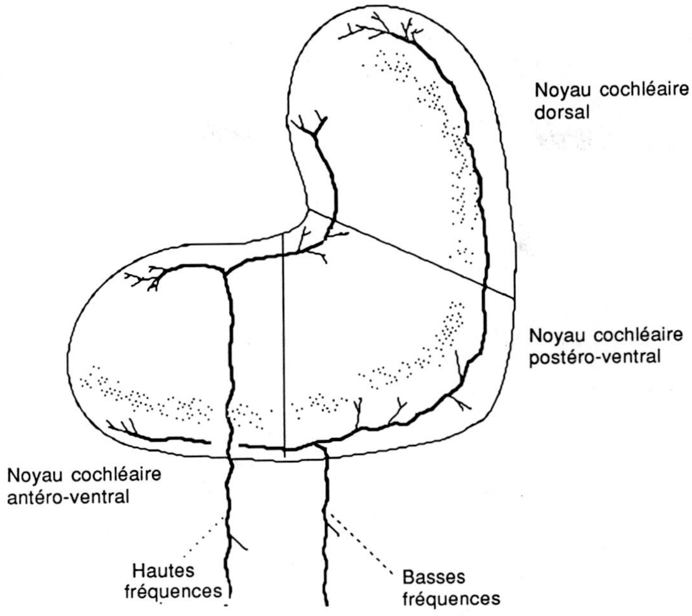

Fig. 100. – *Les noyaux cochléaires et leurs fibres afférentes.*

tion de temps et de phase provenant de la cochlée (alors que le noyau ventral jouerait seulement le rôle d'un relais sur la voie ascendante).

Voies efférentes des noyaux cochléaires

Les axones issus du noyau cochléaire (second neurone de la voie auditive) ont plusieurs destinées possibles, pouvant aboutir à différents niveaux du tronc cérébral, du côté ipsi- ou controlatéral : certaines fibres restent au niveau protubérantiel bas et se dirigent vers les *noyaux olivaires* ipsi- et controlatéraux (d'où l'information sera ensuite relayée vers les niveaux supérieurs) ; d'autres montent d'emblée dans le tronc cérébral pour atteindre le *noyau du lemnis latéral* (au niveau protubérantiel haut) ipsi- ou controlatéral ou le *colliculus inférieur*, ipsi- ou controlatéral. On distingue ainsi (fig. 101) : (1) la *voie cochléaire ventrale ou corps trapézoïde*, la plus volumineuse, issue du noyau ventral et se divisant en un contingent homolatéral (1/3 des fibres) et un contingent controlatéral (2/3 des fibres). Cette voie contient les fibres destinées aux noyaux olivaires supérieurs (ipsi- et controlatéral) ; (2) la *strie acoustique intermédiaire*, issue du noyau postéroventral, qui se destine également aux complexes olivaires (ipsi- et controlatéraux) ; (3) la *strie acoustique dorsale* (de Von Monakow), qui provient du noyau dorsal et gagne le colliculus inférieur controlatéral (1).

Complexe olivaire supérieur

Il s'agit d'un ensemble de noyaux situé dans la région ventrale du tegmentum protubérantiel et dont le rôle principal semble être de localiser les sources sonores. On distingue l'olive supérieure médiale ou olive accessoire et l'olive supérieure latérale ou olive principale.

Dans ces 2 noyaux, des études électrophysiologiques ont permis de localiser la présence de *cellules binaurales* (c'est-à-dire répondant à la stimulation des deux cochlées). C'est grâce à ces neurones binauraux que peut s'effectuer la localisation dichotique.

On sait en effet que la localisation spatiale d'une source sonore repose sur deux mécanismes distincts :

– les différences de phase (c'est-à-dire les différences temporelles) entre les ondes atteignant chacune des deux cochlées (mécanisme prédominant pour les basses fréquences).

– les différences d'intensité sonore (intéressant plutôt les fréquences élevées).

(1) Ainsi, essentiellement grâce au corps trapézoïde, les voies efférentes des noyaux cochléaires sont bilatérales et, de ce fait, toute lésion unilatérale au delà de ce niveau n'entraine jamais de surdité tonale totale.

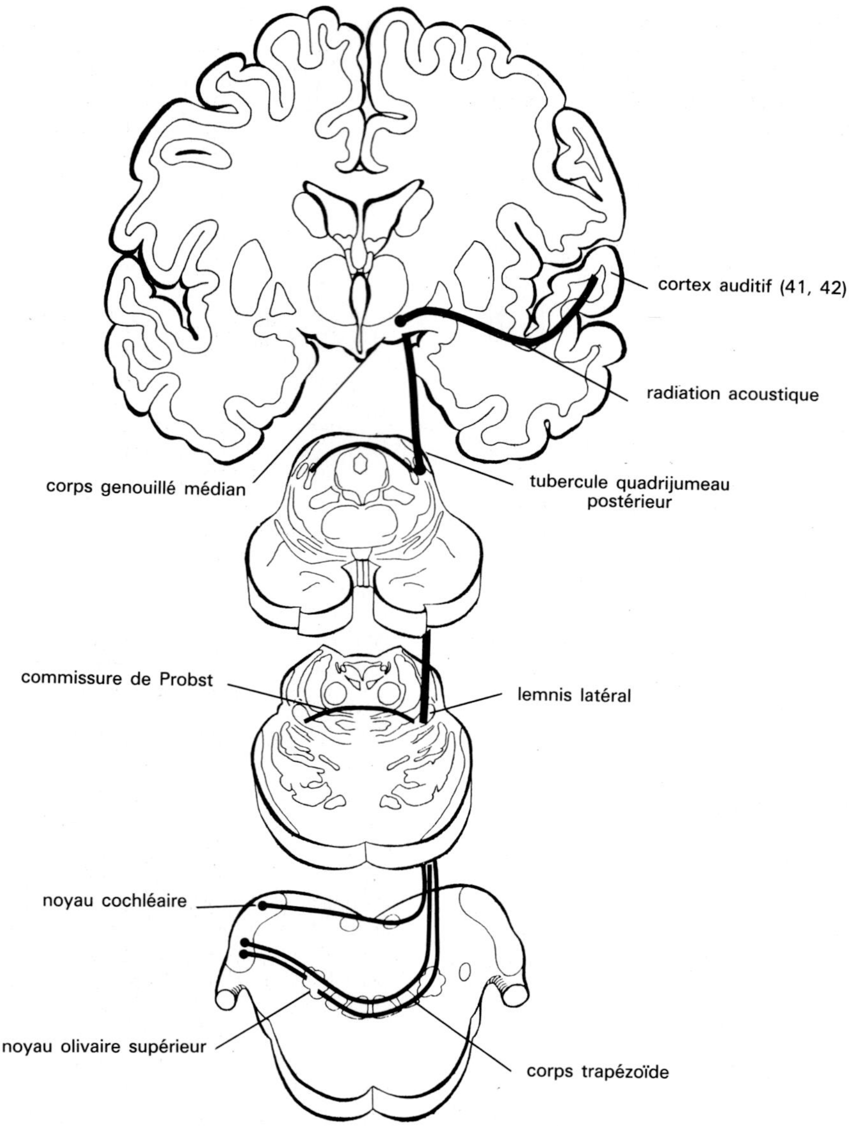

Fig. 101. – *Les voies auditives centrales.* La première synapse est placée dans le noyau cochléaire d'où partent trois contingents distincts : la strie acoustique dorsale, la strie acoustique intermédiaire et le corps trapézoïde. Une partie des fibres fait rapidement synapse dans le noyau olivaire supérieur ipsi – ou contro-latéral. L'ensemble remonte le tronc cérébral dans le lemnis latéral jusqu'au colliculus inférieur (tubercule quadrijumeau postérieur) puis au corps genouillé médian. A chacun de ces niveaux, il existe des ponts unissant les structures droite et gauche. Enfin, le corps genouillé médian projette, par l'intermédiaire de la radiation acoustique, sur le cortex auditif primaire (gyrus de Heschl) ipsilatéral.

L'olive accessoire serait le siège de l'analyse des décalages *temporels* nécessaires à la discrimination localisatrice : ainsi chez l'homme, un décalage de 30 microsecondes permettrait l'appréciation d'un angle de 3^0 (discrimination maximale). L' *olive principale*, quant à elle, serait également impliquée dans la localisation auditive, mais en détectant des différences interaurales en *intensité* sonore. Lorsqu'une source sonore est plus proche d'une oreille, l'autre oreille reçoit le son avec une intensité légèrement plus faible, cette différence pouvant être détectée par des cellules spécialisées. Les cellules binaurales responsables de ce phénomène seraient de type « EI », c'est-à-dire qu'elles seraient excitées par les inputs provenant d'une oreille (généralement l'oreille ipsilatérale) et inhibée par ceux provenant de l'autre oreille.

En outre, il existe aussi au niveau du complexe olivaire supérieur une organisation tonotopique. Enfin, un faisceau descendant, le faisceau olivo- cochléaire, qui prend naissance à ce niveau, exerce un contrôle sur l'entrée du signal sonore dans le circuit neuronal.

Lemnis (ou lemniscus) latéral

Il est constitué par des fibres homo et controlatérales provenant du noyau cochléaire, soit directement, soit après le relais olivaire. Sur son trajet vers le colliculus inférieur, se situent des amas nucléaires appelés *noyaux du lemnis latéral.* L'un d'eux, le noyau dorsal, reçoit des fibres de son homologue controlatéral par la commissure de Probst.

Centres mésencéphalo-thalamiques

Colliculus inférieur

Le colliculus inférieur (ou tubercule quadrijumeau postérieur) reçoit 3 types d'afférences : les afférences de la voie montante par l'intermédiaire du lemniscus latéral ; des afférences corticales ; des afférences provenant du colliculus inférieur controlatéral.

Il existe au niveau du colliculus inférieur une organisation tonotopique globale mais, dès cette étape il se réaliserait une distribution des opérations de traitement de l'information auditive par l'intermédiaire de plusieurs voies fonctionnant en parallèle.

La partie centrale du colliculus inférieur constitue le relais principal vers le corps genouillé médian (CGM) : de chaque colliculus naissent des fibres se dirigeant vers le CGM ipsilatéral, mais aussi vers le CGM controlatéral. Au-delà de ce rôle de simple relais, le colliculus inférieur est aussi un analyseur fréquentiel précis et joue également un rôle dans la localisation sonore. Enfin, par l'intermédiaire de ses portions péricentrale et externe, il interviendrait dans l'éveil auditif en sollicitant la réticulée ascendante et dans les réactions d'orientation de la tête et des yeux aux bruits par ses relations avec les noyaux des nerfs oculo-moteurs.

Corps genouillé médian

Il s'agit de la dernière formation sous-corticale de la voie auditive. La plupart des axones quittant le colliculus inférieur se projettent sur le CGM ipsilatéral mais quelques uns rejoignent le CGM controlatéral par la commissure intercolliculaire.

La région la mieux explorée du CGM est sa partie ventrale, ou parvo-cellulaire, qui possède une organisation tonotopique et dont les neurones ne répondent qu'à d'étroites bandes de fréquence (phénomène de sélectivité fréquentielle). C'est de cette portion parvocellulaire que partent les *radiations acoustiques*, faisceau de fibres blanches se projetant sur l'aire auditive primaire.

Ce niveau thalamique constitue probablement un étage hautement intégrateur de la voie auditive. En effet des études psycho-acoustiques menées chez le chat tendent à montrer que la discrimination des fréquences et des intensités se fait au niveau des corps genouillés. En outre, certaines régions du CGM présentent une organisation tonotopique nette. En pathologie humaine, on a pu démontrer qu'en cas de destruction ou de déafférentation du cortex auditif, les patients conservaient leur capacité à discriminer deux sons purs d'intensité et de fréquence différentes alors qu'ils ne pouvaient plus apprécier la durée d'un son ou reconnaître un rythme, ce qui suggère que, chez l'homme, les caractéristiques élémentaires d'un son sont traitées entièrement à un niveau sous-cortical. On a même pu déceler chez certaines espèces animales des cellules détectrices de « forme » et de « nouveauté » au niveau du CGM, capables de répondre à des sons complexes comme des vocalisations.

Aires auditives corticales

Description générale

La dernière étape de la voie auditive est constituée par la voie thalamo-corticale représentée par les radiations acoustiques et aboutissant au cortex.

Chez les primates, le *cortex auditif* est enfoui à des degrés divers dans la scissure sylvienne. Par contre, chez le chat, il est représenté sur la superficie du cerveau (au niveau de la région dénommée ectosylvienne), ce qui a permis son étude précise chez cet animal.

On distingue :

– le **cortex auditif primaire** (A1) qui représente l'aire de réception principale des terminaisons auditives. Ce cortex est du koniocortex typique caractérisé par l'abondance des grains dans la couche IV (voir chapitre 4). Chez l'homme, il est situé à la partie supérieure de la première circonvolution temporale au niveau du gyrus de Heschl (ou circonvolution temporale profonde), circonvolution en forme de languette, en grande partie enfouie dans la fissure sylvienne. Il correspond à l'aire 41 de Brodmann. Le gyrus de Heschl présente fréquemment une asymétrie morphologique, double du côté droit et simple du côté gauche. La signification de cette asymétrie n'est pas connue mais est probablement en rapport avec celle de la région plus postérieure du planum temporal (chapitre 15).

– le **cortex auditif secondaire** (A2) correspondant à l'aire 42 de Brodmann et l'aire associative auditive (aire 22 de Brodmann) qui occupent chez l'homme la région du *planum temporale*, en arrière du gyrus de Heschl, débordant sur la région pariétale inférieure. Enfin, il a été démontré que d'autres zones corticales répondaient également aux stimulations auditives chez l'homme, notamment la lèvre supérieure de la scissure de Sylvius (opercules frontal et pariétal) de même que l'insula.

Structure et connexions

La plupart des cellules du cortex auditif répondent aux stimulations des 2 oreilles. On peut cependant mettre en évidence une organisation en colonnes, assez similaire à celle du cortex visuel : on distingue ainsi des *colonnes de sommation* où les cellules sont sensibles aux stimuli provenant des deux oreilles (prédominance des réponses binaurales) ; et des *colonnes de suppression* où les réponses aux stimuli provenant d'une oreille (dite dominante) sont plus importantes que celles aux stimuli binauraux. En outre, il existe une succession de bandes alternantes recevant des fibres provenant, par le corps calleux, des structures homologues de l'autre hémisphère.

Enfin, il existe de riches connexions intra-hémisphériques entre le cortex auditif primaire, les régions avoisinantes de même qu'avec les régions frontales inférieures, ces dernières semblant particulièrement importantes dans l'hémisphère gauche pour assurer le transfert de l'information verbale auditive vers les régions responsables de la programmation motrice du langage (voir chapitre 14).

Organisation tonotopique

Chez la plupart des espèces étudiées, il a pu être retrouvé sur le cortex auditif un certain degré de tonotopie. Chez le chat, les différentes aires auditives individualisées autour de la région sylvienne présentent toutes une certaine répartition tonotopique des fréquences, de telle sorte que le cortex ectosylvien se trouve formé de plusieurs cartes contiguës (1) comportant chacune une représentation tonotopique complète. Chez le macaque, la tonotopie est nette au niveau de A1, moins évidente au niveau des aires avoisinantes et paraît dans l'ensemble moins nette au niveau cortical qu'au niveau sous-cortical. D'une manière générale, l'organisation tonotopique obéit à une disposition selon laquelle les basses fréquences sont externes et antérieures et les hautes fréquences internes et postérieures.

Rôle du cortex auditif

Rôle discriminatif

Il a été proposé de distinguer schématiquement deux étapes : (1) une étape de discrimination perceptive consacrée à la décomposition du pattern acoustique d'un son complexe donné et notamment de ses caractéristiques temporelles (durée, rythme...). Ce niveau de traitement nécessiterait chez l'homme l'intégrité des lobes temporaux des deux hémisphères (A1 et A2) ; (2) une étape d'association sémantique permettant la reconnaissance et l'identification du son « signifiant ». Chez le singe, on a pu individualiser des classes de neurones corticaux spécifiquement activés par des stimuli complexes tels que des cris faisant partie du répertoire vocal de l'espèce. Chez l'homme, le traitement ultime de certains stimuli sonores comme les sons du langage fait appel de façon prépondérante à l'hémisphère dominant. Le rôle de chacune des aires auditives est encore hypothétique. D'après Coslett, le cortex auditif primaire serait spécialisé

(1) Contrairement au système visuel où la signification de cartes corticales multiples commence à être bien comprise (voir chapitre 9), on ne connaît pas encore la spécificité des différentes aires auditives et pourquoi chacune d'entre elles possède la totalité du répertoire des fréquences sonores. Il est toutefois probable que chaque aire soit spécialisée dans le traitement d'un type particulier d'information auditive.

dans l'appréciation des caractères temporels d'un stimulus alors que ses autres caractères seraient plutôt traités par les aires associatives avoisinantes. Ainsi, les gyri de Heschl intégreraient surtout les sons verbaux (où le facteur temporel est déterminant) alors que les aires associatives seraient dévolues à la compréhension des sons non verbaux. Cela n'exclut cependant pas la latéralisation hémisphérique classique des aires auditives associatives, selon laquelle le cortex temporal gauche est spécialisé dans le traitement de l'information linguistique, alors que son homologue à droite est particulièrement performant dans le traitement des sons ayant une certaine consonance émotionnelle, en particulier les sons musicaux.

Rôle dans la localisation des sources sonores

S'il n'a pu être démontré l'existence d'une représentation corticale de l'espace sonore analogue à la représentation de l'espace visuel du cortex strié, on a cependant pu déceler la présence au sein du cortex auditif de cellules sensibles au mouvement d'une source sonore dans une certaine direction et dans un certain secteur de l'espace. Mais du fait de l'importance et de la bilatéralité de la diffusion des messages auditifs, et contrairement au système visuel, seules de très larges lésions cérébrales pourront entraîner une gêne dans la localisation des sources sonores.

Rôle dans le contrôle des entrées auditives

Par l'intermédiaire de voies descendantes, corticothalamiques et corticocolliculaires, le cortex auditif primaire et secondaire exerce un contrôle efférent sur les messages auditifs à ces différents niveaux. Probablement s'agit-il d'une action sélective modifiant (en les renforçant ou au contraire en les inhibant) la perception des signaux sonores.

Troubles auditifs lors de lésions cérébrales

Surdité corticale

Ce tableau rarissime décrit par Henschen au début du siècle se rencontre lors de lésions étendues et bilatérales des lobes temporaux. Il s'agit tantôt de lésions strictement corticales détruisant les gyri de Heschl, tantôt de lésions sous-corticales intéressant les radiations auditives et réalisant ainsi une déafférentation des aires auditives primaires. Dans les deux cas, aucune information auditive ne parvient au cortex cérébral. Le tableau clinique alors observé est celui d'une surdité totale : le sujet est incapable de déceler un bruit produit en dehors de son champ visuel. Cette surdité s'associe toujours à des troubles du langage expressif et des troubles du comportement variés témoignant de la diffusion des lésions.

En fait, il semble que les cas de surdité définitive puissent être rapportés à une dépopulation neuronale des CGM ; quant aux cas de surdité transitoire, on a pu évoquer à leur origine une inhibition fonctionnelle des CGM sous l'effet des lésions corticales.

Test d'écoute dichotique et hémianacousie

Le test d'*écoute dichotique*, introduit par D. Kimura dans les années 60, est un instrument précieux pour explorer les fonctions auditives du cerveau. Il consiste à présenter simultanément dans chacune des deux oreilles du sujet, à l'aide d'écouteurs, des stimuli différents préalablement enregistrés sur bande magnétique. Les stimuli peuvent être des sons verbaux, non verbaux, musicaux, etc... Le principe de ce test repose sur l'hypothèse qu'en situation de compétition entre les deux oreilles, se créent au sein des voies auditives deux circuits préférentiels, oreille droite-hémisphère gauche et oreille gauche-hémisphère droit. En d'autre termes, la compétition interaurale « supprime » fonctionnellement ou « éteint » la voie ipsilatérale (fig. 102). C'est ainsi que, lors d'une épreuve dichotique de mots, les sujets droitiers normaux démontrent une supériorité de l'oreille droite (donc de l'hémisphère gauche) concernant le nombre de mots correctement répétés provenant de l'une ou l'autre oreille. A l'inverse, l'hémisphère droit s'avère régulière-

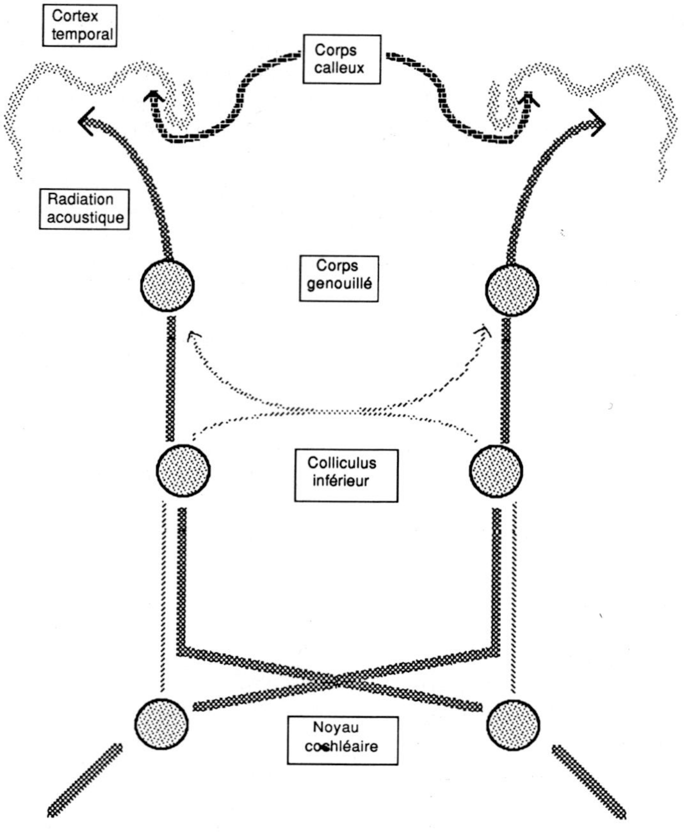

Fig. 102. – *Principe du test d'écoute dichotique.* Le test d'écoute dichotique consiste à faire entendre, à l'aide d'écouteurs, à chacune des deux oreilles simultanément un son différent. Le plus souvent il s'agit de paires de mots. On peut distinguer, au sein des voies auditives centrales, une voie anatomiquement et fonctionnellement prédominante (traits gras), véhiculant les messages de l'oreille droite jusqu'au cortex temporal gauche et de l'oreille gauche au cortex temporal droit, et une voie ipsilatérale, moins importante, véhiculant les messages au cortex ipsilatéral (traits fins). Enfin, il existe des connexions entre les deux aires corticales par l'intermédiaire du corps calleux. En condition dichotique, on assiste à une extinction fonctionnelle des voies ipsilatérales, seules les voies croisées demeurant fonctionnelles. En cas de section du corps calleux (« split brain »), il y a par exemple impossibilité pour le sujet de répéter les mots entendus dans l'oreille gauche en condition dichotique, alors qu'il est parfaitement capable de le faire en situation monaurale.

ment supérieur dans l'identification de sons non verbaux.

Par analogie à l'hémianopsie, Michel et Peronnet ont décrit le syndrome d'hémianacousie, réalisé lorsque les aires auditives d'un hémisphère sont privées d'informations par le fait d'une lésion corticale ou sous-corticale unilatérale interrompant les radiations auditives. En réalité, du fait de la bilatéralité des projections hémisphériques des voies auditives, le sujet ne ressent qu'une gêne fonctionnelle minime. L'hémianacousie n'apparaît réellement que lorsque le sujet est placé en condition d'écoute dichotique : dès lors, les stimuli parvenant à l'oreille controlatérale à l'hémisphère lésé sont « éteints » au profit de ceux de l'oreille opposée et le sujet apparaît comme « sourd » à tous les sons adressés à l'oreille controlatérale à la lésion. Par contre, si les mêmes stimuli sont adressés successivement à l'une puis l'autre oreille, les performances sont normales.

Lors d'une lésion du corps calleux, l'écoute dichotique de mots se solde par une extinction totale de l'oreille gauche (qui n'est normalement que légèrement inférieure à l'oreille droite). L'explication en est que l'information adressée à l'oreille gauche et arrivée exclusivement au lobe temporal droit ne peut être transférée aux aires de l'hémisphère gauche spécialisées dans la production du langage (voir chapitres 14 et 15).

Agnosies auditives

Les troubles regroupés sous le terme d'agnosie auditive sont définis par l'incapacité à reconnaître et à identifier les bruits perçus et ce malgré l'absence de surdité importante.

Nous avons vu que le cortex intervenait dans le traitement de certaines caractéristiques acoustiques d'un stimulus sonore (notamment dans le traitement du pattern temporel d'une information, dans l'analyse des composants d'un son complexe, dans la localisation précise d'une source sonore...) en particulier au niveau des aires auditives secondaires.

Ainsi, chez l'homme, une lésion bilatérale des 2/3 postérieurs des lobes temporaux pourra entraîner une « agnosie aperceptive » intéressant tous les types de stimuli sonores : bruits familiers, musique, paroles, le patient étant devenu incapable de discriminer les différents types de bruit, qui ne forment plus pour lui qu'un son indistinct, et donc a fortiori de les reconnaître ou de les identifier. Le déficit peut être en réalité plus ou moins important et intéresser préférentiellement l'une ou l'autre des catégories (agnosie auditive verbale, agnosie pour les sons familiers, agnosie musicale), voire, au sein d'une catégorie, n'affecter qu'un aspect particulier (par exemple, lors d'agnosie musicale un trouble isolé de la perception tonale ou de la perception des rythmes...).

Le deuxième niveau de traitement spécifique au cortex concerne le fait que chaque stimulus sonore, préalablement mémorisé, est reconnu et identifié. Cette étape ultime du traitement de certains stimuli fait appel de façon prépondérante à l'un des deux hémisphères et son altération, provoquée par une lésion unilatérale, réaliserait quelquefois un tableau d'« agnosie associative » : une lésion unilatérale gauche déconnectant l'aire du langage des afférences auditives peut entraîner une agnosie auditive des sons du langage ou *surdité verbale*. Le patient ne comprend pas le langage oral, les mots lui apparaissant comme des bruits indifférenciés ; il est incapable de répéter ou d'écrire sous dictée alors que la compréhension de l'écriture est épargnée. Une lésion unilatérale droite pourrait entraîner une agnosie auditive comportant des troubles prédominants de la perception de la musique, réalisant une agnosie musicale ou *amusie* (1).

En fait, cette distinction entre agnosie aperceptive et agnosie associative ne peut être aussi nette que dans les troubles visuels et ceci partiellement en raison de la proximité anatomique des représentations auditives primaires, secondaires et associatives, mais sans doute aussi en raison de la finalité fonctionnelle bien différente qu'ont acquis, au cours de l'évolution, chacun des deux systèmes sensoriels.

---

(1) Concernant ce dernier point, il faut préciser qu'il n'existe pas une dominance tranchée de l'hémisphère droit pour la perception musicale. En particulier, il a été démontré que si l'hémisphère droit semble supérieur pour la perception et la reconnaissance de mélodies, l'hémisphère gauche serait plus efficient pour la reconnaissance des rythmes. En outre, il semble que cette organisation interhémisphérique puisse être différente chez des musiciens professionnels et chez des non musiciens, les premiers présentant une plus forte participation de l'hémisphère gauche dans le traitement de l'information musicale.

QUATRIÈME PARTIE

CERVEAU ET FONCTIONS MENTALES

CHAPITRE XI

HYPOTHALAMUS ET SYSTÈME LIMBIQUE : ÉMOTIONS, BESOINS ET MOTIVATION

Un des volets les plus fascinants des rapports cerveau-comportements est sans doute celui qui traite des émotions et des comportements affectifs. Il est surprenant de constater que ce domaine de l'activité cérébrale, pourtant d'une importance fondamentale dans les processus évolutifs et d'un intérêt primordial dans la genèse des comportements humains, reste l'un des plus mystérieux et des plus méconnus. Du reste, la grande diversité des terminologies et des théories se rapportant aux concepts d'émotion, d' affectivité et de motivation est bien la preuve d'une certaine confusion des scientifiques et des chercheurs en ce domaine, en partie liée à la difficulté de réaliser une synthèse de données provenant de secteurs de recherche très divers. Nous tenterons cependant d'extraire des données actuellement disponibles les informations susceptibles d'en procurer une vue cohérente, en ce qui concerne tout particulièrement le rôle des différentes structures cérébrales impliquées dans ces fonctions.

Ce chapitre est présenté en 3 parties : une première est consacrée à une mise en place théorique et anatomique ; la seconde à l'étude du contrôle nerveux des besoins biologiques ; la dernière concerne les fonctions émotionnelles proprement dites.

Mise en place théorique et anatomique

Définitions

Il est indispensable, en préalable à tout développement, de s'entendre sur quelques définitions. Pour le Petit Robert, une **émotion** est « un état affectif intense, caractérisé par une brusque perturbation physique et mentale où sont abolies, en présence de certaines excitations ou représentations très vives, les réactions appropriées d'adaptation à l'environnement ». Cette définition sous-entend donc la notion de brutalité et d'excitation et celle de perturbation d'une fonction normale. En outre, elle décrit l'émotion comme l'ensemble formé par l'expérience mentale et la manifestation physique observable qui l'accompagne.

Le même dictionnaire définit le terme **humeur** comme « l'ensemble des dispositions, des tendances dominantes qui forment le tempérament, le caractère ». Il ne s'agit plus ici d'une modification comportementale survenant brutalement, mais au contraire d'un état durable et fluctuant selon divers rythmes et de façon plus ou moins contingente à l'ambiance extérieure (voir la notion d'« état central fluctuant » et de « cerveau flou » qui convient à une approche neurochimique des comportements). Du reste, le terme humeur fait lui-même référence, au moins d'un point de vue étymologique, à des substances liquides en circulation dans l'organisme.

La notion d'**affect** est, elle, d'introduction plus récente en langue française et répond à l'« ensemble des manifestations subjectives accompagnant les sensations, les sentiments, les émotions et certaines pensées ». On y associe habituellement l'état subjectif accompagnant et motivant les actes moteurs. Affect est donc en un sens un concept plus restreint que celui d'émotion puisqu'on n'y inclut pas tout l'aspect « manifestation » des émotions, mais seulement leur aspect « expérientiel » ; en un autre sens, il s'agit d'un concept plus large puisqu'il comprend en outre l'expérience vécue au cours des comportements motivés eux-mêmes.

Les rapports entre affectivité et comportements moteurs amènent enfin à définir la notion de **motivation**. En fait, la notion de motivation recouvre deux concepts différents : celui de « moteur » non spécifique de l'activité, la « raison » biologique qui procure l'énergie nécessaire à la réalisation de l'acte moteur ; celui de « propulsion » spécifique à un stimulus ou un besoin donné (comme la faim ou la soif par exemple). Cette dernière notion correspond au terme anglo-saxon « drive », qui n'a pas d'équivalent en français, et que certains ont proposé de traduire par le néologisme « duction ».

Historique des concepts

Théorie de James-Lange

Les concepts afférents aux rapports système nerveux – émotions trouvent leur origine dans les théories émises il y a une centaine d'années par James (1884) et Lange (1885). Pour ces auteurs, l'émotion équivaut à la perception des modifications somatiques et viscérales qui surviennent à la suite de l'arrivée du stimulus émotionnel. Un événement extérieur engendre, au niveau des viscères, une réaction de nature plus ou moins réflexe grâce à la mise en jeu du système nerveux autonome (ou végétatif), et c'est cette réaction qui est perçue, ressentie comme émotionnelle. Par exemple, la fuite engendrée par la perception d'une menace pour l'individu s'accompagne de diverses sensations somatiques (tremblements, horripilation, accélération du rythme cardiaque, etc.) et c'est la sensation de ces modifications qui crée le sentiment qui sera ensuite interprété comme un sentiment de peur.

Théorie de Cannon-Bard (1927-1928)

Il a fallu attendre plus de 40 ans pour voir apparaître une contestation sérieuse des théories viscérales des émotions avec la démonstration par Cannon des faiblesses des théories précédentes : ce dernier montra tout d'abord que la séparation totale (expérimentale ou pathologique) des viscères et du système nerveux ne modifie pas le comportement émotionnel, ce qui contredit les prédictions des théories vicérales ; en outre, ces théories auraient également prédit que le déclenchement artificiel de manifestations viscérales aurait les mêmes conséquences émotionnelles, ce qui n'est pas le cas : si l'on provoque, par exemple à l'aide d'une substance chimique, une modification viscérale donnée, on n'obtient pas nécessairement l'émotion

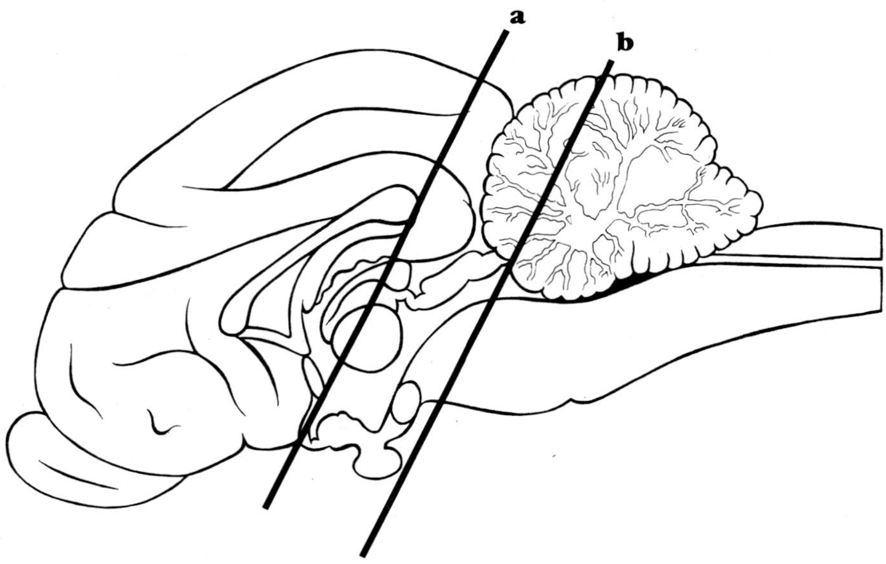

Fig. 103. – *Représentation schématique des expériences de décérébrations chez le chat.* La section en (a) provoque le comportement de pseudo-rage (« sham-rage ») où le chat présente des signes d'agressivité importante sans aucune stimulation. Une section plus basse, n'incluant pas l'hypothalamus postérieur (b), provoque une réaction de rage très incomplète. Cette expérience démontre que ce comportement, du moins chez le chat, est intégré au niveau de l'hypothalamus postérieur.

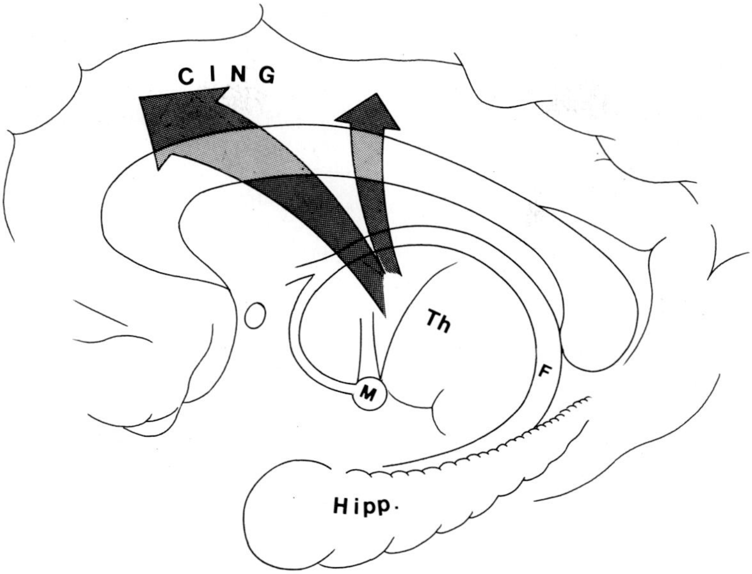

Fig. 104. – *Le circuit de Papez (hippocampo – mammilo – thalamo – cingulaire).* Ce circuit que Papez considérait comme le siège des processus émotionnels, est constitué de la succession de 3 neurones : le neurone hippocampo-mamillaire, empruntant le fornix, le neurone mamillo-thalamique (noyaux antérieurs), par le faisceau de Vicq d'Azyr, le neurone thalamo-cingulaire, se terminant au niveau des aires cingulaires (circonvolution péri-calleuse). M. tubercule mamillaire. Th. thalamus. Hipp. hippocampe. CING. gyrus cingulaire. F. fornix.

correspondante. En outre, Cannon fut à même de démontrer pour la première fois l'origine cérébrale d'un comportement émotionnel, le comportement agressif non motivé ou pseudo-rage (« sham rage ») du chat, comportement observé dans les suites d'une intervention dite de décérébration consistant à séparer par une section expérimentale le cerveau du tronc cérébral (fig. 103). Les expériences de Bard sur le chat décérébré montrèrent en effet que le comportement complet de pseudo-rage n'était obtenu que si la section était effectuée au-dessus de l'hypothalamus postérieur, ce qui prouve que la séquence motrice caractéristique de ce comportement est intégrée à ce niveau du système nerveux.

Théorie de Papez-Mac Lean : rôle du système limbique

C'est en 1937 que l'anatomiste James Papez, ayant observé l'existence de connexions importantes entre l'hypothalamus et le cortex archaïque olfactif, décrivit un « circuit » neuronal que l'on connaît encore aujourd'hui sous le nom de circuit de Papez (fig. 104) et à propos duquel il émettait l'hypothèse qu'il s'agissait de « la base anatomique des émotions ». En fait, le circuit décrit par Papez s'est par la suite avéré impliqué essentiellement dans les processus de mémoire et d'apprentissage (voir chapitre 13) et c'est surtout P. Mac Lean qui, reprenant les idées de Papez et leur adjoignant le concept de lobe limbique forgé par Broca, créa, en 1952, le terme de système limbique et lui attribua, dans une perspective évolutionniste, l'essentiel des fonctions que l'on qualifie d'affectives. Pour Mac Lean, le cerveau du primate, ou « cerveau tri-unique » est constitué de l'imbrication, au cours de

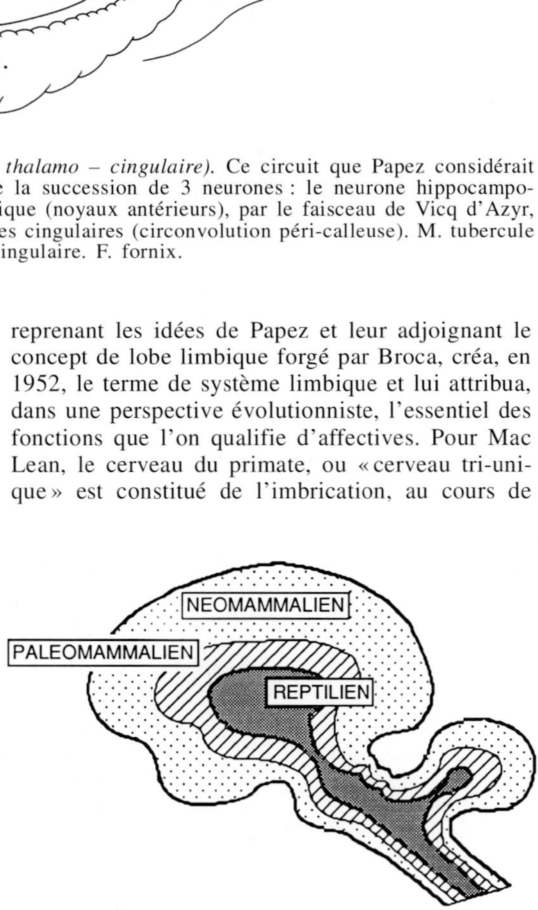

Fig. 105. – *Le cerveau « tri-unique », d'après Mac Lean.* Le cerveau humain est considéré comme le résultat évolutif de 3 tendances successives localisées anatomiquement de manière concentrique : le cerveau reptilien (correspondant au tronc cérébral et aux noyaux gris centraux), le cerveau paléo-mammalien (correspondant au système limbique) et le cerveau néomammalien (correspondant au néocortex).

l'évolution, de 3 cerveaux apparus successivement (fig. 105) :

– le cerveau reptilien, comprenant principalement le tronc cérébral, la formation réticulée et le striatum, interviendrait dans les comportements caractéristiques de l'espèce (postures, divers actes instinctifs, imitation, reconnaissance des signaux engageant la survie de l'espèce) ;

– le cerveau paléo-mammalien, correspondant au système limbique et comprenant 3 subdivisions (amygdalienne, liée à la préservation du soi ; septale, liée à la procréation et la préservation de l'espèce ; et thalamo-cingulaire, impliquée dans certains rapports sociaux et familiaux).

– le cerveau néo-mammalien, correspondant au néo-cortex.

Nous reprendrons de manière plus détaillée dans les paragraphes suivants les principales preuves ayant permis d'avancer ces corrélations fonctionnelles après une nécessaire mise en place des différentes structures impliquées.

Structures

Hypothalamus

L'hypothalamus est un ensemble de noyaux de substance grise accolés à la face médiane du diencéphale, de part et d'autre du 3ᵉ ventricule, en arrière de la tige pituitaire (permettant à certains de ses noyaux de communiquer avec la glande hypophyse). Dans le sens antéro-postérieur (fig. 106), les noyaux hypothalamiques sont disposés en amas serré limité en avant par les noyaux préoptiques et en arrière par un volumineux noyau arrondi : le tubercule (ou corps) mamillaire. Dans le sens transversal (fig. 107) on peut schématiquement diviser l'hypothalamus en 3 régions : une région périventriculaire, bordant la paroi du ventricule, une région latérale contenant en outre une voie de passage importante, le faisceau médian du télencéphale (« medial forebrain bundle »), et une région médiane dont la portion basale contient les neurones qui fabriquent des substances chimiques de nature hormonale.

L'hypothalamus contient en fait deux types de neurones correspondant à ses deux modalités d'action :

– les *neurones proprement dits*, essentiellement connectés avec les autres éléments du système limbique, d'une part, et avec les éléments du système nerveux végétatif, d'autre part (notamment par l'intermédiaire du faisceau longitudinal dorsal de Schütz), sous-tendent directement les actions comportementales de l'hypothalamus (voir ci-dessous) ;

– les *cellules neurosécrétoires*, dont la fonction est de réguler la sécrétion de certaines hormones libérées dans la circulation sanguine, et pouvant intervenir dans les comportements par ce biais. On en distingue 2 types :

. magnocellulaires, situées dans les noyaux paraventriculaire et supraoptique et libérant leurs

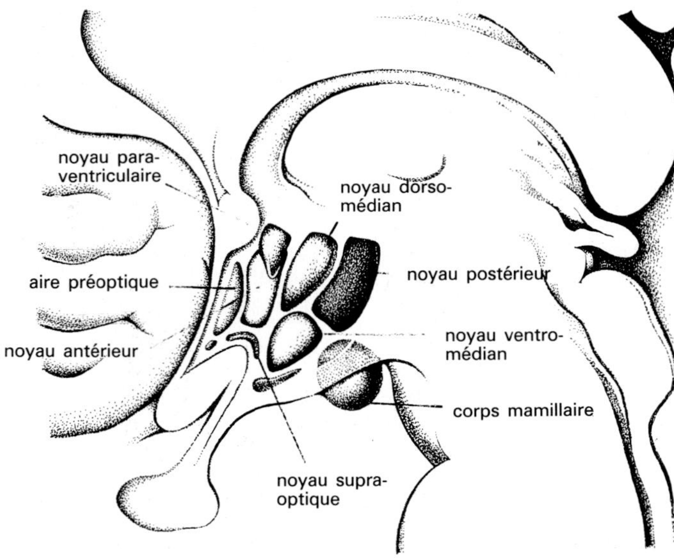

Fig. 106. – *Représentation semi-schématique des noyaux constituant l'hypothalamus en coupe sagittale.*

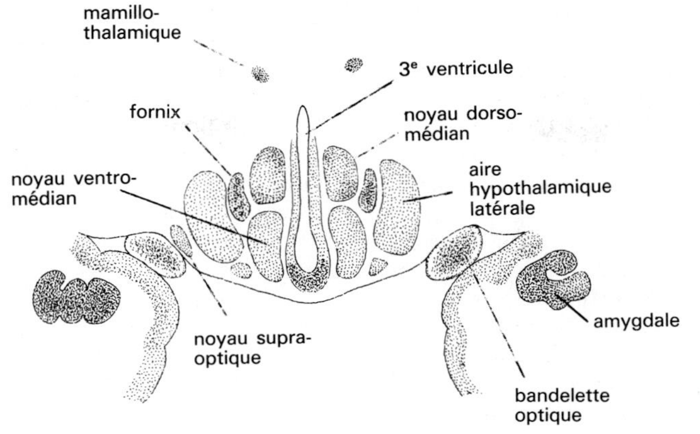

Fig. 107. – *Coupe frontale des noyaux hypothalamiques groupés de part et d'autre du 3e ventricule.*

facteurs hormonaux (l'ocytocine et la vasopressine) directement dans la circulation générale par l'intermédiaire de l'hypophyse postérieure (neurohypophyse) ;

. parvocellulaires, situées dans divers autres noyaux, libérant des peptides appelés « releasing factors », eux-mêmes stimulant (ou plus rarement inhibant) la sécrétion par l'hypophyse antérieure (anté-hypophyse) de diverses hormones (thyréotrope, contrôlant l'activité de la glande thyroïde, corticotrope, contrôlant celle des surrénales, hormone de croissance, hormones sexuelles, etc.).

Ainsi, l'hypothalamus exerce son action de façon conjointe par deux mécanismes complémentaires, l'un utilisant la voie humorale et aboutissant à la sécrétion en quantité variable de diverses hormones par l'hypophyse et les autres glandes endocrines (thyroïde, surrénale...) ; l'autre utilisant la voie neuronale et modifiant le fonctionnement de divers viscères par l'intermédiaire des structures constituant le système nerveux végétatif (ou autonome). Les modifications végétatives (accélération ou ralentissement du rythme cardiaque, modifications respiratoires, digestives, sudorales, vasomotrices, etc.)

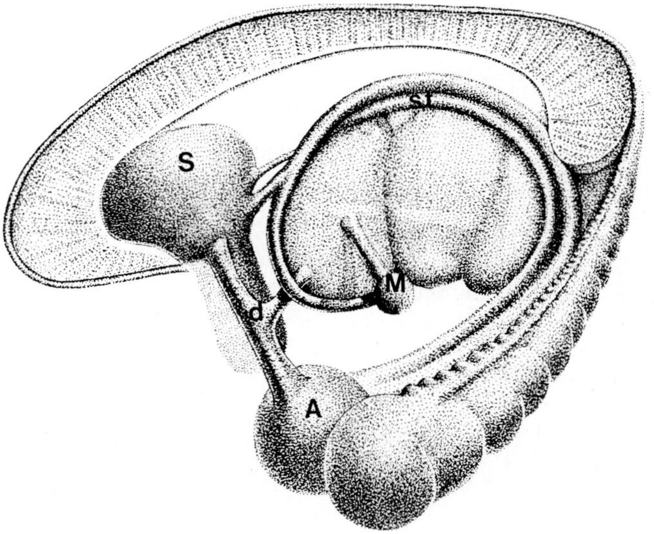

Fig. 108. – *Les structures limbiques proprement dites.* Trois circuits grossièrement concentriques : l'hippocampe qui se continue autour du corps calleux par une formation vestigiale (indusium griseum) ; le fornix ou trigone qui vient sous le corps calleux pour se terminer au niveau du corps mamillaire d'une part et dans les noyaux septaux (S), d'autre part ; l'amygdale, connectée au septum par la strie terminale (st) et par la bandelette diagonale (d). A. amygdale.

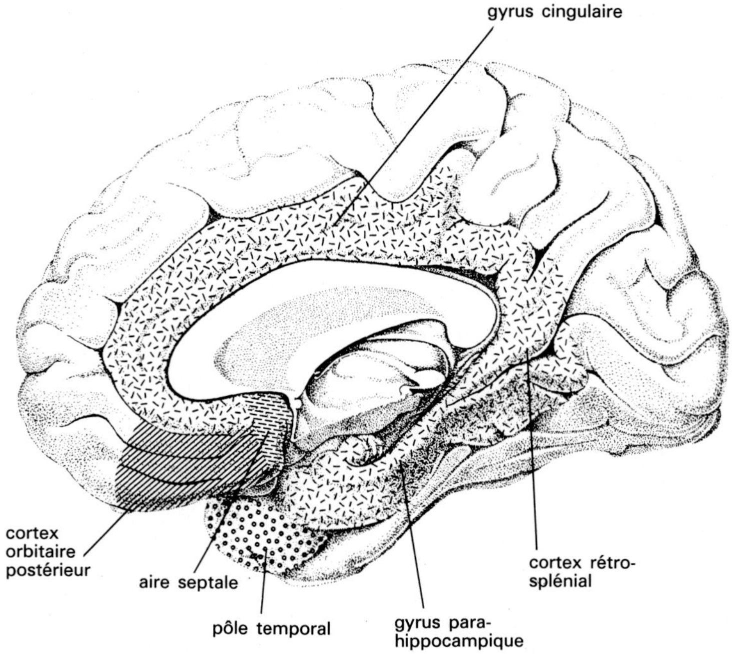

Fig. 109. – *Les structures corticales paralimbiques.* Elles comprennent, outre les structures formant le « grand lobe limbique de Broca », le cortex orbito-frontal postérieur, le pôle temporal et l'insula (non visible sur ce schéma).

observées lors de réactions émotionnelles sont la résultante de la mise en action de ces 2 voies (de manière peut-être variable selon le type d'émotion, mais aussi selon les individus).

Système limbique : cerveau archaïque ou moderne ?

On regroupe actuellement sous le terme de système limbique un ensemble de structures corticales et sous-corticales situées au niveau de la face médiale de l'hémisphère et parmi lesquelles on distingue :

– les **structures limbiques proprement dites** (fig. 108) comprenant, d'une part, des structures corticales, caractérisées par une architecture rudimentaire en 3 couches cellulaires (voir chapitre 6), la formation hippocampique ou archicortex et le lobe piriforme ou paléocortex (cortex olfactif primaire) et, d'autre part, des structures sous-corticales : divers noyaux regroupés dans la région septale et à la base de l'encéphale antérieur (« basal forebrain »), le noyau accumbens, qui fait partie du striatum, et le complexe amygdalien, dans la profondeur du pôle temporal ;

– les **structures paralimbiques**, qui sont un ensemble de régions corticales dont les caractéristiques sont intermédiaires entre le cortex limbique et le néocortex, les unes dérivées du paléo-cortex (insula, pôle temporal, cortex orbito-frontal caudal, aire septale), les autres dérivées de la formation hippocampique et réalisant la « ceinture paralimbique » (fig. 109) qui correspond à ce que Broca dénomma « grand lobe limbique » par allusion à la forme d'anneau qu'affecte l'ensemble de ces structures autour de la région centrale du cerveau.

– Enfin, un certain nombre de structures sont considérées comme **apparentées au système limbique** : aire tegmentale ventrale, ganglion de l'habénula et certains noyaux thalamiques : noyau dorso-médian, pulvinar médian et groupe nucléaire antérieur, noyaux projetant principalement sur le cortex paralimbique, frontal et cingulaire en particulier.

Dans son ensemble, le système limbique constitue donc un groupement de structures ayant en commun leurs étroites interrelations et leur origine phylogénétique : par opposition au néocortex qui a connu au cours de l'évolution des espèces, en particulier chez les primates, un développement considérable, le système limbique est lui resté dans sa position médiane originelle et n'a pas subi une telle croissance (voir chapitre 4). On pourrait donc en conclure que les fonctions sous-tendues par ces structures sont moins éloignées de celles de mammifères moins évolués que ne le sont les fonctions prises en charge par le néocortex. Cette conception, bien que quelque peu « raccourcie » a certainement une part de réalité. Il faut toutefois noter, comme le remarque Karli, qu'alors que le faisceau pyramidal, voie effectrice du néocortex ne fait que doubler de volume entre le singe et l'homme, les colonnes du fornix, voies efférentes de l'hippocampe, contiennent 5 fois plus de fibres chez l'homme que chez son prédécesseur dans l'ordre des primates. Enfin, s'il est vrai que les mécanismes de base ont sans doute beaucoup en commun, le développement considérable du facteur « interactions sociales » chez l'homme apporte au système une complexité et un raffinement certains.

Régulation des besoins biologiques

L'organisme humain partage avec celui de la plupart des mammifères (et sans doute plus généralement avec la majeure partie des êtres vivants) une caractéristique fondamentale permettant une autorégulation permanente et précise des mécanismes vitaux. Cette caractéristique, pressentie par Claude Bernard au siècle dernier, a été dénommée par Cannon : *homéostasie*. L'hypothalamus est le siège des principaux mécanismes aboutissant à l'homéostasie : régulation de la température corporelle, du rythme cardiaque et de la pression artérielle, régulation de la pression osmolaire sanguine, de l'ingestion d'eau et d'aliments, etc. Ce rôle primordial de l'hypothalamus s'explique par sa position anatomique, véritable interface entre le milieu intérieur et le système limbique avec lequel il est préférentiellement connecté, ce qui lui permet de jouer au mieux un rôle de détecteur des variations, même minimes, des diverses constantes biologiques et de corriger des variations ainsi détectées. C'est ainsi qu'il sera capable à lui seul de corriger un écart de température, en modifiant le degré de sudation et de dilatation des vaisseaux par l'intermédiaire de la voie humorale (hormones) et/ou neuronale (système végétatif). En outre, ses connexions avec le système limbique et le reste du cortex conscient permettront à l'individu de mettre en jeu les actes plus élaborés (en particulier en modifiant volontairement l'environnement) nécessaires à maintenir de façon durable les conditions d'équilibre thermique.

Température corporelle

Des expériences de stimulation et de lésion de l'hypothalamus chez l'animal ont permis de démontrer l'existence, au niveau de l'hypothalamus, d'un double mécanisme nerveux, l'un antérieur, l'autre postérieur contrôlant respectivement la diminution et l'augmentation de la température corporelle. La stimulation électrique de l'hypothalamus antérieur entraîne une chute de la température corporelle liée à une vasodilatation au niveau de la peau et une suppression du frisson. La stimulation de l'hypothalamus postérieur produit à l'inverse une réaction aboutissant à conserver la chaleur. Des lésions expérimentales de l'hypothalamus antérieur ont été responsables d'hyperthermie chronique par suppression des réponses ayant normalement pour but de dissiper l'excès de chaleur. Des lésions de l'hypothalamus postérieur engendrent à l'inverse une hypothermie. Il existe donc au niveau de l'hypothalamus deux systèmes distincts ayant chacun un rôle différent dans la thermorégulation (1). Outre ce rôle thermorégulateur que l'on peut qualifier de réflexe végétatif, l'hypothalamus est également responsable de l'organisation de comportements volontaires plus élaborés visant aussi à préserver l'équilibre thermique, comme le démontre l'expérience suivante : si l'on apprend à un rat à déclencher à l'aide d'une pédale un jet d'air frais, l'augmentation de la température ambiante provoque une nette augmentation de la fréquence avec laquelle le rat appuie sur la pédale. En outre, lorsqu'on injecte, à l'aide d'un microtube, de l'eau chaude dans l'hypothalamus antérieur de l'animal, on obtient également une augmentation de fréquence des appuis « rafraîchissants ». Si par contre l'animal a subi une lésion de l'hypothalamus, ce comportement ne se produit plus.

Comportement alimentaire

Les mécanismes de régulation du comportement alimentaire sont plus complexes que ceux impliqués dans la thermorégulation, et ce en partie en raison de plus grandes variations individuelles. On a pu, ici encore, mettre en évidence le rôle opposé de deux régions hypothalamiques : la destruction, chez l'animal, de l'hypothalamus ventromédian est responsable d'un comportement d'hyperphagie et

---

(1) Toutefois, les récepteurs sensibles aux variations de température (probablement par l'intermédiaire de la température du sang) seraient uniquement situés dans l'hypothalamus antérieur.

d'une obésité considérable. A l'inverse, la destruction bilatérale de l'hypothalamus latéral entraîne une suspension de toute activité alimentaire (aphagie) et une mort par dénutrition. Des stimulations électriques de ces 2 régions provoquent des effets inverses. Ces expériences ont amené à opposer un « centre de l'appétit » situé dans l'hypothalamus latéral et un « centre de la satiété », situé dans l'hypothalamus médian. Toutefois, on sait actuellement qu'une telle vision est trop schématique et qu'en réalité plusieurs facteurs interviennent : l'état d'éveil comportemental, l'existence de perturbations sensorielles, divers effets hormonaux, etc. Des enregistrements unitaires ont ainsi montré que certains neurones hypothalamiques répondent à la vue ou à l'odeur d'aliments, mais seulement lorsque l'animal a faim. Le problème posé en pathologie par l'obésité est l'illustration de la complexité des mécanismes impliqués : des facteurs hormonaux (en particulier la sécrétion de l'insuline par le pancréas) mais aussi des facteurs psychologiques complexes interviennent ici pour perturber de manière souvent difficilement réversible les mécanismes hypothalamiques régulateurs.

Le système nerveux utilise, pour apprécier l'état de faim ou de satiété, divers « indices » : certains d'entre eux font intervenir la stimulation, par les propriétés chimiques des aliments, de mécanismes activateurs ou inhibiteurs périphériques, c'est-à-dire provenant du système digestif lui-même : les signaux de faim, provenant de la région buccale, et les signaux de satiété provenant de la région gastro-intestinale, sont véhiculés jusqu'à l'hypothalamus par des voies végétatives afférentes. En outre, des facteurs humoraux jouent probablement un rôle important : il existe au niveau de l'hypothalamus des « glucorécepteurs » sensibles au taux de sucre sanguin circulant (glycémie) et il est probable que l'hypoglycémie intervient dans la sensation de faim. De même, la cholécystokinine, une hormone intestinale sécrétée lors du passage d'aliments au niveau du duodénum, est capable, lorsqu'elle est injectée par voie veineuse, de provoquer la satiété. En outre, cette même substance est présente dans le cerveau où elle joue le rôle de neurotransmetteur et peut intervenir dans la régulation alimentaire en dehors de tout événement périphérique.

Régulation de la soif

L'hypothalamus intervient à 2 niveaux distincts dans la régulation de l'équilibre hydrique de l'organisme. A un premier niveau, purement humoral, l'hypothalamus est responsable de la sécrétion de **l'hormone anti-diurétique** (ADH) dont le rôle est d'augmenter la réabsorption d'eau au niveau du rein. Les neurones hypothalamiques impliqués dans cette sécrétion répondent directement à certaines caractéristiques chimiques du sang comme l'osmolalité et la concentration en ions sodium. Le deuxième niveau d'intervention de l'hypothalamus est comportemental : la régulation de la soif. Celle-ci implique deux principales variables physiologiques, l'osmolalité sanguine et le volume vasculaire. Les osmorécepteurs hypothalamiques, essentiellement situés dans l'aire préoptique, sont les principales sources d'information sur l'état d'hydratation de l'organisme, mais il est probable que des stimuli périphériques comme l'état de sécheresse de la langue jouent également un rôle. Des signaux concernant le volume vasculaire partent de récepteurs (barorécepteurs) situés dans les cavités cardiaques et sur la paroi de certains gros vaisseaux, et rejoignent, en empruntant principalement la voie du nerf pneumogastrique, les centres cérébraux de contrôle. En outre, une diminution du volume vasculaire est perçue au niveau des artères rénales où un mécanisme humoral aboutit à la sécrétion d'une hormone, l'*angiotensine II*, dont un des effets est de provoquer la soif. Enfin, il existe très probablement, mais cela est moins bien connu, des mécanismes de satiété susceptibles de stopper le comportement d'ingestion d'eau en signalant la fin de la sensation de soif, et cela avant même que l'équilibre hydrique ne soit vraiment rétabli, ce qui permet d'éviter l'apparition d'un déséquilibre en sens contraire.

Comportement sexuel

L'étude des comportements sexuels et des structures nerveuses qui les sous-tendent est un chapitre encore obscur et où les connaissances, tant celles issues de l'expérimentation animale que des données humaines, progressent relativement peu. Cela est sans doute dû à la difficulté d'extrapoler les comportements animaux à la sexualité complexe de l'homme, et sans doute aussi aux tabous qui persistent encore souvent, même dans les milieux scientifiques et médicaux, pour aborder ce domaine. Diverses structures cérébrales semblent impliquées dans ces comportements à des degrés divers.

Hypothalamus et comportement sexuel

Comme nous l'avons déjà envisagé pour les comportements alimentaires, l'hypothalamus intervient dans les conduites sexuelles par deux voies complémentaires : la voie humorale par laquelle il régule les sécrétions d'hormones sexuelles qui jouent un rôle considérable tant dans le développement des caractères sexuels que dans les comportements sexuels eux-mêmes ; la voie neuronale par laquelle il détermine les modifications végétatives et surtout les schémas comportementaux élaborés en conjonction avec les autres structures cérébrales. C'est cette dernière qui nous intéressera plus particulièrement ici.

La région hypothalamique la mieux connue pour intervenir dans le comportement sexuel est l'aire préoptique médiane (fig. 106). Sa stimulation électrique intensifie l'activité copulatoire du rat et du singe mâles, alors que sa destruction provoque la perte du comportement sexuel sans modification des sécrétions hormonales par les gonades. Cette région est en outre connue pour être le type même du dimorphisme sexuel, c'est-à-dire que sa morphologie est différente chez le mâle et chez la femelle ; en outre, son fonctionnement est également différent selon le sexe, puisque le sens de sa différenciation détermine en particulier le caractère cyclique (femelle) ou non (mâle) des sécrétions hormonales (1). Une autre région hypothalamique, le noyau ventro-médian, semble également jouer un rôle important, en particulier chez l'animal femelle. Sa stimulation électrique induit l'ovulation chez la chatte et sa lésion chez divers animaux abolit le comportement sexuel femelle spécifique (œstrus et attitude particulière appelée lordose, préparant à l'intromission).

Chez l'homme, la stimulation électrique de différentes régions de l'hypothalamus n'a jamais provoqué de modification nette de la sphère sexuelle, ni objective, ni subjective, ce qui tendrait à prouver la faiblesse en cette matière du modèle animal pour comprendre les comportements humains.

Région septale : « centre du plaisir »

Diverses expériences chez le rat, le chat et le singe ont permis à P. Mac Lean de démontrer que l'aire septale, une étroite aire corticale située chez l'homme juste en dessous du bec du corps calleux (fig. 109), était impliquée dans les comportements liés à la préservation de l'espèce : la copulation et la reproduction. Chez ces animaux, en effet, la stimulation de cette région s'accompagne de manifestations sexuelles, en particulier d'érections et d'éjaculations chez le mâle. En outre, si l'on donne la possibilité à un rat de provoquer lui-même la stimulation de sa région septale, on observe un comportement d'autostimulations répétitives (voir plus bas), suggérant que l'animal éprouve par cette stimulation un plaisir qu'il recherche compulsivement, ce qui a pu faire parler, concernant l'aire septale, de véritable « centre cérébral du plaisir ».

Chez l'homme, la stimulation de l'aire septale est habituellement associée à une impression subjective de plaisir, souvent à consonnance sexuelle, ou des pensées sexuelles, mais pas de comportement extériorisé comme chez l'animal. Un patient porteur d'une affection très invalidante caractérisée par des accès de sommeil incoercibles (narcolepsie) a ainsi subi la mise en place chirurgicale dans la région septale d'une électrode qu'il pouvait, comme dans le cas de l'autostimulation chez l'animal, déclencher lui-même à volonté. Un enregistrement des déclenchements provoqués montra que le sujet s'autostimulait plusieurs fois par jour : il déclarait avoir alors la sensation souvent recherchée, mais parfois désagréable, de s'approcher de l'orgasme sans toutefois jamais y parvenir.

Lobe temporal et comportement sexuel

Alors qu'ils effectuaient chez le singe des expériences de pharmacologie, Klüver et Bucy, deux chercheurs allemands travaillant juste avant la dernière guerre mondiale, découvrirent les perturbations considérables provoquées sur cet animal par une lésion touchant les 2 lobes temporaux. Ils avaient en effet enlevé chirurgicalement, et de manière bilatérale, la pointe du lobe temporal, l'amygdala, l'hippocampe antérieur et une partie importante du néocortex temporal. Les effets observés consistaient essentiellement en une modification radicale du comportement émotionnel de l'animal : il existait tout d'abord une perte totale des réactions de colère et de peur devant des stimuli qui auraient normalement provoqué de telles réactions. Il fut également noté un trouble de la discrimination visuelle, véritable agnosie visuelle expérimentale. Enfin, les expérimentateurs remarquèrent une tendance accentuée à porter à la bouche et à consommer sans distinction des nourritures inhabituelles (comme de la viande pour ces animaux normalement végétariens), des objets en métal et même leurs propres excréments. En outre, on notait, chez le mâle, une perturbation du comportement sexuel caractérisée par des modifications qualitatives et quantitatives : hypersexualité avec masturbation incessante, tentatives répétées de copulation avec des femelles non réceptives, des mâles, des animaux d'autres espèces et même des objets inanimés.

Le syndrome décrit par Klüver et Bucy représente une page importante dans l'histoire des rapports cerveau – comportements, puisqu'il s'agit

(1) Du reste, cette différenciation est la conséquence directe de l'imprégnation du cerveau en hormones mâles pendant une période critique du développement fœtal.

d'une des premières preuves de l'intervention d'une partie du cerveau dans la régulation de comportements émotionnels chez le primate. Des études ultérieures ont tenté de préciser le rôle de chacune des structures endommagées : le complexe amygdalien s'est ainsi avéré l'élément-clé des perturbations émotionnelles (voir ci-dessous) mais non des troubles sexuels. Ces derniers seraient plutôt liés à la destruction du cortex du lobe piriforme ou du pôle temporal.

Troubles du comportement sexuel humain

Les troubles sexuels survenant à la suite de pathologies cérébrales humaines ont surtout été étudiés chez le sujet épileptique. Des sujets présentant une excitabilité anormalement importante de neurones du système limbique (épilepsie temporale) souffrent de crises inopinées, durant habituellement quelques minutes, au cours desquelles on peut observer un comportement mimant leur participation à un acte sexuel, voire une activité masturbatoire. Curieusement, les seules observations de ce type rapportées dans la littérature sont des cas féminins, ce qui suggère que les structures limbiques, siège, lors des crises, d'une activité anormale, jouent un rôle différent dans les fonctions sexuelles masculine et féminine.

En dehors de leurs crises, les sujets épileptiques ont souvent un trouble plus durable de la sexualité, caractérisé par un désintérêt pour le plaisir et une absence de curiosité sexuelle. Ces troubles, liés à la présence d'un foyer pathologique au sein du lobe temporal, seraient plus fréquents lorsque ce foyer siège dans l'hémisphère droit, ce qui peut traduire un certain degré de dominance hémisphérique (voir chapitre 15).

Les autres affections du cerveau (tumeurs, affections vasculaires, etc.) peuvent s'accompagner de troubles sexuels : il s'agit très généralement d'une baisse de la libido et d'une impuissance, surtout lorsque la lésion siège dans l'hémisphère droit, et ce quel que soit le lobe touché. Dans quelques rares cas, cependant, on peut assister au phénomène inverse, un comportement hypersexuel. Il s'agit alors presque toujours de lésions bilatérales des lobes temporaux, réalisant l'équivalent humain du syndrome de Klüver-Bucy. La survenue de ce syndrome chez l'homme a été pour la première fois signalée en 1955 par Terzian et Dalle Ore, des chirurgiens italiens qui avaient pratiqué chez un jeune homme de 19 ans une résection des lobes temporaux dans le but de traiter une épilepsie grave, résistante aux thérapeutiques habituelles. Au décours de l'intervention, le sujet présenta des symptômes très proches de ceux décrits chez le singe : outre une agnosie visuelle massive, une perte du comportement émotionnel, une grande amnésie et une tendance à agripper et manipuler les objets environnants, les auteurs rapportent des modifications du comportement alimentaire (boulimie insatiable, sans préférence pour aucun aliment) et surtout sexuel caractérisées par une tendance à exhiber ses organes génitaux, à se masturber de façon répétée devant témoins, et par une modification des goûts sexuels avec une perte de l'intérêt pour le sexe féminin et l'apparition de nettes tendances homosexuelles, se manifestant par des avances incessantes, verbales et gestuelles, envers le personnel médical masculin. Par la suite, plusieurs observations similaires ont été rapportées après des lésions bi-temporales (surtout dans des cas d'infection cérébrale liée à un virus du type herpès, virus qui touche préférentiellement les lobes temporaux). Dans tous les cas, il existait des troubles sexuels du même type, caractérisés par une hyperactivité sexuelle et une inversion de la polarité sexuelle, surtout chez l'homme mais également dans quelques cas féminins.

Le cortex temporo-polaire et le cortex prépiriforme apparaissent donc, chez l'homme comme chez l'animal, impliqués dans des mécanismes d'inhibition de comportements aberrants ou déviants, susceptibles de se produire lorsque ces structures sont détruites.

Les lésions du lobe frontal peuvent également donner lieu à une apparente désinhibition sexuelle. Toutefois, deux différences doivent être relevées par rapport à l'effet de lésions temporales : alors que dans ces dernières l'hypersexualité est patente, ici, il s'agit plutôt d'un comportement langagier à consonance sexuelle, une perte de la pudeur dans les comportements sociaux, sans véritable « passage à l'acte ». Au contraire, il existe le plus souvent une impuissance. En outre, la désinhibition, chez le frontal, s'étend, contrairement au temporal, au-delà du strict domaine sexuel pour intéresser tous les domaines de la vie sociale (voir plus bas).

Hypothalamus et horloges biologiques

Un certain nombre de données accumulées depuis quelques années mettent l'accent sur le rôle de certaines structures cérébrales dans l'organisation temporelle des phénomènes biologiques envisagés ci-dessus. Diverses constantes biologiques telles que la température corporelle, le sommeil, les sécrétions neuro-endocriniennes (cortisol, ACTH, mais aussi hormone de croissance, mélatonine, etc.)

présentent des variations journalières fixes appelées « rythme circadien » : ainsi, la température, de même que la plupart des fonctions homéostatiques, suit une courbe sinusoïdale se reproduisant selon une période fixe de 24 heures. Il a été démontré que ces rythmes sont de nature endogène, car ils ne sont pas ou peu influencés par les événements extérieurs : si l'on isole complètement un sujet, en particulier en le laissant dans l'obscurité complète ou au contraire en lumière permanente, le rythme de ses constantes biologiques reste fixe. On présume donc qu'il existe, pour chacune de ces fonctions, des générateurs de rythme (« pace-maker »), véritables horloges biologiques fonctionnant à la manière d'oscillateurs. Toutefois, les expériences d'isolation ont montré que, dans ces conditions, alors que le rythme de la température, par exemple, reste stable autour de 24 heures, celui du cycle veille-sommeil, tout en gardant son caractère périodique, peut s'allonger jusqu'à plus de 33 heures. On interprète ce fait comme la conséquence d'une désynchronisation entre des oscillateurs distincts, fonctionnant normalement de façon couplée mais pouvant se dissocier en l'absence de cycle lumière-obscurité : il existerait 2 oscillateurs principaux, l'un, localisé au noyau supra-chiasmatique de l'hypothalamus, contrôlant le sommeil lent, la sécrétion d'hormone de croissance, la température cutanée ; l'autre, dont la localisation est encore inconnue, règlerait le sommeil paradoxal, la sécrétion des corticostéroïdes et la température centrale. Parmi les nombreuses inconnues de cette organisation complexe qu'est la « chronobiologie », le rôle de l'épiphyse ou glande pinéale reste l'un des plus mystérieux. Cette petite glande appendue sous la paroi postérieure du 3e ventricule qui était considérée par Descartes comme « le siège de l'âme », apparaît à l'heure actuelle comme l'une des principales pièces de l'horloge biologique interne, capable de synchroniser, par l'intermédiaire de sa sécrétion propre (la mélatonine), sensible à l'environnement lumineux, divers autres rythmes biologiques avec les rythmes d'environnement.

Enfin, il faut signaler ici les nombreuses études actuellement menées, en particulier en psychiatrie, tendant à rattacher diverses anomalies (troubles du sommeil, dépressions, schizophrénies) à des perturbations fonctionnelles des horloges biologiques.

Stress, hypothalamus et système immunitaire

Le domaine de recherche concernant le stress et ses conséquences est bien trop étendu et complexe pour l'aborder ici. Toutefois, un des aspects du stress nous semble particulièrement captivant dans la mesure où il a permis récemment de découvrir des fonctions jusqu'alors insoupçonnées de certaines régions cérébrales : il s'agit de ses rapports avec le système immunitaire.

Le système immunitaire est un ensemble, topographiquement ubiquitaire, de structures dites « lymphoïdes », dont le rôle est de fabriquer les éléments cellulaires et humoraux capables de lutter contre les agents infectieux et de défendre ainsi l'organisme contre la survenue de maladies infectieuses.

Le système nerveux peut influencer le système immunitaire de 2 façons :

– indirectement, par la libération d'hormones (dites hormones du stress) ;

– directement, par l'intermédiaire des connexions nerveuses unissant le cerveau aux organes lymphoïdes.

Les différentes hormones libérées au cours du stress ont toutes une action sur le développement du système immunitaire et un rôle de modulateur de la réponse immunitaire. Le rôle des hormones surrénaliennes et la corticotropine hypophysaire (ACTH) est le plus anciennement connu, leur action étant dans l'ensemble une dépression de la réponse immunitaire. L'hormone de croissance et la thyréostimuline (TSH) ont une activité stimulante du système immunitaire. Enfin, les endorphines joueraient également un rôle d'immunomodulateur.

Les influences directes du système nerveux sur le système immunitaire sont multiples. Des lésions de l'hypothalamus antérieur chez le cobaye dépriment l'activité immunitaire, alors que des lésions du système limbique (hippocampe, amygdale, etc.) donnent l'effet inverse. Enfin, plusieurs travaux récents ont montré que l'ablation du cortex cérébral chez le rat modifie certaines réponses immunitaires. Curieusement, il semble exister, chez cet animal, une sorte de dominance cérébrale de l'immunorégulation, les lésions corticales gauches ayant un effet suppresseur et les lésions droites un effet au contraire facilitateur. Ces données, encore fragmentaires, ont toutefois un intérêt potentiel considérable :

– la possibilité de créer un conditionnement de l'activité immunitaire, empruntant probablement les mécanismes et les structures du conditionnement pavlovien, a déjà été appliquée avec succès pour traiter des maladies du système immunitaire ;

– l'influence incontestée mais souvent inexplicable du psychisme sur le développement (ou la guérison) de certaines maladies, en particulier les maladies dites psychosomatiques, se fait très probablement par l'intermédiaire des voies nerveuses unissant le cerveau au système immunitaire ;

– les perturbations immunitaires constatées lors de certaines circonstances psychologiques comme le deuil sont également la preuve d'un lien étroit entre les états émotionnels et le système de défense de l'organisme.

Tous ces faits ne constituent encore que des bases de travaux futurs dans un domaine encore très peu exploré. Un apport récent important est la découverte de propriétés communes aux cellules nerveuses et immunitaires, découverte qui pourrait faire concevoir le système immunitaire comme une véritable expansion du système nerveux dans les autres tissus de l'organisme.

Processus émotionnels

Réactivité émotionnelle

Une conception quelque peu mécaniciste mais séduisante du rôle du cerveau dans les processus émotionnels amène à considérer une succession d'étapes entre la perception sensorielle d'un stimulus et le comportement émotionnel qu'il provoque. Au centre de ce processus se situe un ensemble de mécanismes permettant de reconnaître les propriétés affectives d'un stimulus, ce qui déclenche une perception particulière ou «expérience» émotionnelle pouvant éventuellement se continuer par la mise en jeu d'un comportement adapté (de manière réflexe ou au contraire plus ou moins consciemment élaboré) à la nature et à la signification du stimulus. Dans cette succession d'événements, la transformation du signal perceptif en un signal émotionnel est une étape préalable indispensable et dont l'analyse commence à être envisageable grâce aux données expérimentales et celles issues de la pathologie humaine.

Perte de la réactivité émotionnelle chez l'animal

Un des éléments fondamentaux du syndrome de Klüver-Bucy est, nous l'avons signalé, une perte de toute réactivité aux stimuli, en particulier visuels, chez l'animal ayant subi une destruction des 2 lobes temporaux : l'animal, auparavant sauvage et craintif, devient, après l'opération, docile, facile à approcher, et n'est plus inquiété par les stimuli qui entraînaient auparavant de violentes réactions, tels que la vue d'un serpent ou d'une allumette enflammée. Des expériences complémentaires ont permis de montrer que cette perturbation émotionnelle est en fait liée à la destruction d'une structure sous-corticale située dans la profondeur du lobe temporal : le complexe amygdalien (fig. 108). Celui-ci est constitué de 2 parties accolées : l'amygdale dorso-latérale et l'amygdale cortico-médiale, ayant chacune des connexions propres. Une des principales afférences de l'amygdale est le faisceau longitudinal inférieur, un faisceau de substance blanche traversant la partie inférieure du cerveau, depuis le lobe occipital jusqu'au pôle temporal et dont le rôle semble être principalement de transmettre les informations visuelles parvenues au cortex strié jusqu'au complexe amygdalien (1). Outre par destruction du complexe amygdalien, un syndrome proche du syndrome de Klüver-Bucy peut également être obtenu en effectuant une opération de déconnexion :

– expérience de Downer (fig. 110) : cet auteur a effectué chez le singe une section du chiasma optique et une section des commissures interhémisphériques (dont le corps calleux), la première de ces interventions ayant pour but de faire en sorte que l'information venant de chaque œil ne parvienne qu'à l'hémisphère ipsilatéral, la seconde empêchant l'information visuelle arrivée dans un hémisphère d'être transmise à l'autre. Puis, il a effectué une destruction du pôle temporal et de l'amygdala d'un seul côté. A la suite de l'amygdalectomie, l'animal présente une hyporéactivité émotionnelle identique à celle d'un singe ayant subi une lobectomie temporale bilatérale : Downer a donc réalisé les mêmes effets que le syndrome de Klüver-Bucy en déconnectant un système visuel intact d'un système émotionnel intact.

– expérience de Horel et Keating (fig. 111) : ici l'intervention consiste à détruire un lobe temporal (et l'amygdala qu'il contient) et le lobe occipital controlatéral, de sorte que seul l'hémisphère ayant subi la lésion temporale reçoit une information visuelle. Un comportement émotionnel normal nécessite donc le transfert de l'information du lobe occipital sain vers le complexe amygdalien contro-

(1) La prééminence des afférences visuelles, tant sur le plan anatomique que fonctionnel, est un caractère propre aux primates et à l'homme qui a été favorisé au cours de l'évolution des mammifères aux dépens du système olfactif.

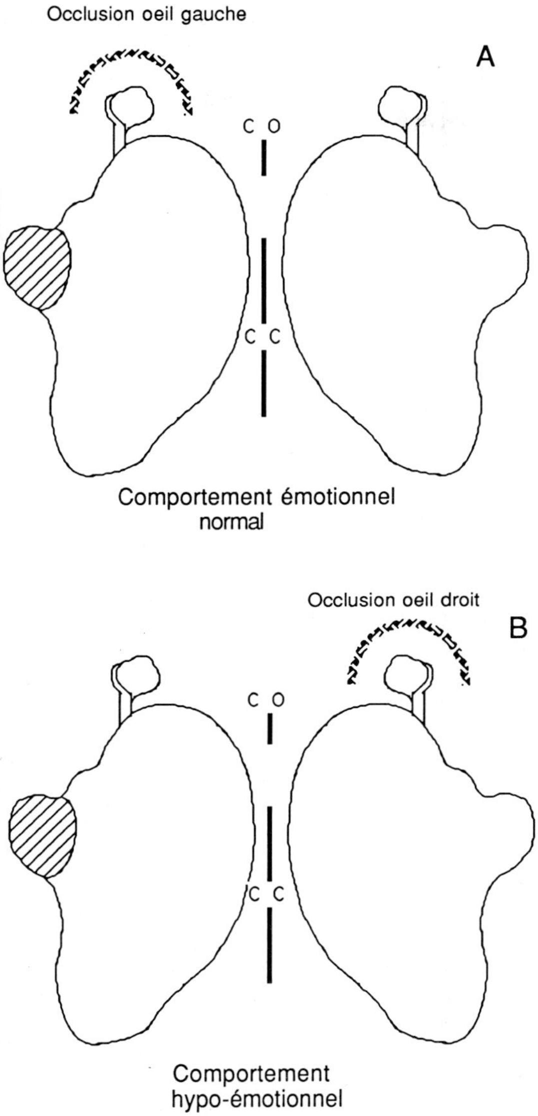

Fig. 110. – *Expérience de Downer.* Le singe a subi : (1) une section du chiasma optique et des commissures interhémisphériques, de sorte que chaque hémisphère ne reçoit d'information visuelle que d'un seul œil (2) une lésion temporale unilatérale enlevant l'amygdale. L'occlusion de l'œil du côté de l'hémisphère lésé (A) n'a aucune conséquence ; l'occlusion de l'œil du côté sain (B) est responsable d'un comportement hypo-émotionnel. CO. chiasma optique. CC. coprs calleux et commissure antérieure.

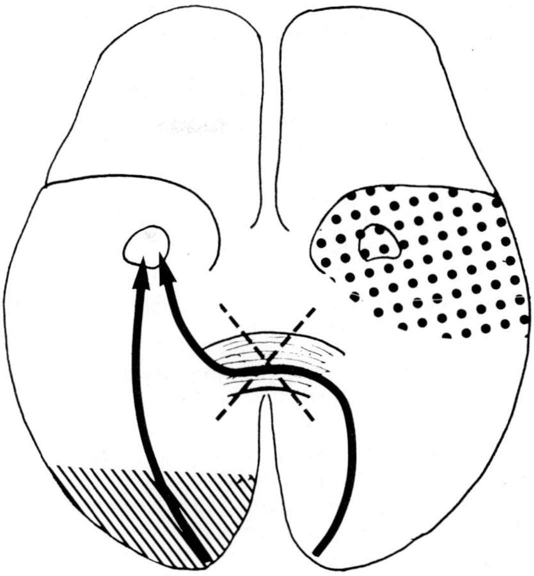

Fig. 111. – *Expérience de Horel et Keating.* L'amygdale droite est détruite de même que le lobe occipital gauche, de sorte que l'animal ne reçoit l'information visuelle que par son lobe occipital droit. La section du corps calleux effectuée dans un second temps, empêchant le passage de l'information visuelle vers l'amygdale gauche, provoque l'apparition d'un comportement hypo-émotionnel.

latéral, ce transfert empruntant les fibres du corps calleux. En effet, la section, dans un deuxième temps, du corps calleux provoque un syndrome d'hyporéactivité émotionnelle du même type que précédemment. Ces expériences ont amené le neurologue américain Geschwind à émettre en 1965 une théorie qui obtint beaucoup de succès, selon laquelle certains des signes du syndrome de Klüver-Bucy, en particulier les troubles de la reconnaissance visuelle et les troubles de la réactivité émotionnelle, seraient la conséquence d'une déconnexion visuo-limbique, d'une rupture des liens unissant le système visuel au système limbique.

Perte de la réactivité émotionnelle chez l'homme

Chez l'homme, des lésions détruisant l'amygdala ou la privant d'afférences visuelles sont également susceptibles d'entraîner des perturbations des comportements émotionnels. Le fameux patient HM (voir chapitre 13), dont la lésion intéressait de façon bilatérale l'hippocampe et l'amygdala, présentait une perte de toute affectivité et une indifférence vis-à-vis de stimuli normalement motivants. Un cas rapporté par Bauer illustre la possibilité d'observer des perturbations de ce type chez l'homme par déconnexion visuo-limbique : un jeune homme ayant subi, à la suite d'un traumatisme crânien grave, une destruction bilatérale du faisceau longitudinal inférieur, présentait une perte de la réactivité émotionnelle, mais uniquement sur entrée visuelle : ainsi, il ne pouvait plus obtenir d'excitation sexuelle par la seule vision et devait se stimuler verbalement ; il avait même, pour cette raison, résilié son abonnement à la revue Playboy ! Il est ici intéressant de noter que dans le premier cas le trouble est présent pour toutes les modalités sensorielles, alors que dans le second, seule la modalité visuelle est touchée (1).

Rôle fonctionnel de l'amygdala

Ces différentes observations, expérimentales et cliniques, permettent d'esquisser le rôle, probablement fondamental, du complexe amygdalien dans les processus émotionnels. L'amygdala (fig. 112) reçoit principalement ses afférences des aires associatives spécifiques (de la vision, de l'audition et du tact) de sorte qu'elle semble spécialisée dans un type de traitement de l'information sensorielle. On admet actuellement que l'amygdala est le siège d'associations stimulus-renforcement. Cette conception, faisant appel à des notions issues de la psychologie pavlovienne, assimile la plupart des émotions au résultat d'un conditionnement classique : le stimulus responsable de renforcement peut être soit primaire (comme la nourriture lorsque l'animal a faim, ou la douleur), soit secondaire lorsqu'il a été associé, par apprentissage, à une satisfaction. Dans ce dernier cas, qui correspondrait à la plupart des émotions, l'apprentissage de cette association est perturbé par des lésions amygdaliennes. Les animaux dont l'amygdala est détruite ne sont plus capables d'associer un stimulus avec un renforcement préalablement établi, c'est-à-dire ne peuvent plus reconnaître le caractère positif ou négatif (récompense ou punition) d'un stimulus.

Ayant ainsi permis à l'individu de reconnaître la valeur hédonique (schématiquement récompense ou punition) d'un stimulus, l'amygdale va dès lors répercuter cette information, grâce à son système de connexions efférentes (fig. 108) sur l'hypothalamus et les autres éléments du système limbique (2). C'est sans doute ainsi que l'amygdale contribue à l'étape suivante de la chaîne d'événements constituant l'émotion : le « ressenti » ou expérience émotionnelle.

Expérience des émotions

L'expérience subjective des émotions est un des aspects les plus difficiles à explorer, puisque par définition il ne peut s'agir que d'un « ressenti », ce qui d'une part exclut pratiquement tout apport de

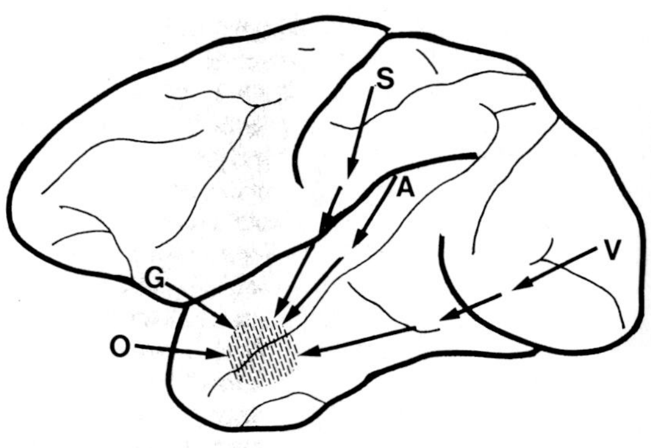

Fig. 112. – *Afférences de l'amygdale.* L'amygadale est le point de convergence de tous les messages sensoriels contenus à un haut niveau de traitement par les aires associatives spécifiques (V. aires visuelles, A. auditives, S. somesthésiques, O. olfactives, G. gustatives).

l'expérimentation animale et d'autre part oblige le chercheur à se fier à ce que rapporte verbalement un individu, ce qui, bien sûr, se prête mal à une approche scientifique. Toutefois, un certain nombre de données permettent déjà une certaine compréhension des mécanismes nerveux qui sous-tendent cet aspect du problème.

Stimulations et épilepsies

Les sujets épileptiques, en particulier ceux porteurs d'une épilepsie temporale (3), ont fourni des modèles d'étude susceptibles d'apporter des renseignements au domaine de l'expérience émotionnelle. Les manifestations qui ont été rapportées à des crises temporales, sont souvent complexes et rapportées de manière très variable selon les sujets : certaines crises sont décrites comme une sensation de peur, ou d'angoisse, ou au contraire une sensation de joie ou de plénitude. A cet égard, les manifestations d'extase mystique décrites par Dostoïevski dans *L'Idiot* nous ont fourni de remarquables descriptions de perturbations affectives survenant au cours de crises d'épilepsie temporale. Il faut préciser que ces manifestations sont en fait

(1) Une de nos patientes, porteuse d'une lésion similaire, avait pris l'habitude de caresser ses roses afin de retrouver un plaisir qu'elle n'en éprouvait plus visuellement.
(2) En outre, l'amygdale est, par ses efférences réciproques vers les aires sensorielles associatives, capable de moduler ou d'influencer la nature des informations sensorielles qui lui parviennent.
(3) C'est-à-dire dont le foyer d'hyperexcitabilité neuronale responsable des crises se situe dans le lobe temporal (droit ou gauche).

souvent associées à des modifications perceptives (illusions, hallucinations) et qu'elles ne permettent en aucun cas de localiser une « fonction » à une région cérébrale, si ce n'est que le lobe temporal (et en particulier son contenu limbique) est impliqué au premier chef. Toutefois, le seul fait que ces manifestations surviennent à la suite de l'activation d'un ensemble de neurones tend à prouver, et c'est sans doute là l'enseignement principal, que les sentiments normaux que nous appelons émotions et qui se manifestent ici spontanément et de manière anormalement exacerbée, sont sans doute liés à la mise en activité de réseaux neuronaux. La question de savoir si ces réseaux sont les mêmes pour tous les types d'émotions est encore plus loin d'être résolue mais fait actuellement l'objet d'hypothèses envisagées ci-après.

Un autre type d'enseignement fourni par l'étude de sujets épileptiques provient d'expériences de stimulation pratiquées chez les épileptiques graves chez lesquels on envisage une cure chirurgicale du foyer épileptogène : le chirurgien place des électrodes en divers points de la zone suspecte et tente de localiser la région dont la stimulation électrique provoque les symptômes critiques. Dans ces conditions, le symptôme d'ordre affectif le plus souvent obtenu est le sentiment de peur. La stimulation de diverses structures depuis le tronc cérébral jusqu'au cortex temporal est capable de le provoquer. Par contre, les états positifs de joie ou d'extase, rapportés lors de crises d'épilepsie, sont beaucoup plus rarement obtenus par les stimulations cérébrales (1). Enfin, à l'instar des crises épileptiques spontanées, les stimulations provoquent souvent des manifestations impliquant d'autres domaines des activités cérébrales, sensorielles mais également mnésiques, en particulier la fameuse impression de déjà vu ou de déjà vécu, qui peut elle-même avoir une connotation agréable ou désagréable.

A côté des informations apportées par l'observation des épisodes critiques, il a également été décrit, chez l'épileptique, des modifications émotionnelles non plus transitoires, contemporaines des crises, mais permanentes ou inter-ictales. Des études du profil psycho-comportemental inter-ictal de sujets porteurs d'épilepsie temporale, ont permis de distinguer divers traits de personnalité permettant de différencier ces épileptiques des sujets normaux. Plus précisément, deux groupes distincts qualifiés d'« émotif » et d'« idéatif » ont pu être distingués. Les sujets du groupe « émotif », dont le foyer était le plus souvent latéralisé à droite, présentaient un ensemble de traits traduisant une « expression excessive de l'humeur et des affects » et un intérêt excessif pour l'ordre et les détails, alors que ceux du groupe « idéatif », dont le foyer était plus volontiers latéralisé à l'hémisphère gauche, comportaient un intérêt philosophique et religieux particulier, des pensées paranoïdes, un profil hyperconsciencieux. Bear et Fedio ont ainsi proposé l'hypothèse selon laquelle le comportement interictal des épileptiques traduirait une « accentuation des associations affectives dues à une connectivité excessive entre les cortex associatifs sensoriels et les structures limbiques », en quelque sorte l'effet inverse des états d'émoussement affectif observés en cas de déconnexion sensori-limbique.

(1) En fait, ce sont surtout des substances chimiques qui sont à même de provoquer ces états : amphétamines, cocaïne, LSD et leurs dérivés.

Système de plaisir et système d'aversion

Parmi les hypothèses tendant à différencier le support anatomique de divers types d'émotion, on oppose souvent deux systèmes distincts :

– un système de « plaisir » ou de « récompense », fait d'un ensemble de structures comprenant : l'hypothalamus latéral, la région septale, certains noyaux du cervelet, l'amygdale baso-latérale et le cortex temporal et frontal ;

– un système d'« aversion » comprenant l'hypothalamus médian, l'hippocampe, l'amygdale cortico-médiale, le cervelet, certaines structures mésencéphaliques (substance grise périaqueducale) et le gyrus cingulaire.

La distinction entre ces 2 systèmes repose principalement sur un modèle animal particulièrement riche d'enseignements : celui de l'autostimulation.

L'auto-stimulation : un modèle des rapports émotions-motivation

C'est en 1954 que Olds et Milner ont eu l'idée de donner au rat, ayant une électrode placée dans son **aire septale**, la possibilité de s'autostimuler en appuyant sur un levier. Les rats porteurs d'un tel dispositif vont rechercher activement et frénétiquement le « plaisir » provoqué par la stimulation : ils deviennent capables de résoudre des labyrinthes complexes pour atteindre la récompense et de tolérer des chocs électriques plus importants que ceux qu'ils tolèreraient pour n'importe quelle nourriture. Un animal s'est ainsi autostimulé 2 000 fois par heure pendant 26 heures, s'est alors endormi épuisé pour ensuite reprendre l'autostimulation au même rythme. Des effets identiques sont en fait obtenus lorsque l'électrode siège à divers niveaux du trajet d'un faisceau d'association, le **faisceau médian du télencéphale** (fig. 113), depuis ses expansions dans le cortex frontal jusqu'à sa terminaison dans le tronc cérébral (aire tegmentale ventrale aire tegmentale ventrale et noyaux du raphé). La stimulation de ce système de plaisir réalise en fait un véritable effet de récompense et l'on pense que siègent là les mécanismes impliqués dans le renforcement positif du conditionnement pavlovien. Les renforcements qui prennent naissance dans des circonstances naturelles impliqueraient l'activation des mêmes structures nerveuses qui donnent lieu expérimentalement au comportement d'autostimulation (KARLI). En outre, si l'on associe une stimulation de l'hypothalamus latéral à la présentation d'un stimulus inconnu, le rat va développer une préférence marquée pour ce stimulus, ce qui suggère l'intervention du système neuroanatomique de plaisir dans l'établissement des goûts et préférences (1).

Les comportements affectifs et motivés

Attente-intérêt-approche

Panksepp propose d'isoler sous ce terme un système, également appelé « foraging system », anatomiquement superposable à celui impliqué dans l'autostimulation. Ce système serait capable de procurer à l'animal un potentiel énergétique utilisable pour satisfaire des besoins vitaux, alimentaires ou reproductifs. Il serait centré sur l'aire tegmentale ventrale (ATV) dont les fibres dopaminergiques projettent principalement sur le striatum limbique (noyau accumbens) et le cortex frontal (voir fig. 113). Une lésion de ce système provoquerait chez l'animal une réduction de l'intérêt, de l'initiative et de la capacité à planifier ses actes. Chez l'homme, certaines lésions toxiques ou traumatiques provoquent un tableau clinique très particulier, où le sujet (par ailleurs ni déprimé, ni atteint dans ses facultés intellectuelles ou ses possibilités de raisonnement) ne montre plus aucun intérêt ni aucune motivation pour les éléments de l'environnement qui l'intéressaient auparavant (aliments, activité professionnelle, violon d'Ingres, etc.). Ces malades ne prennent plus aucune initiative, ne désirent plus rien ; ils ressentent les émotions mais n'éprouvent plus le besoin de rechercher les satisfactions, ni de fuir les menaces. Le siège des lésions présentées par ces sujets est compatible avec une atteinte du « foraging system » puisqu'elles intéressent soit certains noyaux gris centraux (le pallidum ou le noyau caudé) soit les fibres blanches se dirigeant vers les lobes frontaux internes. Il semble donc bien exister là, chez l'homme comme chez l'animal, un système de neurones dont le rôle est de transformer une certaine « énergie affective » en une activité motrice visant à obtenir une « récompense » ou à éviter une « punition ». Les perturbations décrites ici semblent donc toucher un système situé à l'interface entre

(1) Des études neurochimiques récentes ont permis de préciser que la stimulation du septum ou du faisceau médian du télencéphale se traduit par une libération d'endorphines au niveau de l'aire tegmentale ventrale (ATV). En outre, un comportement d'autostimulation identique peut être obtenu si l'on remplace la stimulation électrique par une injection intraveineuse de cocaïne ou d'amphétamine, ce qui a fait considérer l'auto-stimulation comme un modèle expérimental de toxicomanie.

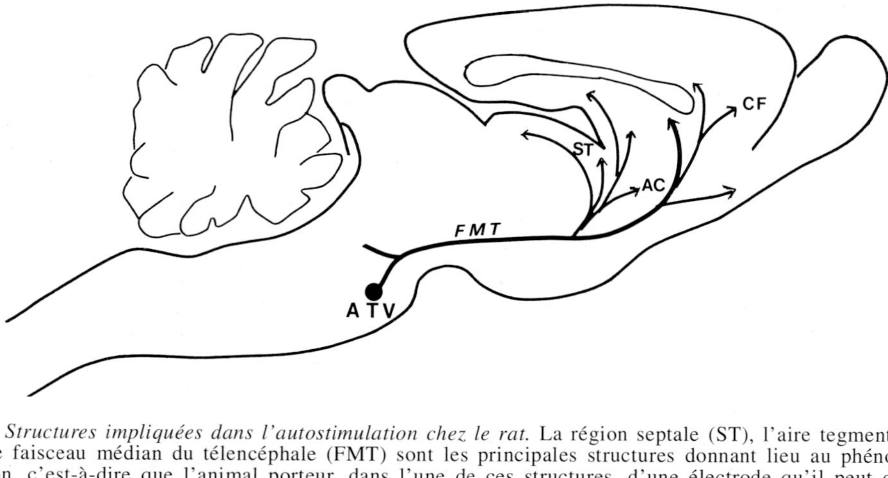

Fig. 113. – *Structures impliquées dans l'autostimulation chez le rat.* La région septale (ST), l'aire tegmentale ventrale (ATV) et le faisceau médian du télencéphale (FMT) sont les principales structures donnant lieu au phénomène d'autostimulation, c'est-à-dire que l'animal porteur, dans l'une de ces structures, d'une électrode qu'il peut déclencher à volonté aura tendance à s'autostimuler de manière répétitive. Ce système est superposable à la voie dopaminergique méso-limbique, projetant sur le noyau accumbens (AC) et la voie méso-corticale, projetant sur le cortex frontal.

le système limbique qui sous-tend l'activité affective et le système moteur qui agit en fonction des exigences de cette dernière.

Ces données cliniques et expérimentales suggèrent ainsi l'existence d'un circuit cortico-sous-cortico-cortical comprenant les aires corticales paralimbiques du lobe frontal (gyrus cingulaire antérieur, région fronto-orbitaire), le striatum dit limbique (essentiellement représenté chez l'homme au sein de la partie interne de la tête du noyau caudé), le pallidum interne, et le noyau médio-dorsal du thalamus, lui-même se projetant à nouveau sur les aires fronto-limbiques. Ce circuit, dont l'interruption à un niveau quelconque produit un syndrome bien caractéristique et stéréotypé, pourrait être considéré comme le substrat cérébral de la motivation chez l'homme.

L'agression

Depuis la démonstration par Bard (1928) que le comportement de rage apparente («sham rage»), provoqué chez le chat par décortication, nécessitait que l'hypothalamus postérieur reste connecté avec les structures sous-jacentes, on admet que cette région est un centre d'intégration du comportement d'agressivité. La même année, Hess (1928) montrait que la stimulation électrique d'une autre aire hypothalamique, proche du noyau ventro-médian, provoquait une réaction de rage complète. On a démontré plus tard qu'une stimulation de la substance grise centrale du tronc cérébral provoquait également un comportement d'attaque.

La stimulation de l'hypothalamus latéral du chat déclenche un comportement agressif impressionnant : dès qu'il est ainsi stimulé, un chat spontanément non agressif, va attaquer immédiatement le rat introduit dans sa cage selon une véritable «mise à mort» très vive et très précise, par section de la moelle cervicale, un comportement typique (et génétiquement déterminé) de beaucoup de félins. Si la stimulation concerne une région plus médiane de l'hypothalamus, on assiste à un comportement différent de type «affectif», moins bien orienté et accompagné de manifestations émotionnelles intenses. En fait, il semble qu'un comportement agressif puisse être la conséquence de l'activation soit du système de plaisir, soit du système d'aversion : lors de la stimulation de l'hypothalamus latéral, le chat tue froidement, «par plaisir» ; lors de la stimulation médiane, la réaction est plutôt une réaction de défense accompagnée de peur et l'agressivité est proche de la fuite («fight-flight»). Quant aux noyaux amygdaliens, ils jouent également un rôle dans les comportements agressifs puisque leur destruction, au même titre qu'elle supprime la réactivité émotionnelle de façon générale, peut empêcher l'apparition de comportements agressifs. Dans quelques cas de stimulation amygdalienne chez l'homme ont été rapportées des réactions d'agressivité immotivées et incontrôlables. Il faut enfin signaler que ces comportements agressifs, bien que stéréotypés, ne sont pas figés chez un même animal : lorsqu'un rat agressif se retrouve face à un congénère qui lui a préalablement infligé une «défaite», il perd toute agressivité. Dans un autre registre, la familiarisation préalable avec des souris, lors de la maturation, de rats muricides («tueurs de souris»), fait qu'une fois parvenus à l'âge adulte, ils ne présentent plus le comportement agressif usuel face à leurs victimes. Cette familiarisation n'a pas lieu chez les rats ayant subi une lésion amygdalienne, ce qui suggère le rôle régulateur de l'amygdale dans l'agressivité.

Peur et anxiété

Parmi les réactions d'un organisme face à un stimulus menaçant son intégrité, la peur et l'anxiété relèvent de mécanismes similaires et impliquent probablement des structures communes. Ces structures ont été étudiées grâce à l'utilisation expérimentale de substances chimiques dont on connaît l'effet spécifique sur l'anxiété : les anxiolytiques ou tranquillisants (en particulier la famille des benzodiazépines). La peur est une des plus fréquentes manifestations, nous l'avons vu, de l'épilepsie temporale, et les réactions de peur sont fréquemment enregistrées lors de la stimulation des structures limbiques de même que de l'hypothalamus antérieur. J.A. Gray attribue une importance particulière à l'hippocampe dans son approche de l'anxiété : d'après ses expériences chez l'animal, il conclut que le système septo-hippocampique (les fibres faisant issue de l'hippocampe et rejoignant, par la voie semi-circulaire du fornix, la région septale) joue un rôle de «prédicteur» et de «comparateur» entre ce qui est attendu et ce qui se produit. Lorsque l'événement est soit de nature aversive, soit ne correspond pas à une attente, ce système produit un effet stéréotypé d'inhibition comportementale associé à une accentuation de la vigilance, effet aboli par les anxiolytiques, et donc assimilable à de l'anxiété. L'anxiété apparaît ici comme la conséquence de stimuli soit naturellement aversifs, soit significatifs, par conditionnement, de punition ou de non-récompense, soit enfin dans certains cas de stimuli simplement nouveaux.

Séparation-détresse

Un système complètement distinct des précédents semble impliqué dans les états de manque ou de perte (éloignement, deuil, etc.), états assez spécifi-

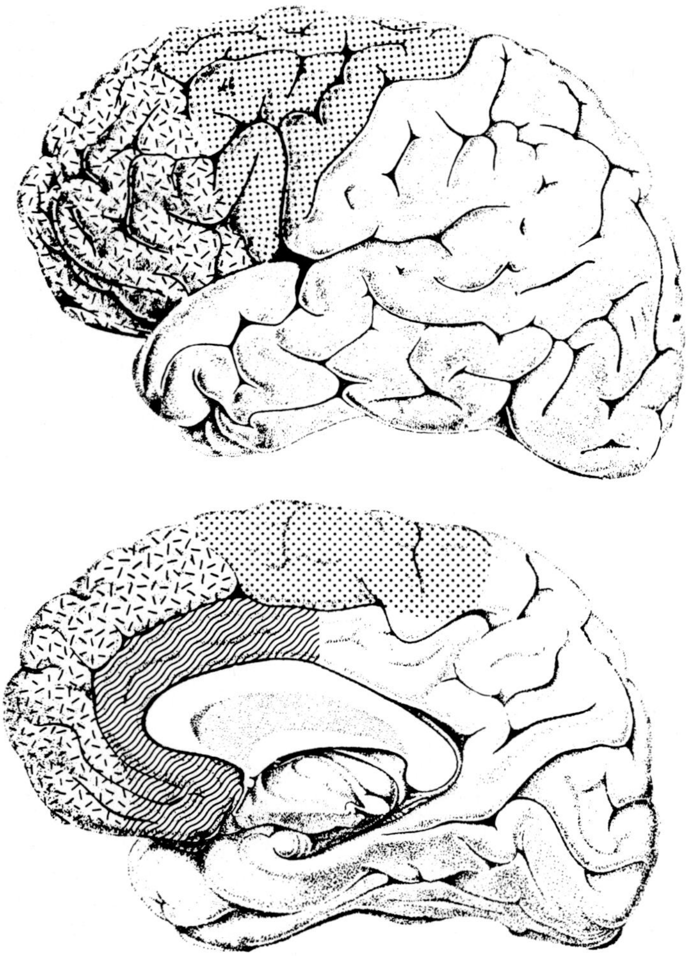

Fig. 114. – *Les 3 composantes corticales du lobe frontal.* La portion paralimbique du cortex frontal comprend l'aire cingulaire antérieure, l'aire septale ou sous-calleuse et la partie postérieure du cortex orbito-frontal.

ques à l'homme mais que l'on a pu retrouver chez certains animaux, en particulier les singes. Ce système comprendrait la région septale, le thalamus dorso-médian, la substance grise péri-ventriculaire et le gyrus cingulaire antérieur. On a en effet démontré que, chez le singe, la stimulation du cortex cingulaire antérieur provoquait des vocalisations similaires à celles que l'animal produit spontanément lors de l'éloignement entre une mère et son enfant (« separation call »). Pour Mac Lean, ce système serait impliqué dans l'aspect social de la préservation de l'espèce, en particulier l'instinct maternel et les rapports mère-enfant. En outre, la découverte au niveau de ces structures de récepteurs des substances opiacées suggère un lien entre le fonctionnement de ce système et la sécrétion de substances opioïdes (endorphines) : il a été démontré que de petites doses de morphine suppriment les vocalisations d'isolement du singe ; en outre les lésions cingulaires seraient capables de soulager les symptômes de manque chez les toxicomanes. Tous ces faits suggèrent donc le rôle de ces structures dans les phénomènes de manque ou de sevrage chez le toxicomane, voire dans d'autres états de dépendance psychologique non liés à des substances chimiques.

Ajustement social : le lobe frontal

Une des descriptions les plus célèbres (et sans doute la plus ancienne) de l'effet de lésions du lobe frontal sur les comportements affectifs est celle du dénommé Phineas Gage rapportée en 1868 par

Harlow. Ce jeune ouvrier travaillait à la construction d'une voie ferrée quand il fut victime d'un grave accident au cours duquel une barre affûtée le transperça depuis le maxillaire inférieur jusqu'au sommet du crâne. Gage, par bonheur, survécut à ce traumatisme mais son état mental présenta par la suite de profondes modifications. Voici comment Harlow le décrit :

> Sa santé physique est bonne, et je serais incité à dire qu'il est guéri. L'équilibre entre les facultés intellectuelles et les instincts animaux semble avoir été détruit. Il est impulsif, irrévéréntieux, se prêtant parfois à de triviales vulgarités (ce qui n'était pas du tout son habitude), ne manifestant que peu de déférence envers ses camarades, ne supportant pas les contraintes ni les conseils lorsqu'ils ne correspondent pas à ses désirs, parfois obstinément entêté, mais cependant capricieux et instable, faisant divers projets de réalisations futures qui sont aussitôt abandonnés pour de nouveaux paraissant mieux réalisables. Un enfant pour ses capacités intellectuelles, il a les passions animales d'un homme robuste. Avant sa blessure, bien que n'ayant pas été très avant à l'école, il possédait un esprit fin et clairvoyant et était considéré par son entourage comme un travailleur sagace et intelligent, énergique et persévérant. A cet égard, son esprit a totalement changé, si radicalement que ses amis et ses connaissances disent de lui : *« ce n'est plus Gage »*.

Cette observation illustre remarquablement les considérables modifications comportementales que peut provoquer une lésion frontale. En fait, on s'éloigne ici du domaine proprement émotionnel pour celui du contrôle des émotions. La désinhibition comportementale du patient, la perte de son adaptation au contexte social en font un véritable « sociopathe ». Les mécanismes cérébraux de la fonction d'ajustement social sont bien sûr loin d'être élucidés, mais l'expérimentation animale en a permis une certaine approche.

On distingue au sein du cortex frontal (fig. 114) 3 régions : le cortex moteur et prémoteur, sur la convexité externe de l'hémisphère, essentiellement impliqué dans les phénomènes de motricité ; la région préfrontale, en avant de cette dernière, intervenant dans la programmation des actes et les aptitudes décisionnelles ; le cortex paralimbique comprenant le cortex orbito-frontal postérieur et l'aire cingulaire antérieure. Ce sont les lésions du *cortex frontal paralimbique* qui, chez le singe, sont susceptibles de provoquer des troubles émotionnels :

– les lésions de l'*aire cingulaire antérieure* sont surtout responsables de déficits des interactions sociales : les animaux perdent certains schémas comportementaux tels que parade, toilettage, vocalisations, aboutissant à un isolement social complet ;

– les lésions du *cortex orbito-frontal* provoquent une altération des réponses émotionnelles à un stimulus donné : les animaux ne perdent pas la capacité de réagir émotionnellement, mais celle de moduler les affects en proportion à la signification du stimulus. Il n'y a plus d'adéquation entre le stimulus et la réaction qu'il engendre.

A un niveau plus élémentaire, le cortex orbito–frontal semble avoir pour rôle de corriger les réponses émotionnelles lorsque survient une modification de la valeur affective d'un stimulus, de modifier le comportement en fonction de l'évolution de l'environnement. Cela rend bien compte des perturbations comportementales de Phineas Gage, devenu incapable d'adapter ses réponses émotionnelles à la variété des contextes environnementaux.

CHAPITRE XII

SOMMEIL, VIGILANCE, ATTENTION

Les domaines des activités mentales envisagés dans ce chapitre sont parmi les plus difficiles à appréhender en termes opérationnels et donc à décrire dans le cadre de cet ouvrage qui se veut didactique. En outre, la complexité des mécanismes fait que les structures qui les sous-tendent sont encore peu connues. Nous tâcherons toutefois de résumer, pour chacun de ces domaines, les données établies et de faire le point de l'état actuel des travaux, en mettant comme précédemment l'accent sur les aspects structuraux de ces fonctions. Nous serons, dans cette perspective, amenés à rassembler des données assez hétérogènes provenant tout aussi bien de l'expérimentation animale (sommeil) que de la pathologie neurologique humaine (comas), ou de la neuropsychologie clinique (troubles attentionnels).

Sommeil

Le sommeil, qui représente l'occupation humaine de loin la plus répandue et la plus durable (un tiers de la durée d'une vie humaine environ), a toujours fait l'objet de la curiosité des philosophes et des scientifiques. Nos connaissances sur la biologie du sommeil, encore très imparfaites, sont étroitement et historiquement liées à deux progrès techniques : l'électroencéphalographie, introduite dans les années 30 et la neurochimie, en particulier dans l'expérimentation animale, qui a permis d'individualiser les diverses substances potentiellement responsables des divers aspects du sommeil.

Description du cycle veille sommeil (fig. 115)

Le sommeil normal est caractérisé par une dissolution périodique et physiologiquement nécessaire de la capacité de l'individu à communiquer avec son environnement. Cet état est fondamentalement différent de certains états pathologiques comme le coma (voir plus bas) mais est parfois considéré comme le stade extrême à l'opposé d'un état de vigilance attentive ou d'éveil maximal. L'observation du sommeil peut utiliser diverses méthodes depuis l'auto-observation jusqu'à l'expérimentation animale, et divers instruments, en particulier électrophysiologiques : principalement l'électro-encéphalogramme (EEG), mais aussi l'électro-myogramme (EMG), l'oculographie, etc..., dont l'enregistrement complet (dit polygraphique) représente la méthode optimale pour décrire et évaluer le sommeil d'un individu.

Etat de veille

On y distingue en fait 2 états différents :

– l'état de **veille diffuse** (correspondant chez l'homme à un état de relaxation mentale) où le sujet, assis ou allongé, yeux fermés, ne cherche pas à communiquer avec l'environnement. L'électro-encéphalogramme présente un rythme caractéristique fait d'ondes dites alpha à 8 à 10 cycles par seconde (c/s) ;

– l'état de **veille active** ou attentive, où l'individu est éveillé, les yeux ouverts, son tonus musculaire est élevé (activité intense sur l'EMG), ses pupilles dilatées. L'EEG est fait d'ondes rapides dites bêta (jusqu'à 30 c/s) remplaçant le rythme-alpha lors de chaque activité mentale ou lors de l'ouverture des yeux.

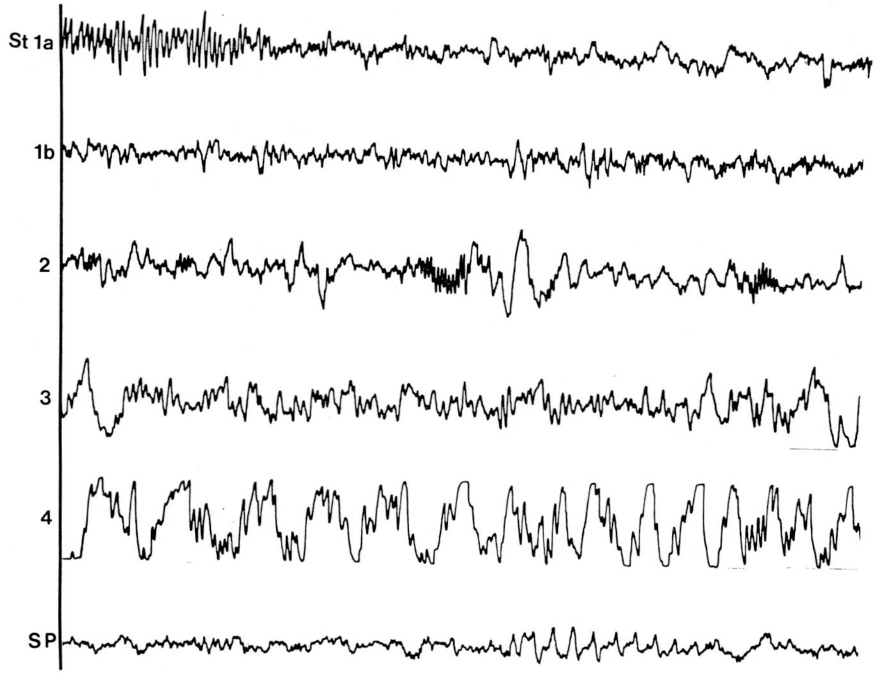

Fig. 115. – *Enregistrement électroncéphalographique des différents stades du sommeil.* Stades 1a et 1b, correspondant à l'endormissement (fragmentation de l'alpha, puis apparition d'ondes thêta) stade 2 avec présence de fuseaux du sommeil ; stades 3 et 4 de profondeur progressive, se traduisant par des ondes lentes et amples. Enfin, le sommeil paradoxal (SP) présente un aspect beaucoup plus proche de l'éveil (désynchronisation).

Sommeil lent (SL)

A partir de l'endormissement, l'électroencéphalogramme permet de distinguer 4 stades successifs, caractérisés par un ralentissement progressif des fréquences parallèlement à la profondeur du sommeil. Le stade I, correspondant à la période d'endormissement, est caractérisé par une fragmentation de l'alpha puis l'apparition d'ondes plus lentes dites thêta (2 à 7 c/s). Le stade II, ou de sommeil léger, est caractérisé par l'apparition, sur un fond thêta, de fuseaux du sommeil faits d'ondes rapides groupées par petites bouffées. Le stade III, ou sommeil moyen ou profond est fait d'ondes lentes delta à 2 à 4 c/s, polymorphes, encore interrompues de quelques fuseaux. Enfin, le stade IV, ou sommeil très profond, est constitué d'ondes delta monomorphes, lentes et de forte amplitude. C'est à ce stade que le réveil est le plus difficile à obtenir.

Sommeil paradoxal (SP)

Environ 1 heure 30 après le début du sommeil, survient la première phase de SP, marquée en particulier par une dissolution du tonus musculaire et l'apparition de mouvements oculaires caractéristiques. Ces mouvements – qui ont fait donner à ce type de sommeil son autre appellation (phase des mouvements oculaires rapides ou PMO, en anglais REM, *rapid eye movements*) – sont en fait de lentes oscillations des globes oculaires, visibles sous les paupières ou mieux sur un enregistrement oculographique, au milieu desquelles surviennent épisodiquement des mouvements plus rapides.

Du point de vue électroencéphalographique, l'entrée en SP est caractérisée par une *désynchronisation* soudaine, c'est-à-dire que l'amplitude du tracé diminue, son rythme s'accélère, donnant un aspect proche du stade I de sommeil léger (d'où le terme de paradoxal).

Cette phase est également caractérisée par l'apparition de phénomènes végétatifs : augmentation de la température corporelle, de la tension artérielle, modification du rythme respiratoire qui devient rapide et irrégulier, dilatation des organes pelviens et érection pénienne(1). Quant à la dissolution du tonus, elle apparaît comme une véritable

(1) La mesure de l'érection pénienne lors du SP est utilisée en clinique pour l'évaluation étiologique des impuissances masculines.

paralysie de tous les muscles, à l'exception des muscles oculomoteurs et de ceux de l'oreille moyenne. On peut enregistrer chez l'animal, au niveau du tronc cérébral, une activité électrique phasique très caractéristique dite PGO (ondes ponto-géniculo-occipitales) contemporaine des mouvements oculaires rapides.

Enfin, le SP est celui où se produisent les rêves, puisque, lorsqu'on réveille un sujet dont l'EEG est enregistré en permanence, il rapporte une activité de rêve beaucoup plus fréquemment s'il est réveillé en SP que lors des autres phases. Toutefois, ces dernières ne sont pas dénuées d'activité onirique (voir ci-dessous).

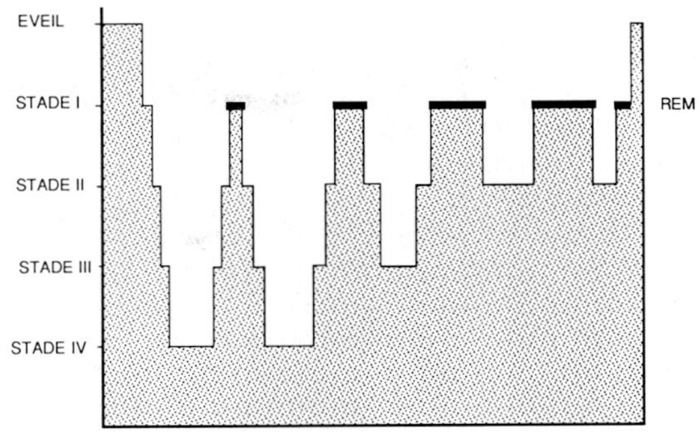

Fig. 116. – *Représentation schématique d'un hypnogramme.* L'ensemble du diagramme représente une nuit de sommeil. Le sommeil lent prédomine en début de nuit, le sommeil paradoxal, survient par périodes de plus en plus longues et prédomine au petit matin.

Organisation du sommeil normal : hypnogramme

Le sommeil normal est caractérisé par la succession de ces différents stades, selon un ordre donné et dans des proportions relativement fixes d'un sujet à l'autre. La figure 116 représente un hypnogramme, c'est-à-dire une schématisation obtenue à partir d'un enregistrement EEG d'une nuit de sommeil chez un sujet normal. Après une période d'une heure environ, le stade IV est atteint, puis apparaît la première période de SP (REM). En moyenne 5 périodes de REM surviennent ainsi durant la nuit, à intervalles réguliers de 90 minutes environ. Ces périodes sont cependant courtes en début de nuit et plus longues en fin de nuit. Quant au sommeil profond, il est surtout abondant en début de nuit, pour disparaître quasiment dans la seconde moitié de la nuit où le réveil est donc plus facile. Divers états pathologiques sont susceptibles d'altérer non seulement la quantité totale mais aussi l'organisation du sommeil. Ces états seront envisagés plus loin.

Variations selon l'âge

Chez le nouveau-né, l'organisation du sommeil est très différente de celle de l'adulte. On y distingue 3 états : la veille, le sommeil calme et le sommeil agité, ce dernier, en raison en particulier de la présence de mouvements oculaires, étant considéré comme l'équivalent du SP de l'adulte. Ces états se succèdent à l'intérieur de cycles de 40 à 70 minutes, étalés tout au long du nycthémère,

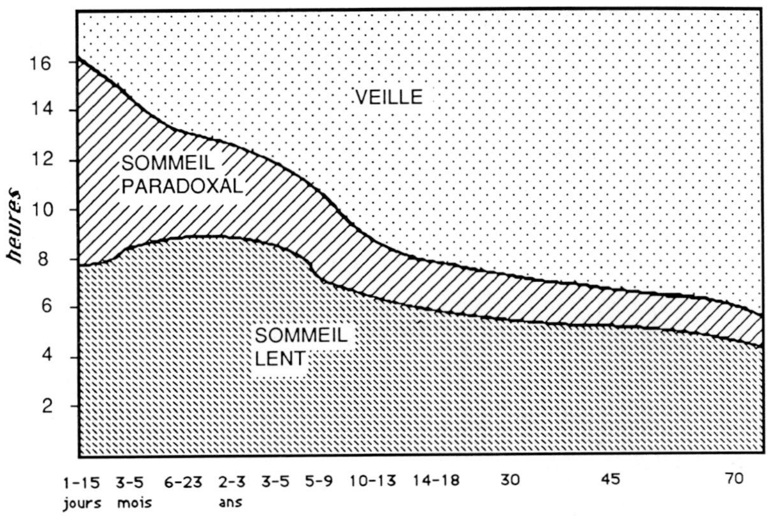

Fig. 117. – *Schématisation des variations selon l'âge de l'importance relative des différents états de vigilance.*

aboutissant à une quantité totale de sommeil d'environ 15-16 heures par jour. Progressivement, les périodes de sommeil s'organisent en une nuit et une sieste d'après-midi, puis seul le sommeil de nuit persiste. Parallèlement, la proportion de sommeil agité, d'abord bien supérieure à celle de SL, diminue progressivement de 52 % à la naissance à 24 % à huit mois, chiffre proche de la proportion de SP de l'adulte. (Ce pourcentage de SP est encore plus important chez le prématuré). Ainsi, la quantité absolue de SP décroît progressivement au cours de la vie intra- puis extra-utérine, de même que la quantité totale de sommeil qui continue à diminuer progressivement de la puberté jusqu'à la mort (fig. 117).

Après l'âge de 60 ans, le SL se modifie par la diminution voire la disparition du stade IV, en rapport avec l'élévation du nombre de réveils nocturnes. En moyenne, les sujets âgés dorment moins longtemps mais certains d'entre eux reprennent l'habitude de la sieste d'après-midi, revenant à un rythme de sommeil biphasique.

Variations individuelles

La majorité des adultes dort entre 7 et 8 heures par jour, les « petits dormeurs » (moins de 6 h 30) étant moins nombreux que les « gros dormeurs » (plus de 9 heures). La comparaison de la composition du sommeil entre individus montre que les différences de quantité totale de sommeil se font aux dépens du SL léger (stades I et II) et paradoxal alors que les quantités de sommeil profond restent relativement fixes.

Le cycle veille-sommeil représente la plus évidente des fluctuations circadiennes de l'organisme (de circa = à peu près et dies = jour : de durée approximative d'un jour). Des études cherchant à évaluer le sommeil après des voyages transméridiens ou après des modifications des horaires de veille et de sommeil (travail posté) ont montré que le SP est lui-même soumis à un rythme circadien, son maximum survenant en fin de nuit quel que soit l'horaire du sommeil, contemporain du minimum de température corporelle. Toutefois, cycle veille-sommeil et température se dissocient lorsqu'un sujet est artificiellement isolé de son environnement (comme par exemple lors de séjour souterrain prolongé). Dans ces cas, le sujet adopte spontanément un rythme plus long, dont la période dépasse 24 heures, et se désynchronise donc du rythme de la température qui, lui, reste fixe, autour de 24 heures. Ce type d'expériences suggère l'existence d'au moins 2 « horloges biologiques » différentes, l'une contrôlant le cycle veille-sommeil, l'autre la température corporelle. On admet qu'il existe 2 types de synchroniseurs (ou « zeitgeber », littéralement « donneur de temps »), internes (voir chapitre 11) et externes : ces derniers sont liés, d'une part, à l'environnement physique mais également, d'autre part, à des facteurs sociologiques comme les horaires de travail, les interrelations sociales, les habitudes de vie, etc. Divers facteurs, intrinsèques et extrinsèques sont donc susceptibles de modifier les conditions de sommeil et le degré de vigilance. Ces facteurs font actuellement l'objet de divers travaux, destinés en particulier à évaluer, en médecine du travail, leur incidence sur le degré de vigilance et, par conséquent, l'efficacité et les risques d'accident.

Variations selon les espèces

Les caractéristiques comparées du sommeil dans différentes espèces a de longue date attiré l'attention des chercheurs, en particulier quant à son éventuelle signification adaptative. Le sommeil des mammifères inférieurs (comme les rongeurs) et des oiseaux ne contient que 2 stades : un sommeil lent et un sommeil désynchronisé, équivalent au SP des primates. Par contre, les reptiles n'ont pas de SP et parmi les primates, l'une des caractéristiques du sommeil humain est sa richesse en SP : ce fait a pu être interprété comme traduisant un certain avantage évolutif du SP, peut-être en rapport avec le rôle du rêve dans la préparation génétique des actes instinctifs (Jouvet).

Rêve

Rêve et stades de sommeil

Le fait que les sujets réveillés en SP rapportent plus souvent le contenu d'un rêve qu'à un autre moment du sommeil a pu faire penser que cette phase était liée de façon exclusive à la production des rêves. En outre, les mouvements oculaires pouvaient être interprétés comme le reflet de l'imagerie visuelle du rêve. Toutefois, un certain nombre d'arguments vont à l'encontre de cette hypothèse : par exemple, les mouvements oculaires accompagnant le sommeil agité du nouveau-né ne peuvent pas être générés par des images visuelles, le système visuel étant encore immature. De même, des aveugles de naissance ont des mouvements oculaires alors qu'ils n'ont jamais eu la moindre expérience visuelle. En outre, le rêve n'est pas spécifique du SP. Au cours du stade I, il existe régulièrement une activité onirique dite « rêverie d'endormissement » peu différente d'un rêve véritable. Pour certains, l'activité mentale serait continue tout au long de la nuit, seule la capacité du sujet à se remémorer ses rêves varierait selon les stades du sommeil. Quoi qu'il en soit, les mesures d'indices physiologiques et des mouvements oculaires montrent que les phases de SP sont de plus en plus « intensément vécues » au fur et à mesure de la nuit. De même, le contenu émotionnel rapporté par les sujets est plus intense lors des dernières périodes de SP.

Contenu du rêve

Le contenu des rêves est le plus souvent négatif, voire dramatique, traduisant craintes, tristesse ou colère, recréant parfois des situations hostiles de guerre, de meurtre, de menace. Beaucoup plus rarement, le contenu est positif ou à consonance sexuelle. Dans tous les cas, le sujet est actif, vit intensément la situation du rêve qui lui apparaît comme bizarre mais dont les incohérences sont le plus souvent acceptées. Au contraire, l'activité mentale survenant pendant le SL serait moins chargée émotionnellement, plus cohérente et très peu imagée. Cette différence entre les 2 types d'activités mentales du sommeil évoque l'opposition classique (voir chapitre 15) entre les fonctions hémisphériques droite et gauche : l'activité de rêve du SP serait le produit de l'hémisphère droit, dont on connaît la dominance pour les processus émotionnels et aussi l'appréhension visuelle du monde ; l'activité mentale au cours du SL serait plutôt sous la dépendance de l'hémisphère gauche, plus rationnalisateur. Cependant, les travaux les plus récents en neuropsychologie sembleraient montrer que ce sont les lésions de la partie postérieure de l'hémisphère gauche qui sont le plus susceptibles de supprimer la capacité de rêver.

Le sommeil et en particulier le SP sont, cela est connu de longue date, indispensables à l'homme. Les expériences de privation de sommeil en témoignent indéniablement. Si l'on réveille un sujet sous EEG dès qu'il entre en SP, on observe que les tentatives de passage en paradoxal se multiplient, jusqu'à plus de 30 fois dans la nuit. Si l'on prolonge l'expérience, on assiste à l'apparition de troubles du comportement diurne : les sujets deviennent irritables, leur efficience intellectuelle et mnésique diminue ; il peuvent présenter de brèves phases de SP tout en étant éveillés, phases accompagnées de phénomènes hallucinatoires. Le phénomène le plus caractéristique se produit lorsque le sujet peut à nouveau dormir normalement : on observe alors, dans les nuits qui suivent la période de privation, un « rebond » de SP : la proportion de SP augmente de 50 à 80 %. On assiste en outre à l'installation d'un véritable syndrome dépressif (ce qui peut être rapproché de l'observation inverse d'amélioration d'états dépressifs par privation de sommeil). Les privations globales de sommeil donnent les mêmes effets que les privations de SP. Les privations électives de stade IV, quant à elles, provoquent plutôt une fatigue physique intense, des sensations hypocondriaques, et donnent également lieu à un rebond de stade IV.

Fonctions du sommeil

Quelles peuvent être, dès lors, les fonctions, les raisons d'être du sommeil ? En ce qui concerne le SL, il semble assez probable que sa fonction a trait à la restauration des capacités somatiques. Par exemple, pendant la nuit qui suit un effort physique intense, le pourcentage de sommeil en stades III et IV augmente. Il a même été suggéré que les modifications hormonales accompagnant le SL puissent contribuer à la régénération des cellules du corps. En revanche, les fonctions du SP sont beaucoup plus hypothétiques et débattues. Un premier ordre d'explications fait appel à un concept néodarwinien : le SP permettrait à l'animal de préparer les actes moteurs ou de se protéger des prédateurs en facilitant l'éveil. L'importance relative du SP chez le nouveau-né et le nourrisson a pu faire évoquer son rôle dans la maturation cérébrale, en particulier dans la coordination des mouvements oculomoteurs. Une hypothèse plus récente suggère que, pendant la journée, le fonctionnement des circuits nerveux s'accompagnerait de l'accumulation d'« erreurs » d'information. Le SP servirait à « désapprendre » ces erreurs, à supprimer des connexions aberrantes qui ont pu se créer. En outre, de nombreux arguments tendent à prouver l'existence de rapports étroits entre SP et processus mnésiques. En particulier, la suppression expérimentale, chez l'homme ou chez l'animal, du SP altère les capacités de rétention mnésique. De même, l'acquisition d'un conditionnement chez l'animal est suivie d'une augmentation significative du taux de SP dans les 3 heures suivantes. Enfin, il convient de citer ici les théories purement psychologiques d'inspiration freudienne faisant du rêve le « gardien du sommeil » ou lui donnant un rôle de restructuration de la vie affective par la réalisation des désirs refoulés...

Neurophysiologie du sommeil

Concept de système réticulaire activateur

En 1875, le médecin lyonnais Gayet observa un malade dont le trouble principal était une importante somnolence. L'étude nécropsique du cerveau de ce malade montra une destruction hémorragique de la région sous-thalamique, ce qui incita Gayet à présumer que le patient ne pouvait être éveillé parce que la lésion empêchait les stimulations extérieures de parvenir jusqu'à un hypothétique centre de l'éveil, situé soit au niveau du thalamus, soit au niveau du cortex.

La première tentative réellement expérimentale de rapporter le sommeil à une activité cérébrale fut celle du neurophysiologiste belge Bremer (fig. 118), dans les années 30. Utilisant, chez le chat, la technique des sections étagées et observant les effets de ces sections sur l'électroencéphalogramme, Bremer montra qu'une section totale du tronc cérébral entre le bulbe et la moelle épinière (préparation « encéphale isolé ») n'entraîne pas de changement significatif du tracé électrique cortical, alors qu'après une section de la partie haute du tronc cérébral, au niveau des tubercules quadrijumeaux (préparation « cerveau isolé »), l'animal présente une activité corticale lente permanente, rappelant celle du sommeil. Bremer conclut de ces expériences que le sommeil devait être dû à une perte des connexions entre le cortex et des structures situées dans le tronc cérébral, puisque la section mésencéphalique donne un état comparable au sommeil et non la section bulbo-médullaire qui laisse intactes les afférences sensorielles céphaliques parvenant au névraxe par les nerfs crâniens. Enfin, si les nerfs crâniens eux-mêmes étaient sectionnés sur une préparation encéphale isolé, survenait un état de sommeil identique à celui réalisé par la préparation cerveau isolé. En d'autres termes, le sommeil était, pour Bremer, expliqué par une suppression des afférences sensorielles apportées au cerveau par les différents systèmes sensoriels, une véritable « déafférentation passive » du cortex.

En 1949, Moruzzi et Magoun reconsidérèrent le problème en pratiquant des lésions plus focales du tronc cérébral. Ils découvrirent ainsi que l'état électrique de sommeil était provoqué non pas par la section des voies sensorielles elles mêmes, mais par la destruction de la région médiane du tronc, au niveau de la formation réticulée ponto-mésencéphalique. Leur conclusion fut que la formation réticulée, elle-même du reste sous l'influence d'afférences sensorielles, était le siège d'un tonus activateur du cortex, tonus dont la suppression était responsable du sommeil. Enfin, ces auteurs montrèrent également que les stimulations électriques

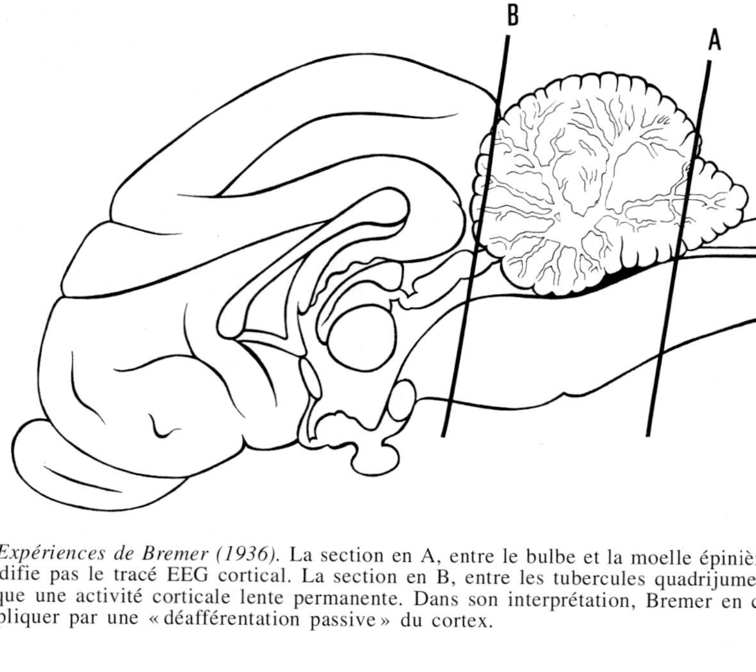

Fig. 118. – *Expériences de Bremer (1936).* La section en A, entre le bulbe et la moelle épinière (préparation encéphale isolé) ne modifie pas le tracé EEG cortical. La section en B, entre les tubercules quadrijumeaux (préparation cerveau isolé) provoque une activité corticale lente permanente. Dans son interprétation, Bremer en concluait que le sommeil pouvait s'expliquer par une « déafférentation passive » du cortex.

de la formation réticulée étaient capables, à l'inverse, de provoquer un état d'éveil comportemental. La notion de système réticulé activateur ascendant (SRAA) ainsi forgée domina ensuite pendant de nombreuses années les conceptions neurophysiologiques du sommeil et de l'éveil.

Structures hypnogènes du tronc cérébral

C'est encore l'équipe de Moruzzi qui, quelques années plus tard, montra qu'une section placée juste en arrière de la section mésencéphalique réalisant le cerveau isolé de Bremer (section médiopontine) entraînait, chez l'animal, une suppression totale du sommeil. Cette constatation suggérait l'existence, au sein de la substance réticulée, de 2 régions, l'une rostrale responsable de l'éveil, l'autre, caudale, indispensable au sommeil. De même, l'injection d'un barbiturique dans une artère irriguant la moitié antérieure du tronc cérébral et la totalité du cerveau entraîne un endormissement anesthésique de l'animal, alors que l'injection de la même substance dans une artère irriguant la partie caudale du pont éveille immédiatement l'animal endormi. Ainsi, ces expériences suggèrent l'existence dans la partie caudale du tronc cérébral de structures capables d'entraîner le sommeil : l'éveil permanent réalisé par la section médiopontine est donc dû à la déconnexion du système d'éveil de structures plus caudales capables d'induire le sommeil.

Noyaux du raphé et sérotonine

Ce sont principalement les travaux de M. Jouvet qui ont permis de localiser ces structures hypnogènes à une région de la partie médiane du bulbe rachidien : les noyaux du raphé, noyaux qui représentent du reste 90 % des réserves du cerveau en un neuromédiateur, la **sérotonine**. Jouvet a en effet montré que la destruction des ces noyaux est responsable chez le chat d'une insomnie totale de quelques jours. Par la suite, l'animal récupère en partie son SL, alors que le SP reste absent. Ces premières constatations ont fait considérer pendant longtemps la sérotonine comme un neurotransmetteur hypnogène : l'activation des fibres ascendantes du raphé, projetant de façon diffuse sur le cortex cérébral, ferait sécréter à ce niveau le neuromédiateur (la sérotonine) et déclencherait la production de SL. Le rôle de la sérotonine a été du reste confirmé par les expériences utilisant le PCPA (parachlorophénylalanine), une drogue bloquant le métabolisme de la sérotonine et dont l'injection provoque un état d'éveil.

En fait, il a pu par la suite être démontré que les neurones du raphé étaient plus actifs pendant la veille que pendant le sommeil et Jouvet, dans sa formulation la plus récente des mécanismes biochimiques du sommeil, souligne le rôle indispensable de la sérotonine dans le déclenchement du SL mais émet l'hypothèse que ce rôle passerait par l'intermédiaire de **facteurs hypnogènes**, synthétisés au niveau de l'hypothalamus postérieur, dont la sérotonine induirait la sécrétion pendant la veille. Ces substances, libérées dans le sang et dans le liquide céphalorachidien, seraient captées par un système de stockage situé dans le bulbe et libérées au moment de l'endormissement. Ainsi, la sérotonine n'est plus un facteur hypnogène mais un intermédiaire indispensable à leur synthèse et leur libération.

Synchroniseurs hypothalamiques

Le cycle veille-sommeil est un des rythmes endogènes de l'organisme, fonctionnant en relation avec le cycle nycthéméral (voir chapitre 11). Il existerait dans l'hypothalamus une horloge biologique primaire, précisément située au niveau du noyau supra-chiasmatique, recevant une information sur les variations lumineuses nycthémérales par l'intermédiaire de connexions directes avec la rétine. Le noyau supra-chiasmatique présente en outre comme caractéristique une densité particulière en synapses dendro-dendritiques reliant étroitement les cellules entre elles, ce qui pourrait être le support morphologique du synchronisme de leur activité. En définitive, le noyau supra-chiasmatique se comporte comme un oscillateur dont le rôle serait de coupler les diverses horloges biologiques au cycle lumière-obscurité.

Mécanismes du sommeil paradoxal

Pour Jouvet, les structures responsables du SP sont de petits noyaux situés dans la partie latérale du pont, à proximité du plancher du quatrième ventricule, et dénommés, en raison de leur coloration : **locus coeruleus et subcoeruleus** (ou cœruleus α). Ces structures constituent les réservoirs les plus importants d'un autre neuromédiateur : la **noradrénaline** (ou norépinéphrine). En relation avec ce système, se trouve un autre groupe cellulaire responsable de l'activité PGO, dit générateur des PGO, situé dans la formation réticulée pontique et projetant sur le corps genouillé latéral et le cortex occipital.

La destruction bilatérale de la région du locus cœruleus chez le chat est responsable d'une suppression de phénomènes qui caractérisent le SP (activation corticale, suppression du tonus musculaire). Dans certains cas, Jouvet décrit, chez les animaux ayant subi de telles lésions, un comportement « pseudo-hallucinatoire » ou « onirique » particulier : brutalement, au cours du sommeil, le chat se soulève sur ses pattes et manifeste une attitude de rage ou de lutte contre un prédateur ou de poursuite d'une proie. Pendant ces épisodes, l'activité électrique enregistrée est typiquement celle du SP. En fait, ces phénomènes sont la conséquence de la destruction du cœruleus α dont on sait qu'il projette sur un noyau bulbaire dit magnocellulaire, inhibiteur de l'activité motrice médullaire (substance réticulée bulbaire inhibitrice). Par contre, la destruction du locus coeruleus et sub-coeruleus supprime les phénomènes phasiques comme toniques du SP. Pour Jouvet, ces expériences suggéraient que le locus coeruleus contrôlerait les phénomènes phasiques ascendants du SP alors que le sub-coeruleus assurerait l'atonie musculaire empêchant en quelque sorte l'animal de « vivre » ses rêves.

En fait, le rôle des structures noradrénergiques dans le SP a été plus récemment remis en cause. Il a été ainsi démontré que les cellules du locus coeruleus diminuent leur activité (et non le contraire) lors du SP. En outre, certains neurones du raphé, donc sérotoninergiques, cessent spécifiquement leur activité lors des phases PGO ou lors du SP de manière générale. Ainsi, le locus cœruleus proprement dit, tout comme les structures du raphé, ne jouerait qu'un rôle « permissif » sur le déclenchement du SP. Le déclenchement du SP lui-même serait sous la dépendance d'un centre bulbaire situé dans la région du noyau magnocellulaire.

Troubles du sommeil

Insomnies

L'insomnie est un symptôme fréquent dont les limites sont cependant bien difficiles à définir. Tout d'abord, il existe de grandes variations individuelles, nous l'avons vu, concernant la durée du sommeil. En particulier, les sujets âgés, chez qui ce symptôme est particulièrement fréquent, ont physiologiquement une durée totale de sommeil moindre. En outre, la plainte d'insomnie ne reflète pas nécessairement une diminution du sommeil et la plupart des sujets se prétendant insomniaques ont en fait un temps d'endormissement et une durée de sommeil strictement normaux, et leur problème n'est souvent qu'aggravé par l'ingestion quotidienne de somnifères.

On distingue habituellement deux types d'insomnies, celles liées à un trouble psychophysiologique, où l'anxiété et même la « crainte de l'insomnie » sont les principaux responsables du trouble ; l'autre type représente en fait les seules insomnies vraies, ou insomnies secondaires à des lésions du tronc cérébral ou plus souvent à la prise de toxiques (comme l'alcool) ou de médicaments psychostimulants. Dans la maladie dépressive, il a été démontré que le sommeil est souvent perturbé quantitativement mais aussi qualitativement : en particulier, le sujet déprimé présente une diminution de la latence de la première phase de SP dont la quantité totale est augmentée et l'horaire déplacé dans le premier tiers de la nuit. Ces modifications sont généralement rapprochées des modifications hormonales parfois décelées chez ces patients, traduisant une perturbation de la rythmicité circadienne des horloges biologiques cérébrales.

Somnambulisme, énurésie, terreurs nocturnes

On regroupe sous le terme de parasomnies ces diverses anomalies du sommeil, survenant le plus souvent lors d'un éveil en sommeil profond, donc surtout lors des premières heures du sommeil. Le somnambulisme, en particulier, a été mis en relation étroite avec l'entrée en stade IV du sommeil et donc n'est probablement pas, comme on le croyait jusqu'à récemment, la réalisation motrice d'une activité onirique. L'énurésie, parfois associée au somnambulisme, est un phénomène plus fréquent, du moins chez les enfants, survenant également surtout en stade IV. Il ne s'agit donc pas non plus de la réalisation d'un rêve. Enfin, les terreurs nocturnes sont des attaques de 1 à 2 minutes survenant moins d'une heure après l'endormissement et au cours desquelles l'enfant se réveille brutalement et hurle de façon inconsolable. Ici encore, il n'y a pratiquement jamais de remémoration de rêve, l'épisode survenant en stade IV. Il s'agit donc d'une entité différente du simple cauchemar, survenant lui en période de SP.

Dans tous les cas, l'existence ou la persistance de ces parasomnies fait suite à un traumatisme psychologique ou traduit un trouble de la personnalité.

Narcolepsie et hypersomnies

Plus rares que les insomnies, les hypersomnies se caractérisent par un excès de sommeil diurne, survenant le plus souvent sous la forme d'une somnolence, d'une facilité excessive à l'endormissement, plus rarement d'accès brutaux incoercibles de sommeil. La narcolepsie réalise des accès de ce dernier type, subits et irrésistibles, pouvant représenter un danger vital pour le sujet selon leurs circonstances de survenue. Ces accès de sommeil sont typiquement associés à des accès de cataplexie (c'est-à-dire de chutes inopinées par abolition brutale du tonus musculaire) et d'hallucinations d'endormissement (dites « hypnagogiques »). L'étude de l'EEG de ces sujets a permis de montrer une anomalie primitive du SP : en effet, l'endormissement se fait de manière très anormale par une entrée directe en SP, la cataplexie pouvant être l'équivalent de l'abolition du tonus qui accompagne le SP. La narcolepsie a fait récemment l'objet d'études génétiques montrant son caractère héréditaire et son association à la présence d'un marqueur génétique (l'antigène du groupe HLA Dr2).

Nous citerons enfin les hypersomnies que l'on regroupe sous le terme de « syndrome des apnées du sommeil », où la somnolence diurne est en fait liée à un trouble respiratoire nocturne, en général dû à un obstacle mécanique à l'écoulement de l'air chez des sujets le plus souvent obèses, responsable d'éveils répétés en raison de l'apparition de pauses respiratoires dès que le sommeil devient profond.

Conscience et comas

Le terme de « conscience » est à l'évidence très vague et difficile à définir du point de vue neurobiologique, en raison de la polysémie de ce mot en langue française. On admet toutefois en général qu'il contient 2 concepts : celui de niveau de conscience ou d'éveil (« arousal »), apprécié par l'observation du comportement du sujet et celui de contenu de la conscience (« awareness »), beaucoup plus subjectif, et que l'on ne peut que présumer à partir d'indices indirects, comme le langage par exemple. Ici, comme souvent en neurologie et en neuropsychologie, nos connaissances du substrat neurobiologique de ces fonctions résultent principalement de l'observation d'états pathologiques où elles ont été perturbées par des lésions cérébrales. On applique à ces états le terme générique de **comas**.

Comas et pertes de conscience

Hormis l'état de sommeil, la perte de la faculté d'interagir avec l'environnement est considérée comme un trouble de conscience. L'expression « perdre conscience » ou « perdre connaissance » fait référence à une perturbation, en général brutale, du contact avec l'environnement. La circonstance la plus fréquente en est le « malaise vaso-vagal » ou **état syncopal**, banal évanouissement, où le sujet décrit une sensation de « tête vide » ou de vertige, parfois accompagnée d'une expérience corporelle à type de vide épigastrique ou de sueurs. La cause en est habituellement une chute de la tension artérielle systémique, souvent due à une fragilité des systèmes neurovégétatifs régulateurs de la circulation sanguine qui provoque, à la suite d'une stimulation douloureuse ou émotionnelle, une baisse du débit sanguin cérébral diminuant temporairement l'irrigation de structures nécessaires au maintien de la conscience. Plus rarement, une syncope de ce type peut être due à un trouble cardiaque primitif. Très habituellement, le sujet reprend conscience dans les quelques minutes suivantes, ce qui traduit la normalisation de son débit sanguin.

Le **coma** est une circonstance beaucoup plus dramatique en raison de son caractère souvent persistant voire irréversible et de la gravité des lésions cérébrales qui en sont responsables. Plum et Posner, dans leur classique ouvrage consacré à ce sujet, distinguent le coma de la « stupeur », qui en constitue une forme atténuée. Ils individualisent 3 principales causes de comas : ceux dus à une lésion de structures du tronc cérébral critiques dans la fonction d'éveil ; ceux dus à une lésion des hémisphères cérébraux ; ceux dus à un trouble métabolique, comme l'hypoglycémie, qui déprime de façon globale la fonction cérébrale. Plus généralement, on distingue plusieurs grades de coma depuis la simple obnubilation, où le sujet présente une tendance à l'endormissement, proche de la somnolence des hypersomnies, jusqu'au coma profond où les stimulations, même les plus intenses (comme celles qui provoquent normalement une douleur violente), ne modifient pas l'état de conscience (à en juger, du moins, par les réponses du sujet). L'étude de la topographie des lésions responsables de ces états est donc la source principale de nos connaissances de l'« anatomie de la conscience ».

Rôle de la formation réticulée, du thalamus et de l'hypothalamus

Les lésions responsables de perte de conscience sont celles intéressant une aire mésencéphalo-diencéphalique du cerveau allant depuis la partie supérieure du pont jusqu'à la partie basale du télencéphale (fig. 119). Une région critique, cependant, est la partie moyenne du mésencéphale, au niveau des tubercules quadrijumeaux, région où une lésion, même de petite taille, est suceptible de provoquer un coma. Depuis la fin des années 40, en particulier grâce aux travaux déjà cités de Magoun et Moruzzi, l'on connaît le rôle déterminant de la formation réticulée paramédiane dans l'éveil cortical. La formation réticulée, qui s'étale de la partie rostrale du pont à la région paramédiane du mésencéphale, se prolonge au-dessus sous la forme de 2 voies, l'une pénétrant dans le thalamus, plus précisément dans sa substance centrale dite « noyaux intra-laminaires », l'autre parcourant l'hypothalamus latéral. Le rôle des noyaux intra-laminaires du thalamus est suspecté de longue date, comme étant l'intermédiaire indispensable aux projections issues de la formation réticulée et projetant de façon diffuse sur le cortex cérébral (projections dites non-spécifiques, par opposition à la projection d'autres noyaux thalamiquesou extra-thalamiques sur des régions spécifiques du cortex). La stimulation de cette région du thalamus est ainsi capable de provoquer une activité recrutante de tout le cortex à l'électroencéphalogramme, ce qui confirme le rôle de ces fibres de passage dans l'éveil cortical. En fait, plus souvent que des lésions thalamiques, des lésions de l'hypothalamus postérieur, respectant le tronc cérébral et le thalamus, semblent, elles, susceptibles de provoquer le coma, ce qui suggère l'importance, encore mal connue, de cette zone dans l'éveil et la vigilance.

Rôle de régions plus caudales du tronc cérébral

Le rôle de régions plus caudales du tronc cérébral est moins clair. Le fait que ces régions contiennent des structures vitales, indispensables à la régulation de fonctions telles que la respiration, le rythme

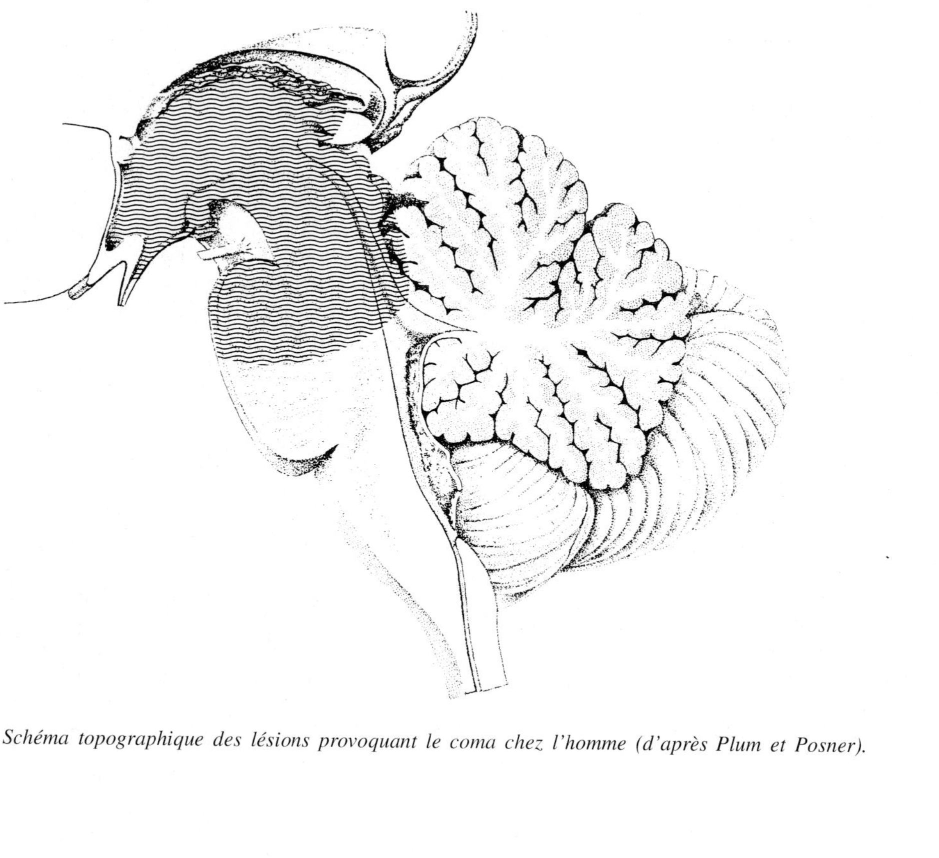

Fig. 119. – *Schéma topographique des lésions provoquant le coma chez l'homme (d'après Plum et Posner).*

cardiaque, la tension artérielle, explique que des lésions situées à ce niveau compromettent à court terme la survie du patient. Toutefois, l'observation de sujets survivant à de telles lésions montre que la conscience elle-même peut être totalement préservée. Tel est le cas de certains états consécutifs à des lésions gravissimes de la partie basse du pont (hémorragie ou ramollissement protubérantiels) où le sujet présente tous les signes extérieurs de coma (absence de mouvements spontanés des membres ou du visage, aucun signe de communication avec l'extérieur) mais l'EEG montre un tracé compatible avec un état de veille normale (désynchronisation), parfois partiellement réactif aux stimulations, parfois aréactif réalisant un rythme alpha permanent ou « alpha coma ». En fait, tout porte à croire que, dans ces circonstances particulièrement dramatiques, la conscience de ces sujets est strictement normale mais qu'ils sont seulement privés de tous moyens de l'exprimer (états dits de déefférentation ou « locked– in syndrome »). Fait intéressant, ces sujets semblent souvent totalement privés de sommeil (asomnie), ce qui corrobore les données de l'expérimentation animale suggérant un centre dans le tronc cérébral caudal (noyaux du raphé et noyau du faisceau solitaire) responsable de la production active du sommeil (voir ci-dessus).

Troubles de la conscience autres que le coma

Hormis lors de lésions, seules envisagées jusqu'ici, de parties basales du cerveau, des perturbations de certains aspects de la conscience peuvent se rencontrer lors de lésions cérébrales plus diffuses ou touchant des structures plus proches du néocortex.

Mutisme akinétique

On comprend sous ce terme divers états pathologiques où la vigilance elle-même paraît intacte mais où la communication avec l'environnement est abolie ou sérieusement entravée. Ces états sont liés à des lésions intéressant de façon bilatérale les régions médianes du télencéphale : lésions bilatérales des noyaux médians du thalamus, lésions des parois du 3e ventricule, lésions de la région septale, lésions de la face interne des 2 lobes frontaux. Le tableau clinique, très difficile à appréhender, est dans tous les cas caractérisé par une absence de toute tentative de communication. Le sujet, les yeux ouverts, ne répond à aucune stimulation sensorielle. Seule la douleur peut donner une réaction, toutefois non dirigée vers sa source. Il peut parfois donner l'impression de suivre du regard un visage ou une lumière, mais le regard se perd rapidement dans des mouvements d'errance sans but apparent. Dans certains cas, toute motricité est abolie et le sujet est réellement mutique (c'est le cas, par exemple, de certaines lésions frontales bilatérales) ; dans d'autres, des mouvements spontanés dénués de propos existent, parfois accompagnés de gémissements incompréhensibles (les lésions sont alors volontiers plus bas situées, dans le thalamus ou l'hypothalamus médian). Ces états, qui ne sont ni paralysie, ni coma, semblent correspondre à une perturbation généralisée de l'activité corticale, comme en témoigne l'habituelle altération diffuse des tracés EEG, ou plus particulièrement des systèmes dopaminergiques corticaux (voir chapitre 3).

États confusionnels

Ils se rencontrent surtout lors de perturbations métaboliques ou toxiques, modifiant de façon globale le fonctionnement cortical.

Ici également, le trouble ne concerne pas le niveau de conscience mais son contenu. Les sujets sont éveillés, bien que parfois en prise à des hallucinations quasi oniriques, mais la communication est encore très compromise : ils ne répondent pas à l'interlocuteur ou, à un moindre degré, font de multiples digressions dans leurs réponses. Lorsque l'on parvient toutefois à obtenir une « canalisation », même brève, du sujet, on peut noter qu'il est grossièrement désorienté dans le temps et dans l'espace, ne connaissant ni la date, ni le lieu où il se trouve. De même, il paraît atteint de troubles profonds de la mémoire. Bien que la littérature anglo-saxonne fasse référence à de tels états en tant que « trouble ou obscurcissement de la conscience », il nous semble plus adéquat de les inclure dans le cadre des troubles de l'attention.

Autres

Certains ont proposé de considérer comme troubles de la conscience tous les états neurologiques où, après une lésion diffuse ou focale du cerveau, les sujets perdent la conscience de leur propre trouble. L'inclusion à ce titre, par exemple, de certains états aphasiques (aphasie de Wernicke), de même que de nombreuses conséquences de lésions hémisphériques droites, paraît relever d'un élargissement excessif du concept de conscience risquant, au moins du point de vue neurobiologique, de rendre la terminologie plus confuse plutôt que de l'expliciter.

L'attention, ses troubles et ses mécanismes biologiques

L'introduction du concept d'attention en neurologie s'est faite relativement récemment, à la lumière d'un certain nombre d'observations où des troubles comportementaux consécutifs à des lésions cérébrales suggéraient l'existence d'un système neuronal susceptible de sous-tendre les phénomènes dits attentionnels. Toutefois, il peut paraître hasardeux de suggérer qu'une fonction, jusqu'alors exclusivement explorée par les méthodes et les concepts de la psychologie, puisse être approchée d'un point de vue anatomique comme liée au fonctionnement de structures nerveuses propres et individualisables. C'est pourtant la nature de tout un courant de recherches actuel dont les principales données sont résumées dans cette partie.

Définitions de l'attention

Ici encore, les définitions et les concepts feront appel, plutôt qu'à la théorie psychologique classique, à l'observation d'états mentaux particuliers survenant à la suite de lésions cérébrales et où la perturbation semble toucher électivement le domaine attentionnel. A cet égard, on peut dans un premier temps considérer l'attention comme une fonction cérébrale dont le but est de sélectionner parmi le flot des stimulations sensorielles qui parviennent simultanément et de manière incessante au cerveau, celles qui sont utiles, pertinentes, à la réalisation d'une activité motrice ou mentale. L'attention apparaît donc comme une **propriété sensorielle supra-modale** du cerveau. Ainsi considéré, le concept d'attention se situe à l'intersection de certains autres comme la vigilance, la concentration, la motivation, l'orientation, l'exploration, et ses frontières avec l'éveil et la conscience envisagés dans les paragraphes précédents ne sont certes pas très nettes. Toutefois, un certain nombre d'études expérimentales et surtout cliniques justifient une conception uniciste des phénomènes attentionnels, tout en conservant la distinction classiquement proposée entre une **fonction tonique** ou de base, responsable d'un éveil général (« arousal ») des fonctions mentales et habituellement rattachée au fonctionnement du **système réticulaire ascendant**, et une **fonction phasique** ou vectorielle, capable de contrôler l'efficacité d'un processus cérébral spécifique (« attention sélective »), et mise en relation avec des circuits neuronaux **corticaux**. Les comportements attentionnels quels qu'il soient (par exemple se concentrer sur l'écran d'un radar, ou sur une épreuve de calcul mental, ou sur une sensation viscérale interne) utilisent certes l'une des deux composantes de façon préférentielle mais nécessitent une activité optimale des deux, la perturbation d'un des 2 systèmes étant susceptible d'altérer à divers degrés la réalisation de la tâche.

Troubles attentionnels en clinique

Certains patients présentant une lésion unilatérale du cerveau se comportent comme s'ils ignoraient les événements survenant dans la moitié opposée de l'espace extra-personnel. Ce syndrome, dit d'hémi-négligence, peut se manifester de façon plus ou moins intense. Dans sa forme complète, généralement liée à une lésion hémisphérique droite, le sujet semble « oublier » ou négliger tout ce qui concerne la moitié gauche de l'espace : il ne mangera, par exemple, que la nourriture située sans la partie droite de son plateau ou son assiette, ne lira que la moitié droite d'un texte, dont la compréhension en sera par là-même compromise. Dans une épreuve consistant à décrire une scène représentée sur un dessin, il ne décrira que la partie droite de la scène. Si on lui demande d'écrire ou de copier un dessin, il n'utilisera que la moitié droite de la feuille et ne copiera que la partie droite du modèle. Bien entendu, le sujet ne présente aucun trouble perceptif, en particulier, il n'existe pas d'amputation du champ visuel (hémianopsie). Ce syndrome d'héminégligence est actuellement interprété comme une perturbation des processus attentionnels.

Les **syndromes** (ou états) **confusionnels** cités au paragraphe précédent sont également considérés comme des perturbations attentionnelles. Ici, hormis un état de vigilance fluctuant, le sujet a perdu une partie de ses capacités à se concentrer, à maintenir une suite cohérente à ses idées et donc à ses paroles : il apparaît hautement distractible (1) et semble avoir perdu toutes possibilités de se repérer dans le temps et dans l'espace. Les épreuves dites

---

(1) Ce terme est l'un des nombreux néologismes qu'a créés la neurologie. Il s'oppose à l'adjectif distrait : est distractible un sujet dont l'attention pourra être attirée de façon excessive par des stimuli extérieurs même minimes. Le distrait, au contraire, est souvent à ce point absorbé par ses pensées qu'il ne « fera pas attention » à ce qui se passe autour de lui.

de contrôle mental (par exemple donner les mois de l'année à l'envers), lorsqu'elles peuvent être pratiquées, montrent que le sujet ne peut inhiber la tendance à donner la séquence dans l'ordre habituel, ce qui traduit une impossibilité de se concentrer sur un acte programmé. En bref, le sujet confus semble avoir perdu la capacité d'inhiber les stimuli parasites internes ou externes, ce qui rend impossible l'exécution d'une tâche suivie, même simple.

Rôle du système réticulé activateur

On admet depuis longtemps, sur la base de nombreuses preuves expérimentales, que le système réticulé activateur est indispensable aux processus attentionnels. Son action aurait pour but, outre de contrôler le niveau de vigilance par son rôle dans l'alternance veille-sommeil, de régler un « tonus » attentionnel même lorsque l'état d'éveil reste constant. Ce tonus pourrait être déterminé par l'activité des neurones cholinergiques de la formation réticulée mésencéphalique, projetant, par l'intermédiaire du thalamus, sur le cortex cérébral (fig. 120). Le rôle de l'acétylcholine à cet égard est confirmé par la survenue possible de troubles de type confusionnel chez les sujets prenant des médicaments dits anticholinergiques, dont l'action s'oppose à celle de l'acétylcholine cérébrale. Enfin, les systèmes à noradrénaline semblent également impliqués dans la régulation de l'attention puisque les produits, comme l'amphétamine, qui augmentent l'activité centrale de la noradrénaline ont la propriété d'augmenter les capacités de concentration.

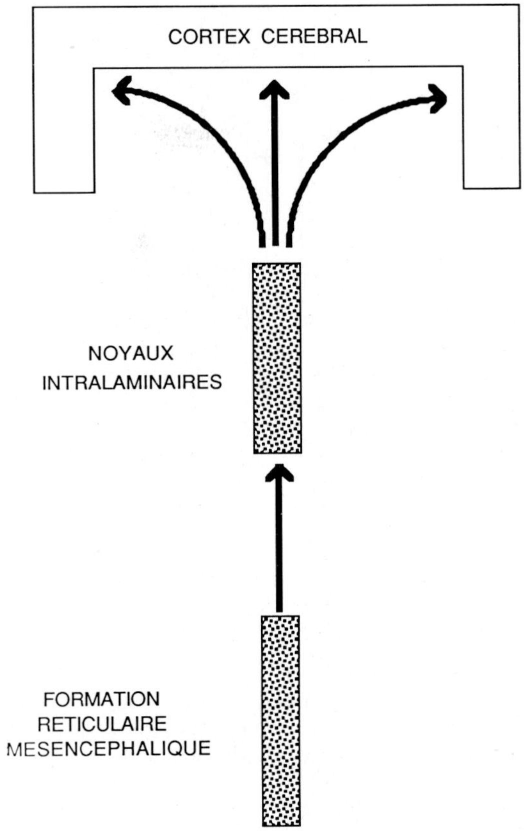

Fig. 120. – *La formation réticulaire activatrice ascendante et ses projections corticales, via les noyaux intralaminaires du thalamus.*

Rôle du thalamus

Le thalamus joue en premier lieu, nous l'avons vu, un rôle de relais entre la formation réticulaire et le cortex : les fibres réticulaires aboutissent au niveau des noyaux intralaminaires du thalamus qui à leur tour projettent de manière diffuse sur le cortex cérébral.

En outre, le thalamus, par l'intermédiaire d'un autre de ses noyaux, dit réticulaire, reçoit en retour des projections d'origine corticale, provenant en particulier des diverses aires sensorielles (visuelle, auditive et somesthésique) qui projettent ensuite sur les divers noyaux sensoriels spécifiques (visuel, auditif et somesthésique). Par l'intermédiaire de cette voie, le thalamus pourrait moduler l'information sensorielle transitant dans chacun des couples noyau thalamique-aire sensorielle corticale en fonction des circonstances et des nécessités liées à l'environnement (fig. 121).

Rôle du cortex cérébral

Au cours de ces dernières années, un certain nombre de travaux anatomiques et physiologiques ont permis de définir un réseau de structures corticales impliquées dans le contrôle des processus attentionnels. Ces travaux ont essentiellement été pratiqués chez le singe et se sont centrés sur une aire du lobule pariétal inférieur du singe dite **aire PG** (fig. 122). Tout d'abord, des enregistrements cellulaires unitaires ont montré que les cellules de l'aire PG répondent à des événements sensoriels, mais sans spécificité pour une modalité donnée. En outre, cette réponse n'a lieu que si l'événement a une signification en termes de motivation (par exemple la vue d'un aliment chez un animal à jeûn). Enfin, il existe une composante motrice au rôle de ces cellules dans la mesure où leur activité précède toujours un mouvement destiné à atteindre la cible (« reaching »). Des données anatomiques

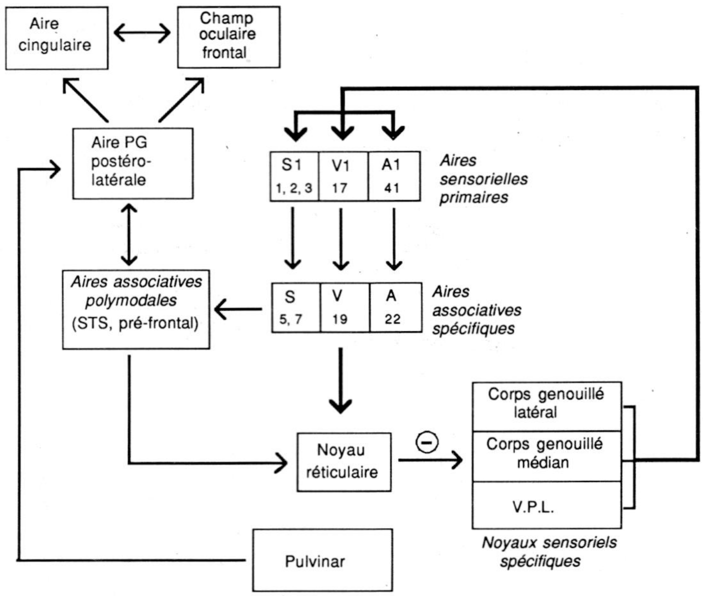

Fig. 121. – *Le réseau neuronal impliqué dans les processus attentionnels.*

sont venues confirmer ces données fonctionnelles en montrant que l'aire PG reçoit des afférences provenant exclusivement d'aires associatives polymodales, elles mêmes en connexion avec les aires associatives unimodales (fig. 121), et de structures limbiques, en particulier le gyrus cingulaire. L'aire PG apparaît donc comme une région fonctionnellement et anatomiquement unique recevant des systèmes sensoriels une information déjà traitée et ne comportant plus la connotation de sa modalité d'origine, d'où le terme d'**aire supra-modale** qui lui est attribué. Elle reçoit en outre une information motivationnelle par ses afférences limbiques et une activation réticulaire par le système formation réticulaire – noyaux intra-laminaires du thalamus. L'aire PG se projette ensuite elle-même sur un certain nombre de structures, en particulier la partie du cortex frontal (champ frontal oculaire) contrôlant la motricité oculaire et le colliculus supérieur, également impliqué dans l'activité oculo-motrice. Ces connexions efférentes de l'aire PG suggèrent qu'elle possède un rôle déterminant dans la modulation de l'exploration visuelle, des comportements d'orientation de la tête et des yeux et probablement aussi des comportements de « reaching » manuel.

Chez le singe, comme chez l'homme, le syndrome d' héminégligence peut provenir de lésions siégeant dans une des 3 régions corticales suivantes : (1) l'aire PG (ou son équivalent chez l'homme, le gyrus angulaire) ; (2) le cortex frontal prémoteur ; (3) le cortex cingulaire. Ces 3 régions représentent donc des centres cruciaux d'un réseau cortical actuellement considéré comme le substrat anatomique des processus attentionnels (Mesulam).

Enfin, chez l'homme, ce réseau est organisé de manière asymétrique entre les hémisphères puisque, contrairement au singe, le syndrome d'héminégligence survient presque exclusivement après une lésion droite, ce qui traduit une dominance de l'hémisphère droit pour ces processus.

Ces données, de même que celles obtenues plus récemment à l'aide de la caméra à positons (TEP), ont amené M. Posner à proposer une formulation originale des rapports entre attention et cerveau, et, plus hypothétiquement, entre attention et conscience. Pour cet auteur, les 3 régions cérébrales impliquées dans les processus attentionnels ont chacune un rôle distinct : le « réseau attentionnel postérieur », qui comprend les aires pariétales postérieures, les noyaux réticulaires et pulvinarien du thalamus, et des parties du colliculus supérieur, est essentiellement un réseau d'« orientation », permettant de diriger l'attention vers les endroits pertinents, comme lors de la recherche visuelle. Il permettrait également, tel un zoom, de sélectionner l'échelle pertinente pour examiner l'influx visuel. Le « réseau attentionnel antérieur » comprend essentiellement le gyrus cingulaire antérieur et l'aire motrice supplémentaire. Ces deux aires adjacentes sont activées lors de situations impliquant la détection d'événements. Une des situations, quelque peu artificielle, où ce système serait particulièrement sollicité est le test de Stroop, très largement utilisé en clinique neuropsychologique, qui consiste

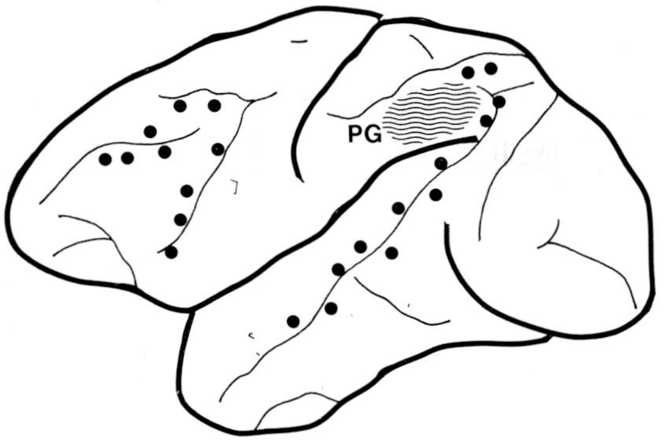

Fig. 122. – *L'aire pariétale postérieure PG du singe et ses connexions cortico-corticales.* Des études anatomiques récentes, utilisant le transport de la peroxydase, ont montré l'importance de cette petite aire, étroitement connectée avec diverses régions également impliquées dans la régulation des processus d'attention sélective (points noirs). Les principales connexions de l'aire PG se font ainsi avec le cortex prérontal, le sillon temporal supérieur et, sur la face interne (non représentée), avec le cortex cingulaire. Toutes ces structures formeraient un réseau cortical spécialisé dans les processus d'attention sélective (d'après Mesulam, 1983).

à imposer au sujet une consigne conflictuelle (en l'occurence dénommer la couleur de mots imprimés dans des couleurs différentes, par exemple ('BLEU' écrit en vert, 'JAUNE' écrit en rouge). Enfin, un troisième réseau dit « de vigilance » se situe dans la partie latérale du lobe frontal droit et son activité serait issue des voies noradrénergiques originaires du locus cœruleus. Le type de tâche impliquant l'utilisation de ce système est typiquement la situation où le sujet doit porter son attention vers une source de signaux en même temps qu'il attend l'apparition d'une cible peu fréquente. Il existerait une relation inverse entre l'activité dans le réseau antérieur et dans le réseau de vigilance. En effet, une tâche au cours de laquelle le sujet doit attendre des signaux de faible probabilité implique une suspension de toute autre activité attentionnelle, ce qui est possible grâce à l'action inhibitrice du système de vigilance sur le système attentionnel antérieur, action démontrée par les études en TEP.

Ces relations complexes entre les divers réseaux attentionnels pose la question passionnante, mais bien loin d'être résolue, des liens entre attention et conscience. La situation de la « cocktail party » est souvent prise comme exemple des caractéristiques de l'attention humaine. Dans cette situation, lorsqu'on discute avec quelqu'un, il est plus difficile de suivre une conversation en raison d'un « parasitage » provenant des conversations voisines. Toutefois, les mécanismes de l'attention sélective permettent d'ignorer ce que disent les autres. Pourtant, on peut avoir conscience de bribes du contenu des discussions voisines. Si par exemple nous entendons notre nom ou un mot à forte charge émotionnelle, notre attention pourra être attirée : il est donc probable que la totalité de la conversation voisine a été « perçue » par le cerveau, mais que l'information n'a été traitée qu'à un niveau *automatique*, pouvant cependant, selon le contenu du message, atteindre un hypothétique « seuil de conscience » où il est alors « réellement » perçu. Peut-on être attentif à un stimulus sans pour autant en avoir conscience ? Cela est possible dans certaines circonstances, par exemple, les classiques situations dites de « blindsight » (littéralement 'vision aveugle') où l'on peut prouver que le sujet, soit pour des raisons pathologiques, soit par des artifices expérimentaux, perçoit visuellement un stimulus sans en avoir conscience. Il est probable que ce type d'activité inconsciente puisse être en partie sous-tendu par le réseau attentionnel postérieur, alors que le réseau antérieur serait beaucoup plus directement relié à une prise de conscience. De même, il a été démontré expérimentalement qu'un apprentissage simple pouvait se faire de manière non consciente (mémoire dite implicite), mais nécessitant toutefois un certain degré d'activité des systèmes attentionnels, comme en témoignait l'altération de cet apprentissage lorsque l'attention était dirigée ailleurs. Notons pour terminer que le rôle du réseau attentionnel antérieur dans l'activité consciente se retrouve également, sur le versant moteur du comportement, dans un phénomène comme le « signe de la main étrangère » (voir chapitre 7), où une lésion de ce même système rend possible la survenue de phénomènes moteurs en dehors de la « volonté consciente » du sujet. On ne peut cependant guère aller plus loin que de remarquer que deux approches neuropsychologiques différentes convergent sur une même région cérébrale pour caractériser le caractère conscient d'un processus cognitif (1).

En définitive, le schéma qui se dessine de plus en plus clairement, de l'organisation cérébrale des processus attentionnels, semble susceptible, au fur et à mesure que progresseront, parallèlement aux connaissances de leur substrat anatomique, les outils conceptuels de la psychologie cognitive, de donner une réalité neurobiologique à des domaines a priori bien abstraits des fonctions du cerveau humain, tels que la pensée ou la conscience.

---

(1) Un autre domaine où la neuropsychologie peut amener à discuter de la notion de conscience, et qui sera abordé au chapitre 15, est celui des relations interhémisphériques. Comme nous le verrons, le caractère conscient d'un phénomène est alors lié à son aptitude à être verbalisé, et la conscience devient alors conscience verbale.

CHAPITRE XIII

MÉMOIRE, APPRENTISSAGE ET CONDITIONNEMENT

Il s'agit de l'un des domaines les plus énigmatiques de la neuropsychologie, et certainement un de ceux, avec les deux chapitres précédents, où les rapports entre les phénomènes observés et les mécanismes cérébraux sont encore très mal connus. Toutefois, comme tout au long de cet ouvrage, nous tenterons, à côté de la simple description des phénomènes, de les rapporter au fonctionnement de structures cérébrales, pour autant, du moins, que les connaissances actuelles nous le permettent. Dans cette perspective, nous serons amenés à envisager des données provenant de diverses disciplines (psychologie expérimentale, neurobiologie, neuropsychologie, neurologie) sans prétendre bien sûr en faire une synthèse qui ne pourrait être que prématurée.

Conditionnement

Conditionnement classique

Le conditionnement classique (également appelé pavlovien) est certainement l'un des modèles expérimentaux les plus fertiles et les plus utilisés en matière d'apprentissage. Il a été introduit par le physiologiste russe **I. Pavlov** au début du siècle. Il repose sur la possibilité pour un organisme d'acquérir et de retenir l'association de 2 stimuli de telle sorte qu'une réponse naturellement provoquée par un stimulus (dit inconditionnel) puisse, après apprentissage, être obtenue par le second (dit conditionnel). L'exemple de Pavlov est celui du chien à qui l'on présente de la poudre de viande (stimulus inconditionnel ou SI), ce qui entraîne une réponse inconditionnelle, la salivation. Si l'on fait suivre pendant un certain nombre de présentations le SI d'un stimulus neutre, (ici le son d'un métronome), ce dernier (SN) devient capable de provoquer seul la salivation et devient ainsi un stimulus conditionnel (SC). La réponse salivaire est alors appelée réponse conditionnée (RC). Ainsi, le conditionnement classique permet à l'individu de prédire les relations entre des événements extérieurs, qu'ils soient positifs ou négatifs : le SI peut ainsi être le passage d'un faible courant électrique, ce qui entraîne de manière inconditionnelle un retrait du membre stimulé, reflexe qui peut également être obtenu conditionnellement. On distingue ainsi un conditionnement « appétitif » où le SI apparaît comme une « récompense » et un conditionnement « aversif » ou le SI apparaît comme une « punition ». La répétition des associations entre SC et SI est la base du mécanisme dit de renforcement par lequel le conditionnement est appris : la survenue du SC est un indicateur d'une augmentation de probabilité de survenue du SI.

Propriétés du conditionnement classique

L'établissement de la réponse conditionnelle nécessite un certain nombre de conditions. Le SI doit en particulier toujours suivre le SN et non le contraire. Le délai optimum entre les deux stimuli est de l'ordre de la demi-seconde. Elle présente en outre des propriétés telles que la *généralisation* ou l'*extinction*. La liaison conditionnelle peut ainsi se généraliser à des stimuli voisins (par exemple, la salivation peut être conditionnée initialement pour un son d'une certaine fréquence, mais pourra être également obtenue pour des sons voisins). Dans ces cas, la liaison conditionnelle est d'autant plus faible que le son est plus éloigné du SC. A l'inverse, la liaison conditionnelle peut subir un phénomène d'extinction : si, après acquisition du conditionnement, on présente plusieurs fois le SC seul, la RC décroît puis disparaît.

Conditionnement instrumental et opérant

Le conditionnement instrumental diffère du conditionnement classique en ce que le renforcement provient ici non pas d'une variable introduite par l'examinateur (la répétition de l'association du SN au SI) mais de l'action même du sujet en réponse au stimulus. Cette réponse est l'instrument que le sujet possède pour modifier l'environnement et la suite des événements. L'exemple le plus classique de conditionnement instrumental est appelé *conditionnement opérant* et a pour modèle le comportement d'un animal dans un environnement expérimental, la « boîte de Skinner ». De la nourriture est distribuée périodiquement à l'animal en fonction de ses réponses consistant à appuyer sur un levier, dispositif expérimental permettant d'étudier de façon très fine les lois et mécanismes du conditionnement et de l'apprentissage.

Schématiquement, ce type de conditionnement consiste non plus à prédire une relation entre deux stimuli mais entre un stimulus et une réponse : quand une réponse produit une modification favorable de l'environnement, le sujet aura tendance à la reproduire, ce qui réalise un renforcement, renforcement qui peut être soit positif, lorsque l'action a pour but d'obtenir ou de maintenir une situation récompensante, soit négatif, lorsque l'action a pour but de faire cesser ou d'éviter une situation punitive.

Applications thérapeutiques du conditionnement

Les 2 types de conditionnement décrits ci-dessus trouvent de nombreuses applications. La *désintoxication des alcooliques* chroniques utilise par exemple le conditionnement classique. On soumet les alcooliques à un conditionnement consistant à faire suivre systématiquement la boisson d'alcool d'une injection de substance telle que l'apomorphine déclenchant une violente nausée. Le résultat de cette association est de provoquer une aversion systématique du sujet pour l'alcool. La *médecine psychosomatique* utilise volontiers la méthode du biofeedback où le patient apprend à contrôler ses réponses végétatives (ayant lieu normalement hors du contrôle volontaire) et éventuellement à les modifier par conditionnement. Il existe également diverses applications du conditionnement opérant, en particulier en psychiatrie où diverses techniques thérapeutiques consistent à renforcer positivement les comportements normaux chez des sujets ayant des perturbations comportementales sévères. La technique de « désensibilisation systématique » consiste à obtenir une relaxation par biofeedback et à apprendre au patient à associer progressivement l'état de relaxation à l'évocation de situations stressantes. Cette méthode, utilisant la propriété d'extinction d'un conditionnement classique, parvient à « éteindre » les réactions d'anxiété devant un stimulus stressant. Enfin, il est probable, bien que difficile à prouver, que l'effet placebo de certaines thérapeutiques, médicamenteuses ou non, passe par des mécanismes proches du conditionnement classique. Un tel effet est en particulier recherché dans le traitement de certaines affections allergiques ou dysimmunitaires où un conditionnement s'est avéré capable de modifier une réaction immunitaire anormale.

Mécanismes cellulaires de l'apprentissage

Au cours de ces dernières années, des progrès considérables ont été réalisés dans la compréhension des mécanismes de l'apprentissage grâce à l'étude biologique de modèles élémentaires tels que l'habituation, la sensibilisation et le conditionnement classique sur des systèmes nerveux de vertébrés et d'invertébrés.

Habituation et sensibilisation

L'*habituation* est une diminution de la force d'une réponse survenant comme conséquence de la répétition du stimulus qui la provoque. La forme la plus banale d'habituation est celle qui suit la « réaction d'orientation » ou la réaction de sursaut

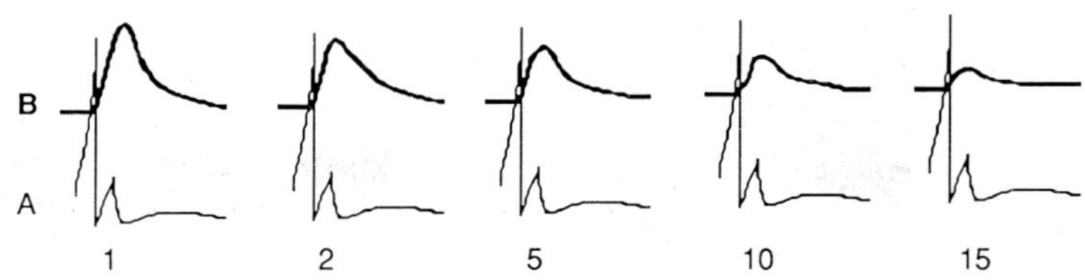

Fig. 123. – *Le processus d'habituation.* Un neurone sensoriel (A) de l'aplysie, s'articulant avec un neurone moteur (B), est stimulé répétitivement toutes les 10 secondes (15 stimulations successives). La réponse du neurone B diminue progressivement d'amplitude jusqu'à disparaître presque complètement. L'habituation représente une forme primitive et élémentaire d'apprentissage. (D'après Kandel, 1979.)

provoquée par un stimulus nouveau. Lorsque le stimulus se répète, il perd son caractère de nouveauté et cesse progressivement d'entraîner la réaction motrice.

L'équipe d'E. Kandel a étudié en détail, au cours des 10 dernières années, les mécanismes de l'habituation chez un organisme rudimentaire, celui d'un invertébré marin, l'aplysie, dont le système nerveux ne contient que 105 cellules. Ces auteurs ont tout d'abord identifié les structures impliquées dans un réflexe dit de « retrait branchial » au cours duquel on observe un retrait des branchies lorsqu'une stimulation quelconque s'exerce sur certaines parties de l'animal (appelées « manteau » et « siphon »). Lorsque la stimulation est répétée, la réponse s'atténue, traduisant le phénomène d'habituation (fig. 123). Les éléments impliqués dans ce réflexe monosynaptique sont un groupe de neurones moteurs responsables du comportement de retrait et un groupe de neurones sensoriels qui font synapse sur les neurones moteurs. La stimulation *de novo* entraîne la production d'un potentiel post-synaptique de grande amplitude au niveau de la terminaison du neurone sensoriel, ce qui déclenche une activation puissante du neurone moteur. La répétition de la stimulation entraîne une diminution progressive de l'amplitude du potentiel et une diminution du nombre de potentiels d'action. Finalement, les potentiels suscités au niveau des neurones sensoriels deviennent minuscules et ne

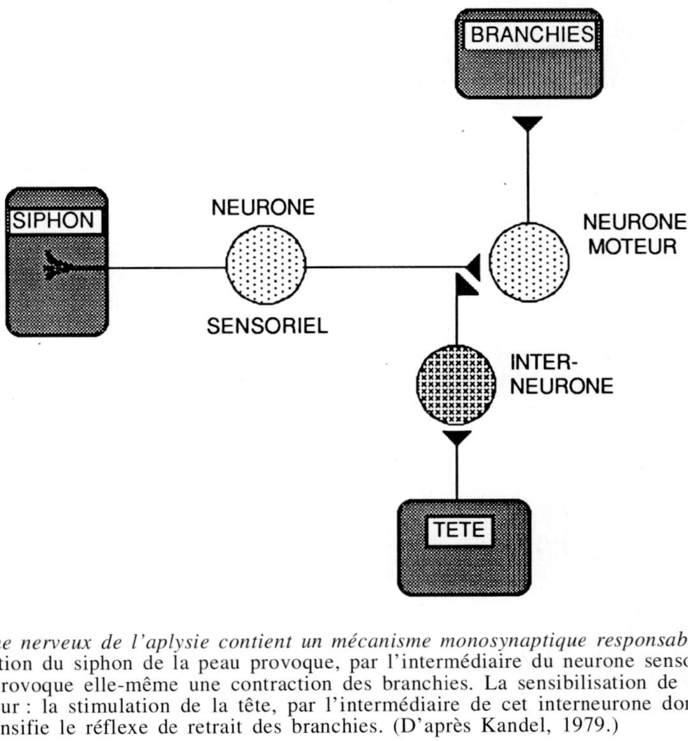

Fig. 124. – *Le système nerveux de l'aplysie contient un mécanisme monosynaptique responsable du réflexe de retrait branchial.* La stimulation du siphon de la peau provoque, par l'intermédiaire du neurone sensoriel, une excitation du neurone moteur qui provoque elle-même une contraction des branchies. La sensibilisation de ce réflexe implique un interneurone facilitateur : la stimulation de la tête, par l'intermédiaire de cet interneurone dont le neurotransmetteur est la sérotonine, intensifie le réflexe de retrait des branchies. (D'après Kandel, 1979.)

provoquent plus de potentiel d'action au niveau des neurones moteurs. Cette absence de réponse, fait important, va persister pendant plusieurs heures, ce qui traduit une « mise en mémoire » du phénomène. Les chercheurs de cette équipe ont pu montrer que le phénomène était lié à une *inactivation progressive des canaux calciques* dans la terminaison pré-synaptique, inactivation responsable d'une inhibition de la transmission synaptique. C'est donc dans la persistance, pendant quelques minutes à plusieurs heures, de la dépression du courant calcique dans la terminaison pré-synaptique que réside la mémoire du phénomène d'habituation à court terme. Si l'on poursuit l'expérience plus longtemps, on peut obtenir une inactivation encore plus durable de la transmission synaptique, véritable habituation à long terme.

La *sensibilisation* est une forme d'apprentissage un peu plus complexe qui consiste à augmenter durablement la réponse par la présentation d'un stimulus nocif. Par exemple, lorsque l'on applique un stimulus nocif sur la tête de l'aplysie, on augmente considérablement le réflexe de retrait de la branchie. Le mécanisme cellulaire responsable de la sensibilisation s'avère répondre au phénomène de facilitation pré-synaptique, en rapport avec l'activité d'interneurones facilitateurs se terminant sur le neurone sensoriel, à proximité de la synapse (fig. 124). La *sérotonine* serait le médiateur le plus souvent impliqué dans ce phénomène de facilitation. L'effet facilitateur de l'interneurone se ferait en modifiant le courant transmembranaire de potassium, provoquant une exagération de la durée du potentiel d'action et une augmentation de la libération du médiateur.

Plus récemment, il a pu être démontré que tant l'habituation à long terme que la sensibilisation s'accompagnaient de modifications non seulement fonctionnelles mais également *morphologiques* des terminaisons synaptiques du neurone sensitif de l'aplysie. En particulier les zones actives de la terminaison (celles contenant les vésicules synaptiques) sont nettement réduites dans l'habituation et augmentées dans la sensibilisation par rapport à des animaux témoins n'ayant subi aucun des 2 phénomènes.

Modèle cellulaire du conditionnement classique

Le conditionnement classique a également pu être étudié chez l'aplysie. Les modifications fonctionnelles de la terminaison synaptique y sont proches de celles obtenues par sensibilisation (faisant en particulier intervenir une ouverture des canaux calciques), mais ne surviennent qu'en cas de *couplage temporel* entre SC et SI, réalisant une forme élaborée de facilitation pré-synaptique : ici, la facilitation pré-synaptique n'a lieu que si le neurone sensoriel était actif juste avant l'activité facilitatrice.

Des travaux expérimentaux plus récents, pratiqués sur les cellules hippocampiques du lapin et sur le système nerveux d'une espèce d'escargot marin, ont montré l'importance d'une enzyme appelée protéine-kinase C (PKC) dans les mécanismes cellulaires du conditionnement. Cette enzyme serait transportée au cours du conditionnement associatif du cytoplasme cellulaire jusqu'à la membrane du neurone où elle diminuerait le flux potassique, ce qui se traduit électriquement par une diminution d'amplitude des potentiels de membrane, témoignant de l'effet comportemental du conditionnement. En outre, alors que 24 heures après le conditionnement, l'activité de cette enzyme est principalement retrouvée dans le corps cellulaire du neurone, deux jours plus tard, elle a migré au niveau des dendrites.

Ces divers modèles biologiques élémentaires d'apprentissage paraissent suggérer une certaine unité et une continuité des mécanismes impliqués dans l'apprentissage à court et long terme, d'une part, et entre des modèles d'apprentissage de complexité croissante d'autre part, ce qui pourrait signifier que les mêmes mécanismes pourraient également rendre compte des formes les plus complexes d'apprentissage.

La potentialisation à long terme comme modèle de la mémoire

Un certain nombre d'évidences (voir ci-dessous) prêtant un rôle fondamental dans les processus mnésiques aux formations hippocampiques ont suscité il y a quelques années la description d'un phénomène électrophysiologique que certains considèrent comme un modèle privilégié d'étude des mécanismes de constitution et de restitution des traces mnésiques. Ce phénomène, appelé *potentialisation à long terme (PLT)* ou encore potentialisation hippocampique de longue durée (PHLD) est obtenu par stimulation conditionnante de l'hippocampe ou de sa voie afférente principale appelée « voie perforante ». Si l'on fait subir à cette voie un train d'impulsion à fréquence élevée, on observe, durant les minutes voire les heures suivantes, une augmentation de l'amplitude de la réponse de 50 à 150 % par rapport à la réponse normale. Un tel phénomène est connu pour d'autres régions du système nerveux (où l'on parle de tétanisation et de potentialisation post-tétanique) mais n'atteint un tel degré nulle part ailleurs que dans l'hippocampe. Un point important est le fait que la PLT est un phénomène « collectif », qui ne survient que lorsqu'un nombre suffisant (plusieurs centaines) d'afférences hippocampiques sont stimulées simultanément ; en dessous de ce seuil, le phénomène n'apparaît pas. Ce fait suggère que la PLT est la conséquence d'une modification synaptique liée à la stimulation simultanée de la cellule par plusieurs voies afférentes. La PLT fournit un modèle théorique de la mémoire selon lequel le processus d'acquisition se traduirait par l'apparition de connexions synaptiques préférentielles durables et la structuration de réseaux (« frayage ») par l'expérience ; ainsi se constituerait une trace latente, véritable souvenir, qui pourra être réactivée lors de la réapparition du stimulus. En outre, toutes les entrées sont capables de donner accès à la totalité du réseau, de sorte que le rappel de la totalité du souvenir peut être évoqué par n'importe lequel des stimuli initialement associés à la formation de la trace.

La PLT ferait intervenir principalement un neuromédiateur, le glutamate, dont la libération synaptique serait exagérée après tétanisation et provoquerait le maintien d'un flux transmembranaire d'ions monovalents.

Psychologie de la mémoire

Le concept de processus mnésiques peut être considéré comme englobant les diverses modifications fonctionnelles conduisant à l'établissement d'un « stockage » des informations de même que celles permettant d'y accéder ou de les « actualiser ». En suivant l'analyse de J.L. Signoret, on peut distinguer successivement 3 stades de l'activité mnésique : la mémorisation, le stockage, la remémoration.

Mémorisation

Elle comprend les processus permettant la *formation et la construction des traces mnésiques.* Cette étape est bien sûr très dépendante de la qualité de l'encodage, c'est-à-dire du processus perceptif lui-même, mais le dépasse puisque seule une infime partie de ce qui est perçu par nos sens sera finalement stockée. Cette étape est également très dépendante de facteurs non spécifiques comme l'attention ou la motivation du sujet au moment où survient la stimulation sensorielle. De même, l'environnement général spatial et temporel, ce que l'on appelle globalement le « contexte », joue un rôle déterminant dans les processus d'acquisition.

Stockage

C'est l'ensemble des processus permettant la *conservation des traces* ainsi acquises. Les traces les plus récentes sont souvent éphémères et une explication de leur maintien fait appel au processus de « consolidation ». Celui-ci se produirait secondairement à l'acquisition et se poursuivrait ensuite, déterminant la force de la trace mnésique. Le stockage subirait en outre un effacement progressif dont le rythme serait variable selon la nature de l'information. En même temps, les traces mnésiques seraient sans cesse remodelées par l'apparition de nouvelles traces qui viennent interagir avec celles précédemment acquises. Une des causes de la modification des traces serait le rappel lui-même qui, en tant que processus actif, pourrait soit modifier la force d'une trace, soit créer une nouvelle trace se surajoutant à l'originale.

Remémoration

C'est l'ensemble des mécanismes permettant d'accéder aux traces déjà acquises. Elle fait intervenir 2 types de processus : les processus de *rappel* et de *sélection.* La qualité du rappel est dépendante, d'une part, de celle de l'acquisition, d'autre part, du contexte au moment de la remémoration : l'une des principales conditions de la récupération de l'information stockée est la présence, au moment du rappel, d'*indices contextuels* mis en jeu au moment de l'encodage. Ainsi, un certain nombre de données montrent que le rappel est plus efficace si l'état d'esprit, l'humeur, voire le lieu où se trouve le sujet sont identiques à ceux du moment de l'encodage. Le processus de rappel est habituellement considéré comme un processus actif, plus ou moins efficace selon les moments et le contexte, faisant qu'un souvenir est plus ou moins accessible indépendamment de la qualité de son acquisition. En clinique, cette notion d'accessibilité se retrouve dans la différence qui peut exister, chez des sujets normaux ou non, entre la performance en situation de *rappel libre*, où le sujet doit évoquer un souvenir, et celle de *reconnaissance*, où on lui propose de choisir entre une ou plusieurs alternatives, les performances dans la seconde situation étant régulièrement meilleures que dans la première. Dans certaines circonstances pathologiques, le trouble semble concerner l'aptitude du sujet à sélectionner les traces mnésiques, comme dans le syndrome de Korsakoff (voir plus loin) où le sujet semble incapable de sélectionner ses souvenirs de manière adéquate.

La ou les mémoires

Une représentation schématique, telle que celle de la figure 125, permet de différencier plusieurs stades ou niveaux de mémoire. On distingue ainsi habituellement au moins 2 étapes : la mémoire à **court terme** ou primaire et la mémoire à **long terme**. En outre, il est fréquent d'individualiser également une mémoire **sensorielle**, de durée inférieure à une seconde, et, au sein de la mémoire à long terme, une mémoire secondaire et une mémoire tertiaire.

Mémoire sensorielle
(iconique et échoïque)

On peut considérer par exemple que la perception visuelle, faite de la juxtaposition d'images perçues successivement, ne pourrait pas donner au cerveau une information cohérente s'il n'existait un processus assurant la continuité temporelle et spatiale du stimulus. Cette continuité implique un type de mémoire dite *iconique*. De même, on appelle mémoire *échoïque* la capacité du système auditif de stocker à très court terme les informations pour assurer une continuité de la perception. Ces mémoires sensorielles sont donc en fait des aspects très particuliers que l'on peut assimiler à l'activité perceptive plus que mnésique.

Mémoire à long et à court terme

La séparation, au sein de la mémoire humaine, de 2 composantes à long et à court terme repose sur un certain nombre de preuves expérimentales. Chez des sujets normaux (fig. 126), des tâches de mémorisation de séries de mots en rappel libre immédiat font apparaître un phénomène très caractéristique : l'*effet de récence*, selon lequel parmi les mots de la série proposée, ce sont ceux placés en fin de liste qui sont le plus facilement rappelés. Si toutefois l'on introduit entre la présentation et le rappel un délai pendant lequel le sujet est soumis à une tâche de calcul mental, l'effet de récence disparaît alors. On peut en déduire que les mots les plus récents ont été retenus dans un certain système de stockage (de courte durée) et les autres dans un système distinct plus stable.

Une autre question, du reste non encore élucidée, est celle du passage d'un type de stockage à l'autre. Une théorie est que les deux mécanismes interviennent en série, c'est-à-dire que les informations sont d'abord stockées en mémoire à court terme avant d'être transférées en stockage à long terme. Pour d'autres, au contraire, mémoires à court et long terme ne seraient que 2 formes quantitativement différentes d'un même processus, dépendant de la qualité et de la profondeur du traitement de l'information perceptive au moment de l'encodage (1).

(1) Il faut toutefois remarquer que la clinique humaine offre à observer des dissociations entre mémoire à long et court terme : en particulier, certaines pathologies cérébrales peuvent altérer la mémoire à court terme tout en laissant intacte la mémoire à long terme, ce qui, à l'évidence, va à l'encontre d'une théorie « linéaire » telle que schématisée sur la figure 125.

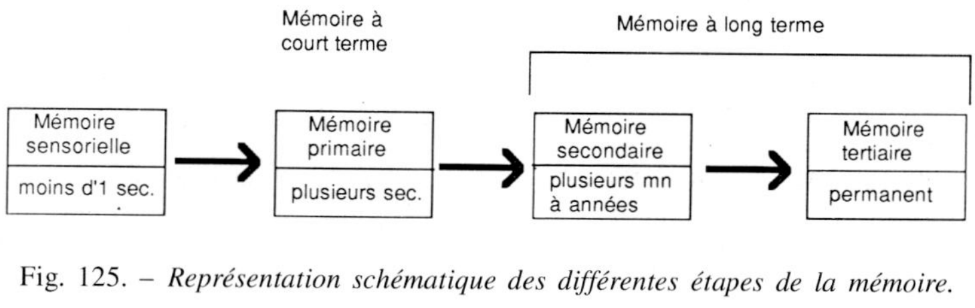

Fig. 125. – *Représentation schématique des différentes étapes de la mémoire.*

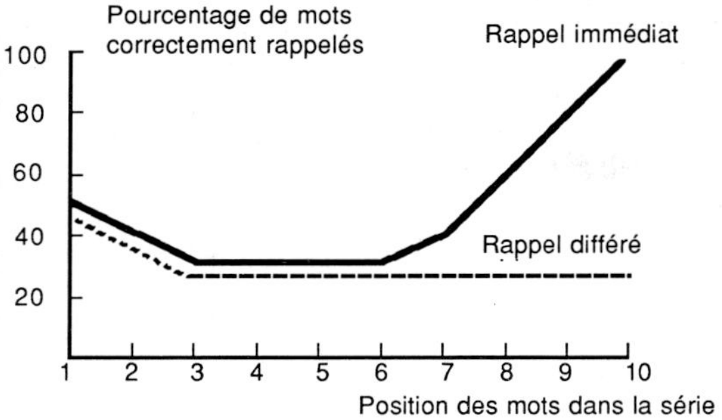

Fig. 126. – *Effet de récence.* Lorsque l'on demande à des sujets normaux de répéter immédiatement après les avoir entendus 10 mots énoncés successivement, on observe un phénomène très net et systématique dit « effet de récence », selon lequel les mots situés en dernier dans la liste sont mieux rappelés. En revanche, si l'on teste la mémorisation après un délai occupé par une tâche de calcul mental, l'effet de récence est supprimé : on est alors « passé » en mémoire à long terme. (D'après Baddeley, 1988.)

Mémoire de travail

Il s'agit du premier stade intervenant dans le processus mnésique proprement dit, permettant d'acquérir et de retenir sur une courte période une information nouvelle. Le concept de *mémoire de travail* (« working memory ») ou mémoire à court terme ou encore mémoire primaire, a été utilisé à l'origine en expérimentation animale pour définir un certain type de capacités de mémorisation en cours d'épreuve (par exemple celle d'un rat qui doit, dans un labyrinthe, en explorer successivement les bras afin de trouver la nourriture placée dans l'un d'eux) par opposition à une mémoire dite de *référence* qui contient les règles générales de l'épreuve. Plus récemment, le concept de mémoire de travail a été repris en psychologie humaine, en particulier à la suite de A. Baddeley. Il s'agit pour ce dernier *« du ou des systèmes utilisés dans le but de retenir temporairement et de manipuler l'information nouvelle impliquée dans des processus tels que la compréhension, l'apprentissage et le raisonnement »*. C'est donc l'aspect de la mémoire directement mis en jeu par l'activité en cours et nécessaire à la continuité des comportements. Sa capacité de stockage étant très limitée, les informations doivent, pour être retenues, être codées et transférées en mémoire secondaire ou à long terme. Pour Baddeley, la mémoire de travail comprend : un centre exécutif supervisant l'activité de 2 sous-systèmes, la boucle articulatoire et le registre visuo-spatial. La boucle articulatoire est le mécanisme grâce auquel un sujet peut se remémorer une information (comme un numéro de téléphone, par exemple) en se la répétant mentalement de façon ininterrompue. De même, le registre visuo-spatial permet la représentation mentale d'un lieu ou d'un objet (1).

Mémoire à long terme et oubli

L'organisation de la mémoire à long terme répond à un certain nombre de règles qui ont pu être précisées expérimentalement.

Des sujets subissant pour des raisons psychiatriques des séances de thérapeutique électroconvulsivante (« électro-chocs ») sont testés quant à leurs souvenirs anciens et récents avant et après une séance de chocs (fig. 127). Une première constata-

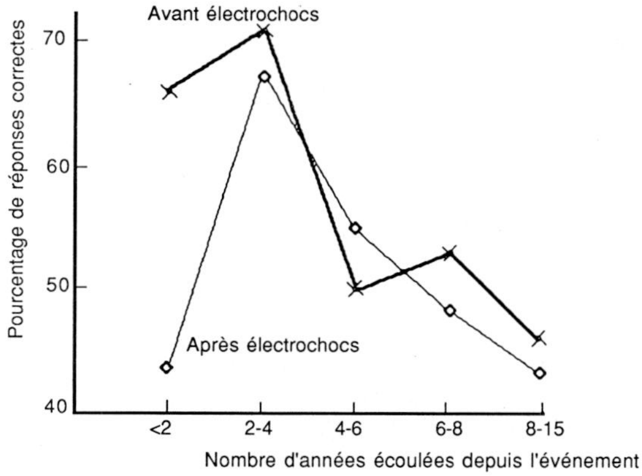

Fig. 127. – *Effet d'électrochocs sur les souvenirs en fonction de leur ancienneté.* On a demandé à des sujets, avant et après des séances de thérapeutique convulsivante, de se souvenir du titre d'émissions télévisées diffusées dans un passé plus ou moins lointain. Outre la diminution progressive de la précision des réponses avec le temps, caractéristique commune aux deux situations, les sujets présentaient un déficit net après traitement, et ce uniquement pour les émissions les plus récentes (moins de 2 ans). La conclusion est que les souvenirs récents sont plus « fragiles » et plus facilement effacés que les souvenirs plus anciens. (D'après Squire et al., 1975.)

---

(1) Une épreuve simple permet en clinique de tester la mémoire de travail (épreuve dite de « Brown-Peterson ») : il s'agit de demander au sujet de répéter dans le même ordre et après des délais variant de 5 à 20 secondes 3 consonnes énoncées par l'examinateur, et ce dans 2 conditions. Dans la condition 1, le sujet doit rester silencieux pendant le délai séparant la présentation et le rappel; dans la condition 2, il doit répéter une syllabe le plus rapidement possible. Une diminution des performances entre les 2 conditions de travail traduit une perte de la mémoire primaire.

tion, commune aux deux situations, est que, comme on pouvait s'y attendre, les souvenirs semblent s'estomper avec les années, traduisant un gradient progressif ancien/récent. Toutefois, il existe en outre une différence notable entre les 2 passations, consistant en une perte transitoire des souvenirs les plus récents (moins de 2 ans) mais non des plus anciens, ce qui suggère que les souvenirs récents sont plus «fragiles», plus vulnérables que les souvenirs anciens, de sorte que la perturbation provoquée par le choc a rendu momentanément inaccessibles les traces les plus «fraîches».

Diverses hypothèses ont tenté de rendre compte des mécanismes caractérisant l'oubli, la perte d'informations préalablement stockées. On a tout d'abord invoqué des difficultés dans le processus de constitution ou de consolidation de la trace mnésique, peu après le moment de l'encodage. Une origine de l'oubli a également été recherchée au niveau de la phase de récupération : l'existence en mémoire d'informations similaires pourrait interférer avec la possibilité de récupération. Enfin, les théories donnant une importance majeure au contexte suggèrent que l'oubli serait lié à une incompatibilité entre les conditions situationnelles et subjectives de l'encodage et celles de la récupération.

Mémoire déclarative et procédurale

L'étude de patients amnésiques (voir ci-dessous) a permis d'établir la distinction entre mémoires «déclarative» et «procédurale». En effet, chez ces sujets par ailleurs atteints d'une perte massive des souvenirs, il est démontré que certaines possibilités d'apprentissage sont curieusement totalement préservées, par exemple la capacité à acquérir de nouvelles aptitudes motrices (comme l'écriture en miroir) ou intellectuelles (comme la résolution de problèmes). La mise en évidence de telles capacités mnésiques est d'autant plus troublante que le sujet affirme que c'est la première fois qu'il rencontre la tâche tout en améliorant sa performance à chaque essai, apportant la preuve évidente qu'un apprentissage a bien eu lieu. Ce type d'apprentissage fait appel à la mémoire dite mémoire procédurale qui concerne les actes plus ou moins automatiques nécessitant l'acquisition d'une habileté sensorimotrice ou de règles de raisonnement, ce que l'on peut résumer schématiquement comme se référant à la connaissance du «comment» par opposition à la connaissance du «quoi» (correspondant à la mémoire dite déclarative). En outre, contrairement aux autres capacités mnésiques, qui impliquent un processus conscient, l'apprentissage se fait ici de manière implicite, c'est-à-dire en dehors de tout contrôle conscient.

Mémoire sémantique et épisodique

Le concept de mémoire sémantique a été introduit pour qualifier un type de mémoire concernant de manière générale le langage et la connaissance (à travers lui) du monde physique, par opposition à la mémoire épisodique, de nature autobiographique, et qui a trait aux événements concernant le sujet lui-même, essentiellement en termes de moment et de lieu. Ainsi, le souvenir du nom d'une ville, par exemple, ou une connaissance didactique concernant cette ville, seront traités par la mémoire sémantique, alors que le souvenir de l'expérience que l'on a pu éprouver en la visitant à un moment donné, l'évocation de cet épisode de la vie du sujet, concerne la mémoire épisodique. Une distinction similaire a été introduite par Damasio qui oppose, à propos de la mémoire visuelle, une mémoire générique, concernant la connaissance des objets du monde environnant et une mémoire contextuelle, reposant sur le contexte affectif et motivationnel caractérisant la connaissance d'un objet ou d'un visage.

Mémoire verbale et mémoire visuelle

Une autre distinction est très utilisée en clinique, car elle permet une interprétation des troubles en termes de latéralisation hémisphérique : c'est celle qui oppose mémoires verbale et visuelle. Du reste, les différentes batteries de tests de mémoire utilisées en pratique (comme celle de Wechsler ou celle de Signoret) comportent à égalité des tests utilisant un matériel verbal (apprentissage et rappel d'une série de mots ou d'une histoire, par exemple) et un matériel «visuel» (rappel ou reconnaissance d'images concrètes ou dessins abstraits). La comparaison des performances aux épreuves d'apprentissage dans les 2 modalités donne un indice de dysfonctionnement prédominant hémisphérique gauche (en cas d'altération prédominante des processus verbaux) ou droite (pour les processus visuels).

La *spécificité hémisphérique* de ces deux types de mémoires a été démontrée expérimentalement par B. Milner dans ses études effectuées sur des sujets ayant été opérés chirurgicalement de leur lobe temporal droit ou gauche. Les épreuves consistaient, d'une part, en un apprentissage verbal (apprentissage d'une liste de chiffres) et, d'autre part, en un apprentissage spatial (cubes de

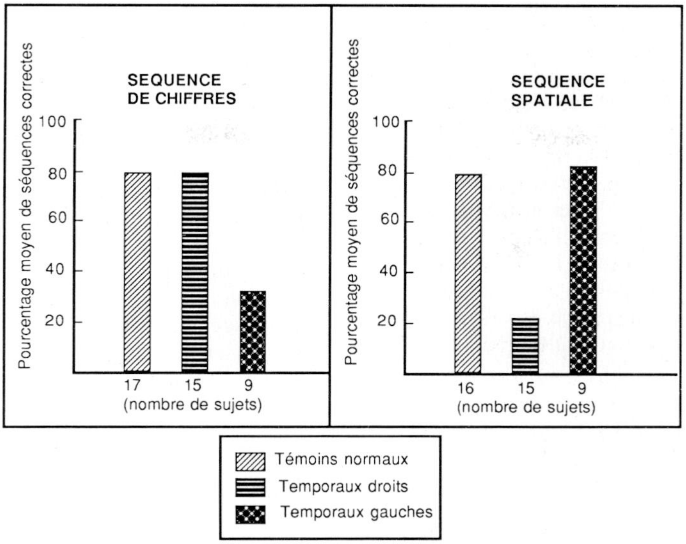

Fig. 128. – *Comportement de sujets ayant subi une exérèse chirurgicale du lobe temporal droit ou gauche par rapport à des sujets normaux dans 2 épreuves d'apprentissage.* A gauche, une épreuve verbale consistant à apprendre une liste de chiffres. A droite, une épreuve similaire mais spatiale (dite des « cubes de Corsi »), consistant à apprendre une succession de positions de 9 cubes disposés devant le sujet. Les temporaux gauches échouent à l'épreuve verbale mais ont une performance normale à l'épreuve spatiale. Les temporaux droits se comportent de manière inverse. (D'après Milner, 1978.)

Corsi) (1). Les résultats obtenus par les 2 groupes de sujets montraient une dissociation claire puisque la performance des « temporaux gauches » était très insuffisante à l'épreuve verbale mais normale à l'épreuve spatiale, alors que les « temporaux droits » avaient un comportement inverse (fig. 128). L'intervention avait consisté dans tous les cas en une amputation du lobe temporal comprenant une plus ou moins grande partie de l'hippocampe. De fait, la sévérité de la perturbation s'est avérée proportionnelle à l'importance de la résection hippocampique.

Syndromes amnésiques

L'étude clinique des syndromes amnésiques est certainement la source la plus riche d'où sont issues nos connaissances sur le substrat biologique de la mémoire. On distingue habituellement l'amnésie *antérograde* ou « oubli à mesure » et l'amnésie *rétrograde*. L'amnésie antérograde est caractérisée par un oubli excessif plus ou moins complet mais continu des événements de la vie quotidienne. La perturbation peut être mise en évidence en interrogeant le patient sur les événements biographiques récents (par exemple le déroulement de la journée précédente) et en testant ses capacités d'apprentissage de matériel nouveau, verbal et/ou visuel. L'amnésie rétrograde est la perte de souvenirs anciens acquis avant l'installation du syndrome amnésique. Elle obéit à un principe général, dit « loi de Ribot », selon lequel plus les souvenirs sont anciens, mieux ils sont préservés par le processus pathologique, ce qui établit un gradient temporel dans le degré du syndrome amnésique. L'exploration de la mémoire ancienne implique une évaluation de la mémoire didactique, c'est-à-dire les souvenirs d'ordre scolaire, de la mémoire biographique, concernant l'histoire du sujet lui-même et de la mémoire sémantique.

(1) Cette épreuve consiste à apprendre au sujet à toucher successivement selon une séquence donnée des cubes disposés devant lui, chacun à un emplacement fixe.

Les syndromes amnésiques humains apportent la preuve que certaines structures du cerveau sont spécialisées dans les processus de mémoire : les lésions cérébrales responsables des principaux types d'amnésie touchent très habituellement des structures profondes situées à la face interne des hémisphères, structures que l'on regroupe sous l'appellation de « circuit de Papez », circuit comprenant : l'hippocampe, le fornix, le corps mamillaire, certains noyaux thalamiques et l'aire limbique cingulaire (fig. 129). Toutefois, il persiste encore de nombreuses inconnues sur le rôle de ces différentes structures dans les processus mnésiques.

Amnésies permanentes

On distingue schématiquement 2 grands types de syndromes amnésiques rencontrés en pathologie humaine, liés chacun à la destruction ou la lésion bilatérale d'une région d'un ou plusieurs des éléments du circuit de Papez. L'un est lié à une carence en vitamine B1 (thiamine) se rencontrant principalement au cours de l'éthylisme chronique : c'est le **syndrome de Korsakoff**, dont le trouble de la mémoire est classiquement mis en relation avec la destruction constante des *tubercules mamillais*. L'autre est lié à des lésions bilatérales de l'*hippocampe* (ou corne d'Ammon) quelle qu'en soit la cause, mais le modèle en est l'observation classique d'un sujet devenu amnésique après une intervention chirurgicale touchant les 2 lobes temporaux.

Amnésie alcoolique

Le syndrome de Korsakoff, décrit par cet auteur à la fin du siècle dernier, associe un trouble de la mémoire antérograde à des troubles psychiques plus ou moins importants. Le sujet présente un oubli à mesure impressionnant associé à un trouble rétrograde limité aux quelques années précédant le début de l'affection. En outre, il existe une tendance aux fabulations et aux « fausses reconnaissances » et un trouble comportemental global : le sujet est inconscient de son trouble, parfois euphorique, parfois au contraire prostré. Le mécanisme du trouble mnésique n'est pas clairement établi. Plutôt que d'un trouble de l'acquisition des souvenirs, il s'agirait d'un trouble de l'évocation, comme semble le montrer la fréquente amélioration du rappel en situation de reconnaissance.

Les lésions, liées à l'encéphalopathie carentielle, touchent systématiquement et bilatéralement les corps mamillaires mais aussi, comme l'ont plus récemment montré Victor et ses collaborateurs, d'autres structures entrant dans la constitution du circuit de Papez, en particulier les noyaux médians du thalamus (1). Ces auteurs ont également décrit plusieurs cas où la lésion des tubercules mamillaires n'était pas suffisante pour provoquer l'amnésie.

(1) Du reste, des lésions bilatérales des noyaux médians du thalamus semblent capables de provoquer un syndrome amnésique similaire.

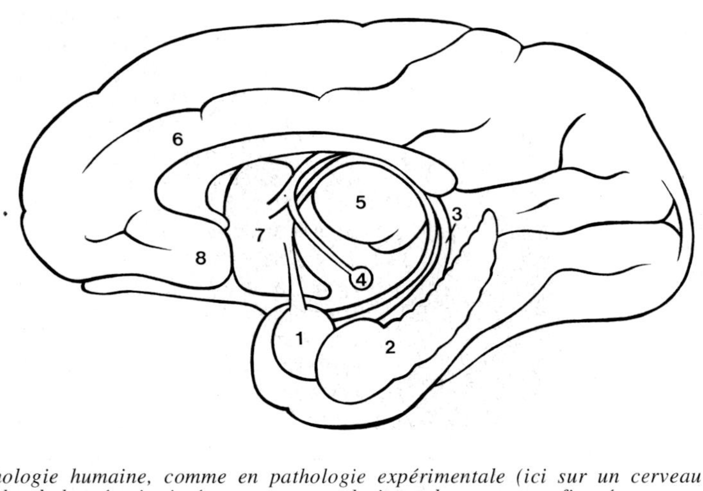

Fig. 129. – *En pathologie humaine, comme en pathologie expérimentale (ici sur un cerveau de singe), les lésions provoquant des troubles de la mémoire intéressent une ou plusieurs des structures figurées sur ce schéma, principalement les régions constituant le « circuit de Papez »* : amygdale (1), hippocampe (2), fornix (3), tuberbule mamillaire (4), thalamus (5), aire cingulaire (6), mais aussi région septale et basale (7) et cortex inféro-frontal (8).

Toutefois, la complexité du tableau clinique de ce syndrome, où l'amnésie n'est qu'une partie de profondes modifications comportementales, en fait un modèle difficilement utilisable pour la connaissance des mécanismes de la mémoire.

Amnésie bi-hippocampique

Le cas d'amnésie le plus célèbre de la littérature est connu par ses initiales (HM) et a été rapporté en 1957 par Scoville et B. Milner de Montréal. HM, porteur d'une épilepsie grave, avait dû subir une intervention chirurgicale consistant en une exérèse de la face interne des 2 lobes temporaux. A la suite de cette intervention, il présenta une amnésie antérograde majeure qui persista ensuite inchangée, une amnésie rétrograde qui s'atténua, mais aucun trouble de la mémoire immédiate ou de la mémoire procédurale. Opéré le 1er septembre 1953 à l'âge de 29 ans par le Dr Scoville, il commença à être examiné par B. Milner 20 mois plus tard. A ce moment, il donnait comme date mars 1953 et répétait inlassablement : « il semble que je me réveille d'un rêve ; c'est comme si tout venait de se passer ». Il pouvait donner son ancienne adresse (dont il avait déménagé 10 mois avant son intervention) mais non la nouvelle, qu'il n'a du reste jamais pu apprendre. Il était également incapable d'apprendre l'emplacement des objets dans la maison de même que les environs de son domicile. Par ailleurs, le comportement de HM était considéré comme normal et son quotient intellectuel était très convenable. Vingt ans plus tard, l'amnésie de HM était toujours aussi massive.

L'intervention pratiquée sur HM avait donc détruit bilatéralement l'hippocampe, mais aussi d'autres structures (cortex temporal antérieur et noyaux amygdaliens). Toutefois, l'on admet que la destruction bilatérale de l'hippocampe est nécessaire à l'éclosion de ce syndrome.

Un syndrome similaire peut également survenir spontanément dans des cas d'atteinte vasculaire des lobes temporaux, et surtout à la suite d'infections par un virus du groupe Herpes (« encéphalite herpétique »), virus qui atteint préférentiellement la face interne des lobes temporaux, mais souvent de façon asymétrique, expliquant que l'amnésie puisse prédominer sur le matériel verbal et la mémoire sémantique (lésion hémisphérique gauche prédominante) ou sur le matériel visuel, la mémoire spatiale et celle des visages (lésion droite prédominante).

Le mécanisme exact de l'amnésie hippocampique n'est pas connu, mais, comme pour l'explication de l'oubli en général, il existe diverses théories incriminant un défaut soit de l'encodage, soit de la consolidation, soit du rappel. La théorie du défaut de consolidation reste toutefois la plus souvent invoquée.

Autres syndromes amnésiques

Lésions du prosencéphale basal

Un certain nombre de travaux récents ont mis l'accent sur la possibilité de rencontrer des tableaux amnésiques sévères à la suite de lésions de la *région sous-frontale* (« basal forebrain »). Il s'agit généralement de complications cérébrales (spontanées ou post-opératoires) liées à la présence d'un anévrisme artériel situé à la base du cerveau. Le tableau, caractérisé par une perturbation massive de la mémoire antérograde et une confusion permanente des souvenirs anciens, est assez proche de l'amnésie korsakovienne par la présence de fabulations quasi continuelles et d'une amélioration des performances par l'indiçage. La perturbation mnésique est attribuée à la destruction des complexes cellulaires, en particulier le noyau basal de Meynert, situés dans la région sous-frontale, et qui représentent les principaux « réservoirs » cérébraux d'acétylcholine. La perte de l'apport d'*acétylcholine* à l'hippocampe serait responsable de l'amnésie (1).

Amnésies partielles

La mise en évidence de perturbations partielles ou sélectives de la mémoire nécessite le plus souvent la mise en œuvre de tests spécifiques, tels ceux utilisés par Milner dans les lobectomies temporales. C'est ainsi que des troubles de la mémoire verbale ou de la mémoire spatiale pourront être décelés chez des sujets porteurs de lésions spontanées droites ou gauches, d'autant plus nettement que ces lésions seront plus proches des lobes temporaux. On a pu de même incriminer un trouble mnésique dans la genèse d'une perturbation d'une autre fonction ; par exemple, certains types d'aphasie (voir chapitre 14) peuvent apparaître comme liés à une perturbation de la mémoire verbale. De même, les troubles de la reconnaissance visuelle (« agnosies ») sont parfois considérés comme la conséquence d'une défaillance sélective de la mémoire visuelle. Dans ce contexte, certains vont jusqu'à décrire des troubles sélectifs de la mémoire pour un type seulement de matériel visuel. Par exemple, la perte sélective de la reconnaissance des visages (prosopagnosie) est actuellement souvent considérée comme une impossibilité de faire coïncider l'expérience visuelle actuelle d'un visage avec un réper-

---

(1) Dans le même registre, on connaît également l'effet favorable sur la mémoire de l'administration de drogues augmentant l'effet de l'acétylcholine.

toire de visages précédemment acquis, impossibilité qui serait par conséquent en rapport soit avec une destruction du répertoire, soit avec une impossibilité d'y accéder. Il a été ainsi proposé de distinguer 2 types de prosopagnosie, l'un en rapport avec une destruction du répertoire (qui pourrait se « situer » au niveau du cortex temporal antérieur), l'autre dû à une déconnexion entre les aires visuelles occipitales et les régions temporales et amygdaliennes (voir ci-dessous). Une autre circonstance évoquant la perte d'une mémoire spécifique est un syndrome actuellement bien documenté où les sujets ont perdu électivement la possibilité de s'orienter dans leur environnement. D'abord présent même dans l'environnement habituel (appartement, quartier), le trouble ne va finalement porter que sur l'orientation dans les lieux nouveaux et la capacité à apprendre de nouveaux itinéraires, ce qui suggère même l'existence d'une composante antérograde et d'une composante rétrograde. Cette désorientation topographique (également appelée *perte de la mémoire topographique*) est liée à une lésion de la région parahippocampique de l'hémisphère droit, région de cortex qui, par ses connexions, apparaît comme cruciale à la mémorisation des données spatiales.

Une telle interprétation est certes spéculative mais offre de nouvelles perspectives d'extension du concept de mémoire à l'activité perceptive elle-même et enrichit en retour notre compréhension des mécanismes cérébraux de la mémoire en suggérant l'existence de mémoires distinctes « localisées » dans le néocortex associatif pour chacune des principales modalités sensorielles (visuel, auditif, somesthésique).

Amnésie globale

L'amnésie globale, portant tout à la fois sur les capacités d'apprentissage, sur la mémoire des faits récents et sur les connaissances anciennes, ne se rencontre en pratique que dans les démences dégénératives comme la maladie d'Alzheimer. Dans cette maladie, en effet, il existe une perte progressive des neurones de l'hippocampe, mais aussi du prosencéphale basal et du néocortex temporal, frontal et pariétal. Marquée au début par un simple oubli touchant en proportion variable le matériel verbal (« manque du mot ») ou les données spatiales (oubli de l'emplacement des objets, désorientation spatiale), l'amnésie se complète progressivement et s'accompagne d'une dégradation de toutes les fonctions cognitives (aphasie, apraxie, agnosie).

Hormis ces circonstances pathologiques, de nombreux travaux ont été consacrés ces dernières années aux modifications des fonctions mnésiques survenant de manière physiologique au cours du *vieillissement* normal. Malgré d'indéniables problèmes méthodologiques que soulèvent de telles études (en particulier le fameux « effet de cohorte » selon lequel les différences observables entre deux populations d'âge différent – et donc de générations différentes – pourraient être dues non à l'effet de l'âge mais à un effet de génération), il semble exister une réelle modification des performances mnésiques portant sur divers aspects de la mémoire. Le trouble principal porte sur la mémoire épisodique et semble lié non à une altération du stock, mais plutôt à une baisse d'efficacité avec l'âge des opérations d'encodage et de récupération. Les difficultés de mémorisation seraient plus marquées pour le matériel non verbal que verbal et seraient accrues par le caractère non familier ou abstrait des items à rappeler. Mais ce sont surtout les processus de remémoration qui semblent altérés, comme en témoignent les meilleures performances en situation de rappel indicé qu'en situation de rappel libre, de même que la dissociation souvent signalée entre les capacités de mémoire verbale explicite, qui diminuent graduellement avec l'âge, et les capacités de mémoire verbale implicite qui restent stables (2). Enfin, les sujets âgés présentent une limitation plus ou moins nette de leurs capacités de mémoire de travail, se manifestant par exemple dans la conduite du récit : il leur est en effet particulièrement difficile d'entreprendre concurremment plusieurs opérations telles que traiter un message oral, le relier à une information antérieure ou à la mémoire sémantique, et effectuer les inférences qui contribuent au maintien de la cohérence du récit. D'un point de vue neuroanatomique, le substrat cérébral de ces modifications mnésiques liées à l'âge n'est pas connu. Une baisse d'efficacité du système hippocampique a pu être envisagée, mais ne peut rendre compte de tous les faits constatés. En revanche, on invoque volontiers une diminution d'activité dans le cortex frontal, comme pourrait le suggérer l'atrophie frontale souvent observée sur des scanners de sujets âgés normaux. Beaucoup des caractéristiques du trouble mnésique du sujet âgé seraient compatibles avec cette hypothèse, tant le trouble de la mémoire de travail, souvent rapproché d'une dysfonction frontale, que d'autres aspects

(2) Une épreuve simple utilisable pour tester la mémoire verbale implicite, dite « tâche de complétion de mots », consiste à présenter au sujet, dans un premier temps, une liste de mots à apprendre et dans un second temps des séries de trois lettres dont certaines forment le début des mots précedemment présentés, la consigne étant de former des mots commençant par ces trigrammes. On admet qu'il y a eu apprentissage implicite lorsque le sujet ne se souvient pas explicitement d'un mot de la liste mais, lors de l'épreuve de complétion, utilise cependant ce mot préférentiellement à d'autres éventuellement plus fréquents.

comme l'altération de la « mémoire de la source » (« source memory »), les sujets âgés ayant des difficultés relatives à se rappeler les circonstances dans lesquelles un souvenir, même récent, a été acquis, perturbation qui a été rapportée lors de lésions des lobes frontaux.

Amnésies transitoires

L'amnésie globale transitoire (également appelée *ictus amnésique*) est une entité séméiologique bien définie mais dont le mécanisme exact est inconnu. Le sujet, qui garde par ailleurs intactes ses autres facultés mentales, perd brutalement (d'où le terme d'ictus) ses possibilités de mémoire antérograde : il présente un oubli à mesure massif, ce qui le rend perplexe et anxieux, pose de façon répétée les mêmes questions traduisant sa désorientation temporelle (« où suis-je ?, quelle heure est-il ? que m'arrive-t-il ? »). Cet épisode dure quelques heures (6 en moyenne) et cède spontanément, souvent après une phase de sommeil. Le sujet ne gardera aucun souvenir de cet épisode, qui en général ne se reproduira plus jamais.

Bien que spectaculaire et affectant de façon très pure les processus mnésiques, l'ictus amnésique nous apprend peu sur la mémoire, dans la mesure où l'on ne connaît ni le mécanisme du trouble, ni les structures impliquées. Toutefois, il est probable que l'épisode traduise une dysfonction bi-hippocampique transitoire, quelle qu'en soit la cause.

Mémoire et lésions expérimentales

Parmi les possibilités de réponse aux multiples questions qui se posent quant aux mécanismes cérébraux de la mémoire, les méthodes utilisant la création de lésions expérimentales, en particulier chez le singe, sont sans doute des plus prometteuses et font l'objet actuellement de travaux qui n'ont pas encore porté tous leurs fruits. Ces travaux, illustrés par les figures 130 et 131, ont été récemment résumés par Mortimer Mishkin, leur principal instigateur. Les expérimentalistes utilisent principalement chez le singe un test dit de reconnaissance retardée par non-appariement (« delayed non-matching to sample ») qui consiste à apprendre à un singe à trouver une récompense sous un objet donné, puis, après un délai, à lui présenter le même objet accompagné d'un autre totalement nouveau.

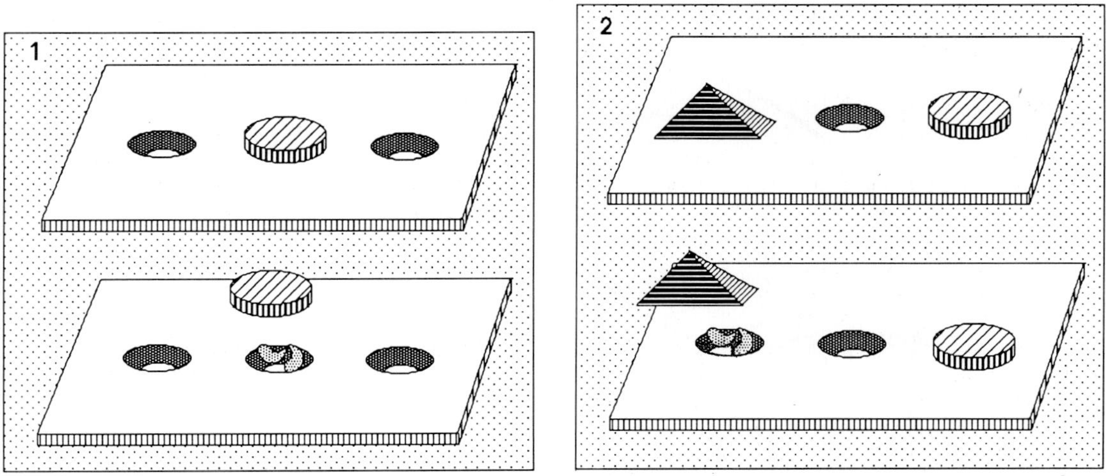

Fig. 130. – *Le test de reconnaissance retardée par non appariement.* Il consiste à soumettre le singe à deux épreuves successives, l'une où une récompense se trouve sous l'objet circulaire et l'autre, quelques instants plus tard, où la récompense se trouve sous l'objet triangulaire. Le singe doit donc apprendre à rechercher, lors de la 2e épreuve, l'objet qui n'était pas associé à une récompense lors de la première épreuve. L'échec à ce test est considéré comme un modèle expérimental d'amnésie.

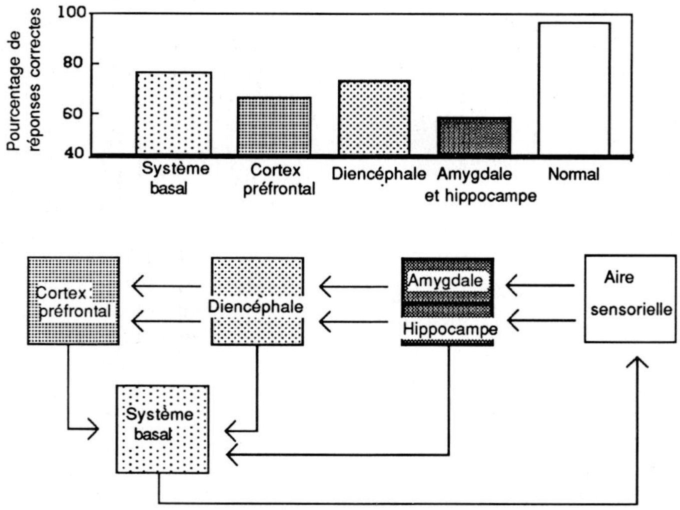

Fig. 131. – *Les pertubations au test de reconnaissance retardée.* Des lésions chirurgicales des diverses structures représentées sur la fig. 129 sont susceptibles de perturber la performance d'un singe au test décrit sur la figure 130. Ces structures seraient organisées en un réseau complexe dont le rôle spécifique de chacune des parties n'est pas encore connu avec précision. Les perturbations au test de reconnaissance retardée pour chaque type de lésion sont reportées sur le schéma. (D'après Mishkin et Appenzeller, 1987.)

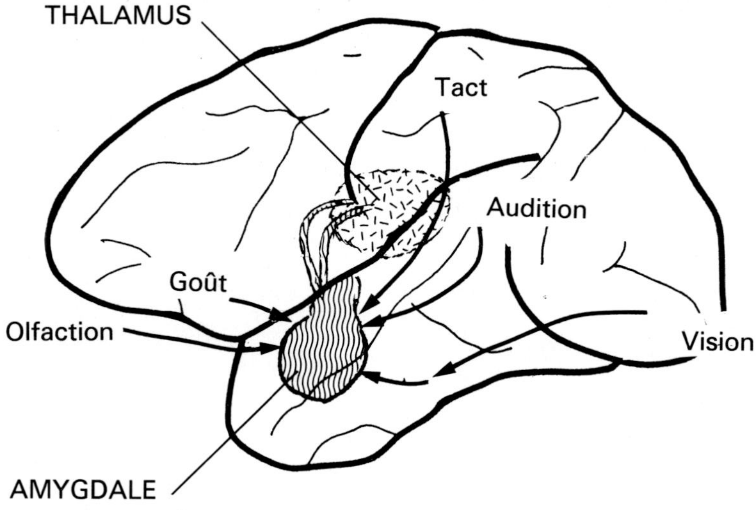

Fig. 132. – *Le noyau amygdalien possède la particularité anatomique de recevoir des afférences des divers cortex sensoriels, ce qui en fait une véritable plaque tournante à l'intersection des sensations et du système limbique.* Cette position suggère un double rôle pour l'amygdale, qui serait le siège de « la rencontre des souvenirs » et celui du « mélange du souvenir et du désir » (Mishkin).

Le singe doit alors reconnaître le premier objet et l'éviter, la nourriture se trouvant cette fois sous le nouvel objet. Un échec de l'animal à cette épreuve est considéré comme un modèle expérimental proche de l'amnésie humaine. Les premiers résultats obtenus avec cette procédure ont effectivement montré que des lésions des hippocampes perturbaient la tâche, surtout si ces lésions étaient associées à une atteinte d'une structure située juste en avant de l'hippocampe, le complexe amygdalien. Les autres régions dont la lésion perturbe (bien qu'à un moindre degré) cette tâche sont le cortex préfrontal, le diencéphale et les noyaux du prosencéphale basal.

Ces données expérimentales, combinées à celles de la pathologie humaine permettent d'ores et déjà de concevoir de manière grossière ce qu'est l'organisation du cerveau pour la mémoire, et d'ébaucher une « neuroanatomie de la mémoire ». Un premier point important est que les structures permettant l'apprentissage ne sont pas celles où s'effectue le stockage des informations puisque la plupart des syndromes amnésiques épargnent relativement les souvenirs anciens, mais sont nécessaires à leur constitution et également à leur consolidation. Les structures hippocampiques assureraient ainsi un rôle d'« activateur » (Signoret), en particulier dans le processus de consolidation alors que l'acquisition ferait intervenir le rôle d'« intégrateur » d'autres structures comme le gyrus cingulaire ou le gyrus parahippocampique, permettant, de par leur position, les échanges d'informations entre le néo-cortex et le système limbique.

Le rôle du complexe amygdalien, qui reçoit anatomiquement des afférences de tous les systèmes sensoriels (fig. 132), serait de permettre, d'une part, la convergence des informations présentes et passées entre les différentes modalités sensorielles (« la rencontre des souvenirs ») et, d'autre part, d'attribuer une signification affective à un souvenir (« le mélange du souvenir et du désir »), ce qui contribue probablement à renforcer son acquisition, à structurer son stockage et à faciliter son rappel. Enfin, pour Mishkin, ce qu'il appelle « l'habitude » (par opposition à la mémoire) et qui correspond à ce qui est dénommé ci-dessus mémoire procédurale, en tant que « réminiscence de liaisons automatiques entre un stimulus et une réponse », serait dépendant de structures plus archaïques que le système amygdalo-hippocampique, probablement les noyaux gris composant le striatum.

Quant au stockage des souvenirs, il est habituel de considérer qu'il implique la totalité du cortex cérébral. Il semble toutefois licite d'aller plus loin et d'envisager qu'un certain type de mémoire sensorielle, plus ou moins élémentaire, puisse se « situer » dans les neurones des régions corticales associatives spécifiques d'une modalité sensorielle : le cortex temporal inférieur, en particulier sa partie antérieure, pour les expériences visuelles ; le cortex temporal externe pour les expériences auditives, le cortex pariétal, pour les expériences tactiles. De même, le gyrus supra-marginal gauche pourrait être le lieu de stockage des « engrammes gestuels » et le lobe pariétal droit le siège d'engrammes visuomoteurs... Une telle conception, poussée à l'extrême, tendrait donc à faire de la mémoire le processus central de toutes les fonctions cognitives, ce qui est probablement excessif.

CHAPITRE XIV

BASES NEUROBIOLOGIQUES DU LANGAGE

Introduction – Généralités

L'étude des rapports entre cerveau et langage est un vaste domaine qu'il ne sera ici question que d'ébaucher. Il s'agit sans doute en effet, parmi toutes les fonctions du cerveau, de celle où l'organisation cérébrale atteint son plus haut degré de complexité. Par là même, elle offre un modèle privilégié pour la compréhension des mécanismes de l'évolution dont elle semble constituer une sorte de point culminant. En outre, les rapports étroits existant entre langage et pensée font de son étude le terrain idéal pour tenter d'approcher la question, aussi ancienne qu'actuelle, du lien entre cerveau et esprit, débouchant ainsi sur des considérations nécessairement plus éloignées, touchant à l'anthropologie et à la philosophie, par exemple.

Qu'est-ce que le langage ?

Le *langage* peut se définir comme l'ensemble des processus permettant d'utiliser un code ou un système conventionnel servant à représenter des concepts ou à les communiquer et utilisant un ensemble de symboles arbitraires et de combinaisons de ces symboles. On oppose habituellement le langage ainsi défini à la *parole*, qui est l'ensemble des mécanismes et comportements moteurs permettant la production des sons constitutifs du langage parlé, ou *phonèmes*. Le terme langage est donc beaucoup plus vaste puisqu'il comprend aussi tout l'aspect représentatif de la parole et les idées elles-mêmes avant qu'elles ne soient transformées en sons. On reconnaît dans tout langage 3 composantes : la forme, le contenu et l'usage. La forme comprend les sons et la syntaxe permettant de les utiliser ; le contenu représente la signification ou sémantique du langage, c'est-à-dire qu'il réfère aux idées véhiculées par la forme ; l'usage (ou pragmatique) est l'ensemble des circonstances sociales et le contexte général de la communication linguistique. Les différents langages humains partagent un certain nombre de propriétés : ils utilisent des systèmes de règles, ou grammaires, permettant d'établir des relations entre les différents symboles constitutifs du langage (le lexique) ; tout langage est créatif ou « génératif » dans la mesure où il est capable de créer à l'infini de nouvelles formes et de comprendre à l'infini diverses combinaisons pourvu qu'elles utilisent les symboles et les règles de la langue natale. Tout langage est signifiant (ou représentatif) et tout langage est interpersonnel, dans la mesure où sa raison est la communication, l'interaction entre individus.

Organisation du cerveau pour le langage : les moyens de connaissance

Le cerveau contrôle tous les aspects du langage, tant au niveau de sa production (encodage) que de sa compréhension (décodage). Notre propos ne concernera pas, bien qu'ils soient eux aussi dépendants d'un contrôle nerveux, les aspects mécaniques du langage, c'est-à-dire la production elle-même des sons constitutifs de la parole (l'activité des muscles de la bouche, du pharynx et du larynx et leur commande nerveuse). Il sera seulement question ici de l'organisation cérébrale (hémisphérique) sous-tendant les activités de décodage et d'encodage. Cette organisation nous est accessible de différentes voies, par l'étude du développement de l'individu et de l'évolution des êtres vivants, par l'étude de sujets adultes normaux, mais surtout par l'étude de sujets ayant subi une lésion cérébrale (sujets cérébro-lésés) qui constituent la principale source de nos connaissances en la matière.

Origines du langage humain

La compréhension du langage humain passe par un certain nombre d'interrogations concernant son origine, tant son origine phylogénétique, c'est-à-dire les circonstances qui dans l'évolution des êtres vivants ont servi de base à l'éclosion de la faculté du langage, que son développement ontogénétique dont les étapes aboutissent à un ensemble de caractères définissant le langage de l'adulte.

Modèles animaux du langage

La question de la pertinence d'un modèle animal pour l'étude du langage humain est encore très débattue et la spécificité même que celui-ci confère au comportement humain par rapport à celui des animaux, y compris les primates les plus élevés, rend ici encore plus qu'ailleurs délicate toute transposition de l'animal à l'homme. Il est ainsi classique de souligner que les productions vocales des primates n'ont pas le caractère « cognitif » du langage humain, mais ont une signification essentiellement émotionnelle. De même, on oppose souvent le caractère « appris » du langage humain (voir chapitre 3), nécessitant un environnement particulier pour se développer, au caractère « inné » des vocalisations du singe, dont le développement n'est pas modifié par l'environnement. En fait, des travaux récents ont prouvé que ces oppositions étaient sans doute trop schématiques. Il a ainsi été démontré que certains singes africains (singes Vervet), observés dans leur milieu naturel, pouvaient utiliser 3 types différents de vocalisations d'alarme (« alarm calls ») selon le prédateur dont la menace se fait sentir : un pour les léopards, un pour les aigles et un pour les serpents. Chaque cri d'alarme s'avère en fait être un moyen qu'utilise l'animal pour « prévenir » du danger les singes de son groupe. En effet, si l'on enregistre chacun de ces cris et que l'on les fait entendre à un groupe de singes Vervet en dehors de toute menace de prédateur, on observe, pour chaque cri, une réaction particulière et stéréotypée du groupe : l'enregistrement du cri d'alarme normalement provoqué par un léopard incite immédiatement les singes à grimper dans les arbres ; le cri pour un aigle provoque une réaction de fuite dans les buissons, alors que le cri pour un serpent incite les animaux à se mettre sur leurs pattes arrière et scruter le sol autour d'eux. Il apparaît ainsi que le comportement vocal de ces singes possède au moins 2 des propriétés caractéristiques du langage humain, le caractère signifiant et le caractère interpersonnel. En outre, il semble que, comme pour le langage humain, les capacités innées à produire et à percevoir les cris de menace ne peuvent se manifester que grâce à une « imprégnation » de l'environnement pendant la maturation. Par contre, l'aptitude de ces animaux à structurer leur production vocale en fonction de règles n'a jamais été démontrée. Toutefois, il a été suggéré que l'appareil phonatoire de l'animal ne lui permette pas d'émettre une succession de sons, même si son cerveau avait possédé les caractéristiques nécessaires à une telle opération. C'est dans cette optique que Gardner et Gardner ont entraîné un chimpanzé femelle appelée Washoe à utiliser les signes gestuels d'un langage de sourds. En 4 ans, Washoe a certes pu apprendre un vocabulaire de 160 mots différents, comportant en particulier des objets, des attributs et des adverbes comparatifs, mais en aucun cas n'a-t-elle pu faire preuve d'un apprentissage de règles grammaticales ou de syntaxe, permettant par exemple de discriminer différents sens d'une phrase selon l'ordre des mots qui la composent. Parmi les expériences les plus célèbres sont également celles effectuées par D. Premack avec sa guenon Sarah : en montrant en particulier que l'animal était capable d'utiliser une certaine « capacité de représentation » (c'est-à-dire d'apprécier la relation entre des événements réels et leur représentation symbolique) et d'établir des « inférences causales » (du type « si-alors »), Premack a pu explorer chez le singe des capacités cognitives qu'il considère comme les prémices d'un véritable langage.

Langage et évolution

Les théories paléontologiques sur l'origine du langage sont encore très spéculatives. On oppose des théories vocales et gestuelles. Selon les *théories vocales*, le langage, apparu pour la première fois en Afrique orientale il y a 100 000 ans, serait contemporain d'une modification dans l'anatomie de la région bucco-pharyngienne permettant aux hominidés vivant à cette époque d'exercer un contrôle volontaire sur la production vocale jusque là automatique et donc essentiellement émotionnelle. Le perfectionnement de cette aptitude, lié à son usage croissant (en parallèle avec le développement de ses aptitudes sociales), a permis à l'ancêtre de l'homme d'utiliser des combinaisons de plus en plus riches aboutissant à la complexité actuelle, déjà observable chez les peuplades contemporaines les plus primitives. Les *théories dites gestuelles* postulent, au contraire, une relation causative entre langage et gestualité. Selon ces théories, l'apparition, chez les ancêtres préhistoriques de l'homme, de la position debout (« homo erectus »), eut pour première conséquence de libérer leurs membres antérieurs, rendant dès lors ces derniers utilisables pour la communication gestuelle. La communication vocale se serait alors développée afin de libérer à leur tour les mains pour d'autres usages, mais en utilisant le simple perfectionnement d'un même substrat neurobiologique. Cette théorie rendrait compte du lien étroit existant sur le cerveau de l'homme moderne entre le substrat neuronal du langage et celui des gestes, tous deux organisés de manière similaire au niveau de certaines régions corticales de l'hémisphère gauche (voir infra).

Ontogenèse du langage humain

La nature des facteurs déterminant le développement du langage a fait (et fait encore) l'objet de débats passionnés, dont l'enjeu principal est la détermination de la part de l'inné et de l'acquis dans les mécanismes présidant à l'établissement du langage.

Étapes du développement

Un point est incontesté, c'est la fixité et même l'universalité (l'invariance selon les cultures) des

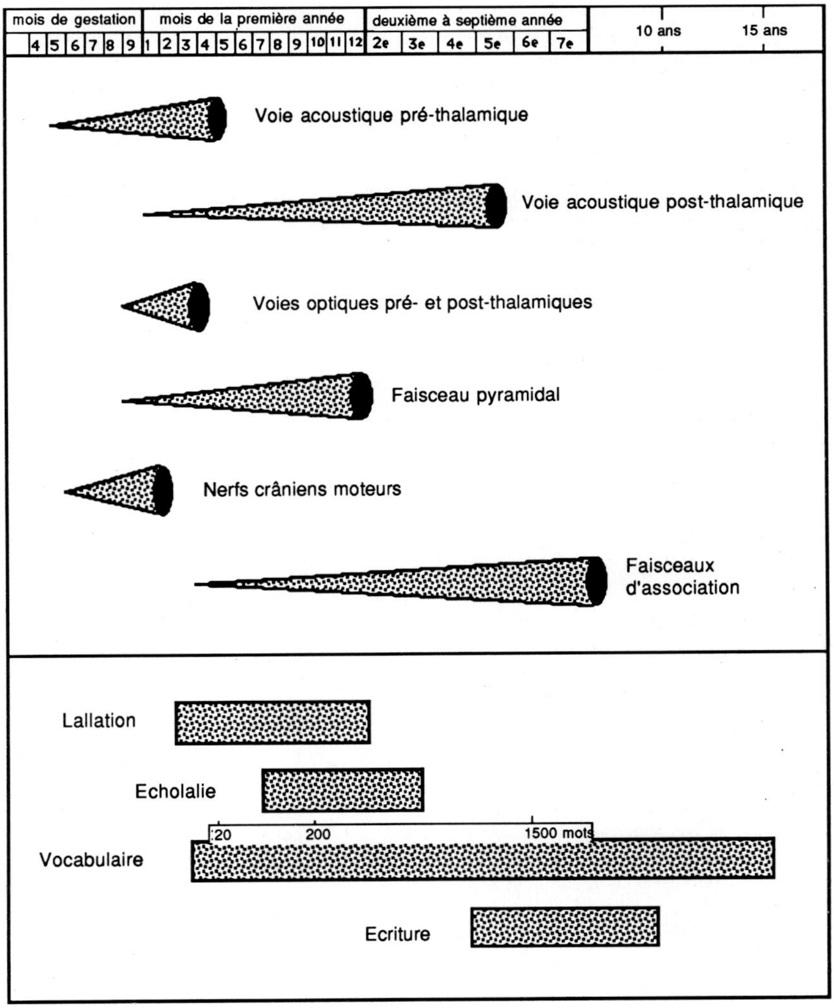

Fig. 133. – *Cycles myélinogénétiques et étapes d'acquisition du langage.* (D'après A.R. Lecours et F. Lhermitte, 1979.) La partie supérieure du schéma représente la chronologie de myélinisation des voies de divers faisceaux de substance blanche. Contrairement à celle du système visuel et des nerfs moteurs, la maturation de la radiation acoustique thalamo-corticale et des faisceaux d'association continue pendant plusieurs années après la naissance. Dans la partie inférieure sont figurées les principales étapes de l'acquisition du langage.

différentes étapes de l'acquisition du langage. Pendant la première année de la vie, l'enfant normal acquiert tout d'abord le comportement de lallation (babillage), constitué de sons non différenciés produits de manière non spécifique. A partir de la première année, le système phonologique se met en place : l'enfant peut prononcer plus ou moins distinctement un nombre croissant de mots, cette étape étant surtout marquée par un phénomène d'écholalie, c'est-à-dire de répétition en écho des sons entendus. A partir de 2 ans, la compréhension du langage entendu est quasi complète et le système morpho-syntaxique se construit : construction de phrases de 2 ou 3 mots dont l'organisation commence à répondre à des règles de syntaxe. Il existe des variations de sujet à sujet dans la rapidité d'acquisition de ces différentes étapes, mais la succession des étapes et l'âge moyen de chacune d'elle ne varie pas entre cultures différentes. En outre, dans toutes les cultures, l'aptitude du cerveau à apprendre une nouvelle langue diminue considérablement après la puberté.

D'un point de vue morphologique, on ne connaît qu'imparfaitement les étapes du développement cérébral sous-tendant cette évolution fonctionnelle. Une des rares approches possibles est l'étude de la myélinogenèse, c'est-à-dire de la maturation des fibres blanches de diverses régions cérébrales telle qu'attestée par le développement des gaines de myéline qui entourent les axones constituant la substance blanche cérébrale : Yakovlev et Lecours ont ainsi étudié les « cycles myélinogénétiques » de divers faisceaux de substance blanche du cerveau depuis la période intra-utérine jusqu'à la maturation. Ce délicat travail anatomique, dont les résultats sont résumés sur la figure 133, a permis de montrer que si certaines structures (comme la voie acoustique pré-thalamique et les nerfs crâniens moteurs) sont définitivement myélinisées autour de la naissance, il n'en va pas de même pour certains faisceaux d'association dont la maturation se poursuit tout au long de la période d'acquisition du langage. En particulier, la région de cortex associatif non spécifique du lobule pariétal inférieur, dont on connaît l'importance pour le langage dans l'hémisphère gauche (voir infra), présente une maturation très tardive, vers l'âge de 10 à 15 ans.

Mécanismes du développement du langage

Ainsi, dès l'âge de 4 ans, l'enfant possède un vocabulaire proche de celui de l'adulte. Toutefois, plus troublante que sa capacité à acquérir un large vocabulaire est l'aptitude de l'enfant à assimiler par simple imbibition, sans qu'elles lui soient formellement énoncées, un certain nombre de règles, de combinaisons complexes qui définissent le langage adulte. Une telle complexité explique la nécessité d'admettre l'existence, au sein de l'organisation fonctionnelle du cerveau, d'un « noyau fixe » à partir duquel va s'élaborer le langage. Le célèbre linguiste américain N. Chomsky propose ainsi l'hypothèse selon laquelle l'enfant possèderait de façon innée un certain type de connaissance qui lui permette de restreindre considérablement le nombre de règles grammaticales différentes qu'il aura à acquérir. Ces règles, variant du reste très peu d'une langue à une autre, constituent ce qu'il appelle les « universaux du langage » et reflèteraient un ensemble génétiquement pré-déterminé de circuits neuronaux limitant les caractéristiques possibles d'un langage. Chomsky fait l'hypothèse qu'un langage qui ne possèderait pas ces caractéristiques fondamentales ne pourrait être acquis aussi facilement par l'enfant. A l'innéisme de Chomsky, J. Piaget oppose sa théorie du « constructivisme » : pour Piaget, il existerait plutôt des « précurseurs » cognitifs, d'ordre sensori-moteur, à partir desquels vont émerger, se différencier, des structures linguistiques de plus en plus spécifiques. Ici, le noyau fixe n'est pas inné, mais acquis à partir d'une structure moins différenciée déjà organisée. Enfin, dans une perspective cette fois beaucoup plus neurobiologique, J.P. Changeux suggère un « compromis biologique » entre les positions de Chomsky et de Piaget en proposant d'appliquer au langage sa théorie de l'apprentissage par « stabilisation sélective » des synapses (voir chapitre 3). Hormis cette tentative d'explication biologique, qui ne dépasse cependant pas le stade de l'hypothèse, il faut bien admettre que les différentes théories proposées ne font guère appel au cerveau lui-même. De fait, la plupart de nos connaissances du rôle du cerveau dans le langage proviennent de l'étude de sujets porteurs de pathologie du langage, au niveau de son développement (les dyslexies) ou de son fonctionnement (les aphasies). Les paragraphes suivants sont consacrés à ces 2 types de perturbations.

Troubles de l'apprentissage du langage. Dyslexies

On appelle *dyslexies* un ensemble de troubles du développement mental de l'enfant, touchant principalement les garçons (en particulier les gauchers, cf. infra), ayant en commun une perturbation ou un retard de l'acquisition et de l'apprentissage du langage écrit, en l'absence de toute autre altération des capacités intellectuelles. Le trouble de la lecture et de l'écriture est relativement stéréotypé : l'enfant présente d'évidentes difficultés à associer les symboles du langage écrit aux sons qu'ils représentent. Les erreurs les plus fréquentes consistent en des inversions de consonnes sur les mots à 3 lettres (cas pour sac, sel pour les, etc...) et des confusions sur les lettres dont l'orientation (haut-bas ou droit-gauche) est importante (par exemple p et q, b et d). Dès les années 30, Orton avait déjà remarqué que la prédominance de gauchers parmi les dyslexiques de même que le type d'erreurs en lecture et en écriture évoquaient un trouble de l'équilibre inter-hémisphérique, plus précisément un déficit du développement de la dominance de l'hémisphère gauche pour le langage. En fait, cette interprétation fut généralement ignorée et jusqu'à ces dernières années les thèses dominantes faisaient appel à une perturbation d'ordre psychologique pour expliquer les troubles observés. Ce n'est que récemment que Galaburda et Kemper ont démontré, d'après l'étude anatomique de cerveaux de sujets dyslexiques décédés accidentellement, que ceux-ci présentaient des anomalies discrètes mais systématiques et similaires d'un sujet à l'autre. Ces anomalies intéressent essentiellement le cortex cérébral de la région sylvienne gauche, celle-là même dont on connaît le rôle déterminant dans le langage sur le cerveau adulte (voir ci-dessous), et consistent en des amas anormaux de cellules (« ectopies ») et des désorganisations segmentaires de l'architecture corticale (« dysplasies »), tous ces aspects évoquant fortement une perturbation de la migration des cellules corticales au cours de la maturation cérébrale lors des derniers mois de la vie fœtale (fig. 134). En outre, ces sujets présentent des particularités anatomiques (absence d'asymétrie des régions temporales, corps calleux plus développé) évoquant un trouble du développement des relations interhémisphériques (voir chapitre 15).

La prédominance des lésions dysplasiques sur l'hémisphère gauche est volontiers rapprochée des troubles d'ordre phonologique que l'on rencontre chez la plupart des sujets dyslexiques, même à l'âge adulte, lorsque le trouble de la lecture lui-même s'est résolu. Ces sujets ont en effet de grandes difficultés dans des tâches de discrimination de phonèmes ou de jugement de rimes. Ces formes « dysphonétiques » de dyslexie, sont pour certains des formes mineures de *dysphasie de développement* une condition nettement plus préoccupante, parfois responsable de handicaps considérables. Du reste, ces formes possèdent souvent un caractère familial, faisant suspecter une origine génétique qui n'a cependant jamais été clairement prouvée.

Enfin, plus récemment ont été mises en évidence des anomalies de développement de la partie magnocellulaire du corps genouillé latéral, dont on connaît le rôle spécifique dans un certain type de traitement de l'information visuelle (voir chapitre 9). Ce fait irait dans le sens de théories faisant de la dyslexie la conséquence non d'un trouble spécifiquement linguistique, mais plutôt d'un déficit sensoriel élémentaire.

On présume actuellement que le cerveau de ces sujets dyslexiques a subi, pendant les dernières semaines de la vie intra-utérine, une agression d'ordre chimique, hormonale, ou immunitaire, à l'origine des lésions anatomiques. La responsabilité de ces anomalies morphologiques dans les troubles observés n'est pas connue, mais il est probable que les perturbations considérables engendrées au niveau des connexions, en particulier interhémisphériques, entre les diverses régions corticales touchées sont à même de modifier profondément les capacités d'apprentissage du langage par le cerveau.

Par voie de conséquence, il semble que l'organisation cérébrale des fonctions linguistiques se mette en place de manière atypique chez le sujet dyslexique. Les premières études utilisant la tomographie à émission de positons chez le dyslexique ont ainsi montré certaines différences par rapport au sujet normal dans la distribution régionale de l'activité cérébrale au cours de tâches de lecture ou de tâches phonologiques.

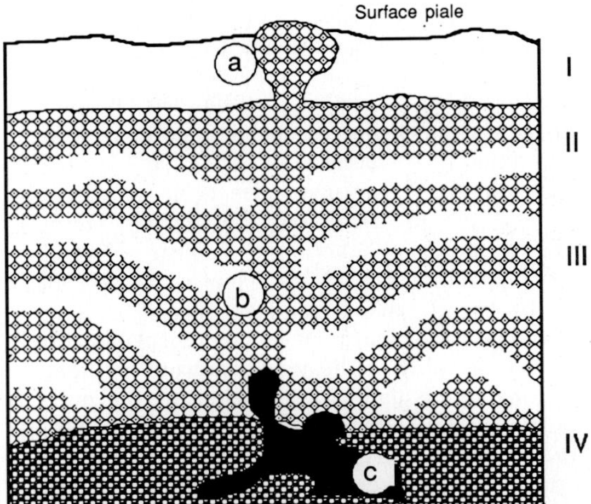

Fig. 134. – *Schéma d'une section de cortex d'un cerveau de dyslexique, démontrant les 3 principaux types d'anomalies caractéristiques.* a. une collection de neurones situés dans la zone superficielle (ectopie) ; b. une désorganisation (dysplasie) de l'architecture cellulaire des couches superficielles en regard de l'ectopie ; c. un groupement de vaisseaux sanguins anormaux. De telles anomalies ne sont pas présentes (du moins en telle quantité) sur des cerveaux de sujets non dyslexiques et ont donc probablement un rapport avec les difficultés d'apprentissage que rencontre le dyslexique.

Organisation intrahémisphérique : les aphasies

Historique

On emploie, en neurologie, le terme d'aphasie pour qualifier toute perturbation du langage liée à une lésion d'un ensemble de structures cérébrales qu'il est communément admis d'appeler « aires du langage ». L'étude des aphasies a toujours été, depuis le début de l'histoire de la neurologie, la meilleure source d'information dont nous disposions pour connaître le rôle du cerveau dans le langage. Après les premières intuitions de Gall, au début du siècle dernier, Bouillaud, en 1825, fut le premier à s'intéresser proprement à la localisation cérébrale du langage, soulignant en particulier le rôle de la partie antérieure du cerveau. Mais l'apport déterminant a certainement été celui de Broca (voir Chapitre 1) qui présenta à la Société d'Anthropologie de Paris en 1861 les preuves irréfutables de la localisation du langage au lobe frontal, posant ainsi la première pierre de l'édifice (encore bien loin d'être achevé) qui constitue nos connaissances du substrat biologique du langage. Broca proposait ainsi, à la lumière d'observations anatomo-cliniques, que la partie postérieure de la troisième circonvolution frontale soit le siège de « la faculté du langage articulé » (1). Ce n'est qu'en 1865 que Broca, ayant remarqué que les lésions causant ce qu'il appelait l'« aphémie » étaient latéralisées à l'hémisphère gauche, apporta sa seconde contribution fondamentale, celle de l'asymétrie fonctionnelle des hémisphères (voir chapitre 15). Complétant la découverte de Broca, Wernicke (1874) introduisit la notion d'« aphasie sensorielle » (par opposition à l'aphasie « motrice », ou aphasie de Broca) et qui est caractérisée par un langage abondant mais confus et incompréhensible, survenant à la suite de lésions touchant la première circonvolution temporale gauche. Wernicke fut le premier à proposer un modèle de l'organisation du cerveau pour le langage (fig. 135) tentant de rendre compte des différentes formes d'aphasie : il existe donc 2 « centres », l'un frontal et l'autre temporal, qui sont reliés par des fibres associatives. Wernicke va jusqu'à postuler l'existence, confirmée bien plus tard, d'un 3ᵉ type d'aphasie, l'aphasie de conduction, qui serait la conséquence d'une lésion de ces fibres associatives.

(1) Qu'il se défendait du reste de confondre avec « la faculté générale du langage », cette dernière étant définie comme la capacité à établir une relation systématique entre une idée et un « signe » (en l'occurence un symbole linguistique).

Les vues de Wernicke furent brillamment défendues quelques années plus tard par son compatriote Lichtheim qui en donna une conception schématique aujourd'hui classique (fig. 136).

Le début du XXᵉ siècle a été marqué, du point de vue de la connaissance des rapports cerveau-langage, par un débat passionné opposant en France Jules Déjerine, un fervent défenseur des thèses associationnistes de Broca et Wernicke à Pierre Marie, qui les niait farouchement. P. Marie défendait l'idée que l'aphasie de Broca n'existait pas et soutenait que le cortex frontal ne « joue aucun rôle dans la fonction du langage ». Pour lui, seule l'aphasie de Wernicke par lésion temporale a une réalité, alors que les troubles expressifs du langage, ou « anarthrie » sont liés à une lésion d'un quadrilatère (fig. 137) centré sur les ganglions de la base. Du reste, il souligne que l'anarthrie, à la différence de l'aphasie véritable, peut être causée indifféremment par des lésions droites ou gauches. Enfin, P. Marie se démarquait nettement des cliniciens de son époque en soutenant que, plus que du langage, l'aphasie était une « maladie de l'intelligence ».

Par la suite, ce sont les théories globalistes ou gestaltistes qui ont prévalu pendant de nombreuses années en neuropsychologie : H. Jackson (1835-1911), en Angleterre, considérait le langage comme organisé, dans le cerveau, selon une hiérarchie de niveaux successifs et son expérience de l'aphasie l'amenait à distinguer 2 formes de langage : le langage « intellectuel » (que l'on appellerait aujourd'hui propositionnel) et le langage émotionnel, qui serait beaucoup plus automatique que le premier (expliquant sa préservation chez certains aphasiques). A l'instar de Jackson, K. Goldstein (1948) défendit une conception globaliste des rapports cerveau-langage. Pour lui, il convient de distinguer dans l'aphasie les troubles sensori-moteurs, instrumentaux, et les troubles affectant la fonction psychologique ou abstraite du langage, les rapports entre pensée et langage, seuls les premiers pouvant être mis en relation avec une perturbation d'une partie précise du cerveau.

Définition de la « zone du langage »

On désigne, de manière maintenant classique et, nous le verrons, quelque peu schématique, sous le terme de zone du langage un ensemble continu de structures corticales de l'hémisphère gauche (fig. 138) comprenant : (1) une zone de cortex associatif frontal, occupant la partie inférieure de la zone pré-motrice et désignée sous le terme d'aire

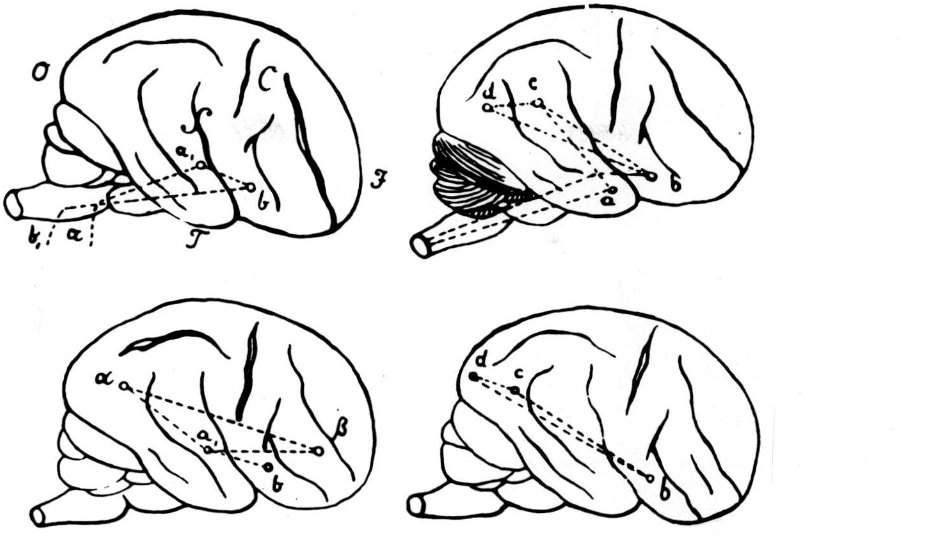

Fig. 135. – *Schémas proposés par Wernicke (1874) postulant l'existence, à côté de l'aire motrice proposée par Broca, d'une aire sensorielle située dans la première circonvolution temporale.* (Noter que Wernicke, sans doute par distraction, a représenté des hémisphères droits !)

de Broca (parties operculaire et triangulaire de la 3e circonvolution frontale, correspondant aux aires 44 et 45 de la classification de Brodmann, voir fig. 33) ; (2) une zone de cortex associatif spécifique temporal située en arrière de l'aire auditive primaire et se projetant sur le tiers postérieur de la première (et accessoirement une partie de la deuxième) circonvolution temporale, formant l'aire de Wernicke proprement dite (correspondant à l'aire 22 de Brodmann) ; (3) deux régions de cortex associatif multimodal occupant le carrefour temporo-pariéto-occipital, le gyrus supra-marginal (correspondant à l'aire 40) et le gyrus angulaire ou pli courbe (correspondant à l'aire 39). L'ensemble des aires 22, 39 et 40 est connu sous le terme de zone de Wernicke. (4) Enfin, à ces 3 régions, il est devenu usuel d'ajouter la zone de cortex sensori-moteur que constitue la partie operculaire des gyrus pré- et post-central gauches. Quant aux structures sous-corticales, la seule à être incluse dans cette conception est le faisceau arqué, un groupe de fibres blanches reliant grossièrement la zone de Wernicke à l'aire de Broca.

Cette conception repose sur les données issues de l'observation de patients aphasiques, données que nous résumons ci-dessous.

Aphasies de type Broca ou « antérieures »

Les sujets souffrant d'une lésion de la partie antérieure de la zone du langage (aire de Broca) présentent une aphasie qualifiée de non-fluente, c'est-à-dire essentiellement caractérisée par une

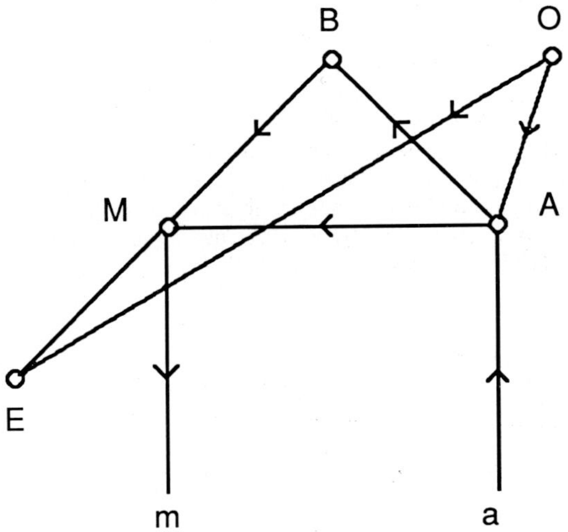

Fig. 136. – *Le schéma de Lichtheim.* Cette conception associationniste des mécanismes du langage est encore aujourd'hui acceptée comme un modèle de travail malgré sa simplicité excessive. Le centre A, centre de l'image auditive des mots, reçoit l'information auditivo-verbale par aA, voie afférente acoustique. M, centre de l'image motrice des mots parlés, est le point de départ de la voie efférente Mm vers les centres effecteurs m. B est le « centre » de l'élaboration des concepts (Begriffe). La répétition d'un mot entendu peut utiliser deux voies : A-M (phonologique) ou A-B-M (sémantique). O et E représentent respectivement le centre de l'image visuelle des mots et celui de l'image motrice des mots écrits.

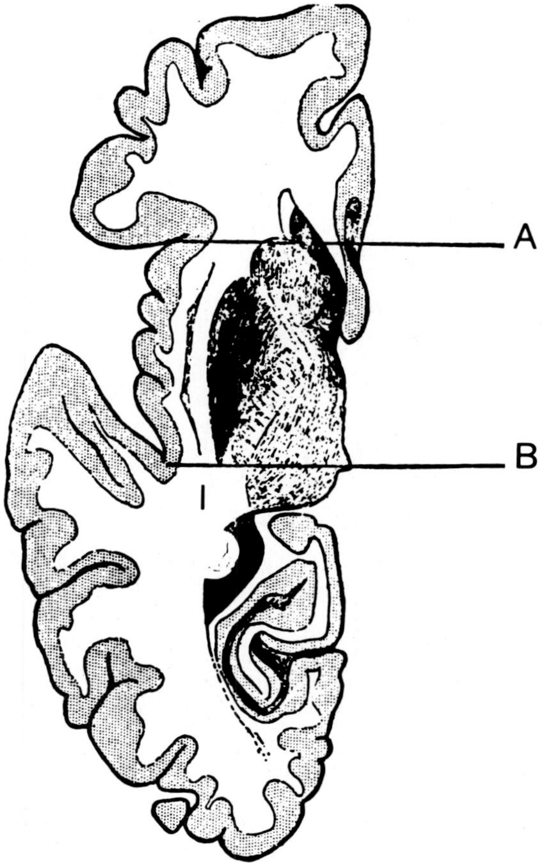

Fig. 137. – *Le « quadrilatère de Pierre Marie »* (1906). Pour Pierre Marie, une lésion située entre les droites A et B, tangentes aux limites antérieure et postérieure du noyau lenticulaire, provoque une anarthrie, alors qu'une lésion de l'isthme temporal I provoque une aphasie vraie.

réduction du débit élocutoire (diminution du nombre de mots émis par unité de temps) voire une suppression de toute expression orale. Dans ce dernier cas, le langage peut être remplacé par des stéréotypies, le sujet ne pouvant plus émettre qu'un seul et même mot voire une seule syllabe. Fréquemment, cette réduction touche préférentiellement les terminaisons de verbes conjugués et les mots grammaticaux (pronoms, prépositions...) : on parle alors d'agrammatisme. Que ce soit en discours spontané ou lors d'une épreuve de dénomination d'objets et d'images, le sujet fait preuve d'un manque du mot, sorte de perte de la disponibilité du lexique. Outre ces perturbations, l'aphasique de Broca présente également des altérations de l'aspect articulatoire du langage (que l'on désigne sous le terme de trouble arthrique ou de désintégration phonétique). Enfin, la compréhension du langage d'autrui, dans ce type d'aphasie, est normale ou du moins bien préservée.

Aphasies de type Wernicke ou « postérieures »

L' aphasie de Wernicke, à l'inverse, est caractérisée par d'importants troubles de la compréhension alors que la fluence du discours est normale ou même exagérée. Cette production verbale, bien qu'également normale du point de vue phonétique, est marquée par des « déviations » de tous ordres, appelées *paraphasies* : le sujet dit un mot pour un autre (paraphasie verbale) parfois proche quant au sens (paraphasie sémantique), ajoute, supprime ou modifie une syllabe d'un mot (paraphasie phonémique) réalisant parfois de véritables *néologismes*. L'ensemble de ces perturbations donne au discours un aspect d'ensemble incompréhensible qui fait parler de *jargon* ou de jargonaphasie, dont l'aspect est d'autant plus insolite que le sujet semble ne pas avoir conscience de ses erreurs (anosognosie). La lésion touche ici de manière plus ou moins complète la « zone de Wernicke », c'est-à-dire l'aire de Wernicke proprement dite et le lobule pariétal inférieur.

Rôle des structures sous-corticales

Jusqu'à ces dernières années, l'accent a été mis de façon quasi exclusive sur la responsabilité des lésions corticales dans la genèse des aphasies. En fait, il apparaît de plus en plus évident que les structures sous-corticales sont également impliquées dans le contrôle des activités linguistiques et que leurs lésions sont tout autant capables de donner des troubles aphasiques.

Aphasie de conduction

L'aphasie de conduction est souvent considérée comme une forme d'aphasie de Wernicke (dont elle constitue du reste un mode d'évolution). Elle se caractérise par l'existence de transformations phonémiques apparaissant surtout lors des épreuves de répétition, et par une compréhension bien préservée. Elle est due à des lésions interrompant le faisceau arqué et supprimant par conséquent le transfert de l'information de l'aire de Wernicke à l'aire de Broca (voir infra). Cette lésion peut se situer soit à proximité de l'origine du faisceau arqué, sous le gyrus supra-marginal (fig. 138), soit plus en avant,

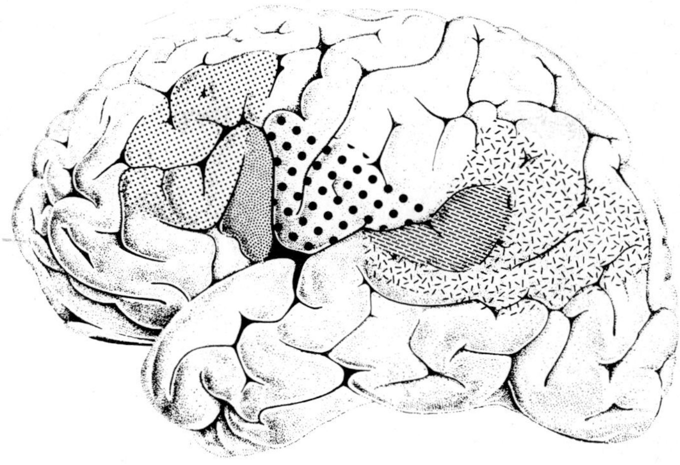

Fig. 138. – *Les aires corticales du langage.* L'aire de Wernicke proprement dite (tirets horizontaux) comprend une partie du planum temporal, le tiers postérieur de la première circonvolution temporale (T1). La zone de Wernicke (tirets en tous sens) inclut en outre les 2 régions corticales du lobule pariétal inférieur (gyrus supra-marginal et gyrus angulaire) et une partie de la seconde circonvolution temporale. L'aire de Broca comprend le pied (pointillé fin) de la 3e circonvolution frontale (F3) auquel on rajoute le cap de F3 et parfois la partie adjacente de F2 (pointillés moyens). La conception moderne de la zone du langage est plutôt celle d'une aire continue, comprenant, outre les deux pôles classiques, les régions de cortex operculaires pré et post-central qui les séparent (gros points).

au niveau de l'insula. Une forme particulière d'aphasie de conduction est réalisée lorsque la lésion touche également l'opercule (partie inférieure) du gyrus post-central. Le débit élocutoire se trouve alors très réduit, ce qui est parfois interprété comme un trouble de l'afférence somesthésique (aphasie motrice afférente de Luria).

Noyaux gris centraux

Depuis les conceptions de Pierre Marie, les aphasies par lésion des noyaux gris centraux ont été quasiment oubliées jusqu'à tout récemment où l'apparition du scanner dans l'arsenal des méthodes neuroradiologiques a permis de découvrir à nouveau leur réalité. Toutefois, les variabilités individuelles, la difficulté de préciser les structures impliquées ne permettent pas de définir un tableau typique de ce type d'aphasie, de sorte qu'il n'est pas encore possible de préciser le rôle exact des noyaux gris centraux dans le langage. Un certain nombre de points semblent toutefois se dégager des études récentes sur ce sujet : (1) les lésions du thalamus, comme celles localisées dans les noyaux gris antérieurs (noyau caudé et noyau lenticulaire), lorsqu'elles sont latéralisées à gauche, peuvent donner des troubles du langage de nature aphasique ; (2) certains points communs caractérisent ces troubles : prédominance des troubles expressifs sur les perturbations de la compréhension, bonne préservation de la répétition, parfois diminution du volume vocal ; l'expression est soit réduite soit au contraire marquée par des déviations et des incohérences rappelant l'aphasie de Wernicke ; (3) si le rôle du thalamus est indubitable, celui des autres structures grises centrales est plus contesté, en particulier il est possible que les troubles observés soient plutôt la conséquence de lésions de fibres blanches, en particulier celles unissant le thalamus gauche au cortex frontal.

Rôle de structures corticales hors des aires du langage

Hormis les structures corticales constitutives de « la zone du langage », un certain nombre d'autres régions du cortex cérébral sont également impliquées dans le langage.

Aire motrice supplémentaire (AMS)

Le rôle de cette région corticale, située en avant de l'aire motrice primaire sur la face interne de l'hémisphère (voir chapitre 7), a pu être connu grâce aux expériences de stimulation corticale effectuées par Penfield. La stimulation de cette zone provoque en effet un trouble du langage, soit à type d'arrêt d'une production en cours, soit au contraire à type de vocalisation. Peu différent de l'effet sur le cerveau de la stimulation est celui que peut réaliser spontanément une crise d'épilepsie partielle débutant au niveau de cette région. Les mêmes perturbations langagières peuvent accompagner de telles crises. On peut aussi assister parfois à un phénomène d'« itération palilalique », c'est à dire que le sujet, pendant la durée de la crise, répète de manière continue une succession identique de syllabes, avec ou sans signification. Quant aux lésions de l'AMS, elles réalisent habituellement un mutisme complet qui se transforme ultérieurement en un type particulier d'aphasie : l'aphasie transcorticale motrice (voir ci-dessous).

Il convient de signaler que toutes ces modifications langagières, qu'elles surviennent après stimulation, crise épileptique ou lésion de l'AMS sont principalement le fait de l'hémisphère gauche, mais cette prépondérance gauche est moins exclusive que dans les aphasies par lésions de la zone du langage, suggérant que le rôle de l'AMS dans le langage soit mieux réparti entre les 2 hémisphères. Du reste, l'étude de l'ensemble du comportement des sujets porteurs de lésions de l'AMS montre que les troubles intéressent en fait tous les actes moteurs, le trouble du langage n'étant qu'une partie d'un syndrome comportemental plus complexe où le sujet semble avoir perdu l'aptitude à initier les actions, à transformer une motivation en une action quelle qu'elle soit.

Aphasies transcorticales

L'aphasie transcorticale motrice, également appelée aphasie adynamique de Luria, est caractérisée par un langage spontané très peu fluent, parfois réduit à un quasi-mutisme, alors que la compréhension, les capacités articulatoires et la répétition sont préservées. En d'autres termes, le langage du sujet est strictement normal, mais il ne peut l'utiliser spontanément, il a perdu toute incitation à parler. Une épreuve spectaculairement perturbée chez ces patients est l'épreuve dite d'évocation lexicale, où il leur faut trouver en un temps donné le maximum de mots appartenant à une catégorie donnée ou commençant par une lettre donnée. Les lésions responsables de ce type d'aphasie, outre celles de l'AMS, se situent dans le lobe frontal gauche, en avant de l'aire de Broca, intéressant le cortex ou plus souvent la substance blanche reliant le cortex frontal aux ganglions de la base et à l'aire de Broca.

L'aphasie transcorticale sensorielle est une entité plus rare, caractérisée par un trouble massif de la compréhension du langage oral et écrit alors que la répétition est préservée. La lésion épargne l'aire de Wernicke proprement dite qui se trouve par contre déconnectée des structures avoisinantes (syndrome d'« isolement des aires du langage »).

Le langage écrit et ses perturbations : alexies et agraphies

L'une des démonstrations les plus éclatantes des mécanismes cérébraux impliqués dans le langage est celle apportée par l'étude des perturbations du langage écrit après lésion acquise du cerveau : l'alexie (perturbation de la lecture) et l'agraphie (perturbation de l'écriture). La base de cette démonstration réside dans la distinction proposée par Déjerine dès 1892 entre 2 types de troubles : l'alexie pure où seule la lecture est perturbée et l'alexie-agraphie où l'écriture est également touchée. L'étude des lésions provoquant chacun de ces syndromes a permis de connaître avec une précision certaine comment le cerveau est organisé pour le traitement de l'information écrite. L'alexie-agraphie est liée à des lésions détruisant la partie de cortex située à la jonction entre le lobe temporal et le lobe occipital (gyrus angulaire ou pli courbe). Du reste, dans le cadre de l'aphasie de Wernicke, lorsque la lésion de l'aire temporale de Wernicke s'étend en arrière vers le pli courbe, la perturbation touchera non seulement le langage oral mais aussi le langage écrit. Les lésions responsables d'alexie pure sont très différentes (voir chapitre 9) puisque leur conséquence est de déconnecter les centres du langage (en particulier le gyrus angulaire qui semble spécialisé dans le traitement du langage écrit) de l'arrivée de l'information visuelle, en l'occurrence l'image des mots, parvenant par les voies optiques au cortex occipital.

Modèles actuels des rapports cerveau – langage

Modèle de Wernicke – Geschwind – Damasio

Après avoir été ignorées pendant plusieurs décennies, les théories associationnistes apparaissent à nouveau aujourd'hui comme les mieux à même d'expliciter les mécanismes cérébraux du langage. Geschwind fut le premier à les remettre en avant, et Damasio a récemment redémontré grâce à l'apport du scanner à rayons X, la pertinence de cette approche classique. La figure 139 résume la succession des événements cérébraux impliqués dans la réalisation des différentes étapes neurophysiologiques constituant le langage. S'agissant par exemple d'une tâche de dénomination d'un objet, la première étape consiste en un transfert de l'information visuelle depuis le cortex visuel primaire (aire 17), par l'intermédiaire des aires visuelles associatives (aires 18 et 19) jusqu'aux cortex associatifs multimodaux (aires 39, 21, 37). De là, l'information est transmise à l'aire de Wernicke (aire 22) où est activée, à partir d'un probable stockage verbal, l'image (auditive et/ou visuelle) des mots correspondant à l'objet vu. Le mot ainsi généré est à son tour transféré par l'intermédiaire du faisceau arqué jusqu'à l'aire de Broca où les schèmes permettant l'articulation du mot sont stockés (de même que ceux permettant l'organisation de la structure grammaticale d'une phrase). Enfin, l'ordre moteur ainsi conçu est adressé à la zone adjacente de l'aire motrice primaire, où se trouve la représentation des muscles moteurs de l'appareil bucco-phonatoire dont la contraction sera ainsi effectuée pour produire le mot correspondant à l'objet à dénommer.

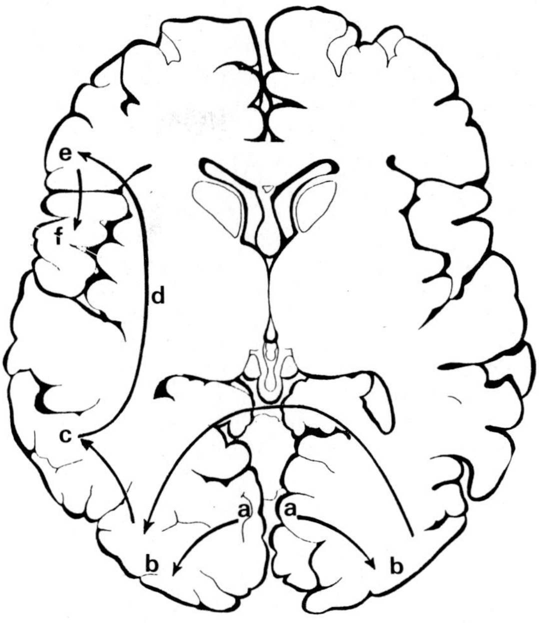

Fig. 139. – *Un exemple de modèle connexionniste des processus langagiers : la dénomination d'un objet (ou la lecture d'un mot).* L'image de l'objet (ou du mot écrit) parvient tout d'abord au cortex strié des 2 hémisphères a. puis aux aires visuelles associatives b. et au gyrus angulaire gauche c. Au niveau du gyrus angulaire, la signification de l'objet ou du mot est décodée (peut-être en partie grâce à ses connexions avec l'aire de Wernicke) et le message est transféré, par le faisceau arqué d., jusqu'à l'aire de Broca e. De là, l'ordre moteur est transmis à la région faciale f. de l'aire motrice primaire (aire 4). Un certain nombre de faits cliniques (tels que l'aphasie optique et l'alexie pure) sont compatibles avec ce type de modèle. D'autres types de troubles sont beaucoup plus difficilement explicables de la sorte.

Modèles non connexionnistes

Inspiré des conceptions jacksoniennes, le modèle proposé par J. Brown tente de combiner les données de l'aphasiologie à une vue globaliste rejetant la notion de « centres » et de « voies ». Pour Brown, le langage est traité de manière simultanée par 2 systèmes neuronaux (l'un antérieur correspondant à la région de Broca, l'autre postérieur, correspondant à la région de Wernicke), chacun étant constitué de structures hiérarchisées dérivées phylogénétiquement de structures plus anciennes. En outre, les voies qui les unissent n'ont pas pour rôle de transmettre l'information mais de maintenir « en phase » le fonctionnement des 2 systèmes.

Rôle des noyaux gris centraux (fig. 140a)

L'apport qu'a réalisé, ces dernières années, l'étude des aphasies par lésions sous-corticales rend indispensable une conception tri-dimensionnelle de l'organisation du cerveau pour le langage. Bien que les données soient encore incomplètes, il semble que l'on puisse intégrer assez facilement le thalamus dans le système cortical décrit sur la figure 139 : les connexions réciproques entre le pulvinar et la zone corticale de Wernicke en font une étape probable des opérations de décodage (compréhension) du langage mais aussi des mécanismes de régulation sémantique qui ont lieu tout au long des processus d'exécution (encodage). La boucle motrice cortico-sous-cortico-corticale (voir chapitre 8) réalise une seconde voie impliquée plus spécifiquement dans les aspects expressifs du langage. C'est en particulier le noyau ventral antérieur du thalamus qui est ici le centre de cette boucle et dont le rôle le plus probable est d'activer le fonctionnement des régions corticales responsables de l'activité motrice du langage ; le noyau ventral antérieur est lui-même sous l'influence d'influx inhibiteurs provenant du pallidum où convergent les informations originaires, par l'intermédiaire du noyau caudé, de toutes les aires associatives antérieures et postérieures impliquées dans les activités langagières.

Le modèle initial schématisé sur la figure 140a a été plus récemment complété pour mieux rendre compte de certains faits cliniques et neurophysiologiques. Dans cette nouvelle conceptualisation

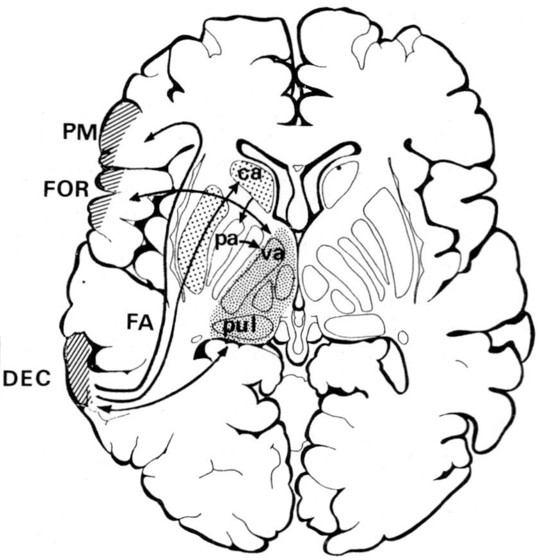

Fig. 140*a*. – *Représentation schématique des circuits sous– corticaux inclus dans une conception tridimensionnelle des mécanismes cérébraux du langage.* FOR. formulation. PM. programmation motrice. DEC. décodage. pa. pallidum. ca. noyau caudé. va. noyau ventral antérieur du thalamus. pul. pulvinar. FA. faisceau arqué (d'après Crosson, 1985).

(figure 140b), le noyau caudé reçoit une double afférence corticale facilitatrice, celle du centre antérieur (équivalent de l'aire de Broca) et celle du centre postérieur (équivalent de l'aire de Wernicke). Au niveau de la tête du noyau caudé se produirait une « sommation spatiale » des influx facilitateurs corticaux, dont la résultante est un effet inhibiteur sur le pallidum, lui-même inhibiteur de l'activité facilitatrice du noyau ventral antérieur du thalamus. Ce circuit tient sous sa dépendance un mécanisme présumé dit de « libération de la réponse », mécanisme selon lequel lorsqu'un segment linguistique est produit (« formulé ») par le cortex antérieur, un influx inhibiteur vient freiner l'activité du pallidum, mais pas suffisamment pour que ce dernier modifie son action sur le ventral antérieur. Parallèlement, a lieu un phénomène de « vérification sémantique » utilisant les connexions entre les deux centres corticaux par l'intermédiaire du pulvinar, et lorsque le segment a été vérifié sémantiquement, l'aire postérieure vient à son tour activer une région adjacente du noyau caudé et provoquer une diminution suffisante de l'activité inhibitrice pallidale, donc une activation du ventral antérieur. Cette augmentation temporaire de l'activité dans le couple thalamus-cortex antérieur permet alors la « libération » du segment préalablement formulé et sa prononciation par les systèmes de programmation motrice.

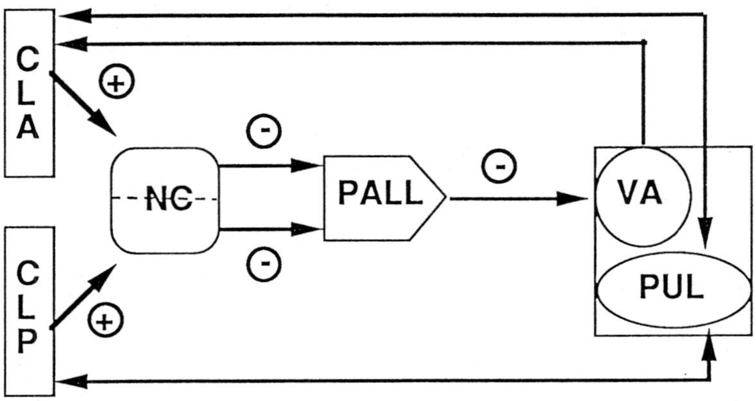

Fig. 140*b*. – *Relations présumées entre structures corticales et sous-corticales dans le contrôle de la production du langage.* CLA : cortex linguistique antérieur. CLP : cortex linguistique postérieur. NC : tête du noyau caudé. PALL : pallidum interne. VA : noyau ventral antérieur du thalamus. PUL : pulvinar (d'après Crosson, 1992).

Organisation interhémisphérique

Le concept de latéralisation fonctionnelle hémisphérique ou de dominance cérébrale fait l'objet d'un autre chapitre de cet ouvrage. La latéralisation du langage en représente toutefois un aspect particulier et, historiquement, le plus important. C'est en effet depuis la contribution déterminante de Broca que le rôle privilégié de l'hémisphère gauche dans le langage est connu. En outre, l'opposition d'un cerveau gauche « parlant » à un cerveau droit « muet » a été dans l'ensemble largement confirmée par les données obtenues sur le « cerveau séparé ». Tous ces aspects étant développés dans le chapitre 15, nous ne les envisagerons pas ici. Nous insisterons seulement sur quelques points d'apport relativement récent dont la connaissance est indispensable à la compréhension des rapports cerveau-langage, en particulier les notions afférentes au développement de la latéralisation du langage, et celles précisant les facteurs régissant les variations et exceptions au « dogme » de la dominance de l'hémisphère gauche pour le langage.

Développement de la latéralisation

Deux théories se sont, durant ces dernières 20 années, opposées concernant la mise en place, pendant la maturation, de la latéralisation fonctionnelle du langage.

Théorie de l'équipotentialité de Lenneberg

Lenneberg (1967) défendait une théorie dite de l'équipotentialité selon laquelle les deux hémisphères seraient équipotentiels, c'est-à-dire auraient la même aptitude à recevoir les processus linguistiques, entre la naissance et l'âge de 2 ans. Par la suite, et jusqu'à la puberté, se réaliserait l'établissement progressif de la latéralisation des fonctions linguistiques. Cette théorie repose sur un certain nombre d'évidences. D'une part, l'étude des sujets ayant subi une hémisphérectomie (c'est-à-dire une intervention chirurgicale consistant à enlever la totalité d'un hémisphère en raison d'une pathologie grave de cet hémisphère ou d'une épilepsie irréductible) : en particulier lorsque l'intervention a été pratiquée avant l'âge de 2 ans, il s'avère que les sujets ayant subi une hémisphérectomie gauche ont finalement peu de troubles du langage, ce qui traduit une prise en charge par l'hémisphère droit de l'acquisition du langage. Toutefois, s'il est vrai que l'hémisphère droit seul est capable d'assurer, dans ces circonstances exceptionnelles un langage à peu près correct, celui-ci n'est en fait jamais parfait et à terme un hémisphérectomisé droit parle toujours mieux qu'un hémisphérectomisé gauche. D'autre part, l'étude des enfants aphasiques a aussi fourni d'importants arguments à cette première théorie. En effet, chez l'enfant ayant subi une lésion cérébrale spontanée (ce qui est heureusement plus rare que chez l'adulte) ou traumatique, on note certaines différences par rapport à l'adulte. Ainsi, une lésion exclusivement droite est plus souvent à même d'entraîner des troubles du langage, ce qui traduit une plus forte participation de l'hémisphère droit chez l'enfant. De même, les aphasies de l'enfant sont réputées récupérer plus complètement que celles de l'adulte, ce qui a également pu être interprété comme une prise en charge plus aisée par l'hémisphère droit des fonctions perdues à la suite de la lésion. Enfin, les aphasies de l'enfant auraient plus souvent l'aspect d'aphasies motrices ou expressives, même lorsque la lésion touche les parties postérieures du cerveau, celles-là mêmes qui, chez l'adulte, donneraient une aphasie de Wernicke (1). Tous ces arguments plaidaient donc en faveur d'une organisation différente entre le cerveau de l'enfant et celui de l'adulte, essentiellement dans le sens d'une moindre latéralisation hémisphérique gauche chez le premier que chez le dernier.

Théorie de l'invariance de Kinsbourne

Récemment, la théorie de l'équipotentialité a été très critiquée. D'une part, les données précédemment acquises quant à l'aphasie de l'enfant ont été contestées à la lumière de nouvelles séries mieux documentées (en particulier grâce au scanner cérébral) ; en outre, la meilleure récupération de ces aphasies par rapport à celles de l'adulte, seul argument incontestable, pourrait être seulement due à une plus grande plasticité et non une moindre latéralisation. Enfin et surtout, les résultats d'un certain nombre de travaux expérimentaux convergent pour montrer une latéralisation très précoce d'un certain nombre d'indices fonctionnels et l'absence de modification ultérieure de ces indices

(1) Ce dernier fait tendant à prouver une différence dans l'organisation *intra*-hémisphérique des différents aspects du langage entre le cerveau de l'enfant et celui de l'adulte.

(par exemple l'asymétrie des potentiels évoqués auditifs en faveur du côté gauche présente chez le nouveau-né, et même chez le prématuré de 36 semaines). De même, dès que l'enfant peut lire, il apparaît un avantage de l'hémisphère gauche sur le droit (lors d'épreuves réalisées, par exemple, en conditions tachistoscopiques).

Théories actuelles

Ainsi, la tendance actuelle est plutôt en faveur du caractère inné de la prépondérance de l'hémisphère gauche pour le langage, ce qui correspond bien aux études anatomiques montrant la présence d'asymétries du planum temporal sur des cerveaux de foetus à peine âgés de 29 semaines (voir chapitre 15). Toutefois, cela n'élimine bien sûr en rien l'intervention de facteurs venant ultérieurement modifier cette tendance, et il est possible qu'à un niveau microscopique les structures cérébrales impliquées dans le langage puissent subir une modification progressive (par exemple de la morphologie des prolongements neuronaux, des synapses et des récepteurs), processus qui pourrait même continuer, au-delà de la période de maturation proprement dite, durant l'âge adulte voire la sénescence. J. Brown et H. Hécaen ont ainsi proposé une théorie selon laquelle l'organisation anatomo-fonctionnelle du cerveau pour le langage subirait un processus continu et progressif de « latéralisation-concentration » (fig. 141) : d'abord réparti de manière plutôt symétrique et diffuse au sein des 2 hémisphères, le langage, d'une part, se latéraliserait progressivement à l'hémisphère gauche et, d'autre part, se concentrerait dans la région de l'hémisphère gauche devant devenir la zone du langage. Il y aurait, en quelque sorte, une restriction progressive du substrat neurobiologique sous-tendant la fonction linguistique. Les aspects phonologiques et lexico-sémantiques pourraient en outre subir ce processus de manière distincte ou décalée dans le temps, expliquant de possibles dissociations de ces différents aspects du langage. Ce processus, se poursuivant tout au long de la vie adulte, peut en outre rendre compte d'une particularité bien classique de la répartition des aphasies selon l'âge : l'expérience clinique, confirmée par les études statistiques, montrent en effet qu'une même lésion temporale provoque une aphasie de Wernicke plus sévère chez le sujet âgé que chez l'adulte plus jeune. Cela peut s'expliquer de manière satisfaisante si l'on admet que le langage (ou du moins ses aspects lexico-sémantiques, spécifiquement touchés dans l'aphasie de Wernicke) subit une restriction progressive de son substrat, qu'elle soit programmée ou plutôt sous l'effet de la « routinisation » de la fonction qui survient de manière plus ou moins inévitable avec l'âge. Au bout du compte, et schématiquement, la fonction finit par se trouver « concentrée » au niveau de l'aire de Wernicke qui devient ainsi beaucoup plus vulnérable dans le sens où les perturbations dues à une lésion à son niveau ne pourront être compensées par une éventuelle compétence, même moindre, d'autres régions de l'hémisphère gauche, voire de l'hémisphère droit.

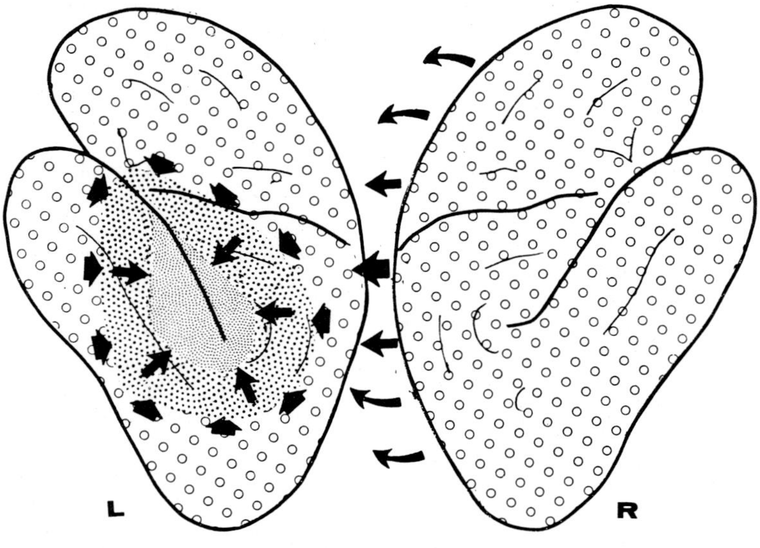

Fig. 141. – *Le processus de latéralisation-concentration présumé caractériser l'évolution avec l'âge de l'organisation du cerveau pour le langage.*

Exceptions à la dominance gauche

Une fois atteinte sa maturité morphologique, le cerveau est donc organisé de façon très asymétrique vis-à-vis du langage. Ce dogme de la dominance gauche est toutefois mis en défaut dans un certain nombre de circonstances.

Gauchers et ambidextres

Dès le siècle dernier, Broca, rapprochant de la latéralisation manuelle la latéralisation qu'il venait de décrire pour le langage, présumait que, si la dominance de l'hémisphère gauche pour le langage était le fait des droitiers, chez les gauchers, à l'inverse, le langage devait « siéger » dans l'hémisphère droit. Cela n'est qu'en partie vrai. Il a en effet été démontré, d'après l'étude des aphasies chez les non droitiers, que ces derniers ont certes une latéralisation atypique du langage. Mais, contrairement aux prédictions de Broca, leur cerveau n'est pas organisé en miroir par rapport à celui des droitiers : alors que chez le droitier l'aphasie survient dans plus de 90 % des cas à la suite d'une lésion gauche, les non-droitiers, peuvent quant à eux devenir aphasiques par lésion droite ou gauche. Chez le gaucher, l'aphasie par lésion gauche est même plus fréquente (60 % des cas) que l'aphasie par lésion droite. En outre, quel que soit le siège de la lésion responsable, l'aphasie du gaucher est réputée de meilleur pronostic que celle du droitier. Ces faits peuvent être interprétés comme témoignant d'un partage plus équitable des fonctions linguistiques entre les 2 hémisphères chez le gaucher que chez le droitier.

Bilingues et polyglottes

L'étude de cas d'aphasie survenant chez des bilingues ou des polyglottes a permis de démontrer que le cerveau de ces sujets présente une organisation atypique pour le langage. Il est ainsi apparu que la langue maternelle et une langue seconde peuvent être perdues indépendamment l'une de l'autre (en général, la lésion cérébrale affecte de manière plus importante la ou les langues acquises après l'enfance). En outre, il semble que la langue maternelle soit préférentiellement localisée à l'hémisphère gauche, de sorte qu'une lésion hémisphérique droite soit capable de perturber uniquement les langues acquises ultérieurement. Le mode d'apprentissage (scolaire ou par imprégnation naturelle) pourrait du reste avoir une certaine importance sur le partage interhémisphérique des tâches (gauche dans le premier cas, droit dans le second) (1). Enfin, il n'est pas exclu que le bilingualisme, en soi, puisse modifier de manière globale l'organisation fonctionnelle du cerveau dans le sens d'une plus grande participation de l'hémisphère droit, même pour la langue maternelle.

Langues à tons et à écriture idéographique

Les langues dites à tons, c'est-à-dire celles qui, comme le Chinois, confèrent une signification à l'aspect mélodique des mots (de sorte que 2 mots ayant la même prononciation mais déclamés sur un ton différent auront un sens différent), semblent s'organiser, du point de vue cérébral, différemment des langues occidentales. Ici encore, l'hémisphère droit jouerait un rôle plus important que celui que nous lui connaissons classiquement. C'est ainsi que ce que l'on appelle l'aphasie « croisée » (c'est-à-dire la survenue de troubles du langage de nature aphasique à la suite d'une lésion touchant exclusivement l'hémisphère droit), si elle est une éventualité exceptionnelle chez les locuteurs de langues non tonales, se trouve être beaucoup moins rare chez les locuteurs de langues à tons. Ce fait n'est pas sans rappeler l'aptitude particulière que l'on attribue classiquement à l'hémisphère droit pour la musique et la perception des mélodies.

Les écritures idéographiques sont également susceptibles de conférer aux rapports cerveau-langage une organisation particulière. Le Japonais, par exemple, peut s'écrire selon deux codes différents, l'un syllabique (le « kana »), utilisant donc des règles de transposition phonème-graphème du même type que celles que nous connaissons, l'autre idéographique (le « kanji ») où, comme en Chinois, les mots ou les concepts sont représentés par des dessins procurant une information visuelle globale. Ce dernier serait traité par des réseaux neuronaux différents, situés hors des aires du langage, et de manière sans doute moins latéralisée à l'hémisphère gauche, de sorte que des lésions cérébrales chez les Japonais lettrés sont capables d'altérer la compréhension de l'un des deux langages tout en préservant l'autre.

---

(1) Pour certains, plus une langue est apprise tardivement, moins elle a de chances d'impliquer l'hémisphère gauche dont les réseaux neuronaux spécialisés dans l'apprentissage du langage sont déjà formés : ce programme spécifique hémisphérique gauche reste utilisable tant qu'il se met en place mais ne l'est plus lorsqu'il a atteint sa maturité, probablement entre 5 et 10 ans.

Illettrés

Le degré d'alphabétisation semble enfin pouvoir intervenir dans la latéralisation gauche du langage. Certaines études ont en effet montré que l'aphasie est moins fréquente après lésion gauche chez les sujets illettrés que chez les sujets scolarisés. Toutefois, ces faits ont été contestés et un travail récent de A.R. Lecours montre que la participation de l'hémisphère droit au langage de l'illettré est à peine plus forte que chez le sujet scolarisé.

Rôle de l'hémisphère droit dans le langage

Hormis ces exceptions, c'est-à-dire chez l'adulte droitier standard unilingue, parlant une langue non tonale et normalement scolarisé, l'hémisphère droit joue tout de même dans le langage un rôle non négligeable.

Compréhension par l'hémisphère droit

Le rôle de l'hémisphère droit dans la compréhension du langage oral et écrit a été un des apports principaux des études effectuées à partir des années 60 sur les sujets commissurotomisés (voir chapitre 15). Gazzaniga a ainsi pu démontrer que l'hémisphère droit isolé est capable de comprendre des mots écrits, surtout des noms et plus précisément des noms d'objets, alors que sa compréhension des verbes semble beaucoup plus rudimentaire. La compréhension orale des mots paraît pour sa part beaucoup plus vaste, à peine inférieure aux capacités de l'hémisphère gauche. La façon dont l'hémisphère droit traite les mots, en particulier écrits, est fondamentalement différente de celle utilisée par l'hémisphère gauche. Au lieu de la méthode alphabétique habituelle (conversion graphème-phonème), l'hémisphère droit va lire le mot de manière globale pour en extraire un sens qui peut être approximatif. C'est ainsi qu'un sujet porteur d'une lésion hémisphérique gauche responsable d'un trouble particulier de la lecture (dyslexie profonde) fait des erreurs de lecture qui illustrent typiquement les capacités de l'hémisphère droit sain : par exemple, tel sujet à qui l'on présente le mot « hôpital », pourra le lire « médecin », témoignant qu'un certain traitement sémantique a pu avoir lieu, mais que le processus de décodage n'a pu se faire jusqu'au bout, s'arrêtant au stade de la catégorie sémantique. Ce type d'erreurs, appelées paralexies sémantiques, est caractéristique des capacités de l'hémisphère droit en l'absence ou en cas de dysfonction grave de l'hémisphère gauche.

Rôle de l'hémisphère droit dans les aspects prosodiques du langage

On appelle prosodie l'ensemble des caractéristiques non proprement linguistiques du langage comprenant la mélodie, les intonations, les accents, les pauses, etc. qui, à côté des éléments propositionnels (les phonèmes, les mots, leurs relations syntaxiques,...) jouent un rôle non négligeable dans la communication, bien que beaucoup moins étudié et connu. On y distingue la prosodie linguistique, qui participe à la structure sémantique du message (par exemple le contour intonatif qui marque la modalité interrogative ou affirmative d'un propos) et la prosodie émotionnelle destinée à transmettre des états affectifs, plus ou moins prononcés, mais toujours présents quel que soit le contexte. Les patients porteurs de lésions hémisphériques droites peuvent présenter des troubles de ces aspects prosodiques, en particulier émotionnels, du langage : on parle alors d'aprosodies, par opposition aux aphasies. Cette opposition, bien que schématique, a pu être poussée très loin puisque E. Ross propose de concevoir au niveau de l'hémisphère droit une organisation du contrôle de la prosodie qui soit strictement superposable à l'organisation de l'hémisphère gauche pour le langage propositionnel. Ainsi, des lésions postérieures de l'hémisphère droit seraient susceptibles de provoquer une « aprosodie sensorielle », c'est-à-dire une perte de la capacité du sujet à percevoir ou à comprendre l'aspect émotionnel du langage d'autrui. Les lésions de la région du lobe frontal droit symétriques à celles donnant une aphasie de Broca dans l'hémisphère gauche provoquent quant à elles une « aprosodie expressive » caractérisée par une platitude de la parole (par ailleurs normale) et une perte de la capacité à imprimer une quelconque intonation à une phrase donnée. Il convient enfin de rapprocher ce rôle de l'hémisphère droit dans la composante prosodique du langage de la dominance actuellement largement reconnue de l'hémisphère droit dans les comportements émotionnels au sens large, qu'il s'agisse des expressions faciales ou de l'expérience émotionnelle elle-même (voir chapitre 15). Par contre, la prosodie linguistique, celle participant au sens de la phrase, serait beaucoup plus dépendante de l'hémisphère gauche.

Etudes du langage de sujets cérébro-lésés droits

D'une manière générale, l'expression orale des sujets porteurs d'une lésion hémisphérique droite paraît tout à fait normale, du moins comparée aux perturbations considérables engendrées par les lésions gauches. Toutefois, divers travaux ont permis de démontrer certaines perturbations qui, bien que discrètes, n'en dénotent pas moins la réalité de la participation de l'hémisphère droit dans le langage. Ainsi, la comparaison de sujets cérébro-lésés droits à des sujets normaux lors d'épreuves destinées à évaluer les aptitudes linguistiques montre que les patients font un certain nombre d'erreurs (erreurs dans le jugement sémantique, difficultés à saisir une antinomie ou une métaphore), démontrant que l'hémisphère droit est impliqué dans le traitement sémantique des mots, mais non dans les aspects phonologique et syntaxique du langage. De même, et au delà de la simple aptitude de l'hémisphère droit à comprendre des mots, un certain nombre de travaux récents ont pu montrer que les sujets porteurs de lésion frontale droite ont des difficultés à *produire* des mots, surtout à partir de critères sémantiques, lors d'épreuves dites de « fluence verbale » ou de disponibilité lexicale (1).

Hémisphère droit et discours

L'étude des cérébro-lésés droits a enfin montré chez ces sujets d'importantes perturbations de l'organisation du discours : outre la faible qualité émotionnelle, tant sur le plan de l'intonation que du contenu, les sujets présentent d'évidentes difficultés à organiser logiquement une narration, à faire une histoire cohérente de plusieurs phrases. De même, l'interprétation, la compréhension de la logique d'un raisonnement, l'aptitude à reconnaître l'humour ou la métaphore semblent assez spécifiquement perturbées. En outre, il est souvent noté une tendance à faire des commentaires inadaptés ou à s'écarter du sujet sous la forme de digressions à caractère personnel voire même de fabulations.

Toutes ces perturbations mettent en fait l'accent sur la réalité, encore méconnue car très difficile à cerner, mais probablement bien plus vaste que le dogme classique de la dominance gauche ne le laissait prévoir, de la participation de l'hémisphère droit au langage.

(1) Les épreuves de fluence verbale consistent à demander au sujet de fournir à l'examinateur le plus grand nombre de mots possibles répondant à un critère soit de forme (mots commençant par une lettre donnée), soit sémantique (mots appartenant à une catégorie donnée : animaux, outils, etc.). Des normes obtenues à partir de sujets témoins permettent d'évaluer la performance des patients.

Cerveau et cognition. Un exemple : la lecture

A côté de la conception « anatomiste » du langage, principalement adoptée dans ce chapitre, s'est développé ces dernières années un courant dit « cognitiviste », en apparence difficilement conciliable avec le précédent, car faisant totalement abstraction du support cérébral de la fonction. En effet, la démarche cognitiviste, fortement empreinte des raisonnements de l'intelligence artificielle, considère le langage comme un ensemble de modules distincts mais interconnectés, ensemble pouvant être conceptualisé sous forme de modèles théoriques où les structures corticales sont remplacées par des « boîtes » et les faisceaux d'associations par des « flèches ». Chaque module possède des propriétés fonctionnelles spécifiques que l'on pourra étudier lorsqu'elles seront perturbées isolément par la survenue d'une lésion cérébrale. L'avantage de cette approche est qu'elle évite de préjuger des structures cérébrales sous-tendant une fonction donnée, mais, bien entendu, son inconvénient est qu'elle ne nous apprend que peu de choses sur le fonctionnement du cerveau lui-même. Les modèles qu'elle propose sont toutefois source de réflexions stimulantes pour le chercheur et le clinicien ; en outre, ils semblent à présent à même d'être confrontés aux données morphologiques fournies par l'imagerie cérébrale moderne, ce qui nous incite à leur faire une place au sein de ce chapitre. Pour illustrer cette démarche, nous prendrons un exemple particulièrement démonstratif, celui des mécanismes de la lecture.

Les deux voies de la lecture

Dans les premiers modèles proposés pour rendre compte des mécanismes de la lecture, tels que ceux de Déjerine ou de Wernicke, l'idée généralement admise était que le mot lu vient activer un 'centre' ou un système contenant 'l'image des lettres'. La lecture était alors la conséquence de la conversion d'une suite de lettres en sons, permettant ensuite un accès à la signification du mot. Une telle conception impliquait donc le passage obligatoire à la forme phonologique du mot pour accéder au sens.

En 1973, Marshall et Newcombe, faisant référence à une théorie linguistique opposant la représentation phonologique des mots, dite de surface, à leur représentation sémantique, dite profonde, proposèrent de distinguer, parmi les sujets souffrant d'alexie (ou dyslexie acquise), deux tableaux cliniques opposés : la *dyslexie profonde* et la *dyslexie de surface*. Chez certains sujets, le trouble portait essentiellement sur la possibilité de lire les non-mots ou logatomes, c'est à dire des successions de syllabes agencées en « pseudo-mots » mais sans signification. Devant lire un tel pseudo-mot (comme par exemple : 'caréma'), le sujet aura tendance à le transformer en un mot proche mais lexicalement plausible (comme 'caméra' ou 'carème'), sans s'apercevoir de son erreur. L'échec sera complet lorsqu'il s'agira de lire un non-mot ne pouvant être lexicalisé (tel que 'baniko' ou 'dapure'), le patient ne pouvant déchiffrer la moindre syllabe sans lui donner du sens. A l'inverse, des mots du vocabulaire, surtout s'il s'agit de substantifs usuels et concrets, seront lus convenablement. Ce tableau correspond à la *dyslexie profonde*. La *dyslexie de surface* est caractérisée par un tableau inverse du précédent : les sujets sont capables de lire à haute voix des non-mots et des mots, pourvu qu'ils soient réguliers, c'est-à-dire que la relation graphème-phonème soit typique (comme dans « chocolat » où ch = ʃ) et non exceptionnelle (comme dans « choléra » où ch = k). Dans ce dernier cas, la lecture aura tendance à se faire selon les règles habituelles de la correspondance graphème-phonème (régularisation) et 'choléra' sera lu 'ʃo le ra'. Dès lors, la compréhension découlant de la prononciation, seuls les mots correctement prononcés seront compris, les autres (les mots irréguliers) prenant un statut de non-mots, lus mais non compris.

L'existence de ces deux formes de dyslexie suggère que la lecture peut se faire par deux voies distinctes (schéma 1) : la voie lexico-sémantique, où le sujet passe nécessairement par le sens pour pouvoir lire ; la voie phonologique, permettant de transformer directement, sans passage par le sens, un graphème (élément graphique de la langue) en un phonème (élément sonore de la langue). La dyslexie profonde est donc la conséquence de l'atteinte prédominante ou exclusive de la voie phonologique.

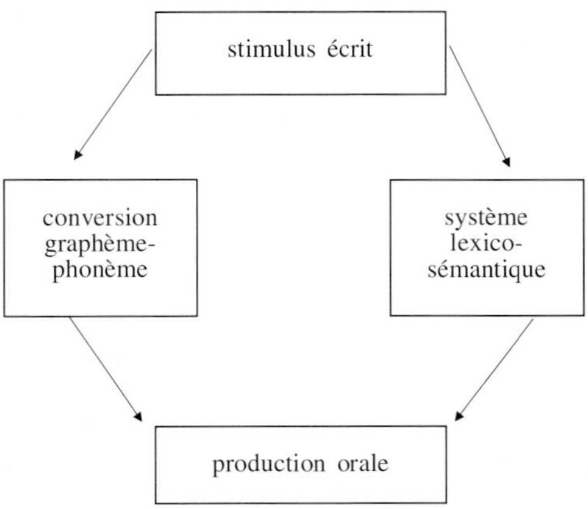

Schéma 1. – *Les deux voies de la lecture à haute voix.*

La dyslexie de surface, à l'inverse, est liée à une perturbation de la voie lexico-sémantique, la lecture reposant entièrement sur la voie phonologique restée intacte, comme en témoigne la possibilité de lire des non-mots (1). La lecture normale utiliserait simultanément les deux voies, mais probablement de manière plus routinière la voie sémantique, du moins pour la lecture des mots fréquents et connus, la voie phonologique servant surtout à la vérification et au traitement des mots rares (et probablement pour la lecture d'une langue étrangère).

Mécanismes de reconnaissance des mots

En amont de cette dissociation en deux voies se déroulent des mécanismes plus difficiles à analyser car moins aisément dissociables. En particulier, on admet généralement l'existence de plusieurs systèmes de reconnaissance des mots.

Pour Ellis et Young, lorsqu'un mot est perçu, il doit être tout d'abord reconnu comme étant une suite de lettres. Ces lettres devront ensuite être situées spatialement, ce qui permettra de reconnaître la limite d'un mot et le début du suivant. Cette première étape est sous la dépendance d'un *système d'analyse visuelle*, capable d'identifier plusieurs lettres en même temps. A ce niveau, une série de lettres sans signification ne sera pas differenciée d'un mot familier ou d'un non-mot. Le *système de reconnaissance visuelle* des mots permet de décider si le mot lu a été déjà rencontré auparavant (« décision lexicale »), s'il appartient au lexique visuel propre du sujet : c'est donc une sorte de stockage de la forme visuelle des mots qui s'effectue à ce niveau. Mais ce système est incapable de donner un sens au mot lu, fonction qui incombe au module suivant, le *système sémantique*, qui abrite les représentations sémantiques des mots (2).

(1) Il n'est pas inintéressant de remarquer l'analogie entre cette conception cognitiviste et celle représentée sur la figure 136, proposée au début du siècle par Lichtheim, qui s'avère ainsi un véritable précurseur des conceptions modernes.

(2) A ce type de modèle très hiérarchisé, on oppose volontiers actuellement un modèle plus souple tel celui proposé par Seymour, postulant l'existence, sur le même plan, de trois systèmes interactifs, un système visuel, capable de reconnaître les lettres et les unités morphologiques de la langue (morphèmes), un système phonologique, comprenant la représentation des sons de la langue et permettant la verbalisation, et un système sémantique capable de mettre en relation les différents concepts.

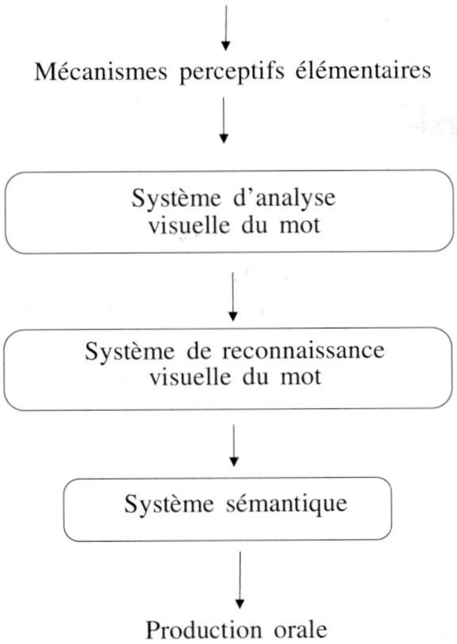

Schéma 2. – *Mécanismes de traitement visuel d'un mot lu.*

Apport de la TEP

Se basant sur ce type de modèles, quelques équipes ont tenté d'en approcher la réalité anatomique en utilisant, chez le sujet sain, la méthode d'activation cérébrale au cours d'examens du métabolisme cérébral par la caméra à positons (TEP). Petersen et ses collaborateurs de l'équipe de Saint-Louis, Missouri, ont soumis des sujets, au cours de l'examen en TEP de leur activité cérébrale, à la vision passive de 4 types de stimuli visuels, (1) des séquences de pseudo-lettres (formes géométriques ressemblant à des lettres), (2) des séquences de lettres non prononçables, (3) des séquences de lettres prononçables (non-mots ou logatomes) et (4) des séquences de lettres formant un mot réel de la langue. Le moyennage des résultats obtenus sur 8 sujets a permis de mettre en évidence, par comparaison à une situation de base où les sujets fixaient un point central, les régions préférentiellement activées dans chaque situation (fig. 141bis). Les deux premières situations produisirent une faible

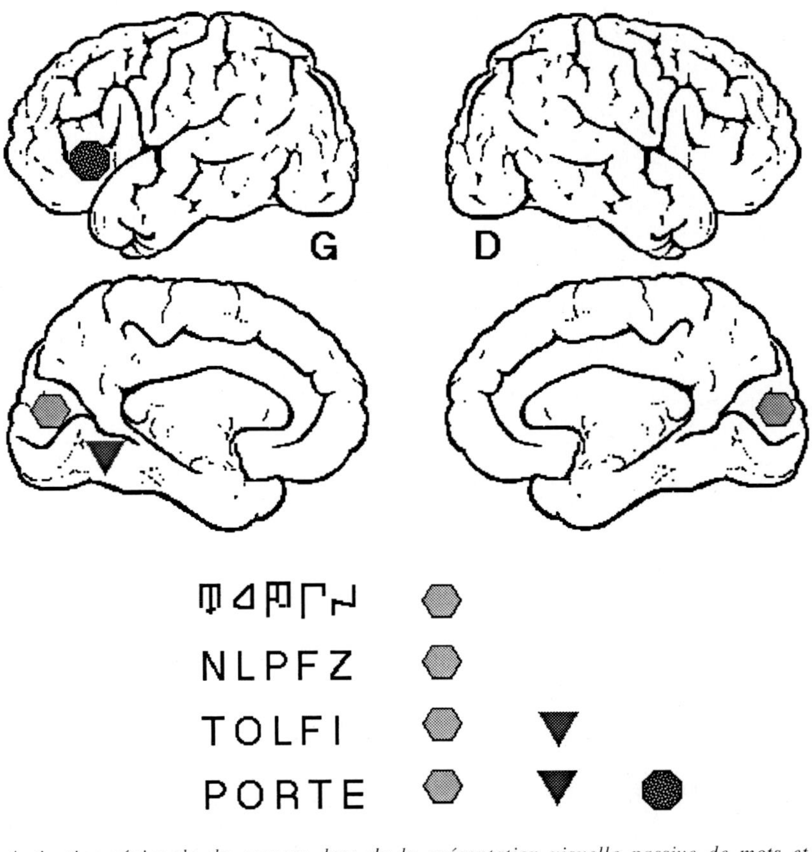

Fig. 141bis. – *Activation régionale du cerveau lors de la présentation visuelle passive de mots et de pseudo-mots.* Résultats schématiques d'une étude en tomographie par émission de positons (d'après Petersen *et al.*, 1990).

activation, bilatérale et symétrique, dans les régions occipitales internes, traduisant la mise en jeu des aires visuelles péri-striées connues pour traiter des stimuli visuels complexes (voir chapitre 9). En revanche, les deux autres situations, où le stimulus est fait de séquences prononçables, activent plus fortement une région occipitale inférieure de l'hémisphère gauche, résultat que les auteurs interprètent comme prouvant le rôle de cette région dans la reconnaissance de la forme visuelle des mots, plutôt que de leurs caractéristiques phonologiques (en effet, cette zone n'est pas activée lors de tâches phonologiques sur entrée auditive (1). Enfin, les vrais mots seuls activent également une région située dans la région frontale externe gauche. L'activation de cette région par les mots et non par les non-mots, même prononçables, suggère son rôle dans le traitement sémantique du mot. En effet, des tâches purement sémantiques, comme donner un verbe associé sémantiquement à un mot cible (par exemple « chien → aboyer, ou mordre »), activent spécifiquement cette même région, située en regard de l'aire 47 de Brodmann, en avant de la région de Broca.

Dans l'ensemble, ces résultats, même s'ils méritent d'être confirmés par de nouvelles études, apportent un certain nombre d'enseignements intéressants : en premier lieu, ils semblent réfuter le modèle classique selon lequel l'aire de Wernicke serait une étape obligatoire de la lecture ; en outre, ils bousculent quelque peu nos concepts sur le rôle respectif des régions antérieure et postérieure de l'hémisphère gauche dans le langage en montrant l'activation de régions frontales dans les tâches sémantiques (alors que les régions temporales sont plutôt activées lors de tâches phonologiques) ; enfin, ils suggèrent que, contrairement aux modèles cognitifs classiques de la lecture, les processus orthographiques et phonologiques de reconnaissance des mots interviennent probablement très tôt dans la chaîne des événements que constitue le traitement d'un mot lu.

---

(1) Diverses études ont montré qu'une tâche purement phonologique, comme juger si deux mots riment, active spécifiquement la région temporale supérieure et l'aire de Wernicke.

CHAPITRE XV

LA LATÉRALISATION CÉRÉBRALE ET SES BASES BIOLOGIQUES*

La connaissance des fondements biologiques des comportements humains est, comme nous avons pu le constater dans les chapitres précédents, étroitement liée au concept de latéralisation hémisphérique ou dominance cérébrale (1), c'est-à-dire aux différences de fonctions entre les deux hémisphères. L'organisation en deux hémisphères du cerveau semble avoir comme premier corollaire la prise en charge, par chacun des hémisphères, des événements moteurs et sensoriels ayant lieu dans la moitié opposée du corps et de l'espace. Cela est une règle générale, bien que quelque peu schématique, commune à l'homme et à beaucoup d'animaux. Toutefois, le cerveau humain se distingue remarquablement de celui de ses prédécesseurs phylogénétiques par le développement de fonctions différentes dans l'hémisphère droit et l'hémisphère gauche, de telle sorte qu'il paraît possible d'y voir la marque la plus spectaculaire de l'accomplissement du processus adaptatif. Cette notion présente un intérêt théorique considérable, et pose une multitude de questions quant à ses caractères, son origine, sa signification. C'est pourtant seulement au cours des 15 dernières années que ces questions ont été clairement énoncées et abordées, et ce sous l'impulsion d'un neurologue américain récemment disparu, Norman Geschwind, qui a su, en alliant ses connaissances encyclopédiques à un esprit de synthèse et intuitif hors du commun, ouvrir un large champ de réflexions et de recherches, et faire à juste titre du concept de dominance cérébrale une branche à part entière des Neurosciences et, au-delà, de la Biologie.

Dans ce chapitre seront essentiellement envisagés l'état des connaissances et les principales théories actuelles concernant les mécanismes biologiques de la dominance cérébrale. La première section est toutefois consacrée à une description des principales caractéristiques fonctionnelles de la latéralisation hémisphérique du cerveau humain.

Latéralisation fonctionnelle du cerveau

Broca et la dominance de l'hémisphère gauche pour le langage

Si l'homme, depuis la plus haute Antiquité et tout au long de son histoire semble s'être passionné pour la question des différences entre côté droit et côté gauche, ce n'est qu'en 1865 qu'apparut la première démonstration scientifique d'une inégalité de fonction entre les deux hémisphères. Cette année-là, en effet, le chirurgien parisien Paul Broca, apporta devant la Société d'Anthropologie une série d'arguments prouvant que « la perte de la faculté du langage articulé » était liée à une lésion située dans l'hémisphère gauche, plus précisément dans la partie postérieure de la circonvolution frontale

---

* En collaboration avec A.M. Galaburda.

(1) L'utilisation du terme « dominance cérébrale » a été très critiquée en raison du sous-entendu de supériorité d'un des 2 hémisphères (généralement le gauche) qu'il contient. Cependant, consacré par l'usage, ce terme a même acquis un sens plus large et dépasse, dans son acception actuelle, le concept purement fonctionnel de latéralisation hémisphérique pour recouvrir également tous les aspects biologiques qui le sous-tendent.

inférieure (1). Pour Broca, cela constituait la preuve que cette faculté était liée au fonctionnement d'une partie de l'hémisphère gauche, établissant ainsi pour la première fois un lien entre une fonction cérébrale, le langage et un hémisphère, le gauche. La découverte de la latéralisation hémisphérique du langage eut, à l'évidence, un impact majeur sur les conceptions anthropologiques ultérieures selon lesquelles, tout comme le langage était le propre de la pensée humaine, l'asymétrie fonctionnelle devenait le propre du cerveau humain et, par là même, l'hémisphère gauche, détenteur d'une capacité que n'avait pas le droit, devenait l'hémisphère dominant. Enfin, Broca fut également le premier à suggérer qu'il pouvait exister un lien entre cette découverte et le fait d'être droitier ou gaucher, lien qu'il envisageait toutefois de façon beaucoup plus simple qu'il ne l'est en réalité, comme nous le verrons.

Dominance pour la manualité

On utilise fréquemment le terme de manualité, par analogie au terme anglo-saxon « handedness » se référant tout autant à la *préférence* manuelle, le fait d'utiliser une main plutôt que l'autre dans une majorité de tâches qu'à la *compétence* manuelle, c'est-à-dire l'habileté et la force comparée des mains. On peut considérer que la manualité représente la plus simple et la plus évidente des manifestations de la dominance cérébrale : l'hémisphère gauche, qui dirige la motricité fine de la main droite, constitue pour la majeure partie de la population l'hémisphère dominant pour cette activité. Ainsi, la notion d'un hémisphère gauche dominant est encore confortée puisque cet hémisphère possède chez la plupart des sujets un double « avantage ». Si l'on admet le postulat que la dominance cérébrale est un fait biologique en soi, l'étude de la manualité en représente l'indice comportemental le plus accessible et un moyen d'étude privilégié. L'utilisation de questionnaires tels que l'Inventaire de Manualité d'Edimbourg (Edinburgh Handedness Inventory) s'est imposée comme un moyen simple pour évaluer, en pratique quotidienne, cet aspect de la latéralisation fonctionnelle. Il a été démontré que le score d'un d'individu à ce questionnaire de préférence est un indicateur fiable de tous les aspects de la manualité. Les études les plus récentes pratiquées sur de larges échantillons dans divers pays, montrent que les droitiers représentent plus de 90 % des sujets, et ce quel que soit le milieu culturel (ce qui est un premier argument en faveur de l'origine biologique de cette répartition). En fait, les droitiers purs, c'est-à-dire effectuant tous les actes exclusivement de la main droite, ne représenteraient que 70 % environ de la population.

Dès lors, la population des sujets gauchers apparaît comme un terrain d'étude potentiellement fructueux pour aborder les mécanismes de la dominance cérébrale. En fait, l'étude des gauchers pose sans doute plus de problèmes qu'elle ne permet d'en résoudre : en premier lieu, il est apparu que la manualité n'est pas un caractère univoque mais une variable continue, depuis la gaucherie extrême jusqu'à la droiterie absolue, variable elle-même distribuée dans une population de manière continue. En outre, les études sur les gauchers se heurtent régulièrement à des préjugés sociaux qui, jusqu'à récemment, ont pu occulter ou modifier les faits biologiques. Enfin et surtout, il apparaît que l'organisation du cerveau du gaucher, loin d'être l'image en miroir de celle du droitier, possède ses propres caractéristiques paraissant procéder, plutôt que de règles différentes de celles du droitier, d'une *absence* des mécanismes présents chez ce dernier.

Relations entre manualité et latéralisation du langage

Les relations existant entre manualité et latéralisation hémisphérique du langage nous sont connues à partir de 2 ordres de données. D'une part, l'étude des sujets aphasiques a montré que, parmi les sujets droitiers, la grande majorité de ceux qui devenaient aphasiques l'étaient par lésion gauche, c'est-à-dire que leur hémisphère gauche était dominant pour le langage. De même, la survenue d'une aphasie par lésion droite chez le droitier (« aphasie croisée ») est une éventualité tout-à-fait exceptionnelle (habituellement chiffrée autour de 1 %). D'autre part, cette question a également été explorée dans les années 60 grâce à la pratique du test de Wada(2). Ce test a confirmé que la quasi totalité des droitiers absolus ont également l'hémisphère gauche dominant pour le langage, alors que les gauchers et ambidextres, au contraire, ont plus souvent une répartition des capacités linguistiques entre les

---

(1) Plusieurs décennies auparavant, un médecin de campagne du nom de Dax avait eu une intuition similaire, mais sa contribution n'avait pas bénéficié d'un écho scientifique suffisant pour être officiellement reconnue.

(2) Le test de Wada (ou test à l'Amytal) consiste à injecter par voie carotidienne un barbiturique, comme l'Amytal, afin d'obtenir une inactivation transitoire d'un hémisphère. Pendant la durée où le produit fait son effet, le sujet ne fonctionne plus qu'avec un seul hémisphère, ce qui permet d'explorer les capacités de l'autre.

2 hémisphères et que les 2/3 d'entre eux avaient également, comme les droitiers, une dominance hémisphérique gauche.

Ainsi, le lien que pressentait Broca entre latéralisation du langage et préférence manuelle, s'il est vrai pour les droitiers, s'est avéré inexact ou du moins de nature différente pour les gauchers. Il n'en reste pas moins que l'observation de cette énigme biologique que constitue la gaucherie est à la base de toutes les théories de la dominance cérébrale (voir infra).

Fonctions de l'hémisphère droit

Déterminant pour l'expression verbale, supérieur dans l'activité manuelle, l'hémisphère gauche est ainsi longtemps apparu comme l'hémisphère « dominant », par opposition à un hémisphère droit considéré comme « mineur ». Cette conception découle sans doute en grande partie de l'observation de sujets cérébro-lésés en milieu neurologique. Lorsque l'on compare, en effet, un sujet porteur d'une lésion hémisphérique gauche, devenu incapable de s'exprimer et souvent de comprendre le langage d'autrui (voir chapitre 14), à un autre sujet ayant subi une lésion similaire mais dans l'hémisphère droit, il apparaît évident à tout observateur non averti que le dernier est intellectuellement bien moins atteint que le premier, ce qui corrobore la supériorité de l'hémisphère gauche dans les fonctions mentales supérieures. En fait, les études, ayant débuté dans les années 60, consacrées aux fonctions hémisphériques droites ont permis de montrer que ces dernières, bien que moins évidentes, n'en étaient pas moins importantes. Ainsi, s'il est vrai que le cérébro-lésé droit peut communiquer quasi-normalement avec un interlocuteur, un examen plus approfondi pourra montrer des perturbations mentales graves mais qui, laissant intacte la sphère du langage, n'apparaissent pas lors des conditions standard de communication inter-personnelle.

Fonctions « spatiales » de l'hémisphère droit

L'une des principales anomalies retrouvées chez de nombreux sujets ayant subi une lésion hémisphérique droite est la perte de certaines capacités perceptives, en particulier celles concernant la perception des rapports spatiaux entre les objets. Une des conséquences de ce déficit est ce que l'on appelle l'apraxie constructive (ou visuo-constructive), qui se manifeste par l'inaptitude du sujet à copier le dessin d'un cube, ou à assembler des morceaux d'un dessin géométrique pour reconstituer un modèle. Souvent, à ces difficultés, se surajoutent des éléments d'un syndrome d'hémi-négligence gauche (voir chapitre 12), faisant que seule la partie droite du modèle est prise en compte. Il existe donc une perturbation profonde de la capacité à manipuler l'espace proche. Ce trouble concerne également l'espace corporel lui-même – puisque le sujet à tendance à négliger les stimuli touchant son hémicorps gauche voire à perdre la conscience de cet hémicorps, véritable dissolution du schéma corporel (hémiasomatognosie) – l'espace locomoteur (désorientation topographique) et même l'espace conceptuel, altérant ses capacités à retracer le plan de sa ville ou à placer les principales villes sur une carte géographique (perte des notions topographiques).

Fonctions « perceptivo-mnésiques » de l'hémisphère droit

Hormis ces problèmes de perception et d'organisation de l'espace, les sujets porteurs de lésions, en particulier postérieures, de l'hémisphère droit présentent des difficultés d'apprentissage (voir chapitre 13) de certaines catégories de stimuli, ayant en commun de nécessiter un traitement rapide et global de l'information. Il en est ainsi des difficultés à reconnaître les visages, réalisant au maximum le tableau spectaculaire de la prosopagnosie, et également des troubles de la mémoire topographique.

Fonctions « émotionnelles » de l'hémisphère droit

Enfin et surtout, la lésion de l'hémisphère droit provoque régulièrement une perturbation profonde de la personnalité et de l'affectivité. Le sujet fait preuve d'une indifférence affective très caractéristique. Souvent paralysé du côté gauche, en raison de sa lésion hémisphérique droite, il semble avoir perdu la conscience de sa paralysie qu'il nie contre toute évidence : cette « anosognosie » s'étend également aux autres affections dont lui ou même ses proches peuvent être atteints. Un trouble particulièrement spectaculaire se produit lorsque ces sujets ont perdu le sentiment d'appartenance de leurs membres paralysés ce qui peut les amener à des comportements quasi délirants ou hallucinatoires. L'indifférence affective est manifeste dans le comportement gestuel, dans la mimique faciale, et également dans le langage. Ce dernier, parfaitement préservé du point de vue expressif, s'avère cependant perturbé si l'on analyse plus finement son contenu (voir chapitre 14). C'est ainsi que l'on pourra noter l'incapacité du sujet à véhiculer par la prosodie la composante émotionnelle du discours et parfois sa difficulté à percevoir le contenu émotionnel du discours d'autrui.

Toutes ces perturbations, qui ne sont jamais retrouvées lors de lésions équivalentes de l'hémisphère gauche, montrent à l'évidence que l'hémisphère droit, loin d'assumer un rôle subalterne, a sans doute une importance capitale dans la vie mentale, mais que ses fonctions, plus délicates à analyser que celles de l'hémisphère gauche, nous sont encore largement inconnues.

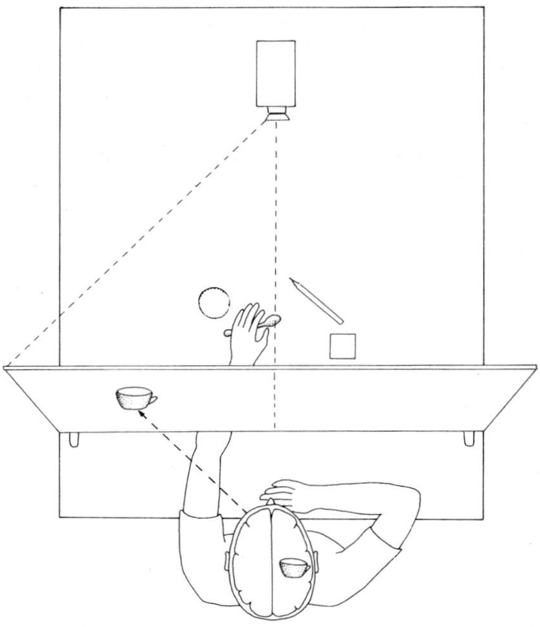

Fig. 142. – *Schématisation de la procédure utilisée par Sperry chez les sujets « split-brain ».* Une image (ici une tasse) est projetée sur un écran de telle sorte qu'elle parvienne exclusivement dans l'hémichamp gauche du sujet (c'est-à-dire dans son hémisphère droit). Questionné ensuite sur ce qu'il a vu, il est incapable de dénommer l'objet. Mais dans une épreuve de palpation aveugle de la main gauche, cette dernière (donc l'hémisphère droit qui la commande) est capable de trouver parmi plusieurs objets celui qui appartient au champ sémantique du stimulus perçu visuellement.

Modèle « split brain »

Une illustration parmi d'autres, mais particulièrement parlante, des différences fonctionnelles entre les hémisphères est fournie par un modèle très étudié dans les années 60 et 70, celui du « split-brain » (littéralement : cerveau coupé en deux). Chez certains sujets, porteurs d'une maladie épileptique grave, résistant aux traitements habituels, il a pu être indiqué de pratiquer une « callosotomie », intervention chirurgicale consistant à sectionner de manière plus ou moins complète les fibres du corps calleux. Cette intervention n'ayant été qu'exceptionnellement pratiquée en France, la plupart des travaux concernant les patients « split-brain » sont dus à des auteurs américains, en particulier les équipes de Roger Sperry et Michael Gazzaniga. L'effet de la section du corps calleux étant d'empêcher tout transfert d'information entre les hémisphères, ce modèle a permis d'une part de mieux connaître les fonctions de chacun des deux hémisphères et d'autre part d'apprendre comment, en temps normal, les hémisphères communiquent entre eux. La figure 142 montre le dispositif utilisé initialement par Sperry pour explorer séparément, chez le sujet « split-brain », la fonction de chaque hémisphère en projetant brièvement une image sur la moitié seulement du champ visuel. Comme on pouvait s'y attendre, l'image d'un mot n'est lue que si elle est projetée dans l'hémichamp droit, qui parvient exclusivement au cortex visuel de l'hémisphère gauche. De même, si l'on demande au sujet de dénommer des images d'objets, l'image, parfaitement dénommée lorsqu'on la projette dans l'hémichamp droit, ne l'est pas projetée dans l'hémichamp gauche. Pour connaître les capacités réelles de reconnaissance d'un mot ou d'un objet par l'hémisphère droit, le dispositif expérimental prévoit l'artifice suivant : après présentation du stimulus visuel dans l'hémichamp gauche, on demande au sujet de choisir par palpation aveugle, parmi plusieurs objets placés devant lui, celui qui correspond le mieux au stimulus visuel. La main gauche étant présumée sous la dépendance préférentielle de l'hémisphère droit, c'est avec cette main que le sujet doit procéder à l'épreuve de palpation aveugle. Le sujet, bien qu'incapable de dénommer les objets ainsi palpés par sa main gauche (anomie tactile unilatérale gauche) est capable d'associer le champ sémantique de l'objet à l'image vue par son hémisphère droit. De même, la main gauche pourra désigner celle, parmi plusieurs images, qui correspond au champ sémantique d'un mot projeté à son hémisphère droit et que le sujet a été incapable de lire.

Le même dispositif permet également d'explorer les fonctions « émotionnelles » de l'hémisphère droit : si l'on projette au seul hémisphère gauche une scène d'horreur ou une photographie érotique, le sujet décrit la scène de manière analytique, « froide », mais exacte. Par contre, losqu'on projette les mêmes stimuli à l'hémisphère droit du sujet split-brain, son expression faciale et générale montre d'évidentes modifications : il paraît embarrassé, rougit, rit nerveusement ; mais lorsqu'on lui demande de décrire la scène projetée, il nie formellement avoir vu quoi que ce soit d'autre qu'une brève lumière...

Enfin, le sujet « split-brain » présente parfois un comportement fascinant appelé « apraxie diagonistique », consistant en un véritable conflit ouvert entre les hémisphères. Ce comportement apparaît dans certains actes volontaires de la main droite où la main gauche, de façon apparemment inopinée mais se répétant trop souvent pour être liée au hasard, vient contrarier les gestes de la main droite. Ce comportement, parfois moins évident, est toujours rapporté par le patient comme le résultat d'un conflit interne où une partie de lui qu'il contrôle mal (en général la main gauche) fait obstacle à sa volonté ou effectue des actes qu'il n'a pas voulus consciemment. Il va de soi que de tels comportements ont pu servir de base à des développements philosophiques sur la nature de l'esprit humain, développements qui sortent de notre propos.

Origines de la dominance cérébrale

Parmi les questions posées par l'observation de ces faits, on peut tout d'abord se demander s'il est possible de retrouver chez les animaux une quelconque trace de cette dissymétrie en apparence si proprement humaine. Divers chercheurs ont ainsi tenté de rechercher des signes d'asymétrie fonctionnelle cérébrale chez l'animal.

Equivalents animaux de la préférence manuelle

La préférence manuelle, l'une des plus évidentes des manifestations de latéralisation chez l'homme, a également été retrouvée dans diverses espèces. De fait, les singes, les chats, et même les souris utilisent préférentiellement une patte dans les tâches courantes comme attraper de la nourriture ou une proie. Toutefois, différence fondamentale avec l'homme, il existe, dans chacune de ces espèces, autant d'individus utilisant préférentiellement la patte droite que la gauche. Cette répartition 50-50 est bien différente de celle de l'homme où l'on admet que les gauchers représentent moins de 10 % de la population. En outre, pour un animal donné, il n'est pas certain que la préférence observée dans une tâche soit généralisable à toutes les tâches. En d'autres termes, la préférence, chez l'animal, semble obéir à un mécanisme aléatoire alors que chez l'homme, les facteurs envisagés sont d'autre nature que le hasard (voir infra). Toutefois, il a été démontré chez la souris que le type de préférence pouvait être en partie transmis génétiquement, ce qui évoque un certain parallélisme avec l'existence de facteurs génétiques pouvant déterminer la dominance cérébrale chez l'homme (voir infra) (1).

Latéralisation du cerveau des primates

La question de l'existence d'un « langage » préhumain chez les primates est un sujet actuellement très débattu. Il est bien connu que certains singes ont développé un code quasi linguistique à travers leur système de vocalisation (voir chapitre 14). En outre, quelques expériences ont même semblé démontrer une possible latéralisation de ces fonctions à l'hémisphère gauche, mais les données sont encore très incomplètes et, en tout cas, s'il y a un effet de latéralisation, il est bien plus faible que chez l'homme. Quant aux autres fonctions latéralisées – en particulier hémisphériques droites – de l'homme, le cerveau du singe se comporte de manière tout-à-fait symétrique. Il en est ainsi des fonctions spatiales du lobe pariétal droit de l'homme, fonctions qui semblent réparties, chez le singe, de manière équitable entre les deux hémisphères (2).

---

(1) Une explication séduisante de l'apparition, au cours de l'évolution des primates, d'une préférence manuelle a été récemment proposée par MacNeilage. L'hypothèse est qu'au début les primates ont commencé à utiliser un membre antérieur (le gauche) pour les actes dirigés vers une cible (« reaching »), l'autre (le droit) servant encore à l'appui au sol. Puis, en adoptant une posture érigée, les singes commencèrent à utiliser leur membre antérieur droit, ainsi libéré, pour manipuler les objets attrapés par l'autre main.

(2) Il a cependant été retrouvé récemment chez le singe une asymétrie de représentation de certaines fonctions visuo-spatiales en faveur de l'hémisphère gauche (et non du droit comme chez l'homme), en particulier dans des tâches de discrimination de formes et de rotation mentale.

Latéralisation chez d'autres animaux

Diverses équipes se sont récemment penchées sur la possibilité de retrouver des asymétries comportementales chez d'autres animaux, en particulier chez le rat. Parmi les divers types d'asymétries (en particulier motrices) retrouvées, les résultats de V. Denenberg sont particulièrement surprenants : ce chercheur a en effet démontré que le cerveau du rat est organisé d'une manière rappelant la dominance cérébrale humaine, avec une prédominance de l'hémisphère droit pour les fonctions émotionnelles et spatiales. Les remarquables travaux de F. Nottebohm sur les oiseaux chanteurs ont également démontré une asymétrie hémisphérique chez ces espèces, ici encore d'une manière curieusement similaire à l'asymétrie humaine. Chez le pinson mâle, la section du nerf hypoglosse gauche entraîne une perte du chant alors qu'une section à droite ne le modifie pas. Une telle asymétrie, dont la similitude avec la latéralisation du langage humain est frappante, a été retrouvée dans plusieurs espèces d'oiseaux chanteurs. Un point important (voir infra) est le dimorphisme sexuel des structures cérébrales contrôlant le chant, structures nettement plus développées chez le mâle que chez la femelle, le premier étant du reste le seul doué de la capacité de chanter (1).

Asymétries morphologiques du cerveau

Lorsqu'on examine un cerveau humain fixé et débarrassé de ses enveloppes méningées, et si l'on compare l'aspect externe du cortex cérébral de chaque hémisphère, on peut apprécier la similitude de la configuration corticale sur chaque hémisphère. Certes, la complexité de la disposition des circonvolutions et des sillons fait qu'ils ne sont jamais strictement superposables entre la droite et la gauche, mais une règle n'est jamais mise en défaut : les hémisphères gauches de 2 cerveaux différents sont toujours beaucoup plus dissemblables que l'hémisphère droit et l'hémisphère gauche d'un même cerveau. En fait, il existe des asymétries macroscopiques qu'un examen plus approfondi peut aisément déceler.

Description des asymétries

Les asymétries cérébrales avaient déjà été décrites par les neuroanatomistes du début du siècle, mais le mérite de leur redécouverte revient à N. Geschwind qui, le premier, sut en saisir toute l'importance.

N. Geschwind et le planum temporale

C'est en 1968, dans un court article publié avec son collègue Levitsky, que Geschwind réactualisa la question des asymétries cérébrales et en même temps posa les bases de tout un courant scientifique concernant la biologie de la dominance cérébrale.

Ces auteurs étudièrent, dans un travail anatomique portant sur 100 cerveaux de sujets normaux, disséqués de manière à ouvrir la fissure sylvienne (fig. 143), la surface d'une aire triangulaire située en arrière de l'aire auditive primaire, le *planum temporale*. Ils montrèrent que cette aire était nettement plus développée du côté gauche sur 65 % des cerveaux, alors que, dans les autres cas, cette structure était symétrique ou légèrement asymétrique en faveur du côté droit. Geschwind ne manqua pas de souligner que l'aire corticale en question faisait partie intégrante de l'aire de Wernicke, qui joue un rôle prépondérant dans les aspects sensoriels du langage, et ce uniquement dans l'hémisphère gauche (voir chapitre 14) et de suspecter que cette asymétrie fût le support morphologique de l'asymétrie fonctionnelle du langage connue depuis un siècle. Tel fut le point de départ d'une série de travaux destinés à confirmer ces données et surtout à tenter d'en comprendre la signification.

---

(1) Un autre modèle animal de latéralisation fonctionnelle a été développé par l'équipe de P.J. Neveu, à Bordeaux, et a permis de démontrer une asymétrie du contrôle hémisphérique de la réaction immunitaire : des souris ayant subi une lésion hémisphérique gauche présentent un effondrement de leurs mécanismes de défense immunitaire, alors qu'une lésion droite provoque un effet inverse. En outre, par une méthode de stimulation immunitaire induite chimiquement, cette équipe a pu mettre en évidence une très intéressante dissociation en fonction du sexe et de la préférence latérale des animaux : une meilleure réactivité des lymphocytes a été retrouvée chez les souris de sexe féminin et utilisant leur patte gauche (souris « gauchères ») que celles de sexe masculin et celles utilisant leur patte droite.

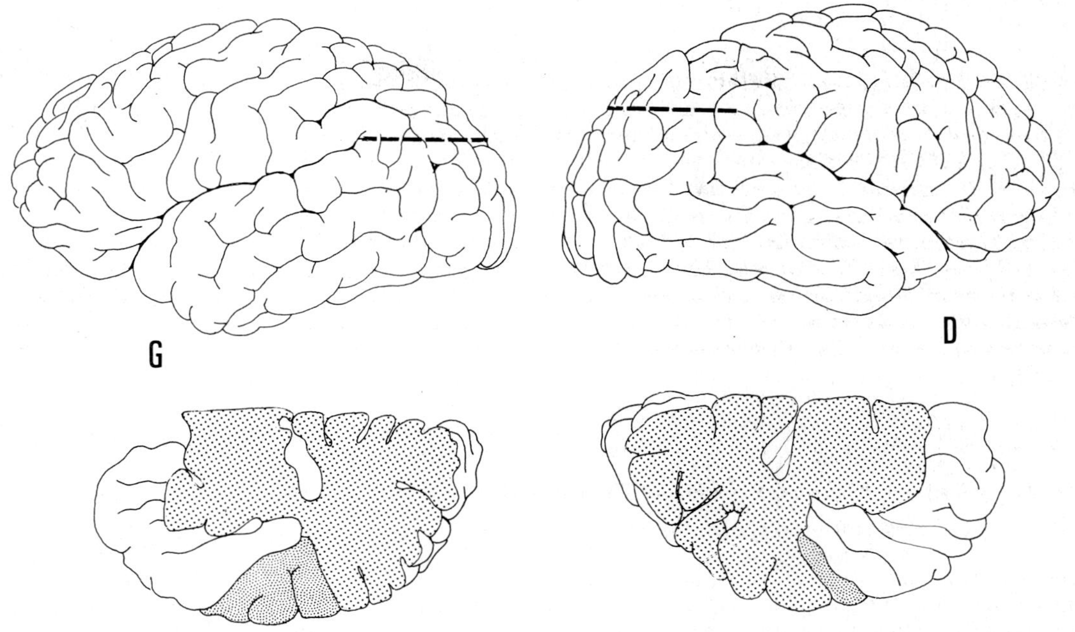

Fig. 143. – *Les asymétries du* planum temporale. L'asymétrie de direction de la fissure sylvienne fait que cette dernière se termine en position plus ventrale et plus caudale à gauche qu'à droite. Lorsque l'on sectionne les hémisphères comme il est indiqué sur les schémas du haut, en arrière de la fissure sylvienne, on peut visualiser la face supérieure du lobe temporal et l'asymétrie du *planum temporale* (pointillés serrés), une surface de cortex située en arrière de l'aire auditive primaire et faisant partie de l'aire de Wernicke du langage. Le *planum* est nettement plus développé du côté gauche chez les 2/3 des individus.

Autres asymétries corticales

Ainsi furent décrites diverses autres asymétries du cortex, intéressant en particulier la région même impliquée par Broca dans ses premières observations d'aphasie (l'aire de Broca). Mais c'est surtout sur la région de cortex entourant la partie postérieure de la scissure sylvienne que résident les asymétries les plus notables. En particulier, la scissure elle-même adopte généralement une direction plus horizontale à gauche et plus oblique voire verticale à droite (fig. 143). Par voie de conséquence, la région de cortex située au-dessus et en avant d'elle (l'opercule pariétal) est plus développée à gauche qu'à droite ; à l'inverse, la région de cortex située en arrière de la terminaison sylvienne (le lobule pariétal inférieur) paraît plus développée à droite qu'à gauche. En suivant le raisonnement de Geschwind, on pouvait ainsi émettre l'hypothèse que, de même que l'asymétrie du planum pouvait être rapprochée de la dominance de l'hémisphère gauche pour le langage, de même ces autres asymétries pouvaient être en rapport avec la latéralisation d'autres fonctions hémisphériques. Toutefois, toute tentative de démonstration de telles corrélations devait rendre compte du fait que ces asymétries sont présentes chez environ 70 % de la population, et absentes ou inversées chez les 30 % restant.

Asymétries microscopiques

Un dernier apport morphologique important fut la découverte par A. Galaburda d'asymétries d'aires cytoarchitectoniques (voir chapitre 5). C'est ainsi que l'aire dite Tpt, une aire de cortex auditif associatif se projetant sur le planum temporal et la partie postéro-supérieure du cortex temporal, s'est avérée jusqu'à 7 fois plus vaste à gauche qu'à droite, et ce même sur les cerveaux où l'asymétrie macroscopique n'était pas nette. Le même auteur a également pu mettre en évidence l'asymétrie de certains noyaux thalamiques, en particulier ceux connectés avec les aires corticales les plus asymétriques. Il convient de remarquer que, jusqu'ici, les asymétries décrites étaient toujours en faveur de structures hémisphériques gauches. Plus récemment, Galaburda a démontré pour la première fois l'existence d'une asymétrie en sens inverse, en faveur d'une aire corticale du lobe pariétal droit dont il suggéra qu'elle puisse sous-tendre la dominance hémisphérique droite pour les processus attentionnels ou visuo-spatiaux.

Asymétries de la substance blanche

Bien avant Geschwind, Elliot Smith (1906) avait montré que le volume des hémisphères présentait souvent une asymétrie en faveur du côté gauche, en particulier au niveau des lobes occipitaux. Plus récemment ont été démontrées des asymétries de volume et de croisement des faisceaux pyramidaux au niveau du bulbe, asymétries se faisant encore le plus souvent en faveur du côté gauche. Enfin, la Canadienne Sandra Witelson (1985) a apporté un élément important à cette problématique (bien qu'il ne s'agisse pas d'asymétrie à proprement parler) en démontrant que le corps calleux est nettement plus volumineux chez les gauchers (voir plus bas).

Origines des asymétries morphologiques

Ces découvertes anatomiques ont tout d'abord suscité un certain nombre de travaux cherchant à démontrer des aspects similaires sur d'autres cerveaux que ceux des sujets humains adultes.

Asymétries cérébrales chez le fœtus

Dans le début des années 70, plusieurs équipes ont mis en évidence un fait d'une importance fondamentale : les asymétries décrites chez l'adulte étaient déjà présentes (et pour certains de manière encore plus nette) sur les cerveaux de fœtus, et ce dès la 29e semaine de gestation, c'est-à-dire peu après la fin de la période de migration, soit dès que les sillons deviennent nettement individualisables sur la surface corticale. Cette découverte permettait en tout cas d'écarter toute explication qui ferait des asymétries morphologiques une simple conséquence d'un usage asymétrique de circuits fonctionnels.

Asymétries morphologiques chez les animaux

Un autre fait troublant fut la découverte sur le cerveau de plusieurs espèces de primates non humains (chimpanzé, gorille, orang-outang, mais non chez le macaque) d'asymétries intéressant les mêmes régions que les asymétries cérébrales humaines. En outre, cette asymétrie se fait dans le même sens que l'asymétrie humaine et dans des proportions similaires. L'interprétation de ces faits est bien sûr délicate. On pourrait y voir la preuve que les asymétries sylviennes de l'homme n'ont pas de rapport avec le langage, puisqu'elles sont présentes chez des animaux non doués de parole. On admet en fait en général que ces asymétries représentent les prémices évolutifs de l'asymétrie humaine, ce que semble confirmer la mise en évidence d'une ébauche d'asymétrie fonctionnelle chez le singe voire, comme nous l'avons vu, chez d'autres animaux.

Aspects paléontologiques

Enfin, et de manière sans doute plus anecdotique, des études de moulages endocrâniens effectués sur des crânes fossilisés d'hommes préhistoriques datant de – 60 000 ans (homme de Néanderthal) voire même de 500 000 ans (« homme de Pékin ») auraient montré une asymétrie de la région sylvienne similaire à celle de l'homme moderne.

Signification fonctionnelle des asymétries morphologiques

Pour essayer d'appréhender la signification des asymétries morphologiques, une approche directe réside dans leur mise en évidence du vivant du sujet, par des méthodes d'exploration in vivo, afin de tenter de corréler les asymétries ainsi décelées avec un indice de latéralisation fonctionnelle observé sur le même sujet. Une telle corrélation a été tentée en utilisant les moyens modernes d' imagerie cérébrale (voir chapitre 16) confrontés à divers indices fonctionnels. L'introduction du scanner cérébral a suscité un certain nombre de travaux de ce type. Il a été ainsi montré en premier lieu que chez le droitier le lobe occipital gauche est plus large et fait protrusion de façon plus nette en arrière que le droit, aspect non retrouvé chez le gaucher. En ce qui concerne le langage, il semblerait que, parmi les sujets devenus aphasiques à la suite d'une lésion cérébrale, le trouble du langage soit moins sévère chez ceux, droitiers ou gauchers, ne présentant pas l'asymétrie occipitale typique. Ainsi, l'absence d'asymétrie en faveur du côté gauche serait signe d'une moindre latéralisation fonctionnelle, tant de la manualité que du langage. Le dernier-né des instruments d'imagerie médicale, l'imagerie par résonance magnétique (IRM) est, mieux que le scanner, capable de rendre une image très fidèle de l'anatomie du cortex cérébral. On peut ainsi apprécier en particulier les détails morphologiques de la région sylvienne postérieure et même effectuer des mesures de surfaces des différentes aires corticales. De telles études, actuellement en cours, devraient apporter sous peu une réponse à beaucoup des questions que soulève l'existence d'asymétries morphologiques du cerveau humain.

Mécanismes biologiques de la dominance cérébrale

Diverses théories ont été jusqu'ici avancées pour rendre compte des faits rapportés ci-dessus, et de certains aspects concernant les gauchers.

Aspects génétiques

L'existence d'un facteur génétique dans le déterminisme de la gaucherie est un fait bien établi : les gauchers ont souvent d'autres gauchers dans leur famille et deux parents gauchers ont nettement plus de chances que deux parents droitiers (et également plus de chance qu'un couple mixte droitier-gaucher) d'avoir un enfant gaucher. Il ne s'agit pas là d'un facteur culturel, le rôle éventuel de pressions parentales ayant pu être éliminé. En outre, il existe un pourcentage assez fixe de gauchers quel que soit le milieu culturel. Toutefois, les modèles purement génétiques, cherchant à décrire les éventuelles règles de transmission de la gaucherie d'une génération à la suivante, ne sont jamais parvenus à rendre compte des faits. Le plus fameux de ces modèles, celui de M. Annett, postule qu'une majorité de la population possède un gène dont l'effet est de déterminer l'usage préférentiel de la main droite (« right-shift » ou RS) et parallèlement la latéralisation hémisphérique gauche du langage. Chez une minorité de sujets ne possédant pas ce gène (RS—), les aptitudes pour la manualité et pour le langage se répartiraient de manière aléatoire entre les deux hémisphères. En fait, les modèles génétiques se heurtent aux données observées chez les jumeaux : en cas de transmission héréditaire, deux vrais jumeaux devraient toujours avoir la même préférence manuelle, et une concordance entre jumeaux devrait se rencontrer plus fréquemment chez les « vrais » que chez les « faux » jumeaux, ce qui n'est pas le cas en pratique (1).

Théorie des gauchers pathologiques

La présence d'un nombre important de gauchers dans certaines populations pathologiques (dyslexiques, bègues, épileptiques, et divers types de retards mentaux) a fait invoquer, pour certains d'entre eux, l'intervention d'un facteur de souffrance fœtale ou péri-natale. P. Satz a proposé un modèle selon lequel il existerait, parmi les gauchers, deux groupes : les gauchers naturels et les gauchers pathologiques.

Chez les premiers, la gaucherie aurait une origine génétique et l'on retrouverait plus volontiers des cas de gauchers dans la famille proche. Chez les seconds, on ne retrouverait pas de facteur familial, mais souvent un antécédent de souffrance périnatale.

Théorie de N. Geschwind

Cette théorie est certainement l'une des plus complètes et la plus apte à rendre compte de la majorité des faits. Elle est basée sur le postulat que la dominance cérébrale est fondamentalement liée à l'existence d'asymétries anatomiques en général, et qu'en particulier la dominance de l'hémisphère gauche pour le langage est fondamentalement liée à l'asymétrie du *planum temporale*. Geschwind supposait ainsi l'existence chez la majorité des individus d'une tendance à la dominance de l'hémisphère gauche pour le langage et pour la manualité, mais imaginait que dans certaines circonstances (à savoir diverses influences hormonales, chimiques ou autres survenant pendant la vie fœtale), cette tendance puisse être contrariée, diminuant le degré d'asymétrie. Geschwind admettait la proposition d'Annett selon laquelle, dans une partie de la population, la dominance se ferait de façon aléatoire. Mais, à la différence de celle-ci, l'élément déterminant n'est plus l'absence d'un facteur génétique mais bien la présence anormale de facteurs d'environnement pendant la maturation cérébrale. Se basant sur l'incidence des aspects d'asymétrie morphologique du *planum temporale*, Geschwind suggérait que les individus ainsi définis (dits à dominance atypique) correspondent à 30 à 35 % de la population par rapport aux sujets à dominance standard représentant le reste de la population. Ces derniers comprendraient tous les droitiers absolus, alors que parmi les premiers on trouverait : les gauchers, les ambidextres mais aussi une partie des droitiers, en particulier ceux incomplètement droitiers et ceux ayant des antécédents familiaux de gaucherie.

Développement des asymétries

L'établissement des asymétries morphologiques (et donc sans doute de la dominance cérébrale) s'ef-

---

(1) En effet, deux vrais jumeaux (dits monozygotes) possèdent théoriquement un capital génétique absolument identique, à l'inverse de faux jumeaux (ou dizygotes).

fectue chez l'homme autour de la 25ᵉ semaine de gestation, période post-migratoire où les neurones ayant atteint leur position corticale « envoient » leurs prolongements afin d'établir leurs connexions en fonction de règles complexes faisant intervenir les mécanismes de compétition dans l'établissement de synapses (voir chapitre 3) sous l'influence de divers facteurs génétiques, chimiques et fonctionnels. D'après le modèle de Geschwind, des facteurs d'environnement interagiraient avec le développement des asymétries morphologiques, en particulier celles du *planum temporale*, probablement au cours de cette période critique de la maturation neuronale et axonale et de formation des synapses. Ces facteurs agiraient soit en ralentissant le degré de croissance du planum gauche, soit, comme on le pense plutôt actuellement, en diminuant le degré de perte cellulaire physiologique (voir chapitre 3) au niveau du planum droit.

Corps calleux et dominance cérébrale

Un des apports de ces dernières années concernant les mécanismes neurobiologiques de la dominance cérébrale provient des études portant sur le corps calleux. Le corps calleux, principal lien de fibres blanches entre les deux hémisphères, est particulièrement bien visible sur une coupe sagittale du cerveau (figure 144), où l'on y distingue plusieurs régions assurant le transfert d'informations différentes entre des zones corticales homologues de chaque hémisphère : la région postérieure, ou splénium, assure principalement le transfert d'informations de nature visuelle entre les deux régions temporo-occipitales ; la région antérieure, faite du genou et du bec, permet le transfert d'informations entre les lobes frontaux, donc en grande partie motrices. Enfin, l'isthme, partie postéro-moyenne, contient les fibres connectant les cortex associatifs temporo-pariétaux. De par sa situation, le corps calleux, on le conçoit aisément, se trouve étroitement relié aux aspects tant fonctionnels que développementaux de la latéralisation hémisphérique. En outre, il est facilement mesurable sur le cerveau humain, soit lors d'études anatomiques post-mortem, soit in vivo grâce à l'IRM (voir figure 147). Diverses études ont ainsi tenté de mettre en relation la morphologie du corps calleux et la préférence manuelle. Dans la majorité de ces études, il a été démontré qu'en moyenne le corps calleux est plus développé chez le non-droitier (groupe comprenant les gauchers, les ambidextres, et certains droitiers dont la préférence n'est pas absolue) que chez le droitier absolu. Ce fait est d'une importance certaine : d'une part, il peut être mis en rapport avec l'organisation fonctionnelle du cerveau des gauchers, dont on pense qu'ils sont probablement moins fonctionnellement latéralisés que les droitiers ; d'autre part, il prouve que les connexions interhémisphériques se sont développées de manière différente chez le gaucher, probablement en raison d'une moindre efficacité des phénomènes régressifs physiologiques qui affectent normalement les axones calleux lors de la période périnatale. Il a en effet été observé sur des cerveaux de foetus et d'enfants d'âge croissant une inversion brutale de la courbe de croissance du corps calleux entre la 33ᵉ semaine de gestation et de 3ᵉ mois de vie extra-utérine. Par la suite, le corps calleux ne va plus s'enrichir de nouveaux axones ; son aug-

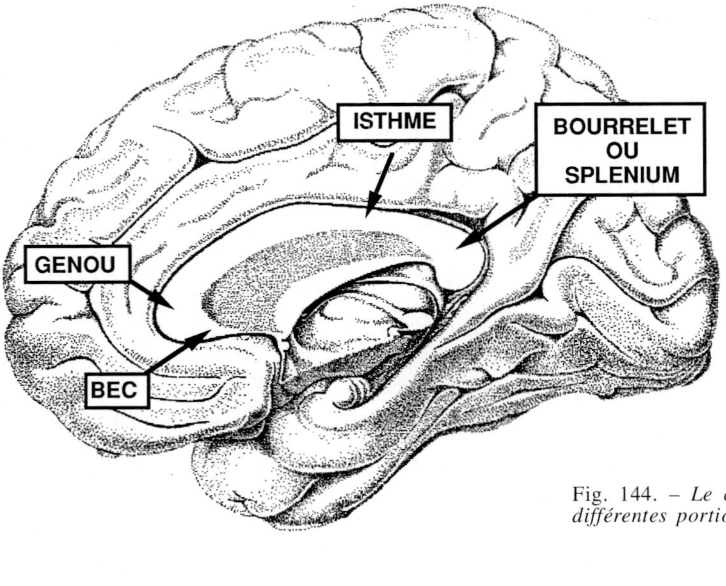

Fig. 144. – *Le corps calleux et ses différentes portions.*

mentation progressive de taille durant l'enfance correspond seulement à la myélinisation des axones existants. Il existe donc là une « période critique » (voir chapitre 3) où des facteurs intrinsèques ou extrinsèques peuvent venir influencer de manière cruciale le développement et sans doute déterminer certains aspects de la dominance cérébrale. Enfin, outre les différences de morphologie en fonction de la préférence manuelle, il a également été retrouvé des différences selon le sexe. Il semble ainsi que la constatation d'une aire calleuse moyenne plus vaste chez le gaucher soit essentiellement le fait du sexe masculin, alors que l'isthme serait au contraire plus volumineux chez les femmes droitières. Cette interaction de l'effet de la manualité et du sexe sur la taille du corps calleux, illustrée sur la figure 145, suggère l'influence au cours de sa maturation de facteurs liés au sexe.

Rôle des hormones dans l'établissement de la dominance cérébrale

Une des principales hypothèses avancées par Geschwind était que l'hormone mâle, la testostérone, jouait un rôle prépondérant. Le rôle trophique de la testostérone sur le cerveau est en effet bien établi et l'on sait, en particulier, que des modifications de l'ambiance hormonale chez le rat, pendant une période critique du développement de certaines structures, est capable de modifier leur morphologie. En outre, il a été démontré que certaines aires corticales du rat sont développées de manière asymétrique entre les hémisphères, et ce uniquement chez l'animal mâle. Chez la femelle, l'asymétrie est absente ou inversée. Grâce à des manipulations hormonales diverses, il a été possible de modifier dans l'un ou l'autre sens l'aspect de ces asymétries. Les expériences déjà citées sur les oiseaux chanteurs vont dans le même sens, montrant que le traitement du canari femelle par la testostérone peut modifier l'aspect de structures cérébrales responsables du chant dans le sens d'une masculinisation. Enfin, dans l'espèce humaine, il semble que les asymétries morphologiques soient dans l'ensemble plus marquées dans le sexe masculin, ce qui est en concordance avec un certain nombre d'études comportementales tendant à prouver que le cerveau masculin est plus franchement latéralisé que le cerveau féminin. Ainsi, la testostérone apparaît effectivement comme un des meilleurs candidats parmi les facteurs pouvant influer sur l'établissement de la dominance cérébrale.

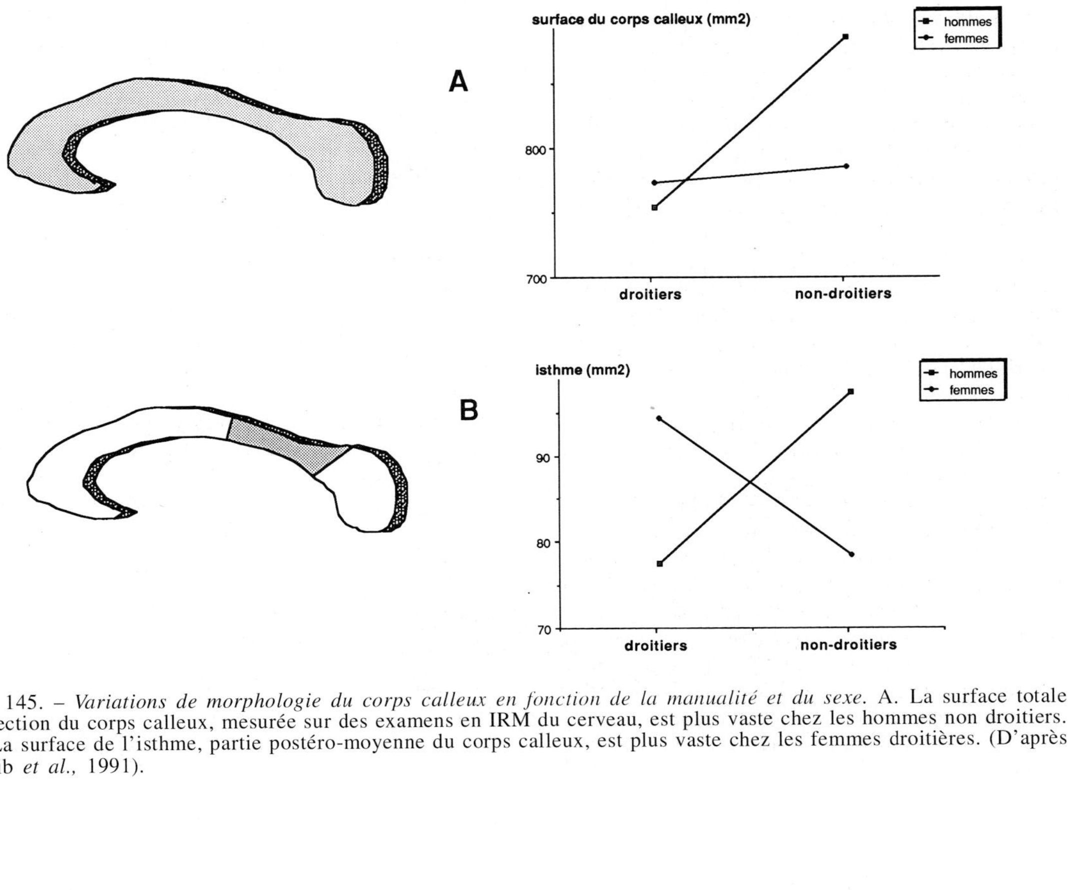

Fig. 145. – *Variations de morphologie du corps calleux en fonction de la manualité et du sexe.* A. La surface totale de section du corps calleux, mesurée sur des examens en IRM du cerveau, est plus vaste chez les hommes non droitiers. B. La surface de l'isthme, partie postéro-moyenne du corps calleux, est plus vaste chez les femmes droitières. (D'après Habib *et al.*, 1991).

Dominance atypique et associations pathologiques

La théorie développée par Geschwind rend compte façon remarquable d'un certain nombre de faits pathologiques et d'associations entre certaines anomalies et des manifestations de dominance atypique. La dyslexie représente le domaine d'application privilégié du concept de dominance atypique.

Dyslexie

Un rapport entre la dyslexie et une anomalie du développement de la dominance cérébrale est suspecté depuis longtemps : les enfants dyslexiques, qui sont du reste pour 80 % des garçons, sont beaucoup plus souvent gauchers que la population générale (bien que les dyslexiques droitiers restent plus nombreux que les dyslexiques gauchers). En outre, certaines des difficultés qu'ils présentent ont été rattachées à une perturbation de la dominance cérébrale (voir chapitre 14). Ce n'est pourtant que récemment que des anomalies cérébrales ont été décrites sur les cerveaux de dyslexiques. Grâce à une étude anatomique fine de plusieurs cerveaux de sujets dyslexiques, Galaburda a pu montrer que ces cerveaux comportaient régulièrement 2 types d'anomalies : (1) une absence d'asymétrie du planum temporale ; (2) des anomalies microscopiques du cortex cérébral (voir chapitre 14) siégeant principalement dans la région périsylvienne de l'hémisphère gauche et évoquant un trouble de la migration neuronale. L'interprétation de ces faits est que le cerveau du sujet dyslexique a subi, lors de sa maturation, une agression de nature indéterminée ayant pu non seulement altérer le processus menant à l'asymétrie du planum, mais également interférer avec la migration des neurones corticaux, provoquant les anomalies architecturales décrites. Cette agression est probablement survenue à la fin de la période de migration, c'est-à-dire autour de la 24e semaine de gestation, et au début de la période suivante de maturation axonale. Ici encore, Geschwind invoquait un excès de testostérone sécrété durant cette période. La très forte proportion de garçons parmi les dyslexiques irait dans le sens de cette hypothèse, qui ferait de la dyslexie un modèle de dominance atypique, en quelque sorte une exagération d'un processus intervenant de façon physiologique chez 30 à 35 % des individus. Toutefois, un certain nombre d'arguments suggèrent le rôle de facteurs différents, d'ordre immunologique.

Maladies immunes

C'est encore Geschwind qui, dans une série de travaux effectués sur de larges populations de sujets gauchers, d'une part, et de sujets porteurs d'affections immunitaires, d'autre part, a découvert l'existence d'associations entre ces 2 états de faits. Comparant une population de droitiers absolus à une population de gauchers absolus, il fut montré que les seconds avaient statistiquement plus de chances que les premiers de présenter (de même que leurs proches parents) certaines affections ayant en commun une dysfonction du système immunitaire : maladies allergiques (asthme, eczéma, rhume des foins) et maladies auto-immunes (1) (thyroïdites, affections intestinales, myasthénie). Dans toutes ces affections, Geschwind montra, à l'inverse, qu'il existait une plus grande proportion de gauchers que dans la population générale. L'explication de Geschwind, prenant appui sur les nombreux liens unissant le système immunitaire au système nerveux d'une part, et à l'effet des hormones sexuelles d'autre part, était que chez les individus porteurs d'une affection immunitaire et d'une dominance atypique, un excès de testostérone pendant la croissance fœtale avait pu être responsable en même temps du trouble du développement cérébral et d'une perturbation de la mise en place du système immunitaire.

Plus récemment, Galaburda et son équipe ont étudié le cerveau de souris appartenant à une souche porteuse d'un trouble immunitaire inné responsable d'une propension aux manifestations d'auto-immunité. Ils ont pu mettre en évidence des anomalies corticales très similaires à celles observées sur le cerveau de dyslexiques, en particulier des ectopies neuronales dans la couche superficielle du cortex cérébral. Il semble donc qu'une prédisposition génétique aux affections auto-immunes puisse jouer également un rôle, à côté de facteurs d'environnement, dans l'établissement d'une dominance atypique comme dans le déterminisme de la dyslexie.

---

(1) Les affections dites auto-immunes sont des maladies, le plus souvent chroniques, touchant divers organes, et ayant en commun une pathogénie faisant intervenir le développement anormalement important des défenses immunitaires qui, s'écartant de leur rôle physiologique de défense contre les agents infectieux, s'attaquent aux propres constituants de l'organisme. En neurologie, la sclérose en plaques est l'une de ces maladies

Autres associations pathologiques ou physiologiques

L'approche théorique de Geschwind, faisant en quelque sorte de la gaucherie un « marqueur » d'un événement survenu dans l'environnement fœtal (chez un sujet présentant sans doute aussi un terrain génétique particulier) a mené à de nombreuses hypothèses concernant divers états de faits, pathologiques ou non. L'observation d'un pourcentage important de gauchers dans certaines affections malformatives (scolioses, becs-de-lièvre) a été considérée comme un argument supplémentaire en faveur de facteurs maturationnels dans le déterminisme de la gaucherie. A l'inverse, le nombre de gauchers anormalement élevé parmi les épileptiques ou les enfants autistiques est en faveur d'un trouble du développement et/ou d'un facteur génétique à l'origine de ces affections. Enfin, Geschwind insistait sur l'association de la gaucherie à certains talents et la fréquence de gauchers dans certaines populations professionnelles (architectes, artistes, sportifs, etc.). Il suggérait de voir là la marque d'un certain « conservatisme » des processus adaptatifs en fonction duquel l'évolution aurait « préservé » un processus biologique capable de générer des talents hors du commun.

CHAPITRE XVI

NOUVELLES IMAGERIES DU CERVEAU*

La neurologie du comportement, telle que nous l'avons définie dans l'introduction, ne peut se passer d'une référence précise et fiable au cerveau vivant. Pour ce faire, elle utilise couramment les moyens mis aujourd'hui à sa disposition par le renouveau technique de ces dernières années, renouveau qui a pu, à juste titre, être appelé « la révolution des images ». Cette utilisation se fait de diverses manières selon le but recherché : la justification première de ces méthodes est certainement la possibilité qu'elles offrent de faire connaître la *nature* des lésions cérébrales, et, de fait, elles ont apporté un progrès considérable en matière de diagnostic neurologique. C'est ici principalement le scanner à rayons X qui, comme nous le verrons, est utilisé dans cette perspective. Mais, dans le même temps, et c'est surtout l'aspect que nous développerons ici, le but du praticien ou du chercheur en neurologie du comportement sera aussi d'acquérir une information la plus précise possible sur l'anatomie cérébrale normale ou plus souvent lésionnelle de l'individu étudié : devant un comportement donné, il est en effet du plus grand intérêt, afin de pouvoir le mettre en relation avec son support neurobiologique, de connaître les caractéristiques morphologiques des structures cérébrales du sujet et en particulier de repérer et circonscrire de la manière la plus précise les éventuelles lésions responsables de la perturbation fonctionnelle. Le scanner à rayons X et l'imagerie par résonance magnétique sont capables de fournir cette information. Enfin, mais cet aspect est encore du domaine de la recherche, certains outils offrent la possibilité d'accéder à une « image métabolique » du cerveau, c'est-à-dire littéralement à une observation du cerveau en fonction. Nous présenterons également, mais plus succinctement, cet aspect qui devrait apporter, dans les prochaines années, de passionnantes informations.

Techniques

Scanner à rayons X

Inventé par Hounsfield et Cormack (1) en 1974, le scanner à rayons X ou tomographie computérisée (Computerized Tomography, ou CT) a apporté une véritable révolution dans la pratique de nombreuses spécialités médicales, tout particulièrement en neurologie où il a pour la première fois permis de visualiser directement le tissu cérébral.

Origines : la radiographie conventionnelle

La radiographie conventionnelle de la tête repose sur le principe, découvert dès la fin du siècle dernier par Roentgen, selon lequel l'émission de rayons X peut être recueillie sur une plaque (photographique, par exemple) sous la forme d'un noircissement directement proportionnel à la quantité de rayons reçue par la plaque. Or cette quantité est fonction de la densité des matériaux (ou des tissus) traversés par le rayon avant d'atteindre la plaque. On obtient ainsi une image en négatif de ces tissus, inversement proportionnelle à leur capacité d'absorber le rayon, ce qui permet de différencier des tissus de densité différente : par exemple, lors d'une radiographie conventionnelle

---

* En collaboration avec C. Rumeau.

(1) Prix Nobel de Physiologie et de Médecine en 1979.

céphalique, les tissus absorbant fortement les rayons, comme le crâne et les tissus calcifiés intra-crâniens, apparaîtront en négatif sur la plaque. Par contre, la résolution de la méthode n'est pas suffisante pour permettre de distinguer entre les divers constituants intra-crâniens, de sorte que tout le contenu encéphalique apparaît transparent aux rayons X. Les seuls moyens d'évaluer la morphologie cérébrale étaient donc des moyens indirects tels que l'encéphalographie gazeuse, dont le but était de visualiser les cavités ventriculaires en les remplissant d'air, méthode grévée pour le sujet d'inconvénients considérables, ou encore l'artériographie cérébrale (encore pratiquée dans certaines

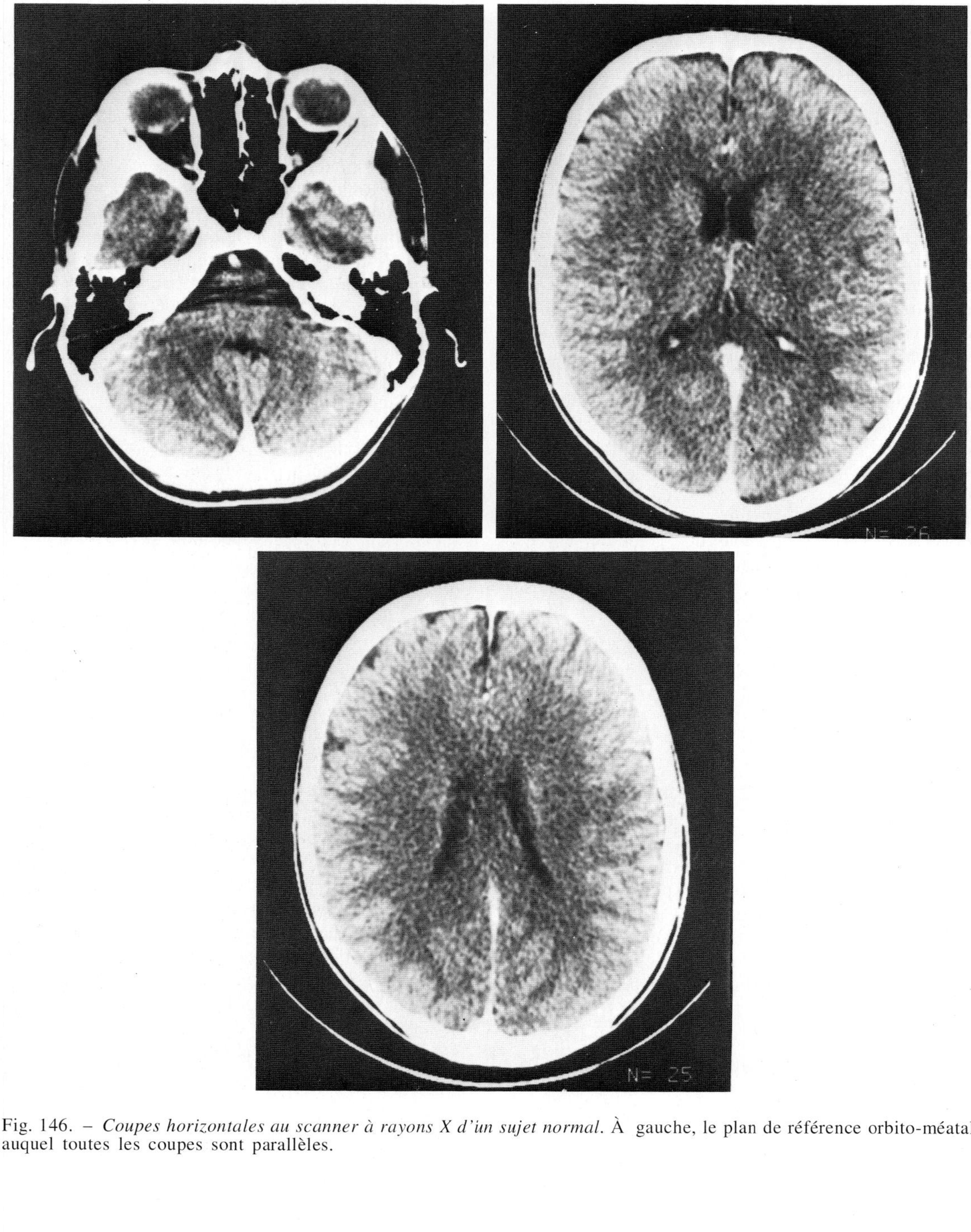

Fig. 146. – *Coupes horizontales au scanner à rayons X d'un sujet normal.* À gauche, le plan de référence orbito-méatal auquel toutes les coupes sont parallèles.

indications) cherchant, à l'inverse, à contraster la surface corticale en injectant dans les artères un produit iodé opaque aux rayons X.

Principe

Le progrès considérable que réalise le scanner, et qui rend obsolètes ces artifices destinés à augmenter le contraste de certains tissus, réside dans le couplage à un ordinateur. La résolution rendue possible grâce à l'ordinateur permet d'analyser séparément des tissus dont la densité varie de moins de 2 %. L'appareil est constitué d'un tube à rayons X, qui envoie une série de rayons très fins, hautement collimatés, et d'un détecteur situé en vis-à-vis. Les deux éléments tournent simultanément autour de la tête du sujet pour effectuer une rotation de 180^0. A chaque degré de rotation, les détecteurs transmettent une information sur un certain nombre de points traversés par les rayons. La densité d'un point est calculée en effectuant la sommation des chiffres de densités obtenus à chaque passage. La résolution de l'appareil est donc d'autant plus importante que les rayons sont plus rapprochés, permettant d'analyser des points de moins d'un millimètre pour les appareils les plus récents. La quantité d'informations ainsi obtenues, concernant donc une « tranche » de cerveau de 1 à 10 mm d'épaisseur (d'où le terme de tomographie), est ensuite transformée par l'ordinateur en fonction d'un spectre de densités noir-blanc, en une teinte de gris spécifique à une densité donnée, ce qui procure pour chaque coupe une image en noir et blanc parfaitement contrastée des différents constituants du cerveau (fig. 144). L'opération est réitérée autant de fois que l'on désire explorer de niveaux différents, en modifiant simplement la position de la tête du sujet sous le collimateur. Enfin, il est souvent utile de compléter l'examen par une injection intra-veineuse de substance iodée qui permet de « rehausser » le contraste de certaines zones très riches en vaisseaux ou lors de rupture de la barrière hémato-encéphalique. Ainsi, les structures vasculaires du cerveau (veines et artères) de même que certaines lésions cérébrales (malformations vasculaires, tumeurs, abcès) ne deviennent visibles qu'après injection de produit de contraste.

Description des images

Les clichés présentés sur la figure 146 correspondent à trois niveaux de coupes différents pris chez un sujet normal. Les plans sont parallèles à un plan axial (ou horizontal) passant par le conduit auditif externe et la partie moyenne de l'orbite. On observe différentes structures de densités différentes, en particulier, au centre, les ventricules cérébraux, hypodenses en raison de leur contenu liquidien (LCR). On reconnaît aussi (difficilement toutefois) la silhouette des noyaux gris centraux au sein de l'hypodensité diffuse de la substance blanche. L'air contenu dans les conduits auditifs et les sinus maxillaires représente l'élément le plus hypodense (noir). Les plexus choroïdes (1), très souvent spontanément calcifiés, sont visibles sous la forme de petites hyperdensités à l'intérieur des ventricules. Enfin, l'injection de produit de contraste permet la visualisation d'artères et de sinus veineux, de même qu'elle amplifie le contraste entre le cortex et la substance blanche sous-jacente. Toutefois, les sillons corticaux ne sont pratiquement pas visibles sur cet examen. En outre, la présence pratiquement inévitable d'artéfacts osseux dans la fosse postérieure rend l'examen difficilement utilisable pour apprécier les constituants de cette région, le tronc cérébral et le cervelet.

Imagerie par résonance magnétique (IRM)

Cette méthode constitue un progrès certain par rapport à la précédente. Déjà utilisée depuis les années 50 par les chimistes dans le but d'analyser la composition atomique de substances chimiques, la résonance magnétique n'a été appliquée que très récemment à l'imagerie médicale. Son avantage principal réside dans une grande capacité de discernement entre les différents tissus cérébraux, tout en évitant la potentielle toxicité du rayonnement X utilisé par le scanner.

Principe

L'IRM repose sur des principes physiques particulièrement complexes dont nous ne décrirons ici que très schématiquement les pricipaux caractères. Certains noyaux atomiques sont capables de se comporter comme des aiguilles aimantées, animées d'un mouvement de rotation sur eux-mêmes appelé « spin ». Dans la matière, ils ont toutefois des directions tout à fait aléatoires. Mais en présence d'un champ magnétique externe constant, ils vont s'aligner parallèlement à sa direction. Si une émission d'ondes radio est superposée au champ magnétique principal, le noyau pourra basculer en s'alignant dans une direction en général opposée à

---

(1) Organes sécréteurs du LCR.

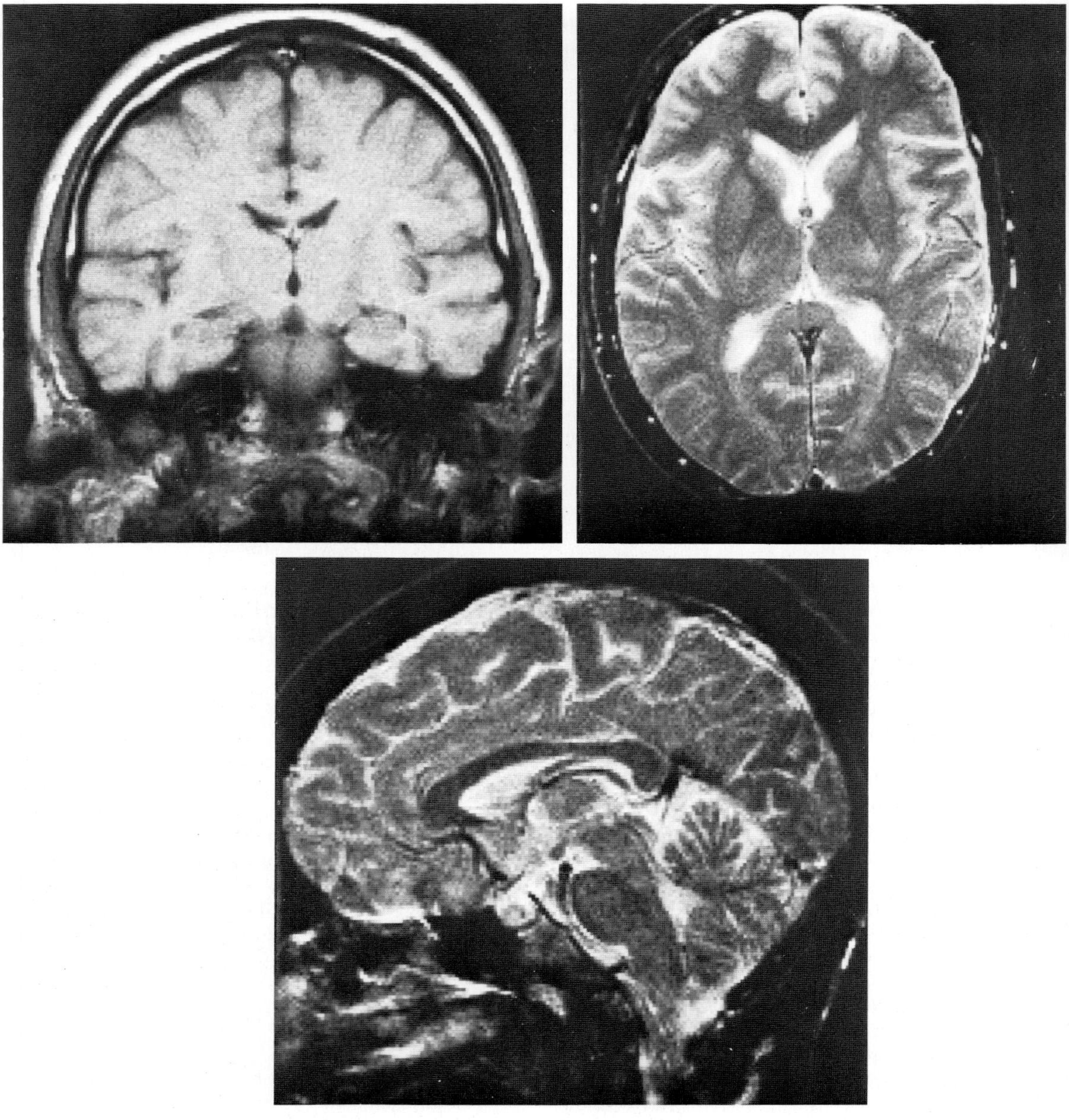

Fig. 147. – *Examens de sujets normaux en résonnance magnétique* (IRM). À gauche, image pondérée en T1 d'une coupe frontale passant par la partie antérieure du 3e ventricule, permettant une excellente définition anatomique. Au centre et à droite, images pondérées en T2 d'une coupe horizontale et d'une coupe sagittale médiane, où l'on remarque l'hyperrésonance des espaces liquidiens intra- ou péri-cérébraux.

celle du champ magnétique principal. C'est le phénomène de résonance magnétique nucléaire. Quand l'impulsion cesse, le noyau retourne à son orientation d'origine et libère de l'énergie. Le retour à la position d'équilibre est appelé relaxation, que l'on décrit par sa constante de temps. Le temps de relaxation est tributaire d'une part de l'interaction du proton avec le milieu («spin-réseau»), définissant le temps de relaxation T1, et d'autre part de l'interaction de spins entre eux («spin-spin») définissant le temps de relaxation T2. Les différents modes d'acquisition rendant possible la création d'images dites «pondérées en T1» ou «pondérées en T2», permettent d'adapter l'examen à l'étude des tissus normaux ou pathologiques.

L'hydrogène est particulièrement apte à entrer en résonance. Les images obtenues en IRM témoignent donc de la concentration en hydrogène (c'est-à-dire en pratique la teneur en eau) des tissus analysés. Par exemple, l'os, qui ne contient pas d'eau, est pratiquement invisible en IRM (l'on dit : hyporésonant). A l'inverse, le LCR apparaît hyper-résonant, surtout en T2, où l'on obtient une image très contrastée des espaces liquidiens : ventricules et sillons corticaux. Cette condition permet en particulier d'analyser les caractères de lésions, notamment leur teneur en eau (œdème). A l'inverse, la condition T1 fournit une discrimination maximale entre la substance blanche et la substance grise, trouvant donc sa meilleure utilisation à des fins anatomiques (fig. 147).

Avantages et inconvénients par rapport au scanner

Outre les deux avantages précédemment cités (meilleure résolution et absence de rayons X), l'IRM permet d'effectuer des coupes tomographiques dans les 3 plans de l'espace : axial, comme le scanner, mais aussi coronal et sagittal (fig. 147), donnant l'opportunité d'une étude tri-dimensionnelle des structures cérébrales. Toutefois, la méthode présente un certain nombre d'inconvénients qui limitent son emploi. Le premier, lié à son principe même, contre-indique l'examen à tout sujet porteur de matériel métallique, soit parce qu'il pourra créer des artéfacts rendant l'examen ininterprétable, soit surtout parce qu'il peut être dangereux pour le sujet lui-même (par exemple matériel métallique opératoire ou pace-maker cardiaque). Un dernier facteur limitant est la durée de l'examen (de 1 à plusieurs heures selon la méthode choisie), sachant que le sujet doit rester parfaitement immobile pendant toute cette durée, ce qui ne permet pas par exemple d'en faire bénéficier certains malades ayant des troubles du comportement liés aux lésions cérébrales. Enfin, il convient de préciser que l'IRM est loin d'avoir livré toutes ses possibilités. Sont actuellement à l'étude des procédés utilisant spécifiquement la résonance de certains atomes, comme le sodium ou le phosphore, ce qui permet d'étudier spécifiquement les tissus utilisant ou métabolisant ces atomes. Ainsi, l'étude en IRM des atomes de phosphore utilisés dans la production énergétique (1), est capable de fournir une imagerie métabolique au même titre que les méthodes de tomographie à émission (voir ci-dessous). En théorie, des études de ce type devraient pouvoir être appliquées spécifiquement à n'importe quel noyau atomique et apporter une quantité considérable d'information sur le fonctionnement cérébral, en réalisant une véritable analyse chimique in vivo de diverses régions du cerveau.

Tomographie par émission

Il s'agit d'une technique encore peu répandue mais dont l'intérêt dépasse celui des examens précédents dans la mesure où le but n'est plus de procurer une imagerie simplement morphologique du cerveau mais bien une imagerie fonctionnelle, une image du cerveau en fonction. Divers inconvénients font que la méthode ne peut encore être appliquée largement en pathologie, de sorte que son utilisation est réservée en pratique au domaine de la recherche.

Origines : la scintigraphie conventionnelle

La tomographie par émission est basée sur la scintigraphie, de la même manière que le scanner est basé sur la radiographie conventionnelle. La scintigraphie est une méthode largement appliquée à divers domaines de la médecine et utilisant les propriétés de certains traceurs radioactifs injectés par voie générale de se fixer sur certains tissus. Depuis déjà une quinzaine d'années, une méthode de ce type permettait de mesurer les débits sanguins cérébraux régionaux (rCBF) : après injection ou l'inhalation d'une substance telle que le xénon radioactif, la distribution du produit dans la circulation cérébrale était suivie grâce à des compteurs répartis sur la surface du scalp, et l'on pouvait mesurer certaines variables comme la consommation de glucose ou d'oxygène, donnant une idée indirecte du métabolisme cérébral. La tomographie par émission apporte les avantages du couplage à ordinateur et ceux d'une exploration de l'encéphale sur des niveaux de coupe successifs.

Principes

Il existe actuellement deux méthodes de ce type : la **tomographie à émission monophotonique** (SPECT = « single photon emission tomography ») et la tomographie à émission de positrons, ou positons (PET). Dans la tomographie monophotonique, la source de rayonnement est un radioélé-

(1) Traduisant la consommation de l'adénosine tri-phosphorique ou ATP, principal réservoir énergétique des cellules.

ment émetteur γ, identique à ceux utilisés dans la scintigraphie classique et le détecteur est une gamma-caméra. Les radio-émetteurs utilisés sont des isotopes radioactifs d'éléments non retrouvés naturellement en biologie (thallium, technetium, xénon). De même que pour le scanner ou l'IRM, un programme d'ordinateur permet de reconstruire l'image en tomographies horizontales.

Dans la **tomographie à positrons**, les radioéléments injectés sont des isotopes émetteurs de

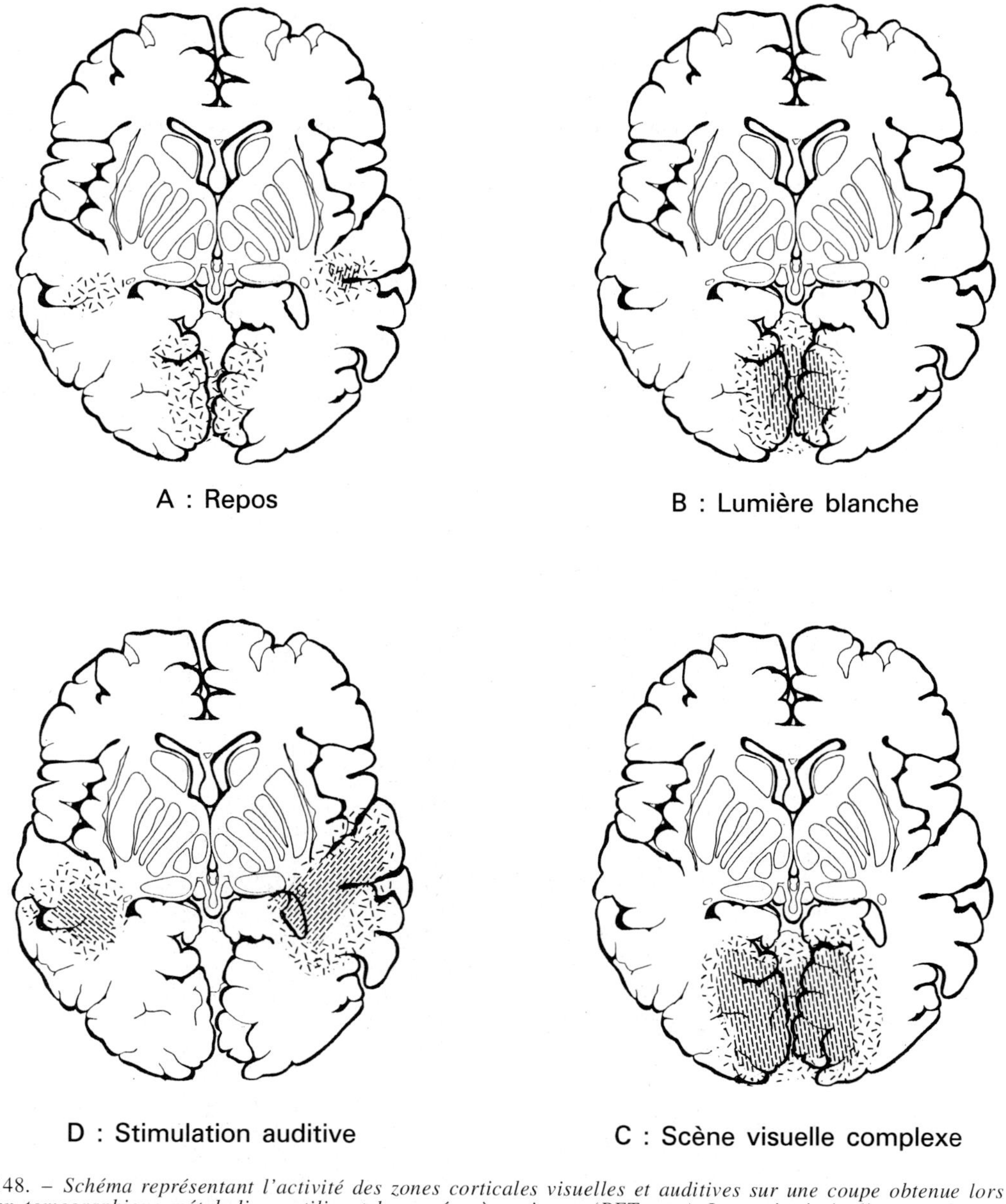

Fig. 148. – *Schéma représentant l'activité des zones corticales visuelles et auditives sur une coupe obtenue lors d'un examen tomographique métabolique utilisant la caméra à positrons (PET-scan).* Les traits irréguliers représentent les zones de faible ou moyen métabolisme. Les traits réguliers, les zones à fort métabolisme, traduisant donc une activité neuronale intense. En A., le sujet est au repos : faible activité des régions de cortex visuel et auditif. En B., le sujet perçoit une simple lumière blanche. On note une activation se projetant sur la région du cortex visuel primaire. En C., le sujet assiste à une scène visuelle complexe. La zone d'hyperactivité intéresse toujours le cortex primaire mais s'étend en outre aux régions occipitales avoisinantes, traduisant probablement une activation du cortex associatif péri-strié. En D., on fait entendre au sujet une histoire policière qu'on lui demande de se remémorer. On note l'activation de la région des gyrus de Heschl (non représentée sur ce schéma, l'activation de la région hippocampique, plus bas située).

rayonnement β (ou positron) qui, au contraire des précédents, sont produits par les principaux constituants de la matière biologique (^{11}C, ^{13}N, ^{15}O). Le principe en est de marquer avec un de ces radioéléments des molécules normalement métabolisées par le cerveau. La particularité de ces isotopes est qu'ils ont une demi-vie brève et doivent par conséquent être fabriqués à proximité de leur lieu d'utilisation, ce qui implique de disposer d'un cyclotron (accélérateur de particules). L'action du cyclotron aboutit à incorporer un proton supplémentaire au noyau, ce qui produit un isotope instable qui va retrouver sa stabilité en se scindant en deux parties : un neutron qui reste dans le noyau, et un positron qui est éjecté et va percuter un électron, ce qui produit l'émission de 2 rayons γ à 180^{0}. Ces derniers vont atteindre des détecteurs situés de part et d'autre de la tête, ce qui permet de localiser avec précision le site d'annihilation du positron, site analysé par l'ordinateur pour la réalisation de l'image finale. Le composé le plus couramment utilisé est le 2-désoxyglucose marqué au fluor radioactif (^{18}F-2-désoxyglucose). La molécule, une fois injectée dans la circulation générale, va se comporter comme le glucose sanguin et venir se fixer au niveau des régions cérébrales présentant la plus forte activité métabolique : les aires cérébrales les plus marquées seront par conséquent celles où le métabolisme est le plus intense, de sorte que l'image obtenue peut être assimilée à une cartographie fonctionnelle, les structures étant d'autant mieux marquées qu'elles sont « en fonction » au moment même de l'examen.

Finalement, les images obtenues grâce à ces techniques de tomographie d'émission représentent, de même que pour le scanner et l'IRM, des coupes horizontales du cerveau, mais ici l'image représente les structures en fonction. Les applications en sont potentiellement immenses en neurologie des comportements, puisqu'il est en théorie envisageable d'analyser le métabolisme cérébral au cours de divers états mentaux et d'étudier les structures cérébrales impliquées dans ces états mentaux. Ainsi a-t-il été possible, avec le PET, de démontrer l'activation des cortex primaires lors de mise en jeu préférentielle d'un système sensoriel et l'acti-

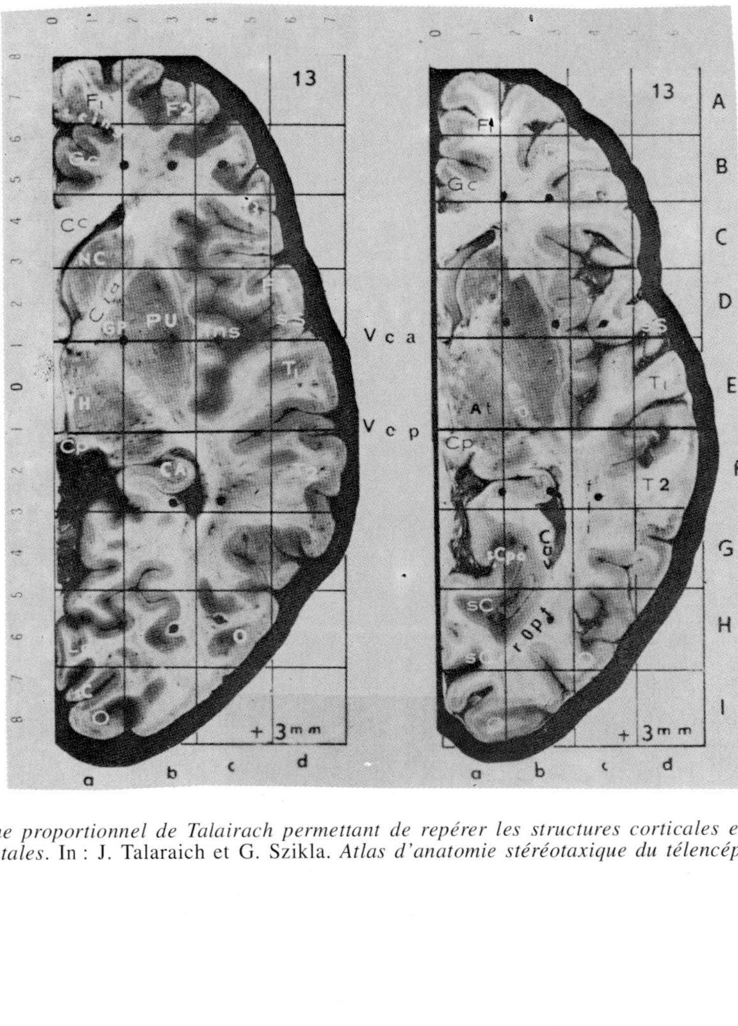

Fig. 149. – *Système proportionnel de Talairach permettant de repérer les structures corticales et sous-corticales sur des coupes horizontales.* In : J. Talaraich et G. Szikla. *Atlas d'anatomie stéréotaxique du télencéphale.* Masson, Paris, 1967.

vation d'aires associatives dans des tâches plus complexes (fig. 148) ; de même, lors de lésions cérébrales, la démonstration de la dysfonction provoquée par la lésion peut constituer un complément précieux pour comprendre les anomalies comportementales observées. Toutefois, ces méthodes connaissent plusieurs limitations sérieuses. En premier lieu, leur résolution anatomique, qui est nettement plus faible que celles du scanner et de l'IRM. Le PET, de loin, des deux méthodes, la plus performante, est aussi d'un prix de revient très élevé qui, joint à la nécessité d'un accélérateur de particules, explique le très petit nombre d'appareils en fonction dans le monde.

Imageries en neurologie du comportement

Méthode anatomo-clinique moderne

De même que la méthode anatomo-clinique classique, introduite il y a plus d'un siècle en neurologie, nous a apporté une quantité considérable d'informations sur l'organisation fonctionnelle du cerveau, de même, la possibilité qui nous est maintenant offerte d'observer l'anatomie cérébrale du vivant du sujet permet d'envisager de nouvelles révélations. C'est ainsi, par exemple, que la mise en évidence d'aphasies liées à de petites lésions sous-corticales, volontiers méconnues avant l'avènement du scanner, a bouleversé notre conception de l'organisation du langage (voir chapitre 14). De même, les troubles moteurs et comportementaux liés aux lésions des structures limbiques commencent à être répertoriés, et par là l'anatomie des fonctions émotionnelles et mnésiques à être dévoilée. La démarche poursuivie est très généralement du même type que celle utilisée par les anatomo-cliniciens de jadis, et repose sur une inférence fonctionnelle basée sur l'analyse du siège de la lésion causale. Ainsi, si un sujet perd la faculté de reconnaître spécifiquement (ou presque) les visages humains après une lésion de la face inférieure des lobes temporaux, on est autorisé à penser que cette zone du cerveau est critique pour la fonction de reconnaissance des visages.

Cette démarche s'applique toutefois avec plus ou moins d'aisance selon les domaines des fonctions mentales envisagés, et selon le niveau d'explication avancé. Si elle s'accommode fort bien de syndromes, comme les alexies ou les syndromes de déconnexion inter-hémisphérique, par exemple, où une explication en termes de déconnexion entre divers centres est plausible, elle aura cependant plus de difficultés à rendre compte d'autres faits nécessitant des niveaux d'explication plus complexes, comme la notion de modules anatomo-fonctionnels n'obéissant pas nécessairement à une unité topographique. Il apparaît toutefois que notre compréhension des comportements humains est loin d'avoir épuisé les ressources que lui offre le modèle du cerveau lésé, et ce d'autant plus que les progrès incessants de l'imagerie procurent une précision sans cesse grandissante à l'information anatomique et bientôt fonctionnelle.

Repérage des structures et identification lésionnelle

Les possibilités d'imagerie dont nous disposons actuellement permettent d'approcher, voire de dépasser, la précision obtenue par l'anatomie macroscopique. Pour ce faire, il est cependant nécessaire d'être familiarisé avec l'interprétation des images tomographiques sous la forme desquelles les ordinateurs reconstruisent l'anatomie du cerveau. Cette interprétation doit tenir compte d'un certain nombre de caractéristiques liées soit à la technique utilisée, soit à l'anatomie cérébrale elle-même.

Identification des structures pertinentes

L'identification des différentes structures cérébrales est de difficulté variable. Alors qu'il est relativement aisé de repérer les limites des principales formations grises centrales (striatum, pallidum, thalamus) tout comme d'identifier les pricipales régions de substance blanche, il n'en va pas de même pour le repérage du cortex. Il est commode de se référer à des atlas anatomiques présentant des coupes successives auxquelles on tâchera de superposer les coupes tomographiques. Toutefois, diverses sources d'erreurs sont reconnaissables. En premier lieu, nous l'avons vu, le scanner ne montre pas nécessairement les sillons corticaux dont l'identification pourrait permettre le repérage des principales aires fonctionnelles. En outre, quand bien même les sillons seraient reconnaissables, ils ne sont pas nécessairement identifiables : deux types de difficultés peuvent être rencontrés, le problème du **plan de base**, et celui des **variations individuelles**. Lorsque l'on observe les clichés tomographiques d'un examen au scanner tels que ceux présentés sur la figure 146, il est difficile de déterminer a posteriori le degré d'obliquité des coupes (parallèles entre elles) par rapport à l'axe du cerveau, ce qui rend aléatoire la comparaison d'un cliché avec une coupe anatomique prise dans un atlas.

Habituellement, les coupes, lors de l'examen neuroradiologique, sont prises selon un plan fixe, généralement le plan orbito-méatal, de façon à assurer la constance d'orientation des images, ce qui limite ce premier inconvénient. Un problème plus délicat est celui des variations individuelles. La morphologie cérébrale est en effet très variable d'un individu à l'autre, tant au niveau du volume total que des rapports entre les grands axes. Il devient dès lors difficile de comparer deux coupes similaires provenant de deux sujets différents. Talairach a toutefois démontré qu'il existait une certaine proportionnalité permettant de repérer des structures corticales de manière fiable (fig. 149). Ces quelques remarques, surtout applicables au scanner, le sont moins à l'IRM qui est capable de procurer des coupes dans les 3 plans, facilitant ainsi le repérage des structures. Toutefois, pour les raisons techniques envisagées ci-dessus, il est encore beaucoup plus fréquent de disposer d'un scanner que d'une IRM. En outre, même en IRM, le plan axial reste également le plus utilisé. C'est pourquoi il est utile de disposer d'une planche-gabarit (« template »), conçue à partir de coupes horizontales et permettant de reporter les lésions cérébrales de chaque sujet sur un schéma standardisé. Telle est la méthode présentée sur la figure 148. En outre, l'utilisation de cette méthode permet de recueillir et de stocker les informations concernant la topographie lésionnelle des sujets étudiés, et éventuellement de confronter des groupes ou des séries de cas présentant des lésions similaires.

Choix des patients

Les diverses pathologies possèdent, pour la compréhension des mécanismes cérébraux des fonctions mentales, un intérêt variable. C'est ainsi que la neurologie du comportement se réfère le plus souvent à des sujets ayant présenté des **accidents vasculaires du cerveau**, pathologie qui offre, en tant que modèle, l'avantage, par rapport à d'autres, du caractère nettement circonscrit des lésions (contrairement, par exemple, aux affections dégénératives du cerveau) et de leur relative fixité dans le temps après leur installation (ce qui n'est pas le cas, par exemple, d'une tumeur cérébrale qui s'accroît progressivement, rendant plus difficile la corrélation anatomo-clinique). Il va sans dire que, devant un patient cérébro-lésé présentant des troubles du comportement, le principal souci du clinicien sera dans tous les cas d'utiliser l'imagerie dans le but de lui offrir les meilleures possibilités de guérison ou de réhabilitation. Parvenir à combiner les deux impératifs, celui du chercheur et celui du clinicien potentiellement thérapeute, n'est pas chose facile et nécessite une rigueur et une vigilance indispensables à la pratique de cette passionnante discipline qu'est la Neurologie des Comportements.

Fig. 150. – *Examen IRM d'un sujet normal.* Page de gauche : 11 coupes horizontales obtenus prallèlement au plan orbito-méatal, à des intervalles de 7 mm. Page de droite : planche gabarit réalisée à partir de ce même examen permettant l'identification des structures sur les coupes horizontales de scanner ou d'IRM. A : noyaux amygdaliens; AMS : aire motrice supplémentaire (6 médian); asc : aire sous-calleuse (25); Ca : Gyrus cingulaire antérieur (24); CC : corps calleux. g = genou. b = bec sp = splénium; Cp : gyrus cingulaire postérieur (23); crs : cortex rétro-splénial (26, 29, 30); Cu : cunéus (cortex supra-calcarin); F1 : 1re circonvolution frontale (gyrus frontal supérieur); d = dorsal (6, 8, 9) v = ventral (10, 11); F2 : 2e circonvolution frontale (gyrus frontal moyen); F3 : 3e circonvolution frontale (gyrus frontal inférieur); c = cap ou région triangulaire (45) p = pied ou région operculaire (44) o = région orbitaire; FA : circonvolution frontale ascendante (gyrus précentral); Fo : lobe frontal, portion orbitaire; Fu : gyrus fusiforme (4e circonvolution temporale) ga : gyrus angulaire (39); GPH : gyrus para-hippocampique (5e circonvolution temporale); GSM : gyrus supra-marginal (40); H : hippocampe (corne d'Ammon); In : insula; L : gyrus lingual (cortex infra-calcarin); O : lobe occipital; o Ce : opercule central; P1 : 1re circonvolution pariétale (gyrus pariétal supérieur); m = partie médiane; PA : circonvolution pariétale ascendante (gyrus postcentral); Pi : lobe piriforme p O : pôle occipital; po T : pôle temporal; Tp : circonvolution temporale profonde (gyrus de Heschl); T1 : 1re circonvolution temporale (gyrus temporal supérieur); T2 : 2e circonvolution temporale (gyrus temporal moyen); T3 : 3e circonvolution temporale (gyrus temporal inférieur); Régions profondes : 1 : noyau caudé, 2 : putamen, 3 : pallidum, 4 : thalamus, noyaux médians, 5 : thalamus, groupe antérieur, 6 : thalamus, groupe latéral, 7 : pulvinar, 8 : trigone (fornix), 9 : tubercules mamillaires, 10 : noyaux du prosencéphale basal.

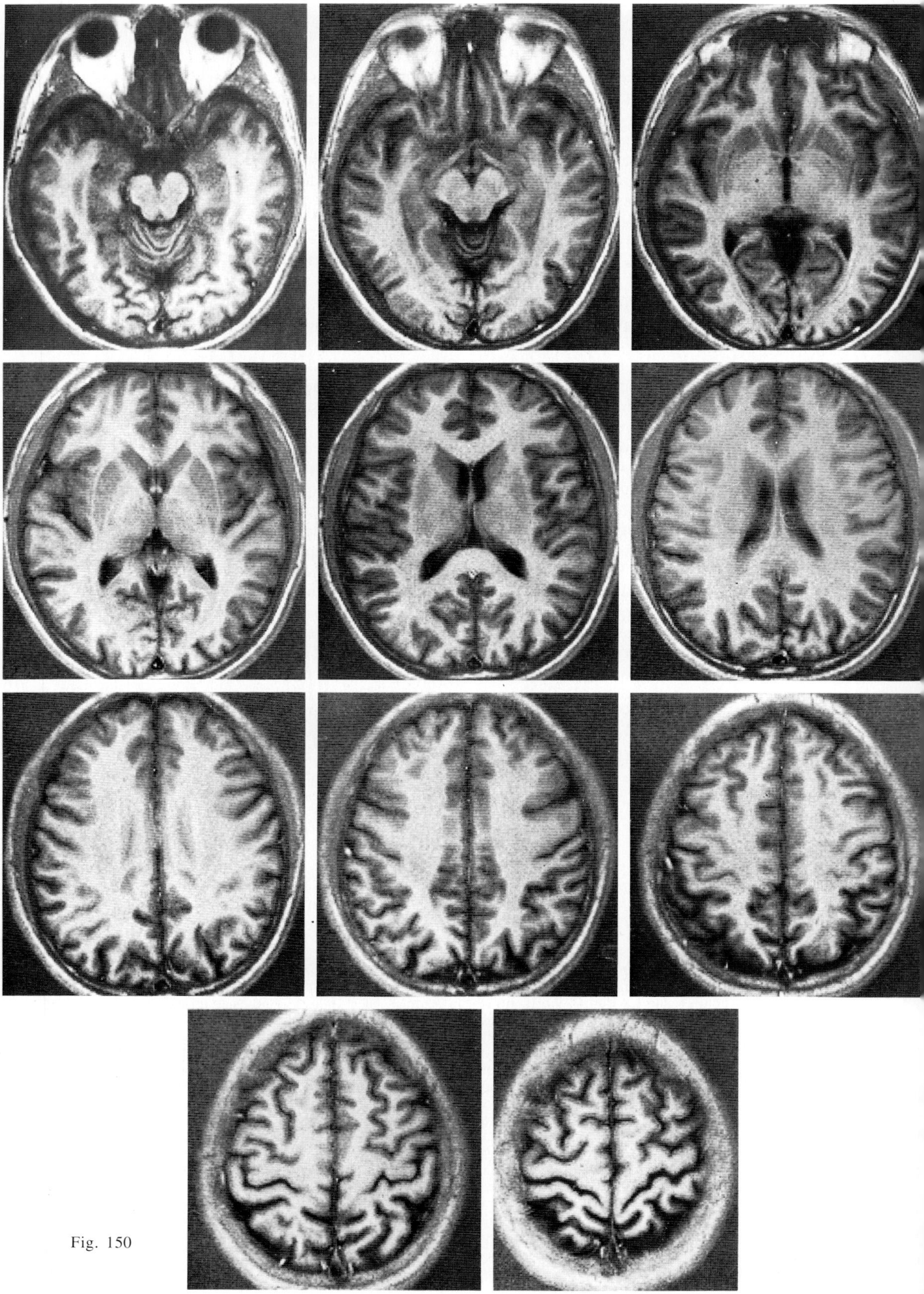

Fig. 150

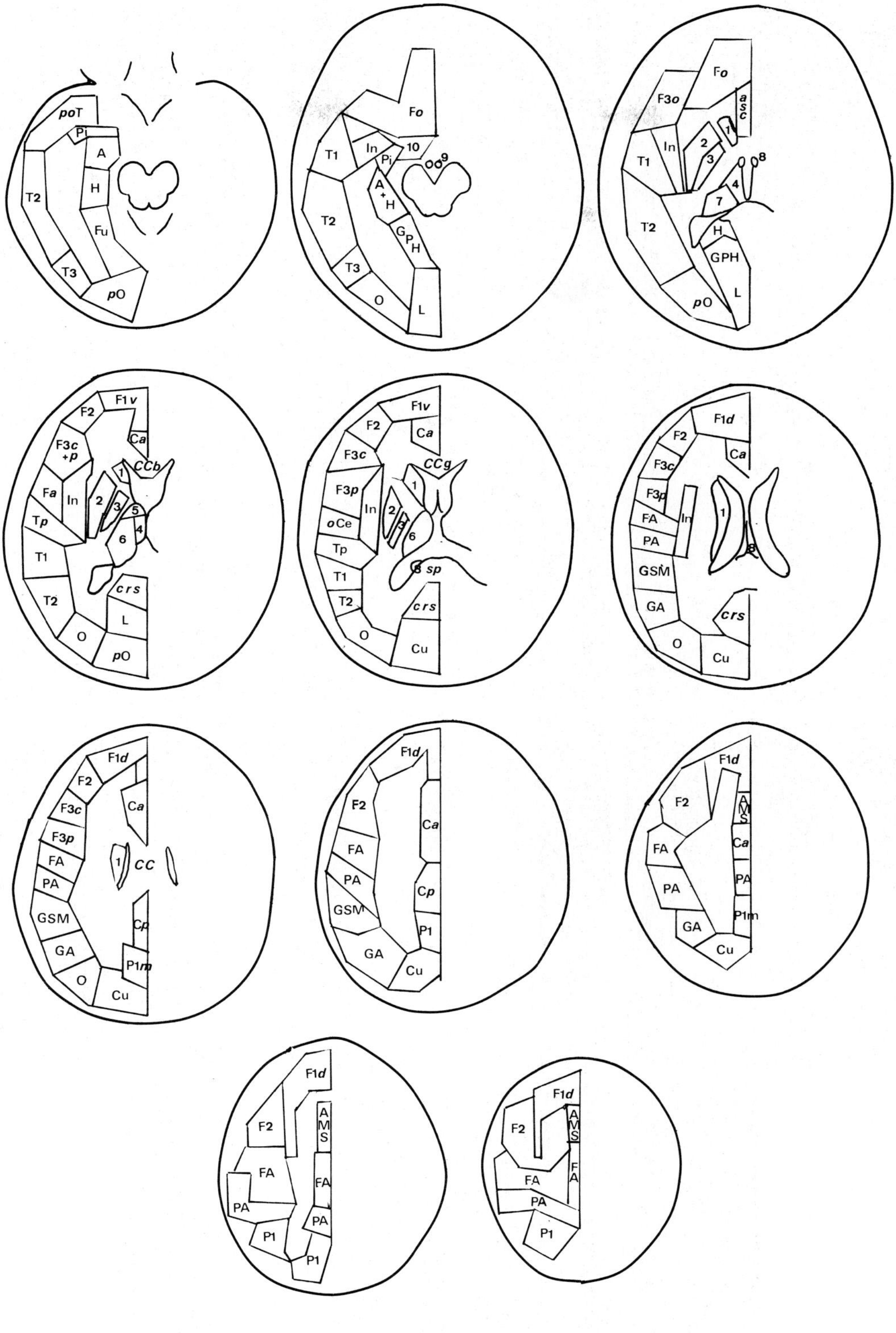

Fig. 150 *(suite)*

CHAPITRE XVII

GRANDES PATHOLOGIES EN NEUROLOGIE*

Ce dernier chapitre est destiné à informer succinctement ceux, parmi les lecteurs de cet ouvrage, qui ne sont pas familiers avec la neurologie médicale, des principales causes des maladies du système nerveux capables de provoquer des troubles du comportement. Il n'est donc aucunement question ici d'établir un inventaire voire un résumé des maladies du cerveau, mais seulement d'apporter les rudiments nécessaires au non médecin pour comprendre les mécanismes généraux (physiopathologie) et les causes (étiologie) des principaux syndromes cités tout au long du présent ouvrage. Parmi ces affections, il sera question de façon quasi exclusive de celles qui donnent lieu habituellement à des troubles des fonctions mentales, laissant donc délibérément de côté une grande partie de l'enseignement classique de la neurologie.

L'abord du patient porteur de troubles dits neuropsychologiques est très particulier, et souvent déconcertant. Dans la plupart des cas, le trouble apparaît comme un « déficit », un handicap portant sur un ou plusieurs domaines des fonctions mentales envisagées dans les chapitres précédents (troubles de la perception, de la communication, de la vigilance, de l'émotion, etc.), et doit donc être analysé comme tel. Il est évidemment nécessaire, pour aborder cette analyse d'être informé, aussi précisément que possible, de la nature des lésions responsables : d'une part, il est indéniablement important, devant un tableau donné, de connaître les probabilités d'évolution de l'affection causale, et donc le pronostic qui a été posé, cela n'étant possible que si la cause est précisément connue. D'autre part, comme cela a été signalé au chapitre précédent, la neurologie du comportement ne peut se passer, dans l'interprétation des troubles, d'une connaissance de la cause, toutes ne se prêtant pas aussi bien, en particulier, à la corrélation anatomo-clinique. Enfin, dans certains cas, la nature même des troubles peut en rendre l'analyse très délicate, soit qu'ils touchent simultanément plusieurs des fonctions sus-citées, soit que s'y associent de manière prédominante des troubles comportementaux majeurs d'allure psychiatrique. Tel est le cas en particulier des états confusionnels et des syndromes démentiels, deux éventualités généralement liées à une dysfonction diffuse du cerveau (et donc ne permettant pas une corrélation stricte entre une fonction et un système neuronal), mais présentant au demeurant un intérêt certain pour la compréhension des fonctions mentales.

Accidents cérébro-vasculaires

Les accidents vasculaires cérébraux représentent à la fois la cause de loin la plus fréquente de lésion du cerveau et le meilleur modèle lésionnel pour la corrélation anatomo-clinique. C'est pourquoi nous leur réservons une place privilégiée. Il est coutumier de distinguer, parmi les affections cérébro-vasculaires, 2 mécanismes que l'on oppose volontiers point par point, mais qui ont en commun, outre certains facteurs étiologiques, leur survenue brutale, leur fréquence au-delà de la cinquantaine et l'absence de traitement réellement efficace connu à ce jour (si ce n'est préventif).

Nous envisagerons en premier lieu les mécanismes physiopathologiques qui président à l'installation de ces lésions, puis leurs manifestations et leur devenir.

---

* Avec la collaboration de S. Pérot.

Physiopathologie

Ischémie cérébrale

• **Définitions.** On emploie le terme d'ischémie pour se référer à tout processus au cours duquel un tissu ne reçoit pas les nutriments – et en particulier l'oxygène – indispensables au métabolisme de ses cellules. Schématiquement, lorsque le tissu cérébral est privé d'apport sanguin artériel, il s'ensuit une souffrance cellulaire qui, selon son intensité, pourra se manifester par un trouble fonctionnel (variable dans ses aspects selon la partie du cerveau qui souffre). Lorsque cette privation est de courte durée (en-deçà, admet-on généralement, de 24 heures), la dysfonction est considérée comme réversible et les troubles vont habituellement régresser jusqu'à une normalisation des fonctions perturbées. On parle dans ces cas d'accident ischémique transitoire (AIT). Lorsque, au contraire, l'ischémie persiste au-delà de ce délai, pourront alors s'installer des lésions définitives, irréversibles, du cerveau, caractérisées par la mort d'un groupe plus ou moins étendu de neurones (et accessoirement par des modifications gliales, très souvent associées). C'est l'infarctus cérébral (encore parfois appelé ramollissement cérébral). Il est important de savoir que les troubles fonctionnels observables cliniquement dans les suites d'un infarctus cérébral sont très stables dans le temps, ne se modifiant peu ou pas du tout après les premières semaines suivant l'accident vasculaire. Certes, une récupération partielle de la fonction peut survenir au cours des quelques mois voire années qui suivent, en particulier grâce aux techniques de réhabilitation fonctionnelle (kinésithérapie, orthophonie, etc...) mais il est probable que cette récupération met en jeu des mécanismes substitutifs qui ne peuvent prétendre à remplacer les structures détruites.

• **Artères du cerveau.** L'ischémie est donc liée, dans la grande majorité des cas, à l'occlusion d'une artère. Les artères du cerveau proviennent toutes de ramifications nées de la portion originelle de l'artère aorte, peu après son départ du cœur. On distingue deux systèmes artériels dont le rôle est d'amener le sang artériel au cerveau : le système carotidien, qui tient sous sa dépendance l'irrigation artérielle de la plus grande partie des hémisphères cérébraux, et le système vertébro-basilaire, qui assure l'irrigation du tronc cérébral, du cervelet, et de la partie postéro– inférieure des hémisphères cérébraux. L'artère vertébrale, la plus fine, monte à la partie postérieure du cou à l'intérieur d'un canal osseux ménagé dans les vertèbres cervicales, avant de pénétrer dans le crâne, sur la face antérieure du bulbe, où les 2 artères se rejoignent pour former un tronc unique, le tronc basilaire. La carotide interne, volumineuse artère que l'on sent battre en arrière du larynx,

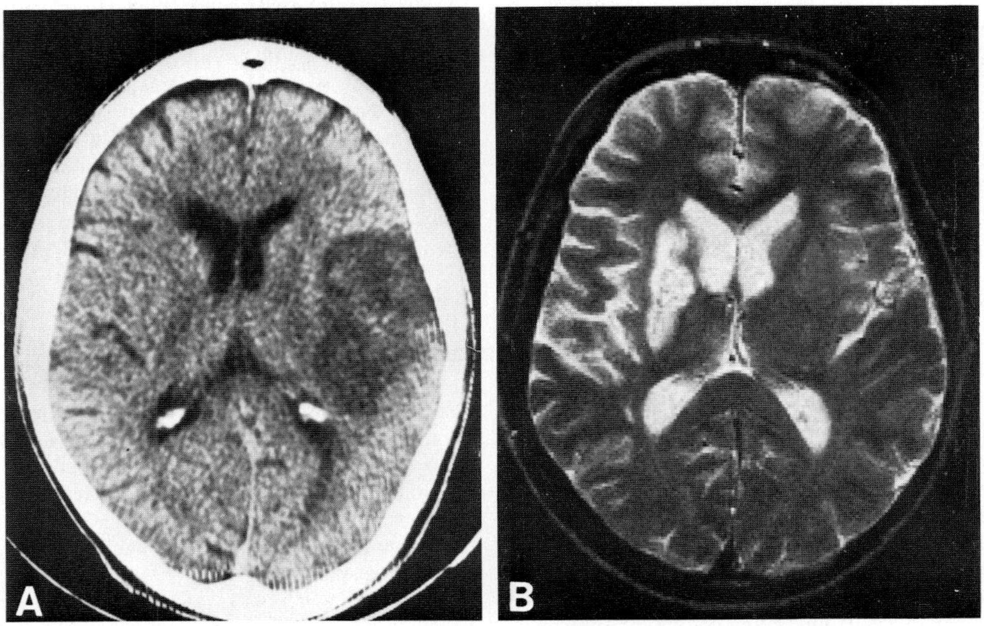

Fig. 151. – *Infarctus sylvien.* A. scanner X : infarctus du territoire sylvien superficiel. B. IRM (T2) : hyperrésonance sous-corticale traduisant un infarctus récent du territoire sylvien profond.

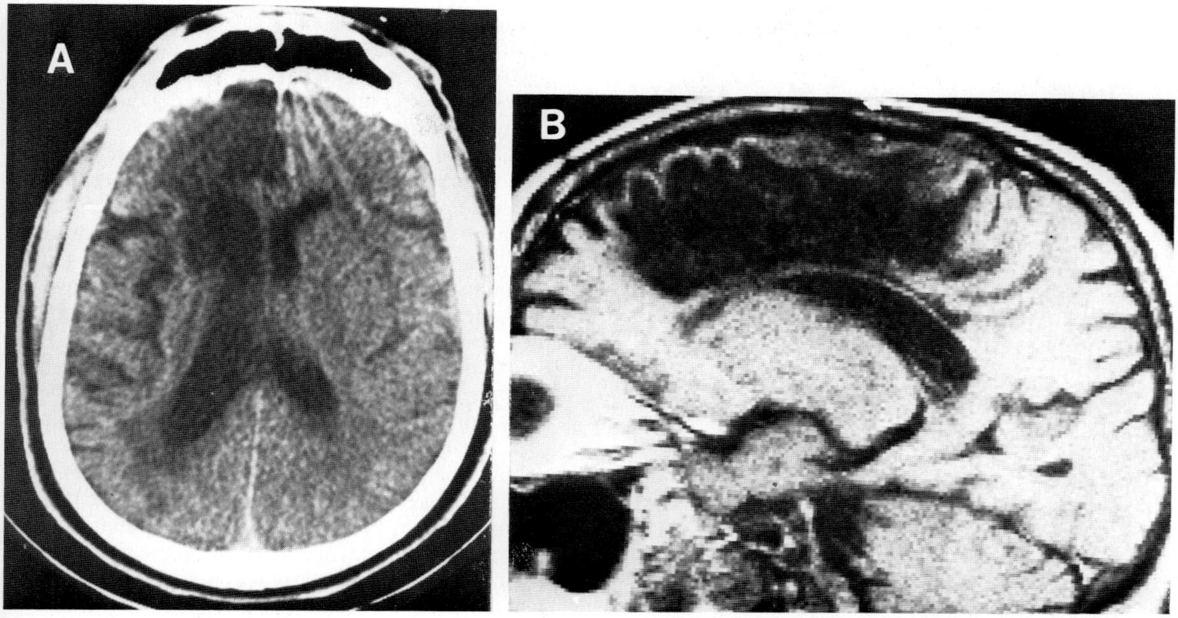

Fig. 152. – *Infarctus de la cérébrale antérieure.* A. scanner X : hypodensité de la partie interne du lobe frontal étendue à la tête du noyau caudé, dans le territoire d'irrigation de l'artère cérébrale antérieure. B. IRM : coupe sagittale paramédiane démontrant l'étendue antéro-postérieure de l'infarctus.

monte sur la paroi latérale du cou, pénètre dans la boîte crânienne, avant de se diviser en ses branches terminales dont les deux principales sont l'artère cérébrale moyenne (ACM) ou artère sylvienne (car elle effectue la plus grande partie de son trajet enfouie au fond de la fissure sylvienne), et l' artère cérébrale antérieure (ACA) ou péri-calleuse (car son tronc principal suit la courbe du corps calleux, selon un trajet antéro-postérieur médian et sagittal). Les deux artères se ramifient ensuite chacune par une dizaine de branches courant sur la surface corticale, l'ACM sur la face latérale de l'hémisphère, l'ACA sur sa face interne.

L'occlusion d'une de ces artères donne lieu à un infarctus intéressant un territoire cérébral relativement fixe d'un sujet à l'autre. On se réfère souvent à ces territoires pour désigner la topographie de lésions ischémiques : on parle ainsi d'infarctus sylvien superficiel (fig. 151) ou sylvien profond, selon que le territoire concerné est celui irrigué par les branches superficielles ou profondes de l'ACM, d'infarctus de la cérébrale antérieure (fig. 152), lorsque le territoire concerné est celui de l'ACA. Enfin, une troisième artère, l'artère cérébrale postérieure (ACP), qui est en fait la branche terminale du système vertébro-basilaire, vascularise la face inférieure du cerveau et en particulier les structures principales du système visuel. Un infarctus de ce territoire concernera le lobe occipital et la partie inférieure du lobe temporal (fig. 153).

• **Mécanismes.** Il existe 3 principaux mécanismes responsables d'ischémie et de la constitution d'infarctus du cerveau :

– l'*embolie d'origine artérielle*. C'est le cas le plus fréquent. Il est lié à une pathologie de l'artère, l'athérosclérose, caractérisée par des dépôts de substance lipidique (l'athérome) à l'intérieur de la paroi, diminuant le calibre (sténose artérielle), et produisant un obstacle au flux sanguin. Des éléments constitutifs du sang, en particulier les plaquettes, viennent à leur tour se déposer sur cette paroi altérée et aggraver progressivement la sténose. En outre et surtout, ces dépôts anormaux peuvent se détacher de la paroi et, emportés par le flux artériel, vont migrer en aval, vers le cerveau : c'est l'embolie cérébrale. L'embole ainsi créé va pouvoir occlure une artère de plus petit calibre, par exemple l'ACM ou une de ses branches, réalisant la cause la plus fréquente d'ischémie cérébrale dans le territoire carotidien.

– l'*embolie d'origine cardiaque* est plus rare. Elle est de nature différente, liée à la migration dans le flux sanguin artériel de caillot sanguin qui s'est formé à l'intérieur des cavités cardiaques (embole cruorique). La cause en est généralement une anomalie cardiaque, souvent une maladie des valvules (valvulopathie), ayant favorisé la stase du sang et la formation de caillots. Les troubles du rythme cardiaque sont également des facteurs pouvant favoriser la migration de l'embole. Ce dernier

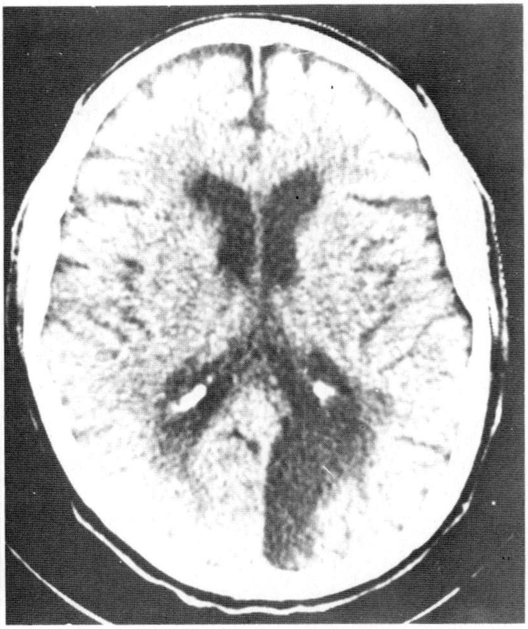

Fig. 153. – *Infarctus de la cérébrale postérieure*. Hypodensité intéressant la partie postéro-interne de l'hémisphère (cunéus).

ira, de même que dans le cas précédent, occlure, selon sa propre taille, une artère cérébrale de petit ou moyen calibre.

– enfin, un dernier mécanisme ne fait pas intervenir une migration artérielle mais un *phénomène hémodynamique*. La baisse du débit dans les artères à destinée cérébrale est responsable d'une souffrance ischémique des régions du cerveau les plus sensibles. Ce mécanisme hémodynamique est le plus souvent invoqué dans la genèse des accidents du territoire vertébro-basilaire. Dans le territoire carotidien, il peut être la conséquence d'une thrombose carotidienne : la sténose est d'une telle importance qu'elle finit par occlure complètement la lumière artérielle. Dans certains cas, des suppléances anatomiques permettent au cerveau de ne pas souffrir durablement de cette occlusion ; dans d'autres, au contraire, l'occlusion est immédiatement suivie d'une ischémie massive de la plus grande partie de l'hémisphère, réalisant un infarctus volumineux (le volume de tissu cérébral détruit peut atteindre plusieurs centaines de cm^3). Plus rarement, un arrêt circulatoire momentané, le plus souvent d'origine cardiaque, peut être responsable d'une ischémie cérébrale plus ou moins intense et généralisée. Dans de tels cas, les lésions ischémiques peuvent soit être diffuses, soit n'intéresser que les parties du cerveau dont l'irrigation est la plus précaire, en l'occurence les territoires dits jonctionnels (ou « derniers prés »), situés à la frontière entre les territoires d'irrigation de deux artères, ou dans les régions les plus éloignées du réseau artériel cortical (substance blanche périventriculaire). Ces mêmes régions sont du reste également le siège de

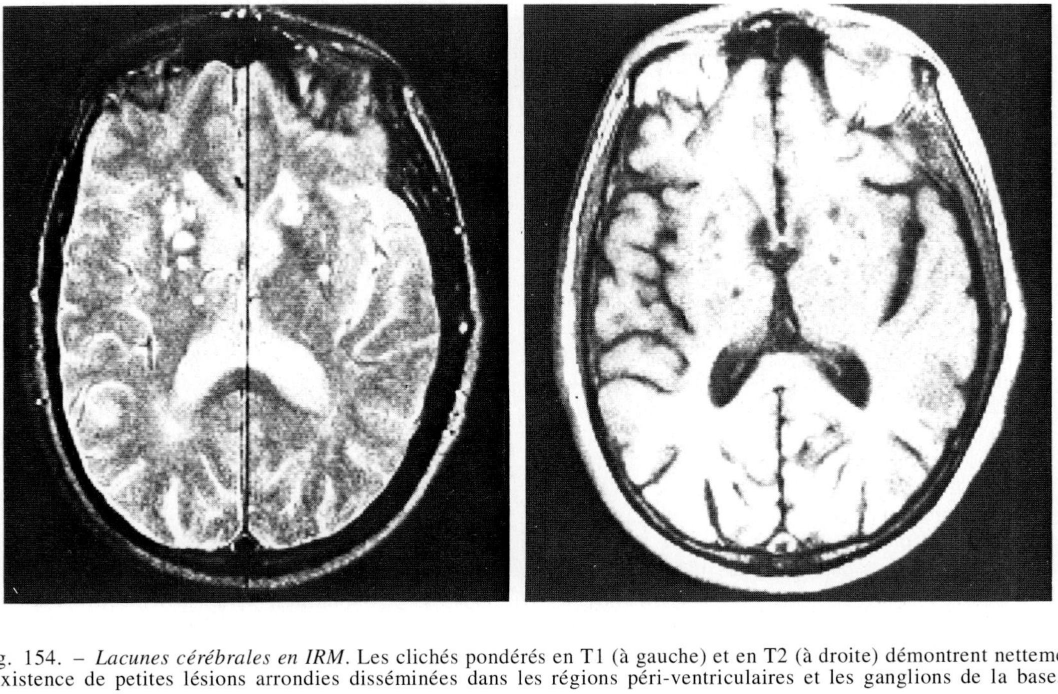

Fig. 154. – *Lacunes cérébrales en IRM*. Les clichés pondérés en T1 (à gauche) et en T2 (à droite) démontrent nettement l'existence de petites lésions arrondies disséminées dans les régions péri-ventriculaires et les ganglions de la base.

lésions ischémiques, dues non plus à un accident aigu mais à une ischémie chronique, telle que peuvent la réaliser les modifications pathologiques provoquées au niveau des petites artères perforantes du cerveau par des processus chroniques comme le diabète ou l'hypertension artérielle. Dans ces cas, on assiste à l'installation progressive de perte de substance dans les régions périventriculaires, bien visibles au scanner (« leucoaraïose »). Enfin, par un mécanisme voisin peuvent s'installer, dans la substance blanche ou les noyaux gris centraux, de petites lésions ischémiques, souvent multiples, mesurant de quelques microns à un cm de diamètre, appelées lacunes cérébrales (fig. 154).

Hémorragie cérébrale

C'est la conséquence du phénomène inverse : l'extravasation de sang hors des vaisseaux, réalisant un épanchement intra-cérébral, soit circonscrit (hématome) soit plus diffus. L'hémorragie cérébrale, plus que l'ischémie, répond à un facteur étiologique presque constant, l'hypertension artérielle. L'augmentation chronique de la pression régnant dans les artères, surtout si elle a été négligée ou mal traitée, est responsable de 2 éléments favorisants : (1) la fragilisation des parois artérielles, ce que l'on appelle la lipohyalinose, est une anomalie anatomique des artères intra-cérébrales de plus petit calibre capable de favoriser la rupture de la paroi ; (2) les accès hypertensifs sont susceptibles de provoquer l'hémorragie elle-même, la paroi artérielle fragilisée cédant sous la pression exagérément élevée. D'une manière générale, c'est donc au niveau des artérioles profondes que se situe la rupture, ce qui explique la topographie habituelle des hémorragies : l'hémorragie capsulo-lenticulaire, la plus fréquente, intéresse la partie antérieure des noyaux gris centraux. C'est la forme la plus grave, pouvant parfois prendre des proportions dramatiques (fig. 155). L'hémorragie capsulo-thalamique, plus postérieure, est souvent plus circonscrite que la précédente et dans l'ensemble de meilleur pronostic. L'hématome lobaire, plus superficiel, est plus rare.

Il faut enfin citer ici les hémorragies qui n'intéressent pas primitivement le cerveau mais dues à un saignement initialement extra-cérébral : il s'agit des hémorragies méningées, communément assimilées aux ruptures d'anévrismes artériels. Un anévrisme est une petite dilatation (habituellement congénitale) d'une artère extra-cérébrale (par exemple l'ACM, ou plus souvent l'artère communicante antérieure, une petite branche unissant les deux ACA). Sous l'effet d'une augmentation de la tension artérielle, ou même en dehors de toute circonstance favorisante, la paroi artérielle se rompt au niveau de l'anévrisme et le sang se répand tout autour du cerveau, dans les espaces méningés. Dans

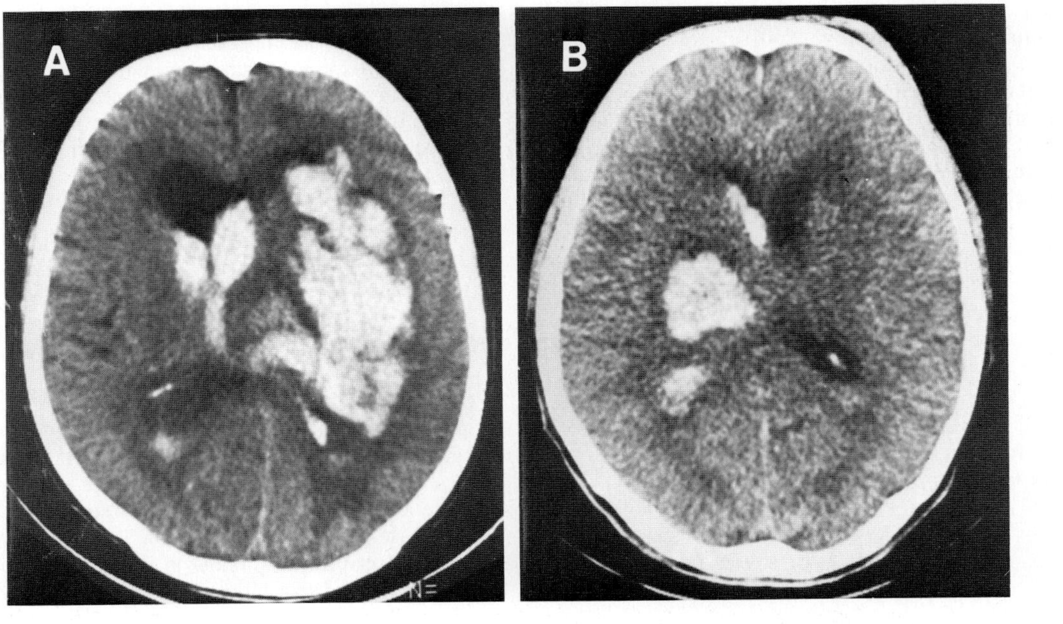

Fig. 155. – *Hémorragie cérébrale.* A. hémorragie capsulo-lenticulaire massive (dite « de Charcot ») responsable d'une déviation des cavités ventriculaires (« effet de masse ») et compliquée d'inondation ventriculaire (correspondant à un tableau neurologique gravissime de coma hémiplégique de très mauvais pronostic). B. hématome capsulo-thalamique. Bien qu'également partiellement rompu dans les cavités ventriculaires, le pronostic de ce type d'hématome est beaucoup plus favorable.

certains cas, ces anomalies, initialement strictement extra-cérébrales, peuvent se doubler d'une lésion du cerveau lui-même : c'est ainsi que, sous la violence du flux sanguin lors de la rupture artérielle, l'hémorragie peut fuser dans le tissu cérébral sous-jacent. On parle alors d'hémorragie cérébro-méningée. Ailleurs, on assistera à la création d'un foyer ischémique réalisant un véritable infarctus cérébral : on invoque alors un mécanisme de spasme artériel, c'est-à-dire qu'une artère baignant dans l'épanchement de sang, réagit en contractant sa musculature lisse, ce qui diminue son flux sanguin donnant lieu à une ischémie dans le territoire cérébral qu'elle irrigue normalement.

Manifestations cliniques

L'infarctus et l'hémorragie ont en commun leur manifestation clinique la plus fréquente : le tableau d'hémiplégie aiguë. Dans les deux cas, en effet, le début est marqué par la survenue brutale ou rapidement progressive d'une paralysie de l'hémicorps controlatéral à la lésion, habituellement globale. Dans le cas d'infarctus, l'hémiplégie s'installe soit brutalement, soit en quelques minutes ou heures, dans certains cas à la suite d'épisodes similaires régressifs durant les heures ou les jours précédents. En cas d'hémorragie, l'installation est volontiers plus dramatique, accompagnée de céphalées intenses et de vomissements, parfois d'une perte de connaissance soit brève, soit se prolongeant en un coma. Dans ce dernier cas, signant la gravité de l'hémorragie, il est fréquent d'observer également des troubles neuro-végétatifs qui vont de pair avec le trouble de la conscience : modification du rythme cardiaque, de la tension artérielle, de la température corporelle, du rythme respiratoire. Selon la topographie de la lésion, l'examen peut déceler d'autres symptômes associés à l'hémiplégie : hémianopsie, trouble de la sensibilité de l'hémicorps paralysé, trouble du langage lorsque la lésion siège à l'hémisphère gauche, trouble de la conscience de l'espace et du corps (syndrome d'Anton-Babinski) lorsqu'elle siège à droite.

En fait, le diagnostic exact repose aujourd'hui sur la pratique en urgence d'un examen au scanner, examen qui permet sans hésitation de faire la différence entre un processus hémorragique ou ischémique, montrant de façon nette l'hyperdensité de l'hémorragie (fig. 155), ou l'hypodensité de l'infarctus (fig. 151). En même temps qu'il permet ainsi le diagnostic étiologique de l'accident vasculaire, le scanner en précisera la topographie exacte, mais le plus souvent les circonstances de l'urgence se prêtent mal à une étude topographique précise (telle qu'envisagée au chapitre précédent), ce qui nécessitera de refaire l'examen à distance de la période initiale.

Traitement et évolution

Le traitement des accidents cérébro-vasculaires est très pauvre, et se borne, d'une part, à des mesures symptomatiques d'urgence visant à maintenir les fonctions vitales lorsqu'elles sont menacées et, d'autre part, à prévenir les récidives par le traitement adéquat des facteurs de risque (hypertension artérielle, obésité, élévation du cholestérol sanguin, diabète, affections cardiaques). Grâce à la rééducation kinésithérapique, une récupération plus ou moins importante des déficits peut se produire dans les semaines et mois suivant l'accident, mais rarement au delà de quelques mois.

Tumeurs cérébrales

Le cerveau, comme tout organe, peut être le siège de tumeurs pouvant être malignes (cancers ou néoplasmes) ou bénignes.

Principaux types de tumeurs

Tumeurs malignes

Les tumeurs malignes du cerveau sont parmi les plus graves de tous les cancers. On distingue les tumeurs primitives du cerveau (les glioblastomes) qui sont des tumeurs très envahissantes développées aux dépens des cellules gliales (les tumeurs développées aux dépens des neurones sont tout-à-fait exceptionnelles) et les tumeurs secondaires, ou métastases, liées à la localisation à distance à partir d'un cancer primitif, connu ou non, d'un autre viscère (poumon, sein, appareil digestif, etc.).

Tumeurs bénignes

Deux types principaux de tumeurs bénignes méritent d'être cités ici : l'astrocytome, qui est aussi une tumeur gliale et qui peut dans certains cas évoluer en un gliablastome, c'est-à-dire prendre un potentiel de malignité ; le méningiome, dont les caractères sont tout-à-fait différents puisqu'il s'agit d'une tumeur extra-cérébrale, développée aux dépens des méninges, et qui n'atteint le cerveau que par compression extrinsèque.

Manifestations

La caractéristique clinique principale des tumeurs cérébrales, et celle qui permet du reste de les distinguer dès l'interrogatoire du patient de manifestations d'origine vasculaire, a trait à l'évolution des symptômes : contrairement aux lésions d'origine vasculaire qui, nous l'avons vu, s'installent rapidement voire brutalement, les tumeurs cérébrales débutent insidieusement, s'aggravant très progressivement sur des semaines ou des mois. Il est même classique d'évoquer leur évolution « en tache d'huile », c'est-à-dire l'adjonction successive de symptômes traduisant l'élargissement concentrique de la lésion. Dans certains cas, cette évolution lente peut être émaillée de crises d'épilepsie, qui peuvent être inaugurales, ou s'accompagner d'un syndrome dit « d'hypertension intra-crânienne », associant des céphalées, des vomissements et des anomalies visuelles (dues à un oedème de la papille lié à la compression des voies optiques et des vaisseaux qui les entourent). Le diagnostic repose sur la pratique du scanner cérébral, avec injection intra-veineuse de produit de contraste, démontrant les caractères morphologiques et topographiques de la tumeur (fig. 156).

Pronostic

Il varie évidemment beaucoup selon la nature de la tumeur, elle-même déterminant les possibilités thérapeutiques. Le glioblastome a un pronostic très sombre, la durée moyenne de survie tournant autour de 10 mois spontanément, quelques mois de plus grâce à la chimiothérapie anticancéreuse, 2 à 3 années dans les cas favorables ayant pu être opérés. Le pronostic et le traitement de l'astrocytome sont liés au potentiel de malignisation non négligeable de ces tumeurs. Le traitement qui semble le plus apte à éviter cette évolution est la radiothérapie de l'encéphale. Le méningiome, quant à lui, est sans doute la tumeur la plus satisfaisante pour le neurochirurgien : en général bien clivable du tissu cérébral (contrairement aux tumeurs gliales qui sont volontiers infiltrantes), son exérèse aboutit à la guérison très

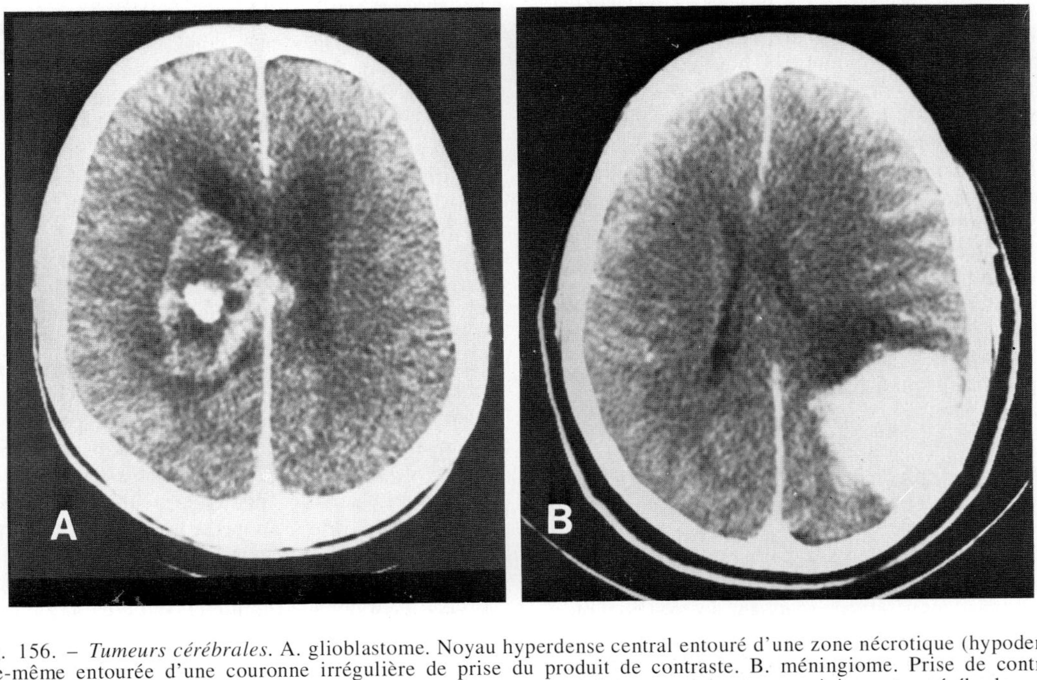

Fig. 156. – *Tumeurs cérébrales.* A. glioblastome. Noyau hyperdense central entouré d'une zone nécrotique (hypodense), elle-même entourée d'une couronne irrégulière de prise du produit de contraste. B. méningiome. Prise de contraste homogène de toute la tumeur, qui est insérée contre la voute crânienne, traduisant son origine extra-cérébrale.

habituellement définitive. Enfin, les métastases cérébrales posent des problèmes divers liés au cancer d'origine. Une intervention chirurgicale est parfois indiquée lorsque la métastase est unique et le cancer primitif maîtrisé. Dans le cas du cancer pulmonaire, les métastases cérébrales sont souvent multiples et au-dessus de toute thérapeutique.

Affections dégénératives

On regroupe sous cette rubrique un ensemble d'affections du système nerveux dont on ne connaît pas réellement la cause et qui se manifestent par une perte systématisée anormalement importante de certains groupes neuronaux.

Dégénérescences de la moelle

Différentes affections de ce type peuvent toucher la moelle épinière, affections sur lesquelles nous ne nous attarderons pas. Il convient toutefois de citer l'une d'entre elles, au pronostic particulièrement grave et malheureusement relativement fréquente : la *sclérose latérale amyotrophique* ou maladie de Charcot. Cette affection débute en général par une fonte musculaire au niveau des muscles de la main (amyotrophie) accompagnée de petites contractions fibrillaires spontanées (fasciculations) et d'une abolition des réflexes ostéo- tendineux. Il existe par ailleurs une atteinte pyramidale bien visible à l'examen des réflexes des membres inférieurs. Progressivement, la faiblesse musculaire s'étend à tous les muscles du corps, y compris ceux du segment céphalique, responsable en particulier de défaut de la mimique faciale et de troubles de la déglutition. La phase terminale, survenant au bout de quelques années, est caractérisée par un tableau de tétraplégie responsable d'un état grabataire. Le décès survient habituellement par insuffisance des muscles respiratoires, fin particulièrement dramatique en raison de la conscience généralement parfaite que gardent les patients jusqu'à leurs derniers moments.

Dégénérescence des noyaux gris

Nous avons déjà envisagé au chapitre 7, et n'y reviendrons donc pas en détail, les deux principales affections dégénératives touchant le système moteur : la maladie de Parkinson, liée à une dégénérescence des cellules pigmentées de la substance noire, responsable d'un défaut d'innervation dopaminergique des ganglions de la base, et la maladie de Huntington, affection familiale caractérisée par des mouvements choréiques incessants (« danse de Saint Guy ») et une évolution démentielle. La principale différence entre ces deux affections réside dans le fait que l'on dispose d'un traitement substitutif efficace pour la première (la L-Dopa), mais non encore pour la seconde. Il convient de signaler que ces deux affections peuvent toucher les fonctions intellectuelles (plus rarement dans la maladie de Parkinson), ce qui a fait utiliser récemment le terme de démence sous-corticale, par opposition aux démences plus classiques associées à une dégénérescence du cortex cérébral.

Dégénérescences corticales : les démences

Le terme de démence, après avoir qualifié dans les débuts de l'histoire de la neuropsychiatrie un ensemble hétérogène de troubles mentaux, est uniquement employé aujourd'hui par référence à un groupe de dégénérescences du cortex cérébral se manifestant par la perte progressive et inéluctable des fonctions intellectuelles : perte de la capacité de raisonnement, troubles des grandes fonctions neuropsychologiques (mémoire, orientation, langage, troubles du geste et de la perception), troubles des comportements affectifs et inadéquation comportementale au contexte social. La plus fréquente de ces affections est la **maladie d'Alzheimer**, décrite pour la première fois par cet auteur allemand en 1907, caractérisée par des lésions uniquement microscopiques (dépôts de substance amyloïde, dégénérescence des fibrilles neuronales) disséminées dans le cortex, particulièrement nombreuses dans l'hippocampe et les régions de cortex associatif frontal et temporo-pariétal (fig. 157). Macroscopiquement, le cerveau apparaît souvent normal, ou à peine atrophique, ce qui explique l'absence d'intérêt de l'imagerie morphologique pour le diagnostic de la maladie. Cliniquement, la maladie d'Alzheimer débute autour de 55 ans par des

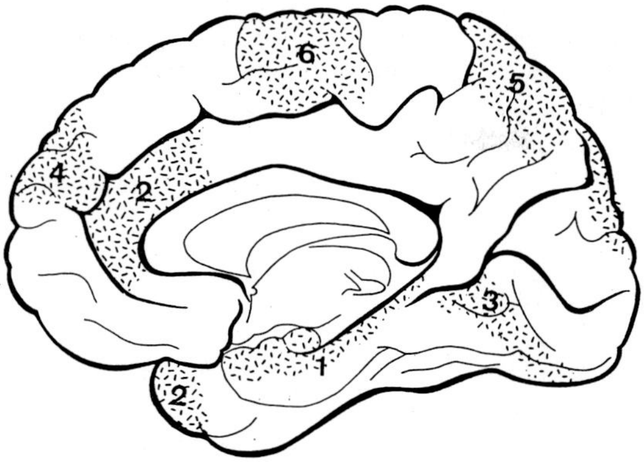

Fig. 157. – *Topographie des lésions dans la maladie d'Alzheimer.* Sont touchés par ordre de fréquence : 1. la formation hippocampique ; 2. les structures paralimbiques (gyrus cingulaire antérieur et pôle temporal) ; 3. le cortex visuel associatif ; 4. le cortex préfrontal ; 5. le cortex pariétal associatif ; 6. le cortex moteur primaire.

troubles de la mémoire, volontiers banalisés au début, mais devenant rapidement très gênants et se compliquant d'atteinte progressive d'autres fonctions intellectuelles : désorientation spatiale, troubles du langage (manque du mot, paraphasies), difficultés visuo-constructives, apraxie gestuelle, etc. Puis apparaîtront des comportements anormaux : indifférence affective ou au contraire épisodes d'agressivité, parfois troubles perceptifs à type d'hallucinations souvent responsables d'anxiété importante, perte des activités domestiques (alimentation, habillage, contrôle sphinctérien). En bref, on assiste à la faillite progressive de toutes les activités mentales pour aboutir en quelques années à un état végétatif où seules persistent intactes les fonctions vitales et la vigilance. La maladie d'Alzheimer est ainsi le centre de recherches très actives actuellement et d'un engouement tout particulier lié au fait que l'on lui assimile souvent une entité initialement considérée comme distincte, la démence sénile, survenant chez des sujets âgés de plus de 70 ans, dont les lésions microscopiques sont qualitativement similaires. Cette assimilation, jointe au vieillissement de la population en Occident, fait considérer actuellement la maladie d'Alzheimer comme un des principaux fléaux de notre société.

D'autres dégénérescences corticales comme la maladie de Pick ou la maladie de Creutzfeldt-Jakob sont plus rares. L'intérêt de cette dernière réside dans la découverte par Gibbs et Gajdusek, dans les années 60, de sa transmissibilité au chimpanzé, si l'on inocule l'animal avec des extraits de cerveau de patients atteints de la maladie. Cela leur permit d'imputer la maladie à un agent transmissible, probablement viral (virus dit « non conventionnel »). Cette découverte importante a en effet sorti cette maladie du cadre des affections dégénératives pour l'inclure dans celui des affections virales et a même pu faire espérer découvrir une pathogénie similaire pour la maladie d'Alzheimer, ce qui s'est finalement avéré être une fausse route.

Enfin, il convient de signaler ici l'existence d'affections non dégénératives, donc potentiellement curables, réalisant un tableau voisin de la maladie d'Alzheimer auquel on attribue le terme de syndrome démentiel. Au premier rang de ces affections se situe l'hydrocéphalie dite à pression normale (HPN), affection de pathogénie discutée où le syndrome démentiel est lié à la dilatation progressive des ventricules cérébraux. L'intérêt de la connaissance de cette entité réside dans la régression des symptômes à la suite d'un geste chirurgical simple consistant à dériver le LCR par ponction ventriculaire (dérivation ventriculo- péritonéale).

Infections cérébrales

Les principales sont les méningites, les encéphalites et les abcès cérébraux.

On appelle méningite toute inflammation spécifique des méninges, très habituellement en rapport avec un agent infectieux, soit un virus, soit une bactérie (plus rarement d'autres types de micro-organismes). Elles se manifestent par un tableau clinique commun très caractéristique (céphalées, vomissements, raideur de la nuque, et par l'existence de modifications du liquide céphalorachidien. On distingue : (1) les méningites virales, habituellement bénignes et spontanément régressives, caractérisées par leur brutalité d'installation et la présence de lymphocytes en nombre élevé dans le LCR (qui garde son aspect clair), traduisant la réaction de l'organisme contre l'agent infectieux ; (2) les méningites bactériennes, où le LCR est purulent et contient des polynucléaires neutrophiles, habituellement liées à la pénétration du microbe à partir d'une infection de voisinage. Seules les dernières sont justiciables d'un traitement antibiotique, qui sera le plus souvent rapidement efficace. Certaines méningites s'accompagnent d'atteinte du tissu nerveux lui-même : on parle alors de méningo-myélite (lorsque la moelle est touchée) ou de méningo-encéphalite (lorsque le cerveau est touché). Deux types de méningo-encéphalites méritent d'être signalées ici : (1) la méningo-encéphalite tuberculeuse, encore fréquente malgré la généralisation du BCG, aux manifestations cliniques trompeuses, et pouvant laisser des séquelles graves malgré les traitements antibiotiques spécifiques ; (2) la méningo-encéphalite herpétique, liée à un virus du groupe herpès (le même qui est par ailleurs responsable du banal herpès labial), provoquant, lorsqu'il atteint le cerveau, des dégâts considérables, surtout au niveau de la face inférieure des lobes frontaux et temporaux (d'où le terme d'encéphalite nécrosante souvent employé). Le traitement à base d'anti-viraux est efficace 2 fois sur 3, mais les patients gardent encore souvent des séquelles neurologiques et neuropsychologiques graves. Les sujets ayant souffert d'encéphalite herpétique sont ainsi souvent rencontrés neurologie du comportement, en raison de troubles mnésiques, de troubles de la reconnaissance visuelle et de troubles des comportements émotionnels que ces lésions sont susceptibles de provoquer à titre de séquelle.

Il faut enfin citer dans ce chapitre la possibilité d'abcès cérébraux, collections purulentes intra-cérébrales liées à la prolifération de germes pyogènes (staphylocoque, pneumocoque, etc...) et les conséquences spécifiques de l'infection syphilitique, responsable d'un syndrome aujourd'hui rare, encore appelé d'un terme ancien, la « paralysie générale », associant des troubles du comportement, prenant volontiers la forme d'un délire paranoïde, et une altération des fonctions intellectuelles.

Sclérose en plaques

La sclérose en plaques est une maladie relativement fréquente, touchant 2 fois sur 3 la femme jeune, caractérisée anatomiquement par la présence de plaques disséminées de manière ubiquitaire sur le système nerveux central, touchant la myéline des fibres blanches, et apparaissant selon une chronologie très variable et imprévisible. La cause exacte de ces lésions n'est pas connue, mais il est probable qu'un problème de nature immuno-allergique, certainement lié à un terrain génétique particulier, est responsable des phénomènes inflammatoires retrouvés au niveau des plaques de démyélinisation. Le polymorphisme anatomique explique la grande variété de symptômes que peut donner cette maladie (symptômes sensitifs, visuels, moteurs, etc.) que nous ne détaillerons pas. Il convient seulement d'insister sur l'évolution caractéristique que prend le cours de cette maladie : dans une première phase, durant 5 à 10 ans, la maladie évolue par poussées successives, irrégulièrement espacées (de quelques mois à quelques années), se traduisant par des symptômes variables, totalement ou partiellement régressifs en quelques semaines (phase rémittente). Puis, chaque poussée laissera des séquelles plus importantes, et survient enfin une phase d'aggravation progressive aboutissant inexorablement, au bout d'une vingtaine d'années en moyenne, à un grand déficit de la motricité et de la coordination lié à l'atteinte préférentielle du cervelet et du système pyramidal, responsable d'un handicap majeur et d'un état grabataire terminal. Le diagnostic repose sur l'étude du LCR, la présence d'anomalies des potentiels évoqués (1), traduisant la démyélinisation de certaines fibres nerveuses, et depuis peu l'imagerie par résonance magnétique (voir chapitre 16). Malgré de nombreuses recherches actuelles, il n'y a pas de traitement efficace de la maladie. Les seules thérapeutiques consistent à tenter d'inhiber la réaction inflammatoire pathologique avec des dérivés de la cortisone lors des poussées (ce qui accélère leur régression et diminue l'importance des séquelles) ou avec des immuno-suppresseurs en traitement de fond (produits cependant non dénués de danger).

La sclérose en plaque s'accompagne parfois, surtout en fin d'évolution, de troubles des fonctions mentales, prenant volontiers l'allure d'un syndrome frontal (voir chapitres 7 et 11).

(1) Les potentiels évoqués sont une technique de diagnostic neurologique dont le principe est de stimuler un canal sensoriel (visuel, auditif, ou somesthésique) et de recueillir au niveau du cerveau l'activité électrique « évoquée » par l'arrivée de ce stimulus. On obtient un tracé caractéristique pour chaque canal sensoriel, permettant d'apprécier l'intégrité de la conduction nerveuse tout au long de la voie explorée. Une modification à un certain niveau de ce tracé peut permettre de localiser une lésion, même minime, sur le trajet parcouru par le stimulus avant d'atteindre le niveau de l'électrode centrale.

Intoxications et maladies métaboliques

Intoxication alcoolique

Il s'agit, de loin, de la plus fréquente des causes d'encéphalopathie toxique. On en distingue diverses formes, depuis les simples conséquences bien connues de l'intoxication alcoolique aiguë, pouvant aller jusqu'au coma éthylique, jusqu'à des affections plus rares, liées à l'intoxication chronique, en passant par les manifestations liées au sevrage (délirium tremens). L'encéphalopathie de Gayet-Wernicke est un syndrome d'origine carentielle, lié à la carence en vitamine B1 qui accompagne souvent l'éthylisme chronique. Lorsque cette carence s'aggrave brutalement, comme cela peut être le cas chez l'éthylique après une période de jeûne ou un épisode infectieux intercurrent, se produisent alors des lésions nécrotiques et hémorragiques touchant la partie haute du tronc cérébral et le diencéphale, responsables d'une confusion mentale intense, allant parfois jusqu'au coma, d'une rigidité des membres et de troubles oculo-moteurs. Si une vitaminothérapie massive est immédiatement instituée, l'état peut se normaliser. Dans le cas contraire, on peut assister à l'installation d'un syndrome de Korsakoff. Le syndrome de Korsakoff est l'entité la plus souvent rencontrée en neurologie du comportement. Il est caractérisé par un état chronique, irréversible, quasi démentiel, associant des troubles de la mémoire majeurs et caractéristiques (amnésie antérograde) et des troubles plus difficilement analysables du cours de la pensée : fabulations, fausses reconnaissances, perte de la conscience du trouble (anosognosie). Enfin, une complication plus rare de l'éthylisme chronique, survenant de manière quasi exclusive en Europe du sud, est la maladie de Marchiafava--Bignami, caractérisée anatomiquement par une nécrose du corps calleux, et cliniquement par un tableau réalisant soit un état gravissime de coma ou de mutisme akinétique, soit, dans les formes moins sévères, des perturbations comportementales traduisant la déconnexion interhémisphérique (voir chapitre 15).

Autres intoxications et affections métaboliques

De très nombreuses substances chimiques, médicaments ou autres, sont potentiellement toxiques pour le système nerveux central. Leur liste exhaustive serait bien longue et nous renvoyons pour cela le lecteur à divers traités de neurologie qui en font l'inventaire. Les troubles réalisés sont eux-même très divers, mais l'éventualité la plus fréquente reste la survenue d'un syndrome confusionnel, c'est-à-dire de troubles de l'attention, d'une désorientation temporo-spatiale, souvent accompagnés de manifestations hallucinatoires réalisant ce que les Anglo-saxons appellent du terme générique de « delirium ». Une des causes les plus fréquentes en est l'intoxication médicamenteuse du sujet âgé, en particulier due à l'usage de produits psychotropes ou encore des produits anticholinergiques utilisés dans les syndromes parkinsonniens. Le trouble régresse habituellement à l'arrêt de la thérapeutique, mais peut marquer le début d'une détérioration plus durable des fonctions mentales, justifiant l'appellation de syndrome démentiel.

Une place à part doit être faite aux conséquences de l'intoxication à l'oxyde de carbone (CO), responsable de troubles neuropsychologiques majeurs touchant le comportement moteur et la sphère affective (voir chapitre 11).

Enfin, diverses affections dites métaboliques, liées à une dysfonction viscérale (insuffisance rénale, respiratoire, hépatique, pancréatique, etc.) sont susceptibles de donner des troubles de type confusionnel, dont le tableau est relativement peu spécifique, volontiers associé à des perturbations diffuses de l'activité encéphalographique.

Épilepsies

L'épilepsie est caractérisée par la survenue de crises traduisant la décharge anormalement importante d'un groupe de neurones (crises partielles) ou de l'ensemble du cerveau (crises généralisées), se manifestant à l'électroencéphalogramme par une activité électrique caractéristique. Plus qu'un symptôme, il s'agit d'un groupe de maladies réalisant un domaine très vaste qu'il serait illusoire de vouloir résumer en quelques lignes. Nous soulignerons seulement le fait qu'elle pose divers types de questions ou de préoccupations en neurologie du comportement. Les crises elles-mêmes peuvent prendre l'allure de troubles comportementaux, nous en avons vu quelques exemples au cours du présent ouvrage. Ce sont surtout les crises dites temporales (c'est-à-dire dont le foyer responsable de la décharge est situé à proximité des structures limbiques du lobe temporal) qui sont le plus susceptibles de provoquer de tels symptômes (hallucinations, sentiments d'étrangeté, de déjà vu ou déjà vécu, sensations affectives diverses...). Dans ces cas, l'étude du contenu des crises peut informer le chercheur sur les fonctions des structures dont la décharge est responsable de ces manifestations. Un autre domaine d'étude en neuropsychologie est celui des troubles de la personnalité que présentent ces sujets en dehors des crises (troubles intercritiques). Enfin, le mécanisme intime de la genèse de l'activité critique fait l'objet de discussions passionnantes débouchant sur la question des rapports entre cerveau et états de conscience.

Lésions traumatiques du cerveau

Les traumatismes cranio-encéphaliques, par leur fréquence, leur survenue chez des sujets jeunes, et la fréquente gravité de leurs séquelles, représentent une préoccupation certaine en neuropsychologie clinique et en neurologie des comportements. L'étude de ces patients informe cependant relativement peu sur la nature des rapports cerveau-comportements, dans la mesure où les lésions cérébrales provoquées par ces traumatismes sont généralement diffuses. Assez souvent, toutefois, elles toucheront préférentiellement les deux lobes frontaux, ce qui pourrait aider à la compréhension de cette partie particulièrement méconnue du cerveau. Le comportement lui-même des traumatisés crâniens graves pose des problèmes spécifiques (perturbations profondes des comportements, fréquente difficulté d'intégration dans le milieu social, évolution très particulière des symptômes dans le temps) qui en font un domaine relevant de milieux et de cliniciens spécialisés.

BIBLIOGRAPHIE*

Chapitres 1 à 6

BERNARD C. – *Leçons sur les effets des substances toxiques et médicamenteuses,* Baillère, Paris, 1857.

BLAKEMORE C., COOPER G.F. – Development of the brain depends on the visual environment. *Nature,* 288 : 477-478, 1970.

BOURRET P., LOUIS R. – Anatomie du système nerveux central. *l'Expansion,* Paris, 1971.

BROCA P. – Sur le siège de la faculté du langage articulé. *Bull. Soc. Anthropol.,* 6 : 377-393, 1865.

BROUSSAIS F. – *Cours de phrénologie.* Baillère, Paris, 1836.

CARPENTER M.B. – *Human Neuroanatomy.* Williams & Wilkins, Baltimore, 1976.

CHANGEUX J.P. – *L'homme neuronal.* Fayard, Paris, 1983.

COWAN M. – Le développement du cerveau. *Pour la Science.* N° spécial. Novembre 1979. pp. 95-107.

GALABURDA A.M., MESULAM M-M. – Neuroanatomical aspects of cerebral localization. In : A. Kertesz (ed.), *Localization in Neuropsychology,* Academic Press, New York, 1983.

GASTAUT H., LAMMERS H.J. – *Anatomie du rhinencéphale.* Masson, Paris, 1961.

GESCHWIND N. – Les spécialisations du cerveau humain. *Pour la Science.* N° spécial. Novembre 1979. pp. 124-135.

GOLDMAN-RAKIC P.S. – Development and plasticity of primate frontal association cortex. In F.O. Schmitt, F.G. Worden, & S.G. Dennis (eds.), the Organization of the Cerebral Cortex. *MIT Press,* Cambridge, 1981.

HUBEL D.H., WIESEL T.N., LEVAY S. – Plasticity of ocular dominance columns in monkey striate cortex. *Philos. Trans. R. Soc. Lond.,* 278 : 377-409, 1977.

JACKSON J.H. – The croonian lectures on evolution and dissolution of the nervous system. *Br. Med. J.* 1 : 591-593, 1884.

KAHLE W. – *Système nerveux et organes des sens.* Flammarion, Paris, 1981.

KANDEL E.R., SCHWARTZ J.H. – *Principles of Neural Science,* Elsevier, Amsterdam, 1985.

LEVI-MONTALCINI R. – NGF : an uncharted route. The Neurosciences : paths of discovery. *MIT Press,* Cambridge, 1975.

MAC LEAN P.D. – Some psychiatric implications of physiological studies on frontoemporal portions of limbic system (« visceral brain »). *Electroencephalogr. Clin. Neurophysiol.,* 4 : 407-418, 1952.

MESULAM M-M. – Patterns in behavioral neuroanatomy : association areas, the limbic system, and hemispheric specialization. In : M-M. Mesulam (ed.) *Principles of Behavioral Neurology.* Davies, Philadelphie, 1985.

NIEUWENHUYS R., VOOGD J., VAN HUIJZEN C. – *The Human Central Nervous System.* Springer, Heidelberg, 1981.

ORNSTEIN R., THOMPSON R. – *L'incroyable aventure du cerveau.* Interéditions, Paris, 1987.

PAILLARD J. – Les déterminants moteurs de l'organisation de l'espace. *Cahiers de Psychologie,* 14, 4 : 261-316, 1971.

PENFIELD W., ROBERTS L. – *Langage et mécanismes cérébraux.* Presses Universitaires de France, Paris, 1963.

PURVES D., LICHTMAN J.W. – *Principles of Neural Development.* Sinauer, Sunderland, 1985.

ROSENZWEIG M.R. & LEIMAN A.L. – Psychophysiologie. Décarie : Ville Mont-Royal (Qué). 1991

SANIDES F. – Representation of the cerebral cortex and its areal lamination patterns. In : G.H. Bourne (Ed.) *The Structure and Function of the Nervous Tissue,* vol. 5, Academic Press, New York, 1972.

SNYDER S. – *Les drogues et le cerveau.* Collection l'Univers de Sciences. Belin : Paris, 1987

SNYDER S. & BREDT D. – Les fonctions biologiques du monoxyde d'azote. *Pour la Science,* n°177, 1992, 70-77.

---

* Cette bibliographie ne prétend pas être complète mais a pour but essentiel d'indiquer au lecteur un certain nombre d'ouvrages, généralement récents, auxquels il pourra utilement se référer pour compléter les données présentées dans le contenu des différents chapitres. Plus que d'une bibliographie, il s'agit donc d'une rubrique de type « pour en savoir plus », destinée à fournir un complément d'information à ceux qui le souhaitent. Hormis ces lectures conseillées, les principaux auteurs cités dans le texte sont également référenciés dans cette liste.

STEVENS C. – Le neurone. *Pour la Science.* N° spécial. Novembre 1979. pp. 25-36.

VINCENT J.D. – *Biologie des Passions,* Odile Jacob, Paris, 1986.

WERNICKE C. – The Symptom-complex of aphasia. In : A. Church (ed.), *Diseases of the Nervous System,* Appleton, New York, 1908.

WIDLÖCHER D. – Les logiques de la dépression. Fayard : Paris, 1983.

Chapitre 7 à 10

BABINSKI J. – Sur le réflexe cutané plantaire dans certaines affections organiques du système nervex central. *C.R. Soc. Biol.* (Paris) 48 : 207-208, 1896.

BULLIER J. – Les cartes du cerveau. *La Recherche* n° 148, octobre 1983.

BUSER P., IMBERT M. – *Neurophysiologie fonctionnelle III : Audition.* Hermann, Paris, 1987.

COSLETT H.B., BRASHEAR H.R., HEILMAN K.M. – Pure word deafness after bilateral primary auditory cortex infarcts. *Neurology*, 34 : 347-352, 1984.

DAMASIO A.R. – Category-related recognition defects as a clue to the neural substrates of knowledge. *Trends in Neuroscience*, 13 (3), 95-98, 1990.

DAMASIO A.R. – Disorders of complex visual processing : agnosias, achromatopsia, Balint's syndrome, and related difficulties of orientaiton and construction. In : M-M. Mesulam (ed.) *Principles of Behavioral Neurology.* Davies, Philadelphie, 1985.

ECCLES J.C. – *Le mystère humain.* Mardaga, Bruxelles, 1981.

HÉCAEN H., LANTERI-LAURA G. – *Les fonctions du cerveau.* Masson, Paris, 1983.

HUBEL D., WIESEL T. – Les mécanismes cérébraux de la vision. *Pour la Science.* N° spécial. Novembre 1979. pp. 79-93.

HUMPHREYS G.W., & RIDDOCH M.J. – *Visual object processing : a cognitive neuropsychological approach. Erlbaum :* London, 1987.

IMBERT M. – La neurobiologie de l'image. *La Recherche* n° 144, mai 1983.

JEANNEROD M. – *Le cerveau-machine.* Fayard, Paris, 1983.

JEANNEROD M., HÉCAEN H. – *Adaptation et restauration des fonctions nerveuses.* SIMEP, Villeurbanne, 1979.

KERAVEL Y., DJINDJIAN M., LOUARN F. – Vues anatomiques commentées des voies visuelles. *Encyclopédie Médico-chirurgicale* (Paris), Neurologie, 4.8.10, 17001 F10.

KIMURA D. – Functional asymmetry of the brain in dichotic listening. *Cortex,* 3 : 163-178, 1967.

LIVINGSTONE M.S., HUBEL D. – Segregation of form, color, movement, and depth : Anatomy, physiology, and perception. *Science*, 240, 740-749, 1988.

LURIA A.R. – *Higher cortical functions in man.* Basic Books, New York, 1966.

MARR D. – *Vision.* Freeman : San Francisco, 1982.

MASSION J. – Fonctions motrices. *Encycl. Méd. Chir.* (Paris), Neurologie, 17002 D10, 11984.

MEULDERS M., BOISACQ-SCHEPENS N. – Abrégé de Neurosychohysiologie. Tome I – *Fonctions sensori-motrices.* Masson, Paris, 1979.

MISHKIN M., UNGERLEIDER L.G., MACKO K.A. – Object vision and spatial vision : two cortical pathways. *Trends in Neuroscience,* 6, 10 : 414-417, 1983.

MOUNTCASTLE V.B. – Sensory receptors and neural encoding : introduction to sensory processes. In : V.B. Mountcastle (ed.) *Medical Physiology,* Mosby, St Louis, 1980.

PAILLARD J. – Tonus, postures et mouvements. In : *Physiologie,* Ch. Kayser (Ed.), Flammarion, Paris, 1976.

SERGENT J. – Neuro-anatomie fonctionnelle de l'identification des visages : une étude en tomographie par émission de positons. Revue de Neuropsychologie, 1 (2) : 119-156, 1991.

SHERRINGTON C. – *The integrative action of the nervous system.* Yale University Press, New Haven, 1947.

VAN ESSEN D.C., MAUNSELL J.H.R. – Hierarchical organization and functional streams in the visual cortex. *Trends in Neuroscience,* 6, 11, 1983.

WARRINGTON E.K. & MCCARTHY R. – Categories of knowledge : further fractionations and an attempted integration. *Brain* 110, 1273-1296, 1987.

ZEKI S, WATSON J.D., LUECK C.J., FRISTON K.J., KENNARD C., FRACKOWIAK R.S. – A direct demonstration of functional specialization in human visual cortex. *Journal of Neuroscience*, 11(3) : 641-649, 1991.

Chapitre 11

Aggleton J.P., Mishkin M. – The amygdala : sensory gateway to the emotions. In : R. Plutchik & H. Kellerman (eds), Emotion, theory, research, and experience, vol. 3 : *Biological Foundations of Emotion, Academic Press, New York, 1986*

Bard P., Mountcastle V.B. – Some forebrain mechanisms involved in expression of rage with special reference to suppression of angry behavior. Res. Publ. Assoc. *Res. Nerv. Ment. Dis.* 27 : 362-404, 1948.

Bauer R.M. – Visual hypoemotionality as a symptom of visual limbic disconnection in man. *Arch. Neurol.*, 39, 702-708, 1982.

Bear D.M. & Fedio P. – Quantitative analysis of interictal behavior in temporal lobe epilepsy. *Arch Neurol., 34*: 454-467. 1977.

Downer J.L. – Changes in visual gnostic functions and emotional behaviour following unilateral temporal lobe damage in the « split brain » monkey. *Nature,* 191 : 50-51, 1961.

Gray J.A. – *The Neuropsychology of Anxiety.* Oxford University Press, New York, 1987.

Habib M. – Visual hypoemotionality and prosopagnosia associated with right temporal lobe isolation. *Neuropsychologia,* 24, 577-682, 1986.

Habib M., Poncet M. – Perte de l'élan vital, de l'intérêt et de l'affectivité (syndrome athymhormique) au cours de lésions lacunaires des corps striés. *Rev Neurol* (Paris) : 144, *10*: 571-577, 1988.

Horel J.A., Keating E.G. – Recovery from a partial Klüverucy syndrome in the monkey produced by disconnection. *J. Comp. Physiol. Psychol.,* 79 : 105-114, 1972.

Karli P. – *L'homme agressif.* Odile Jacob, Paris, 1987.

Klüver H., Bucy P.C. – « Psychic blindness » and other symptoms following bilateral temporal lobectomy in Rhesus monkeys. *Am. J. Physiol.,* 119 : 352-353, 1937.

Olds J. Milner P. – Positive reinforcement produced by electrical stimulation of septal area and other regions of the brain. *J. Comp. Physiol. Psychol.,* 47 : 419-427, 1954.

Papez J.W. – A proposed mechanism of emotion. *Arch. Neurol. Psychiatr.* 38, 725-743, 1937.

Chapitre 12

Benoit O. – (ed). *Physiologie du sommeil.* Masson, Paris, 1984.

Bremer F. – Nouvelles recherches sur le mécanisme du sommeil. *C.R. Soc. Biol. Fil.* (Paris), 122 : 460-464, 1936.

Jouvet M. – Le comportement onirique. *Pour la Science.* N° spécial. Novembre 1979. pp.136-152.

Jouvet M. – Neurobiology of dream. In : M. Monnier & M. Meulders (eds), *Functions of the nervous system,* vol. IV. Elsevier, Amsterdam, 1983.

Moruzzi G. – The sleep-waking cycle. *Ergebisse der Physiologie,* 64, 2-164, 1972.

Moruzzi G., Magoun H.W. – Brain stem reticular formation and activation of the EEG; *Electroencephalogr. Clin. Neurophsiol.* 1 : 455-473, 1949.

Mesulam M-M. – The functional anatomy and hemispheric specialization for directed attention. *Trends in Neuroscience,* 6, 9 : 384-387, 1983.

Plum F., Posner J.B. – *Stupor and coma.* F.A. Davis, Philadelphie, 1982.

Posner M.I. & Rothbart M.K. – Les mécanismes de l'attention et l'expérience consciente. *Revue de Neuropsychologie,* 1992 2(1) : 85-116.

Chapitre 13

Alkon D.L. – Memory storage and neural systems. *Scientific American,* 261 1989 (*1*) : 26-34.

Baddeley A. – Mémoire : l'apport de la psychologie. *Science et Vie hors série* n° 162 Mars 1988, pp. 134-141.

Delacour J. – Apprentissage et mémoire. *Une approche neurobiologique.* Masson, Paris, 1987.

Habib M. & Sirigu A. – Pure topographical disorientation : a definition and anatomical basis. *Cortex,* 23, 1987, 73-85.

Kandel E. – Les petits systèmes de neurones. *Pour la Science.* N° spécial. Novembre 1979. pp. 37-50.

Mauguière F., Laurent B., Trillet M. – Mémoire et Amnésie. *Bases anatomiques et neurophysiologiques.* Laboratoires UCB, Nanterre, 1984.

Milner B. – The memory defect in bilateral hippocampal lesions. *Psychiatric Research Reports* 11, 43-52, 1959.

MILNER B. – Clues to the cerebral organization of memory. In : Cerebral Correlates of Consciousness Experience, *INSERM Symposium* No. 6, Buser & Rougeul-Buser, Eds., Elsevier, Amsterdam, 1978.

MISHKIN M., APPENZELLER T. – L'anatomie de la mémoire. *Pour la Science,* n° 118, pp. 26-37, août 1987.

SIGNORET J.-L.– Les troubles de la mémoire. In : *Neuropsychologie clinique et neurologie du comportement,* M.I. Botez, Ed., Presses de l'Université de Montréal, Montréal, et Masson, Paris, 1987, pp. 252-264.

SQUIRE L.R. – The anatomy of amnesia. *Trends in Neuroscience,* 3, 3 : 52-54, 1980.

SQUIRE L.R. – *Memory and Brain.* Oxford University Press, Oxford, 1987.

TRILLET M., LAURENT B., FISCHER C. – La mémoire et ses troubles. *Encycl. Méd. Chir.* Paris, Neurologie, 17024 A10, 6-1982.

VAN DER LINDEN M. – *Les troubles de la mémoire.* Mardaga : Bruxelles, 1989.

Chapitre 14

BROWN J.W., HÉCAEN H. – Lateralization and language representation. *Neurology,* 26 : 183-189, 1976.

BROWN J.W., PERECMAN E. – Neurological basis of language processing. In : *Language Interventions Strategies in Adult Aphasia,* R. Chapey, Ed., Williams & Wilkins, Baltimore, 1986.

CROSSON B. – *Subcortical functions in language and memory.* New York : Guilford. 130-146, 1992.

DAMASIO A.R., GESCHWIND N. – The neural basis of language. *Ann. Rev. Neurosci.,* 7, 3 : 127-147.

ELLIS A.W. & YOUNG A.W. – *Human cognitive neuropsychology. Hillsdale, NJ : Lawrence Erlbaum 1987.*

HANNEQUIN D., GOULET P., JOANETTE Y. – *La contribution de l'hémisphère droit à la communication verbale.* Masson, Paris, 1987.

LECOURS A.R., DUMAIS C., TAINTURIER M.J. – Les aphasies. In : *Neuropsychologie clinique et neurologie du comportement,* M.I. Botez, Ed., Presses de l'Université de Montréal, Montréal, et Masson, Paris, 1987, pp. 307-324.

LECOURS A.R., LHERMITTE F. – *L'aphasie.* Flammarion, Paris, 1979.

LENNEBERG E. – *Biological foundations of language.* Wiley, New York, 1967.

LICHTHEIM L. – On aphasia. *Brain,* 7 : 433-484, 1885.

MARIE P. – *Travaux et mémoires* (vol. 1), Masson, Paris, 1926.

PETERSEN S.E., FOX P.T., SNYDER A.Z., RAICHLE M. – Activation of extrastriate and frontal cortical areas by visual words and word-like stimuli. *Science, 249,* 1041-1044, 1990.

PETERSEN S.E., FOX P.T., POSNER M.I., MINTUN M., RAICHLE M.E. – Positron emission tomographic studies of the processing of single words. *J. Cognitive Neurosci.,* 1(2) : 153-170, 1989.

PIATTELLI-PALMARINI M. – Théories du langage. *Théories de l'apprentissage.* Le Seuil (collection Points), Paris, 1979.

PLUM F. – (Ed.) *Language, Communication, and the Brain.* Raven Press, New York, 1988.

ROSS E.D. – Right hemisphere's role in language, affective behavior and emotion. *Trends in Neuroscience,* 7, 9 : 342-345, 1984.

Chapitre 15

GALABURDA A.M., SANIDES F., GESCHWIND N. – Human brain : cytoarchitectonic leftight asymmetries in the temporal speech region. *Arch. Neurol.,* 35 : 812-818, 1978.

GAZZANIGA M. – *Le cerveau social.* R. Laffont, Paris, 1987.

GESCHWIND N. – Disconnexion syndromes in animals and man (Part 1). *Brain,* 88, 237-294, 1965.

GESCHWIND N., GALABURDA A.M. – Cerebral Dominance. *The biological foundations.* Harvard University Press, Cambridge (Mass.), 1984.

GESCHWIND N., LEVITSKY W. – Left-right asymmetry in temporal speech region. *Science* 161 : 186-187, 1968.

HABIB M., GALABURDA A.M. – Déterminants biologiques de la dominance cérébrale. *Rev. Neurol.* (Paris), 142 : 869-894, 1986.

HABIB M., GAYRAUD D., REGIS J., OLIVA A., SALAMON G., KHALIL R. – Effects of handedness and sex on the morphology of the corpus callosum. Brain and Cognition 16 :41-61, 1991.

HÉCAEN H. – *Les Gauchers. Etude neuropsychologique.* Presses Universitaires de France, Paris, 1984.

NEVEU P.J., BARNÉOUD P., VITIELLO S., BETANCUR C., LE MOAL M. – Brain modulation of the immune system : association between lymphocyte responsiveness and paw preference in mice. Brain Research, 457 : 392-394, 1988.

SMITH G.E. – Asymmetry of the brain and skull. *J. Anat.* 41 : 236, 1907.

SPRINGER S.P., DEUTSCH G. – *Left brain, right brain.* Freeman, New York, 1985.

WITELSON S.F. – The brain connection : the corpus callosum is larger in lef-tanders. *Science,* 229 : 665-668, 1985.

WITELSON S.F. – Cognition et morphologie du cerveau humain : quelques corrélations. *Revue de Neuropsychologie,* 1, 29-55, 1991.

ZAIDEL D. – Les fonctions de l'hémisphère droit. *La Recherche,* n° 153, Mars 1984.

Chapitre 16 et 17

ISABELLE D.B., VEYRE A. – L'imagerie médicale. *La Recherche,* 14, N° spécial 144, mai 1983, pp. 690-706.

CABANIS E.A., GUIRAUD CHAUMEIL B., VAN EFFENTERRE R. – *Imagerie par résonance magnétique. Méthodologie et applications cliniques.* John Libbey Eurotext, Paris, 1988.

CAMBIER J., MASSON M., DEHEN H. – *Abrégé de neurologie.* Masson, Paris, 1978.

TALAIRACH J., SZICKLA G. – *Atlas d'anatomie stéréotaxique du télencéphale.* Masson, Paris, 1967.

INDEX ALPHABÉTIQUE DES MATIÈRES

Masson, Editeur
120, boulevard Saint-Germain
75280 Paris Cedex 06
Dépôt légal : février 1995

Imprimé en France

Imprimerie LOUIS-JEAN
avenue d'Embrun, 05003 - GAP
Dépôt légal : 12 -janvier 1995